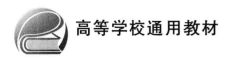高等学校通用教材

集成电路系统设计

李洪革　编著

北京航空航天大学出版社

内 容 简 介

本书属于数字集成电路与系统设计的基础教材。全书从硬件描述语言 Verilog HDL 入手,重点阐述高性能数字集成电路的电路结构、性能优化、计算电路、控制逻辑、功耗分析以及人工智能芯片等系统结构设计等内容。全书共分 10 章,主要包含集成电路系统设计的介绍、Verilog 语言基础、电路逻辑优化、运算单元结构、数字信号计算、状态机与数据路径、时序与同异步、低功耗设计、可重构设计以及数字集成电路系统设计实例。本书通过大量设计实例讨论高性能数字系统设计的思想和方法,针对当前本科生、研究生和设计人员的问题和需求,较全面地分析和讨论 CMOS 集成电路与集成系统相关的具体设计案例。

本书可作为普通高等学校和科研院所的电子信息、集成电路、通信工程、电气工程、计算机等相关专业的本科生和研究生教材,还可作为数字集成电路与系统领域工程技术人员的参考书。

图书在版编目(CIP)数据

集成电路系统设计 / 李洪革编著. -- 北京 : 北京
航空航天大学出版社,2021.8
ISBN 978 - 7 - 5124 - 3579 - 7

Ⅰ. ①集… Ⅱ. ①李… Ⅲ. ①集成电路－电路设计
Ⅳ. ①TN4

中国版本图书馆 CIP 数据核字(2021)第 151886 号

集成电路系统设计
李洪革　编著
策划编辑　陈守平　　责任编辑　杨　昕
*
北京航空航天大学出版社出版发行

北京市海淀区学院路 37 号(邮编 100191)　http://www.buaapress.com.cn
发行部电话:(010)82317024　传真:(010)82328026
读者信箱:goodtextbook@126.com　邮购电话:(010)82316936
北京九州迅驰传媒文化有限公司印装　各地书店经销
*
开本:787×1 092　1/16　印张:20.5　字数:538 千字
2021 年 9 月第 1 版　2022 年 6 月第 2 次印刷　印数:1 001~2 000 册
ISBN 978 - 7 - 5124 - 3579 - 7　定价:59.90 元

序 一

出现于 20 世纪 50 年代的晶体管与集成电路,是人类社会最重要的技术发明之一,对人类社会的方方面面都产生了重要影响,这种影响的直接结果就是使人类社会进入了信息时代。时至今日,集成电路已经支撑着信息产业以及经信息化、智能化改造的传统产业,集成电路成为产业的基础、国家平安的保障、知识产权保护的有效载体、信息安全的核心。现代人的生活每时每刻都离不开集成电路,这种情况会一直持续下去。时代的发展需要越来越多的、水平更高的集成电路设计人才。人才的培养需要诸多方面共同努力,而好的教材是不可或缺的重要依托。

李洪革教授,长期从事数字集成系统领域的教学和科研工作,在集成电路设计领域积累了丰厚的知识和经验。他在长期实践的基础上,编写了这本《集成电路系统设计》。本书以工业标准 Verilog HDL 为描述语言,阐述了数字集成电路的电路结构设计和性能优化方法等,其中包含运算电路、控制逻辑、时序及功耗优化方法等内容。对于初涉电子学和逻辑运算相关领域的入门读者,可以学到集成电路与系统设计的基本知识,包括 Verilog 语言基础、电路逻辑优化、运算单元结构、数字信号计算、状态机与数据路径、时序与同异步、低功耗设计、可重构设计以及数字集成电路系统设计等知识;对于有一定经验的研究生或者工程技术人员,本书提供的大量设计实例可以展现高性能数字系统设计的思想和方法,某些实例甚至可以直接用作实际设计参考。

阅读本书使我受益匪浅,再次感受到"书籍不但是知识留古存今的重要载体,也是培养人才的必需依托"。本书的出版,丰富了数字集成电路设计领域知识海洋中的素材,也为国内集成电路人才培养提供了有益的教材。

期待看到本书的出版,期待读者从本书中获益。

2021 年 9 月于清华园

序　二

　　1995 年中国内地首次从美国引进数字系统设计的 EDA 工具,从此开始了中国自主知识产权的复杂数字系统芯片的设计进程,我有幸参与到这一伟大历史进程。27 年弹指一挥间,中国自主复杂数字逻辑正向设计产值已经在世界上占有很可观的比例,具有中国自主知识产权的高档数字集成电路芯片已行销全世界。世界各地的云服务器上,都可以找到由中国工程师设计的拥有自主知识产权的各种数据存储管理器、加速器、CPU 等器件。中国数字系统设计技术的普及和推广,出版界和教育界的推动功不可没。

　　近 30 年来,中国多家科技出版社出版了上百本与数字逻辑系统和集成电路设计有关的书籍,其中大部分是译作,也有一小部分是作者根据自己的工作经验编写的书籍,这些书籍推动了中国高等技术的教育。前几天我受北京航空航天大学出版社资深编辑金友泉老先生的委托,为北京航空航天大学李洪革教授的新作《集成电路系统设计》一书写几句话。这对我已退休十多年,脱离数字 IC 设计和教育一线工作三年多的老人而言,多少有些困难。尽管如此,我还是花了一周多的时间,浏览了全书的每个章节。

　　读后,我认为李老师的写作态度十分认真。作为一名高等学校的教师,他尽自己最大能力,收集、整理了有关复杂数字系统设计各方面的内容,并结合教学实践,以通俗、流畅、易于理解的语言撰写了本书,为读者提供了掌握复杂数字集成电路设计技术必需的基础知识。

　　由于集成电路系统设计的涉及面非常广,想深入这一领域,仅靠读几本书就想掌握设计技术是不可能的。要想涉足这一领域并有所成就,其关键是大胆实践,即在设计实践过程中,不断学习交流,阅读最新英文技术资料,不断更新自己的知识,掌握最新的设计方法,灵活应用资源库中可综合和仿真的 IP,使自己成为一名真正具有国际技术水准和视野的数字 IC 设计师。

　　最后,我乐见各位读者阅读李洪革老师编著的《集成电路系统设计》,因为这本书里有每一位想跨入数字 IC 设计领域大门的年轻人必须掌握的最基础的知识,可作为敲门砖,并将体验到捷径的愉悦。

夏宇闻

2021 年 9 月于北航

前　言

　　根据中国半导体行业协会统计,集成电路设计业销售收入 2011 年为 473.74 亿元人民币,2019 年增长到 3 063.5 亿元人民币,2020 年增至 3 778.4 亿元人民币,同比增长了 23.3%。集成电路的高速发展足以证明其已经成为高科技发展的基石。2000 年,国务院出台《鼓励软件产业和集成电路产业发展的若干政策》(国发〔2000〕18 号),极大地鼓励和推动了我国集成电路产业的发展。2020 年,国务院发布《新时期促进集成电路产业和软件产业高质量发展的若干政策》(国发〔2020〕8 号),再次确认了集成电路的战略发展地位。

　　近年来,随着国家对电子信息产业的大力扶持和推进,以及读者对集成电路设计图书需求的激增,国内有关数字集成电路设计的书籍也是越来越多,可以归纳为以下三类:① 国外教材翻译类,主要翻译国外经典的集成电路教材。② 语言介绍类,以讲述硬件描述语言为主,包括Verilog HDL 和 VHDL。③ 工具实现类,以介绍 FPGA 的应用实现方法为主,是对 FPGA 产品的介绍和推广。这些图书既包括国外引进的版本,也包括国内编写的版本。数字集成电路设计不仅依赖硬件描述语言,更重要的是,设计人员需要掌握逻辑电路、数字信号系统和体系架构的专业知识。设计过程中不仅要考虑数字系统的逻辑功能,还要考虑其物理性能。数字系统的逻辑功能融合了逻辑综合、数字计算、数据路径和逻辑控制等,而物理性能则包含面积、功耗、速度、时延和吞吐率等多方面。目前,国内数字系统集成电路设计与性能优化的图书相对较少,这或将使高性能数字系统集成化设计水平的提升受到制约。

　　本教材以数字逻辑为基础,以数字计算和数字信号体系架构为重点,深入讨论数字系统的设计原理;同时,从集成化的角度,重点讲述逻辑综合、时序、速度、面积和功耗等物理性能的设计优化,通过对各物理性能的折中分析,实现高性能数字系统的设计方案。本书的具体内容如下:

　　第 1 章,概述了在电子信息社会背景下,高级复杂数字系统设计所面临的集成化挑战、设计流程、发展趋势和未来的应用前景等。

　　第 2 章,介绍了 Verilog 硬件描述语言,其中包括基本结构、模块与声明、数据类型与运算符、行为建模和 Verilog—2001 设计规则等内容。

　　第 3 章,讨论了电路逻辑综合优化,其中包括电路面积优化、速度优化、模块间接口设计、复位信号与结构的优化等;介绍了在实现相同逻辑功能的前提下,不同代码描述对应的不同物理结构,从而对面积、速度、功耗带来不同的结果。

　　第 4 章,描述了数字系统设计常用的运算单元结构,其中包括逻辑电路中数的表示方法,以及加法器、乘法器等数值计算的基本内容。

第 5 章，讨论了数字信号计算、数字信号处理的基础，主要包括基本概念、流水线与并行处理、重定时、乘累加计算和脉动阵列等内容。

第 6 章，介绍了冯·诺依曼体系架构的重点问题——状态机与数据路径，其中包括状态机的概念、分类、描述方法、编码风格、可综合化、性能优化等方面的内容，以及数据路径中的 FSMD、寄存器级数据路径的设计方法、调度与分配等集成化设计实例。

第 7 章，介绍了数字电路中的重要概念——时序、同步和异步。随着数字系统计算速度的提升，对电路时序的要求日趋严峻，为此介绍了时序参数定义、时钟抖动与偏差、时钟分布、延迟时间等问题，进而讨论了同步与异步逻辑电路的概念和设计方法。

第 8 章，介绍了集成电路设计中的重点问题——低功耗，包括功耗的种类、定义等概念；讨论了低功耗设计的方法，如系统级、算法级、结构级和电路级等。

第 9 章，介绍了可重构电路 FPGA 和可重构计算，其中包括可重构器件的现状和分类、FPGA 电路结构、可重构系统等。

第 10 章，作为实例，介绍了当前深度学习人工智能芯片和 AES 加解密芯片的设计方法，通过神经网络和加解密算法讲解了复杂数字系统算法、架构、电路的设计方法。

限于篇幅，有关"FPGA 设计实现方法"和"ASIC 设计实现方法"的内容，本书作为增值服务材料给出，有需要的读者请到增值服务材料包中获取。

本书由李洪革构思并主笔撰写完成，全书凝结了作者数十年集成数字系统设计的工作经验，并吸收、总结了多位学者的最新研究成果。参与本书编写的人员有郭晓宇、陈宇昊、李玉亮、祝亚楠、高云飞、张子裕、薛翔宇、李岩等多名研究生。在本书的编写过程中，得到了多方面的支持与帮助。特别感谢清华大学王志华老师、北京航空航天大学夏宇闻老师、清华大学刘雷波教授、中国科学院大学杨海钢教授、电子科技大学周军教授的审阅和支持。我校国家集成电路人才培养基地——北京航空航天大学电子信息工程学院的领导和师生，一直对本书给予大力的支持和帮助。本书还获得了北京航空航天大学教材出版基金的支持。北京航空航天大学出版社对本书的出版提供了直接帮助。在此谨向所有为本书的编写、出版给予鼓励和帮助的社会各界人士表示最衷心的感谢！

尽管作者对书稿进行了多次修改和推敲，但由于集成系统设计的先进性和快速发展的特点，且作者学识所限，书中不当之处在所难免，恳请使用本书的师生和社会各界人士给予批评、指正。作者的邮箱：honggeli@buaa.edu.cn。

编　者

2021 年 8 月

本书的增值服务材料包包括本书所有例程的程序代码、"FPGA 设计实现方法"和"ASIC 设计实现方法"的相关内容，请关注微信公众号"北航科技图书"，回复"3579"，获得百度网盘的下载链接。

如使用中遇到任何问题，请发送电子邮件至 goodtextbook@126.com，或致电 010 - 82317738 咨询处理。

目　　录

第 1 章　集成电路系统概述

电子信息产品已经成为我们现实生活中不可或缺的一部分,无论是消费类电子产品、工业类电子产品还是空天宇航级电子设备,都是基于 CMOS 芯片以实现数据采集、通信、处理、计算等各种复杂的信息处理功能,而数字逻辑系统的体系结构决定了其系统性能的优劣。随着人们对大数据信息处理速度和性能的要求越来越苛刻,各种复杂数字电子信息系统越来越多地由基于 FPGA/ASIC 的数字集成电路来完成,而数字集成电路的设计质量在整个信息系统中起着至关重要的作用。随着微电子制造技术的微纳化,电子产品的高度集成化、低功耗化已经成为主流,硅基微电子元器件成为电子系统性能的决定因素。早在 20 世纪 80 年代初,数字集成电路设计工程技术人员为了应对日益复杂化的集成电路设计而开发了基于高级程序语言的形式化自动设计方法,颠覆了 60—70 年代广泛使用的人工综合的设计方法,从而开启了 CMOS 集成电路设计的新纪元。

1.1　集成电路的发展史

1946 年 2 月 14 日,世界上第一台电子计算机 ENIAC 在美国宾夕法尼亚大学诞生。这台机器使用了 18 800 个真空管,机器长 50 ft(1 ft=0.304 8 m),宽 30 ft,占地 1 500 ft^2(1 ft^2=0.092 903 04 m^2),重达 30 t,每秒可进行 5 000 次的加法运算。该机器标志着"电子"计算机的真正到来。1947 年 12 月 16 日,在物理学家肖克利的领导下,贝尔实验室的 William Shockley、John Bardeen、Walter Brattain 成功地制造出第一个点接触式晶体管,由此开启了电子系统的晶体管器件时代。1958 年 9 月 12 日,德州仪器的 Jack Kilby 试验成功了第一块硅基晶体管的集成电路,标志着电子系统集成化的开启。1965 年戈登·摩尔(Gordon Moore)在 *Electronics Magazine* 上预测,未来一个芯片上的晶体管数量大约每年翻 1 倍(10 年后修正为每 18 个月翻 1 倍),即所谓的"摩尔定律"。

1968 年 7 月罗伯特·诺伊斯和戈登·摩尔从仙童(Fairchild)半导体公司辞职,创立了一个新的企业,即英特尔(Intel)公司,英文名 Intel 为"集成电子设备(integrated electronics)"的缩写。电子系统几十年的发展历程,已经从初期的晶体管分立器件发展到功能集成化再到系统集成。民用消费类电子产品、工业汽车电子产品甚至空天电子系统的进步真实地再现了电子技术发展的过程。20 世纪 50—60 年代,电子系统都是以分立器件为核心而组建的,如消费类电子产品,也是器件离散、结构独立以及功能分立的。那时各系统的器件分立简单,而板级结构复杂,导致故障率高、体积庞大、性能有限,无法进行高速、大量的信息数据处理和交互,系统的维护和升级也受到严格限制。到 20 世纪 70 年代,以 Intel 公司为代表的集成电路在电子系统中已经占有一席之地。随着电子系统的功能复杂化,1978 年 Intel 公司将具有标志性的 8088 微处理器销售给 IBM 个人电脑事业部,武装了 IBM 新产品 IBM PC 的中枢大脑。16 位的 8088 处理器含有 2.9 万个晶体管,运行频率为 5 MHz、8 MHz 和 10 MHz。8088 处理器的成功,推动了 Intel 公司进入《财富》杂志世界 500 强企业排名。进入 20 世纪 80 年代后,Intel 公司发布了 286、386 以及 486 等多种微处理器并成功应用到个人计算机(PC)。286 处理器集成了 13.4 万个晶体管,实现了第一款 16 位、运行频率可达 12.5 MHz 的处理速度。386 处理器首次在 x86 架构下实现了 32 位系统,集成了 27.5 万个晶体管,运行频率可达 40 MHz。20 世纪 90 年代前后,微电子技术已经发展到了超大规模集成的阶段,高集成度 ASIC 芯片的出现大大提高了信息处理的能力,而且降低了系统的质量和能耗,提高了可靠性。Acorn Computers 使用 ARM250 SoC 生产了一系列个人计算机。它将原始的 Acorn ARM2 处理器与内存控制器(MEMC)、视频控制器(VIDC)和 I/O 控制器(IOC)相结合开发出 SoC 片上系统。1993 年,Intel 发布了 Pentium(俗称 586)中央处理器芯片(CPU),Pentium 处理器采用了 0.6 μm 工艺技术制造,核心由 320 万个晶体管组成。进入 2000 年以后,Pentium 4 采用 90 nm 制造工艺,31 级流水线设计,配备 16 KB 的一级缓存和多达 1 MB 的二级缓存,带有超线程技术的 Pentium 4 是 Intel 的一个卖点。Pentium 4 处理器实现了最高达 3.4 GHz 的工作频率。Pentium 4 处理器代表着单核处理器的最高水平。2010 年以来,Intel 的产品如酷睿 i7 - 6700K - 4 采用第二代 FinFET 14 nm 工艺制程,晶体管数量达到 2.28 亿个,核心超线程 4.0 GHz 主频(4.2 GHz 睿频),8 MB 三级缓存,支持双通道 DDR3/DDR4 内存,功耗 95 W。

今天,随着移动技术融入我们的生活,移动处理器的发展已经成为数字系统研发的风向标,其中,华为、高通、三星成为当今移动处理器的领跑者。华为首款旗舰 5G SoC 芯片,也就是麒麟 990 系列处理器采用了 7 nm+ EUV 工艺制程,集成了约 103 亿个晶体管,支持 CPU/GPU/NPU 数字逻辑处理技术,满足 2G/3G/4G/5G 等通信协议等功能。三星的 Exynos 990 采用了 8 nm LPP 工艺,集成 8 核处理单元,主频低于 6 GHz,集成有视频图像处理功能,专为高性能移动终端而开发。

现代电子信息产业始于硅谷,其硅技术先驱者包括:诺依斯(N. Noyce)、摩尔(R. Moore)、布兰克(J. Blank)、克莱尔(E. Kliner)等,他们在离开肖克利实验室后成立了仙童公司,仙童作为第一批硅谷的半导体商,为整个芯片及 IT 产业贡献了大量人才,全美有超过 200 家高科技公司都与仙童有或多或少的关系。乔布斯曾经说过:"仙童半导体就像是成熟的蒲公英,你一吹,这种创新精神的种子就随风四处飘扬。"与仙童有关的著名企业包括 Intel、AMD、LSI、National Semi.、Xilinx、ATMEL 等。仙童公司与相关的其他集成电路公司如图 1.1 所示。以 Intel、AMD 为代表的半导体公司巨头引领着硅技术工程产业化的发展。然而,随着硅技术集成度以摩尔定律的规律飞速发展的同时,自动化集成电路设计方法逐渐成为产业发展的必然。

以 Carver Mead 等人于 1980 年发表的《超大规模集成电路系统导论》(*Introduction to VLSI Systems*)标志着电子设计自动化发展的到来。这一篇具有重大意义的论文提出了通过高级编程语言来进行芯片设计的新思想。这种自动化设计方法在进行集成电路逻辑仿真、功能验证和布局布线等方面极大地缓解了设计师的劳动强度,从而为高复杂度芯片设计提供了可能。时至今日,以硬件描述语言为代表的自动化设计方法已经成为信息产业发展的基础。

数字系统设计不仅包含上述硅工艺技术、EDA 设计自动化技术,还涉及数字逻辑的核心就是布尔逻辑。布尔逻辑(Boolean Algebra,也有的译为布林运算)得名于乔治·布尔,他是爱尔兰科克皇后学院的英国数学家,他在 19 世纪中叶首次定义了逻辑的代数系统。1937 年,克劳德·香农展示了布尔逻辑在电子学中的使用方法。现在,布尔逻辑已经成为数字电路系统、计算机软件中逻辑运算的核心。布尔逻辑在电路设计中使用 0 和 1 表示在数字电路中某一个位的不同状态,典型的是高电压和低电压。使用包含变量的表达式描述电路,并且对于这些变量的所有值的表达式都是等价的,当且仅当对应的电路有相同的输入/输出行为。进一步地说,每种输入/输出行为都能被建模为适合的布尔逻辑表达式。

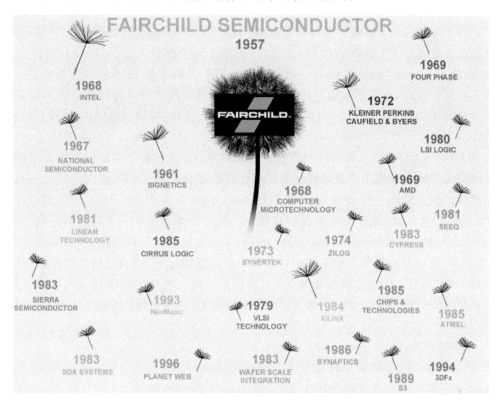

图 1.1　仙童公司与相关的其他集成电路公司

1.2　集成电路的设计方法

20 世纪 60—70 年代,集成电路制造取得了飞快的发展,然而,当时的集成电路设计工程师只能采用代工厂提供的专用电路图进行手工设计。对于相对复杂的数字逻辑电路,设计师从原理设计、功能设计、电路设计到版图设计一般要一年以上的设计周期,其中仅仅版图布局布线这一环节,工程师就要花费数周的时间才能完成。随着大规模集成电路的研发,20 世纪80 年代初系统集成可达数十万逻辑门,而其功能的仿真也很难通过传统的面包板测试法验证设计的系统,在此基础上,后端工程师开始寻找通过电子设计自动化(EDA)的方法将手工设计转变为计算机辅助设计。前端的工程师也希望使用一种标准的语言来进行硬件设计,以提高设计的复杂度和可靠性,基于此,硬件描述语言(Hardware Description Languages,HDL)应运而生。美国国防部制定了一套电子电路规范标准文档 *VHSIC*(*Very High Speed Integrated Circuit*),通过对上述 *VHSIC* 改良的 VHDL 语言在 1982 年正式诞生。与此同时,Verilog HDL 语言在 1983 年由 Gateway 设计自动化公司研发出来。该公司的菲尔·莫比(Phil Moorby)完成了 Verilog 的主要设计工作。1990 年,Gateway 设计自动化被 Cadence 公司收购。1990 年初,开放 Verilog 国际(Open Verilog International,OVI)组织(即现在的

Accellera)成立。1992 年,该组织申请将 Verilog 纳入国际电气电子工程师学会标准。最终,Verilog 成为了国际电气电子工程师学会 1364—1995 标准,即通常所说的 Verilog—1995。Verilog HDL 语言更接近于高级语言 C,设计人员更容易理解和掌握。VHDL 语言描述较复杂,其设计风格类似于 PASCAL,其特点对系统设计则更有优势。Verilog HDL 的 IEEE 1364—2001 标准与 1995 标准相比有显著提高。2005 年,用于描述系统级设计的 SystemVerilog 获批成为电气电子工程师学会 1800—2005 标准。为了提升 Verilog 的设计能力,2009 年 Verilog 融合了 SystemVerilog,成为了新的电气电子工程师学会 1800—2009 标准的 Verilog 硬件描述语言。因此,在数字集成电路设计(特别是超大规模集成电路的计算机辅助设计)的电子设计自动化领域中,Verilog HDL 是一种用于描述、设计、仿真、验证数字电子系统的硬件描述语言。

20 世纪 80 年代中期,工程师已经开始普遍采用 HDL 进行数字电路的逻辑验证,但设计师仍延续手工方法将逻辑功能设计转化为相互连接的逻辑门表示的电路图,而手工设计大大延长了产品的研发周期。20 世纪 80 年代后期,Synopsys 公司开发了 Design_Compiler(简称 DC)逻辑自动综合工具,综合工具的诞生对数字电路的设计方法产生了巨大的影响。工程师可以使用 HDL 在寄存器传输级(Register Transfer Level,RTL)对电路进行功能描述。通过 DC 综合工具,设计师只要说明数据在寄存器移动和处理的过程,构成逻辑电路及其连线是由自动综合工具从 RTL 描述中抽取出来的,而无需手工转化电路的门级网表。自动综合工具的诞生完全解放了设计师在逻辑门电路布局的手工劳动,使设计师更专注于电路性能、结构的提升。

Verilog 硬件描述语言的语法特点如下:

- 可实现基于底层数字逻辑门的设计,如 and、or、inv 等;
- 可实现基于行为描述的高层次设计,如 if…else、for(…);
- 可实现多种建模的混合描述风格;
- 可实现层次结构化设计的编码风格;
- 使用高级语言的高层次行为描述,抽象、简化底层的复杂逻辑门电路;
- 不仅可以完成系统逻辑功能的仿真、验证,还可以基于物理器件参数设置延迟、时序、逻辑综合等;
- 可实现并发执行功能,以完全模拟硬件电路的工作过程;
- 用户可以使用自定义用户原语(UDP)和 MOS 器件,具有更强的仿真使用的灵活性;
- 支持电路由高层次行为描述到低层次逻辑门的逻辑综合。

设计方法学在计算机领域已经成为一门学科而被接受,因此,高级程序设计语言的设计方法已不可忽视。硬件描述语言的编写开发必须以工程化的思想为指导,运用标准的设计方法进行设计。高级语言的设计方法通常包含面向计算、面向过程和面向对象等。目前,Verilog 语言是一种面向过程的结构化程序设计方法,该方法的典型思想是:自顶向下、逐步细化。面向过程的语言结构是按电路功能划分为若干个基本模块,这些模块形成一个树形结构,各模块间关系尽可能简单,功能独立。数字电路的结构化设计由于采用了模块分化与功能分解,自顶向下、分而治之的策略,因此,可将一个复杂的问题分解为若干子问题,各个子问题分别由不同的工程人员解决,从而提高了设计速度且便于电路调试,为数字系统的开发和维护铺平了道路。

在程序语言结构化设计思想的指导下,数字电路 Verilog 编程的步骤如下:

① 需求分析:Verilog 语言程序设计中必不可少的环节。需求分析是指设计师理解、归纳、整理客户的性能需求,并基于上述性能需求提出解决问题的策略方法,明确电路设计的总任务。

② 系统设计:可以分为两步,一是总体设计,即按照电路的设计要求,把总任务分解为一些功能相对独立的子任务,最终达到每个子目标只专门完成某单一的逻辑功能;二是模块设计,即按照各独立的子目标,给出各自算法完成代码设计。

③ 算法、模块和可综合设计的实现:算法是具体的解决步骤,该步骤实际上是对某些给定的数据按照一定的次序进行有限步运算且能够求出问题的解。算法要做到易读、易动,自身必须具有良好的结构,而良好的结构是指仅用数据流、选择和循环三种基本结构组合而成的。硬件描述语言除算法、模块等逻辑设计外,还包含所设计模块的可综合化以及综合后的时序约束是否满足。Verilog 语言仿真阶段支持不可综合的代码设计,但却无法实现电路结构,因此,需要认真对待。

④ 测试验证:代码程序编好之后,难免会出现各种各样的错误,除了能检查语法错误以外,还应编写可检测电路功能的测试分支,即测试平台(testbench)。测试平台模块是与电路代码相独立的,不需要完成物理实现,只是检验电路的逻辑和时序功能。电路验证除测试分支的部分外,还有对电路设计的形式化验证、代码覆盖率以及自检测验证等。

⑤ 编写程序使用与维护的文档:内容包括程序功能介绍、使用说明、参数含义等。对于有价值的程序,写出使用和维护说明等文档资料是很有必要的。

Verilog 语言结构化设计流程自顶向下的设计如图 1.2 所示。项目经理根据需求分析提出相关的设计要素、顶层模块设计,并对下层模块进行分解。逻辑模块设计工程师执行相应的各模块设计,提出各自的设计思想、实现算法并完成测试工作。物理层设计工程师则在上述基础上完成代码的可综合、综合后仿真、布局布线以及最终的测试验证。

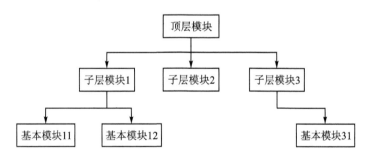

图 1.2　自顶向下的设计示意图

基于硬件描述语言的数字电路自动化设计方法和步骤已经在前面进行了介绍,下面将介绍 Verilog 语言硬件电路的设计流程。图 1.3 描述了 FPGA/ASIC 数字集成设计的典型流程。在设计流程中,系统设计师首先制定所设计电路的技术指标并对功能需求进行细节描述,从系统和抽象的角度对电路功能、指标、接口及总体结构进行描述。系统分析设计阶段只考虑系统的功能而不关注具体电路结构,采用的工具一般是 C/C++、SystemC/SystemVerilog 或MATLAB 等。当系统功能仿真满足总体设计的性能要求后,硬件设计工程师使用 HDL 语言对系统进行行为级描述,其间主要完成电路逻辑功能、物理功能的实现,对性能进行分析,解决其他高层次的问题。

系统级电路的行为描述是设计中的重要一环,为提高对硬件描述语言的可理解,一般根据其功能划分数个功能模块和子模块并完成可综合(Synthesizable)的语法描述。这种按功能需求层层分割电路单元的方法就是所谓的层次化设计(Hierarchical Design)。对于系统的行为级描述和综合化设计,设计师通常依赖 EDA 工具厂商提供的各种工具软件。在逻辑功能的仿真阶段,FPGA 设计一般使用 Mentor Graphics 公司的 MondelSim 或者是 FPGA 开发平台自带的功能仿真平台。而 ASIC 设计工程师一般更喜欢 NC - Verilog/Verilog - XL。对于逻辑功能的仿真,仿真器并不考虑实际逻辑门或连线所产生的时间延迟、门延迟或传输延迟等信息,而是使用单位延迟的数学模型来粗略估算电路的逻辑行为。尽管逻辑功能仿真不能得到精确物理时序等结果,但已经基本满足电路逻辑功能的设计正确性验证。为实现对电路模块的功能验证,基于 HDL 语言的测试平台是必要的。其中,必须考虑所有可能影响设计功能的输入信号的组合,以便发现错误的逻辑功能描述。在上述仿真验证过程中,错误修改与实际的设计经验有重要的关系,初学者往往要通过大量的实验验证总结经验。

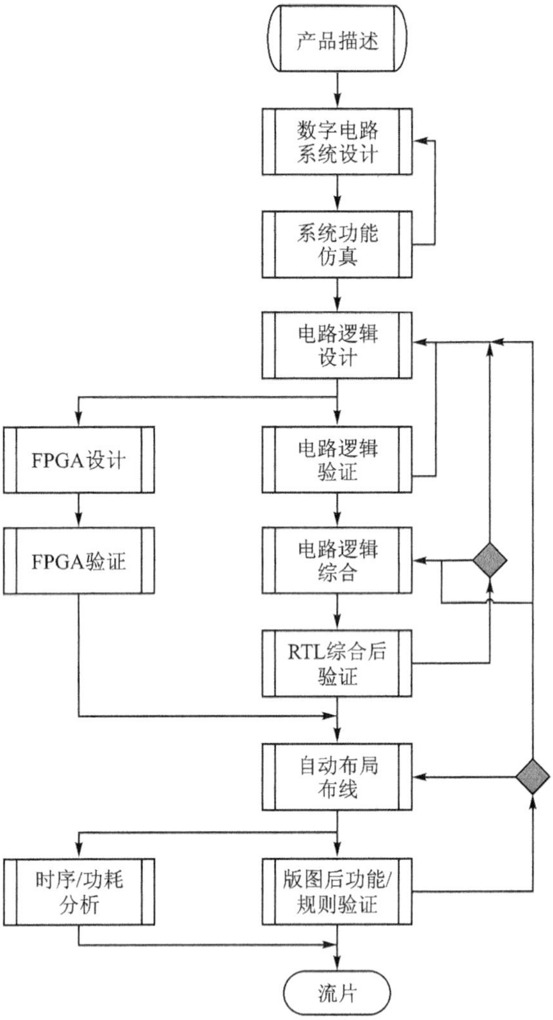

图 1.3　FPGA/ASIC 数字电路设计流程

　　对于 FPGA 设计,当完成电路功能验证后就可以使用相关的 FPGA 设计软件平台进行芯片设计。其平台主要有 Xilinx 公司的 ISE 开发平台和 Atlera 公司的 Quartus Ⅱ平台。其设计流程主要包括功能仿真、逻辑综合、时序约束、布局布线和配置约束等几个步骤。设计可在任意开发平台下全部开发完成,无需第三方工具软件的支持,也无需集成电路物理层或器件布局布线的专业知识。

　　采用 ASIC 设计方法通过电路逻辑功能验证后,后端的工作往往更复杂也更关键。设计工作的第二阶段是逻辑综合(Logic Synthesis),此阶段依靠综合工具来实现。综合过程必须选择预计流片工厂的逻辑单元库作为逻辑电路的物理单元。单元库也可以从第三方单元库供货商处获取,一般很少使用。一般而言,单元库包含的逻辑信息有以下几项:

　　① Cell Schematic　用于电路综合,以便产生逻辑电路的网表(Netlist)。

　　② Timing Model　描述各逻辑门精确时序模型,设计时提取逻辑门内寄生电阻及电容进行仿真,从而建立各逻辑门的实际延迟参数。其中包含门延迟、输入/输出延迟和连线延迟等。此数据用于综合后功能仿真以验证电路动态时序。

　　③ Routing Model　描述各逻辑门在进行连线时的限制,作为布线时的参考。

　　综合工具在完成从代码到网表的转化过程中,其中心任务就是如何获得最优化的逻辑网表。根据设定的综合约束,综合工具最终得到最为接近的结果。一般的约束设计有面积、时序和功耗,这三项约束条件是互相制约的关系,设计时应折中考虑以获得最优结果。

经过综合工具综合后得到的门级逻辑网表还要再进行第二次逻辑功能仿真,此仿真要附加反标到测试平台的时间延迟的文件,以检验电路的逻辑功能和时序约束两个方面。在综合后仿真时,一般只考虑门延迟参数,而连线延迟是不考虑的(由于无法预计实际连线的长度及使用的金属层)。时序变异是综合后经常出现的错误,其中包含建立时间和保持时间的问题,还有电磁干扰、脉冲干扰等现象。

布局布线主要完成三项工作:版图规划、布局和布线。此部分工作也必须由代工厂的物理库的配合才可以进行,同时,代工厂的标准单元物理库必须与综合阶段的逻辑库相一致才可以。由于各模块之间互连线较长,从而产生较大的连线延迟,而模块内的逻辑门间连线较短,因此连线延迟也较小。在深亚微米甚至纳米工艺中,其连线延迟将占主导地位。布局后的功能仿真是 ASIC 设计中最重要的一环,经过布局布线后的电路,除重复验证是否仍符合原始逻辑功能设计外,主要考虑物理实现时门延迟和连线延迟等影响下电路功能是否正常。与逻辑门级的功能验证基本相同,当发现错误时,需要修改上一级数据甚至原始的硬件描述语言代码。经过布局布线工具所产生的标准延迟格式(SDF)文件,可提供翔实的物理层延迟参数;通过反标(Back - Annotation)仿真器,能精确估算数字电路的电气行为,并可标明发生时序错误的时间点。经过反标后的仿真验证,可以发现逻辑功能和时序约束的问题,对于后仿真(简称后仿)时出现的问题,需要修改综合约束条件甚至原始代码。

对于 ASIC 设计工程师而言,前端设计要求对 HDL 有良好的理解,对设计工作全面把握;后端设计则要求对所使用物理单元库的物理特性有较好的理解,对工具充分掌握,对流程严格操作。布局布线后的仿真尽管已经通过,但基于代工厂的设计规则验证和电气特性验证是流片前必需的步骤。版图验证主要包含设计规则检查(DRC),以及版图与网表对比的检查(LVS),在设计中,既可以采用 Cadence 公司的 Assure 工具软件,也可使用 Mentor 的 Calibre进行验证,深亚微米工艺一般使用后者。此时的规则检测一般来说不会有太多错误,少量手工修复即可,如有大量错误,则需要返工重做自动布局布线 APR。LVS 主要验证网表与版图的一致性,是否存在短路、断路等错误。在做 LVS 前,需要把布局布线后的网表文件转换成Spice 网表文件,可使用 Calibre 的 v2lvs 命令并配合 Spice 标准库。

以上是整个 ASIC/FPGA 设计流程的简单描述,而在实际设计中还有许多其他问题,例如电路性能优化、时序分析、功耗分析、可测试性设计、功能一致性验证以及静态时序分析等,这些问题将在本书其他章节中给予讨论。

1.3　集成电路的实现方式

大规模数字集成的到来,使传统的单元集成逐渐被系统集成所替代,即整个系统完全集成到单一芯片上,从而提高了系统的性能。数字系统的集成化实现方法主要包含现场可编程门阵列(Field Programmable Gate Array,FPGA)和专用集成电路(Application Specific Integrated Circuits,ASIC)。

1. 现场可编程门阵列(FPGA)

FPGA 是一个含有可编程结构单元的半导体器件,可供使用者根据源程序代码(硬件描述语言）的修改而重复烧录的逻辑门器件,它可以分为可编程逻辑器件（Programmable Logic Device,PLD）和现场可编程逻辑阵列（FPGA）。PLD 和 FPGA 两者的功能基本相同,只是实现原理略有不同,所以我们有时可以忽略这两者的区别,将它们统称为可编程逻辑器件或 PLD/FPGA。由于 CPLD/FPGA 可以完全免除 ASIC 芯片开发后端的大量烦琐工作,因此备受前端数字逻辑工程师的青睐。由于半导体制造工艺的发展,基于纳米工艺的 FPGA 可轻松集成多达上千万门的逻辑单元,在不考虑成本和性能的条件下,FPGA 芯片完全可以取代 ASIC 产品且具有极短的开发周期。现在,FPGA 主要的产品供应商是 Xilinx 公司和 Altera 公司。以 Xilinx 公司的产品为例（见图 1.4）,其内部单元主要包含可配置逻辑模块（Configurable Logic Block,CLB）、输入/输出接口模块（Input/Output Block,IOB）、块存储区（Block RAM）和数字延迟锁相环（DLL）。芯片内还嵌入了硬件嵌入式处理器、DSP 等内核,以提高其微处理器的功能。FPGA 的大部分逻辑功能由可配置逻辑模块完成,存储模块用于完成 FPGA 内部数据的随机存储,输入/输出模块提供内部与外部的接口。

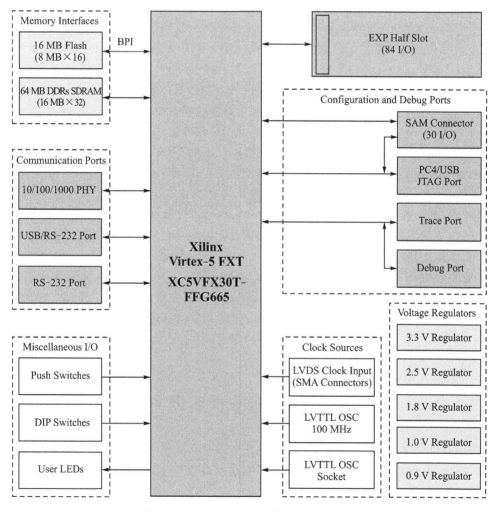

图 1.4　Xilinx Virtex‑5 输入/输出示意图

　　在 FPGA 结构中,可配置逻辑模块（CLB）是主要的逻辑资源,其结构如图 1.5 所示。Virtex‑5 的 Slice 结构主要包含:4 个查找表（Look‑Up Table,LUT）,它由 6 输入端 1 位输出或 5 输入端 2 位输出配置而成;3 个用户可控制的多路复用器;专用算术逻辑(两个 1 位加法器和进位链);4 个 1 位寄存器,无论是作为可配置的触发器还是锁存器,这些寄存器的输入都是被多路复用器所选择的。对于 FPGA 芯片还需要了解的内容如下:

- 时钟资源;
- 时钟管理技术(CMT);
- 锁相环(PLL);
- Block RAM;
- DSP48 Slice;
- Rocket I/O GTP/GTX;
- 可配置逻辑块(CLB);
- SelectIO 资源;
- SelectIO 逻辑资源;
- 高级 SelectIO 逻辑资源。

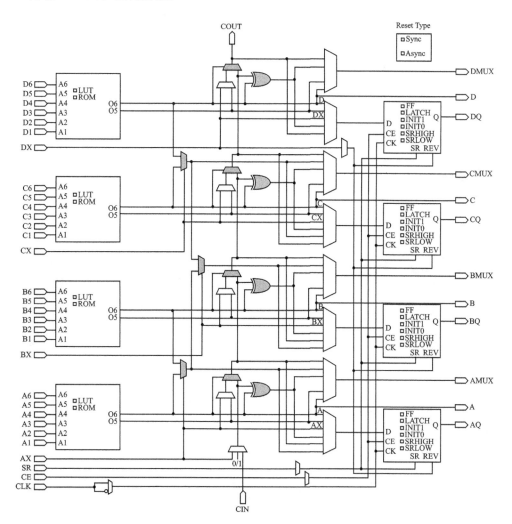

图 1.5　CLB 的结构示意图

2. 专用集成电路(ASIC)

专用集成电路设计领域包括全定制设计和半定制设计两种方法,全定制设计主要采用基于标准单元库的实现方法。对于标准单元库的设计,工艺厂或第三方提供商要开发出所有常用的逻辑单元,确定基于生产厂家的物理特性,组成一个标准单元库。标准单元库包含如反相器、与非门、或非门、锁存器、寄存器等数百个单元。其中,每种逻辑门又有多种物理尺寸以满足不同的扇出要求提供足够的驱动能力。不同的单元物理尺寸可供芯片设计师选择最佳的单元以实现电路的性能指标。图 1.6 是某公司纳米工艺的标准单元库例(反相器和或非门)。图 1.7 是基于数字逻辑标准单元库下的设计实例的版图。

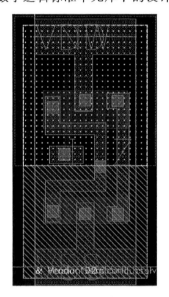
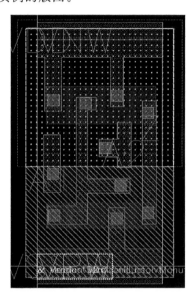

图 1.6　标准单元库例

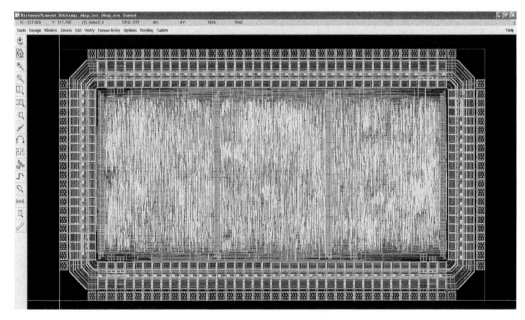

图 1.7　基于数字逻辑标准单元库下的设计实例的版图

　　图 1.7 和图 1.8 示出了数字集成电路版图和基于标准单元的自动布局布线设计示意图。电路由外围 I/O Pad 和内核电路组成,其中输入/输出引脚由工艺厂家提供标准库,工程师根据设计需求决定引脚的数量和位置。内核电路则是设计的核心,工程师按照产品需求通过布局布线工具实现物理层的设置。设计完成的专用集成电路系统主要考查的性能指标是芯片的面积、电路的速度和功耗等。工程师必须按照功能指标(面积、速度和功耗)实现芯片的设计,对设计的版图最终进行厂家提供的设计规则检查和电气特性检查,当完全满足设计要求时,抽取 GDSII 文件提交给工艺生产厂进行制造。这样生产厂家制造的芯片称为裸片(die),裸片还需要进行封装才能成为可使用的成品芯片。

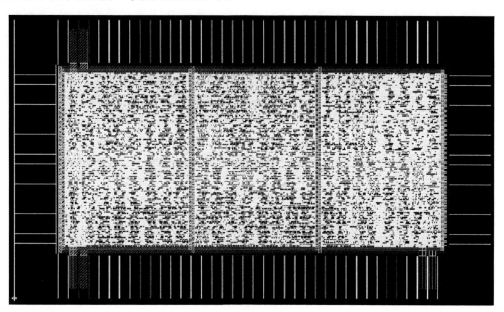

图 1.8　基于标准单元的自动布局布线设计

1.4　系统设计发展趋势

　　目前,先进的集成电路芯片主要有可编程逻辑器件(FPGA/CPLD)和专用集成芯片(ASIC)。在芯片生产制造过程中,先进的集成化工艺在两种芯片中都得到了极大的应用,ASIC/FPGA 在各自不同的领域发挥着各自独特的作用。其中小规模、快速重复设计验证以FPGA 可编程器件应用为主;大规模、大批量商业产品则是 ASIC 专用芯片发挥着主导作用。下面主要介绍 ASIC/FPGA 芯片的未来发展趋势。

1. 向高密度、高速度方向发展

　　ASIC 芯片在高密度、高集成度、高速度以及高带宽等方面已经完全处于引领地位,如45 nm 工艺、高达 5.8 亿个晶体管的 Intel 处理器是高密度、高速度芯片的代表。在存储器芯片里,高密度、高速度和高带宽被更充分地表现出来。三星公司的 DDR3 SDRAM 芯片采用了90/65 nm 的制造工艺,实现了 4 GB 的存储容量和高达 1.6 Gbps/pin 的数据传输率,其支持电压仅仅采用 1.5 V 和 1.35 V。FPGA 中 Stratix 器件具有 11.3 Gbps 收发器和 530K 逻辑单元(LE),是 Altera 40 nm 工艺 FPGA 系列中高性能器件的代表。Stratix Ⅳ GT FPGA 支持下一代 40G/100G 技术,包括通信系统、高端测试设备和军事通信系统中使用的 40/100 Gb 以太网(GbE)介质访问控制器(MAC)、光传送网(OTN)成帧器和映射器、40G/100G 增强前向纠错(EFEC)方案及 10G 芯片至芯片和芯片至模块桥接应用。而 Xilinx 公司的 Virtex-6 HXT FPGA 平台优化了通信应用需要的最高串行连接能力,多达 64 个 GTH 串行收发器可提供高达 11.2 Gbps 带宽。

2. 向大容量、低成本、低价格方向发展

集成电路芯片的大容量、低成本在 ASIC 芯片中竞争激烈,其存储器的容量已经高达每片 16 GB,但 ASIC 芯片的单价却在不断下降。在 FPGA 领域同样存在激烈的竞争,如 Altera 和 Xilinx 在超大容量、低成本 FPGA 芯片上就展开了激烈的竞争。2009 年 Altera 推出了 40 nm 工艺的 Stratix Ⅳ 系列芯片,其容量为 813 050 个 Logic Element;Xilinx 推出的 40 nm 工艺的 Virtex-6 系列芯片,其容量为 758 748 个 Logic Cell(两公司的基本逻辑单元并不相同,即 LE≠LC)。采用深亚微米(DSM)的半导体工艺后,器件在性能提高的同时,价格也在逐步下降。便携式应用产品的发展,对 FPGA 的低电压、低功耗的要求日益迫切。因此,无论是 ASIC 还是 FPGA,也无论是何种类型的产品,都在朝着大容量、低成本、低价格方向发展。

3. 向低电压、低功耗节能环保方向发展

伴随着微电子技术的高速发展,人们更加追求电子产品的多功能、便携性、环保性。集成化芯片在先进半导体工艺的支撑下,正逐步实现低电压、低功耗并向节能环保的方向发展。以 Intel 公司的双核酷睿为例,其产品采用了 45 nm 的制造工艺,片上时钟主频可达 2.53 GHz,然而其正常功耗仅为 19 W。面向服务器和工作站的低功率 45 nm 处理器,功率仅为 50 W 或每内核 12.5 W,而主频则高达 2.5 GHz。因为采用了铪基 high-k 金属栅极晶体管,此款四核 45 nm 低电压版服务器处理器实现了更高能效表现。45 nm 产品采用无铅工艺制造,铅含量低于 $1\,000\times10^{-6}$,符合欧盟有害物质限用(RoHS)规则。卤素的溴含量和氯含量均低于 900×10^{-6}。

对于 FPGA 芯片而言,功耗一直是其致命的弱点,因此也决定了 FPGA 大部分被用于产品的开发验证阶段,而过高的功率消耗无法让消费者接受。但是,设计师在多方驱动下,仍然提出各种改进的方案。采用基于第三代 Xilinx ASMBL 架构的 40 nm 制造工艺的 Virtex-6 可支持双电压,新器件既可在 1.0 V 内核电压上操作,同时还可选择 0.9 V 低功耗版本。其产品可降低系统成本 60%,可降低功耗 65%。

4. SoC/NoC 及可编程片上系统 SoPC

对于纳米工艺的芯片,庞大的在片晶体管数量使功耗、延迟和速度之间存在诸多矛盾,为有效解决这些问题,片上系统(SoC)及多核在片是有效的解决方法。其中 SoC 芯片已经在各种电子产品中广泛应用,而多核在片是多处理器核之间采用分组路由的方式进行片内通信,从而克服了由总线互连所带来的各种瓶颈问题。这种片内通信方式称为片上网络(NoC),其逐渐在大规模集成芯片中备受关注,也是集成化芯片探索的重要方向。

SoPC(System on a Programmable Chip)为可编程片上系统,可以理解为在单一芯片上,通过可编程逻辑实现系统级设计。首先,它是嵌入式片上系统的一种,即由单个芯片或多芯片

组结合实现硬件系统逻辑功能;其次,它是可编程系统,也就是通过软件代码实现逻辑功能,具有可配置、可编辑和可修改等灵活的设计手段,具备软硬件的系统可编程功能。可以这样说,SoPC 是融合了 SoC、FPGA 甚至 MCU 的一种硬件设计方法,是一种研究电子信息系统的便捷化设计方法。

随着生产规模的提高,产品应用成本的下降,FPGA 的应用已经不是过去的仅仅适用于系统接口部件的现场集成,而是将它灵活地应用于系统级(包括其核心功能芯片)设计之中。在这样的背景下,国际主要 FPGA 厂家在系统级高密度 FPGA 的技术发展上,主要强调了两个方面:FPGA 的 IP(Intellectual Property,知识产权)硬核和 IP 软核。当前具有 IP 内核的系统级 FPGA 的开发主要体现在两个方面:一方面是 FPGA 厂商将 IP 硬核(指完成版图设计的功能单元模块)嵌入到 FPGA 器件中;另一方面是大力扩充优化的 IP 软核(指利用 HDL 语言设计并经过综合验证的功能单元模块),用户可以直接利用这些预定义的、经过测试和验证的 IP 核资源,有效地完成复杂的片上系统设计。

5. 向动态可重构方向发展

动态可重构是指在外部指令控制下,芯片不仅具有系统在片的重新配置电路功能的特性,而且还具有系统在片动态重构电路逻辑的能力。动态可重构集成技术正在成为集成电路设计的重点之一,基于 ASIC 的可重构化在不同的领域得到应用,其中可重构计算处理器和无线通信中的软件无线电正是可重构化的具体应用。对于数字时序逻辑系统,动态可重构 FPGA 的意义在于,其时序逻辑的发生不是通过调用芯片内不同区域、不同逻辑资源组合而成的,而是通过对 FPGA 进行局部或全局的芯片逻辑动态重构而实现的。动态可重构 FPGA 在器件编程结构上具有专门的特征,其内部逻辑块和内部连线的改变,可以通过读取不同的 SRAM 中的数据来直接实现这样的逻辑重构,时间往往为纳秒级,有助于实现 FPGA 系统逻辑功能的动态重构。

6. FPGA/ASIC 融合发展

标准专用集成电路 ASIC 芯片具有尺寸小、速度高、功耗低的优点,但其缺点表现为设计复杂,并且只有在大批量情况下才可能降低成本。FPGA 价格较高,能实现现场可编程设计验证特点,但也有体积大、能力有限,且功耗比 ASIC 大的不利因素。正因如此,FPGA 和 ASIC 正在互相融合,取长补短。随着一些 ASIC 制造商提供具有可编程逻辑的标准单元,FPGA 制造商重新重视标准逻辑单元,融合双方优点的新型芯片正在成为可利用的商品。

尽管在实现数字系统功能时 ASIC 或 FPGA 是相同的,但两者也存在明显的差别。ASIC 专用集成电路具有如下特点:

- 实现功能的专一性;
- 可大规模制造生产;
- 混合信号可实现性;
- 与后端制造工厂工艺库的紧密关联性;
- 低成本、高性能。

除上述列举的特点之外,ASIC 其他优势还表现在如下几个方面:

- 高性能、安全的 IP 核的可设计性;
- 高效、低面积消耗的系统空间;

- 复杂系统的在片可设计、可制造性。

相对于 ASIC,FPGA 现场可编程门阵列同样具有自身优势,主要表现在如下几个方面:

- 强大的在片可编程/可配置的多次复用性;
- 实现功能设计的多样性;
- 无需后端工艺库,设计的简化性;
- 实现设计—市场的短开发周期。

由此可见,ASIC 和 FPGA 由于各自的特点而在实际设计中也会各有侧重。对于要求复杂、设计较成熟及有很大的市场需求的产品,ASIC 方案将是不错的选择。对于设计不完善、市场需求量较少仍然处于实验室阶段的产品,选择 FPGA 方案则具有更高的开发潜能。然而,随着应用需求的多样化和复杂化,具有可重构/可配置计算功能的 ASIC 也正在被研究和开发,其产品已经在一些特殊需求的领域得到应用。

1.5　集成电路的应用前景

信息技术或信息系统已经在我们日常生活中形影相随,信息社会/信息系统的硬件基础是什么呢? 答案就是电子器件,其核心就是集成电路芯片。随着集成电路的迅猛发展,高性能计算、人工智能、图像处理及通信导航等各领域也带来了革命性的创新。与此同时,人们对信息技术应用所必需的超高速计算和复杂信息处理等新的需求也进一步刺激了半导体工业的发展。近几十年来,以 Intel 公司为代表的微处理器芯片开发技术一直是集成电路设计甚至半导体工业的先导和风向标。然而,随着移动通信技术的发展,基于 ARM 架构的移动处理器已经取代 Intel 的传统处理器市场,逐渐由苹果、三星、华为、高通、联发科等引领着移动处理器的发展方向。苹果 iPhone 12 以及 A14 处理器芯片首先采用 TSMC 5 nm 制程开发,主频提升到了 3.1 GHz。当前移动通信技术应用是集成电路应用的另一个主战场,随着 4G/5G 通信技术/标准的普及和建立,移动通信已经向终端客户提供包含实时音频和视频(手机电视)等全方位的服务功能,并且通信终端由于芯片技术而更易于便携,功能也更强大。家用电器等消费类电子产品也伴随着集成电路一路走来,从液晶电视到数码产品,复杂板级电路系统已经被单芯片集成系统全面取代。

现代高性能通用计算机已经可以完成所有现实工作中的各种任务,既然如此,为什么还要专门设计复杂集成电路呢? 一方面,高性能通用计算机的核心应该是高复杂度的集成电路芯片(ASIC 或 SoC);另一方面,无论是现代通信技术、数字信号处理还是自动控制等方面,都要求信息的实时性,即必须在规定时间内完成。例如在手持消费类电子产品中,手机已经在微纳技术的支持下,完成了整合无线通信、音视频播放、游戏娱乐、导航定位等多方面的功能要求,但是这些功能都对电子信息系统提出了苛刻的信息处理速度的性能要求。还有,尽管通用计算机可以实现我们日常生活中的消费需求(通用 PC 对比移动设备具有更强的处理能力),如播放多媒体影音文件等,但如果我们在公园里散步或者外出旅行,试想又有谁会愿意拿着重达几千克的通用计算机来欣赏音乐呢? 或许移动电源就是不可逾越的鸿沟。因此,为提高在特定领域信息处理的速度和减轻系统的质量,必须根据各种不同的使用需求设计对应的最优算法和芯片,尽可能实现小巧、高速的专用硬件集成系统,以完成特定任务,这是我们提高生活品质的重要一环。

习　　题

1. 针对电子系统的发展规律,试说明未来的发展方向,并比较集成化数字系统与传统的分立器件系统的优缺点。

2. 简述硬件描述语言的种类,试讨论 Verilog 与 VHDL 的优缺点。

3. 请思考:决定硬件数字系统性能的因素有哪些。

4. 请思考:设计数字电路系统时,除了掌握 HDL 语言外,还需要掌握哪些知识。为什么?

5. 在数字集成系统中,FPGA 设计方法与 ASIC 设计方法在实现上有何不同? 试说明各自的优缺点。

6. 简述数字系统集成化设计的方法和种类,描述各自的设计流程及其使用的工具。

7. 为什么说信息化社会中数字系统的集成化设计是电子信息产品的发展基础?

第 2 章　Verilog 硬件描述语言

2.1　基本概念

在信息技术领域,计算机软件很早就用于完成各种复杂的工作,这些程序按照代码以时间顺序执行操作,在通用计算机下高效、准确完成预期的任务。然而,硬件工程师直到 20 世纪 80 年代初还在使用手工方式进行设计工作,因此,硬件设计人员希望使用一种标准的硬件描述语言来完成电路的设计,以便从烦琐的手工绘图工作中解放出来,从而更专注于系统的功能设计。基于此,硬件描述语言(Hardware Description Language,HDL)应运而生。目前世界上最受硬件工程师欢迎的两种硬件描述语言是 Verilog HDL 和 VHDL,两者均为 IEEE 标准,被广泛地应用于硬件数字电路系统的工程设计中。Verilog HDL 语言于 1983 年由 Gateway Design Automation 公司的 Philip Moorby 等人首创。两年后 P. Moorby 设计出第一款 Verilog 的仿真器,并提出了 XL 算法用于快速门级仿真,由此 Verilog HDL 语言得到了迅速发展。同期,VHDL 由美国国防部高级计划署组织研发。研究人员很快就利用这两种语言进行大型复杂数字电路的功能仿真设计了。

HDL 语言以文本形式来描述数字系统硬件结构和行为,是一种用形式化方法来描述数字电路和系统的语言,可以从顶层到底层逐层描述自己的设计思想。借鉴层次化的设计思想完成自顶层系统到底层的基本单元电路设计,并进行功能验证仿真。目前,这种自顶向下的方法已被广泛使用。概括地讲,HDL 语言借鉴和继承了 C 语言的很多特点和语法结构,其特点如下:

① 硬件描述语言具有时序的概念,一般的高级程序语言则没有时序概念。在硬件电路中,由于信号通过物理器件的电平转换来实现,从输入到输出有延时存在,因此在经过不同路径后信号的时序就不同了。为了准确客观地表达电路的情况,必须引入时序的概念。HDL 语言不仅可以描述硬件电路的功能,还可以描述电路的时序。

② 硬件描述语言具有并行处理的功能,即同一时刻并行执行多条指令或代码。这和一般高级设计语言(如 C 语言等)串行执行的特征是不同的。

③ 硬件描述语言可以在不同的抽象层次描述设计,使用结构级行为描述更有利于系统功能的验证。HDL 语言采用自顶向下的数字电路设计方法,主要完成 4 个抽象层次(开关级、逻辑门级、寄存器级和行为级,开关级由于不可综合,实际中很少使用)。

④ 形式化表示电路的结构或行为,HDL 语言源于高级程序设计语言,其结构形式描述与高级语言相同,同时更注重实现硬件电路具体连接结构的描述。

⑤ 借鉴和继承了高级语言的语法结构和描述方法,使工程设计人员更注重系统和行为级的设计,从而有利于逻辑功能的判断。

在复杂数字逻辑电路和系统设计过程中,通常采用自顶向下和自底向上两种设计方法。

设计时需要考虑多个物理参数的综合平衡。对于高层次系统级行为描述,一般用自顶而下的设计方法实现;另一方面,设计时也会使用自底向上的方法从库元件或以往设计库中调用已存的设计单元来进行。自顶向下的设计从系统级开始,把系统划分为子系统,然后再把子系统划分为下一层次的基本单元,直到可以使用标准器件单元实现。这种方法的优点是:在设计周期开始就做好了系统分析;由于设计的仿真和调试过程是在高层系统级进行,所以能够早期发现系统逻辑功能和结构设计上的错误,可以节省大量的设计时间,有利于系统的划分和整个项目的管理,减少设计人员的工作量。这种方法的缺点是:系统性能不一定是最优化的,在面积、功耗、速度等方面很难实现高性能设计,且制造成本高。

2.2　Verilog HDL 的基本结构

Verilog 硬件描述语言可以实现系统算法级、电路结构级、RTL 级和逻辑门级的多种抽象设计层次的数字系统建模。模块是 Verilog 语言的基本描述单位,用于描述某个设计的功能或结构及其与其他模块通信的外部接口。模块之间是并行运行的,通常需要一个高层模块通过调用其他模块的实例来定义一个封闭的系统,包括数据流和硬件结构。模块可以采用下述方式描述一个设计:数据流建模、行为级建模、逻辑门级建模或者上述方式的混合。一个模块的基本架构如下(基于 Verilog HDL—2009 标准):

```
module    module_name              //模块名
          (port_list);             //端口声明列表
          input;                   //输入信号声明
          output;                  //输出信号声明
          inout;                   //输入/输出信号声明
          reg;                     //寄存器类型声明
          wire;                    //线网类型声明
          parameter;               //参数声明
    //主程序代码,建模结构部分
          gate level
          assign level
          initial
          always @ (posedge CLK and negedge reset)
              UDP structure
              Sub_module U(out, input1,input2);
          //被调用的子模块
          function                 //函数
          task                     //任务
endmodule
```

上面描述了一个基本的 Verilog 语言源代码结构,主要包含模块关键字(module、endmodule)、模块名、端口声明、信号/连线/参数声明、建模结构等。其中,声明部分用来指定数据对象为寄存器型、存储器型、线网型及过程块。建模结构内容可以是门级结构、连续赋值结构、initial 结构、always 结构或模块实例。下面给出简单的 Verilog 模块,即使用不同语法实现了相同与门功能。

例 2.1　不同与门描述法的 Verilog 实现(见图 2.1)。

```
/*   and_2   */
module   and_2   (in1, in2, out);
input    in1, in2;               //输入信号
```

```
output    out;                      //输出信号
    and  m1(out, in1, in2);         //逻辑门描述
endmodule

module   and_2   (in1, in2, out);
input    in1, in2;                  //输入信号
output   out;                       //输出信号
    assign   out = in1 & in2;       //连续赋值建模
endmodule
```

图 2.1 所示的模块名称是 and_2,模块有 3 个端口:两个输入
端口 in1 和 in2,一个输出端口 out。对于端口的位数,在没有定义
时所有端口大小都默认为 1 位(比特或 bit);对于端口的数据类型,
没有定义时这些端口都默认为线网型数据类型。如果没有明确的
说明,端口都是线网型的,且输入端口只能是线网型。组合逻辑的输出端口只能定义为线网类
型(如 wire);对于时序逻辑的输出端口定义为寄存器类型(如 reg)。

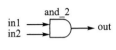

图 2.1　逻辑与门

2.3　模块与声明

2.3.1　标识符

标识符用来给一个所设计的对象定义唯一名称,因此它可以被引用。标识符可以是一个
简单的标识符或转义标识符、生成标识符。一个简单的标识符应包含字母、数字、美元符号
"$"和下画线"_"等字符,但其第一个字符不能是阿拉伯数字"0,1,2,…,9"或符号"$",可以
是字母或下画线。标识符区分大小写。以"$"符号开始的标识符是系统函数保留的标识符,
具体内容可参考《Verilog 硬件描述语言》。

标识符示例如下:

```
buaa_index
shiftreg_1
oled_out
merge_ab
data3
ab$699
```

标识符还包含转义标识符和生成标识符。转义标识符应先从反斜杠符(\)开始并以空格
(或制表符、换行符)结束。它们提供了包括任何可打印的 ASCII 字符中的标识符(十进制中的
33～126,或者十六进制中的 21～7E)的一种手段。反斜杠开始和空格结束的标识符都被认为
是标识符的一部分,因此,转义标识符"\buaa_2"与标识符"buaa_2"相同。生成标识符是由生
成循环语句产生并被使用到层次命名中的一种标识符。

2.3.2　关键字

关键字是已经用于 Verilog 语法结构的 IEEE 标准中预定义的标识符,关键字前不可以加
转义标识符。Verilog 中的关键字全部小写,2005 年规定的语法关键字有 123 个。Verilog 代
码中其他标识符不可与关键字相同。

部分关键字如下:

```
module
input
parameter
always
begin
if
xor
pmos
end
endmodule
```

2.3.3　模块命名

Verilog 使用模块(module)来代表一个基本的功能单元。模块定义是以关键字 module 开始和以关键字 endmodule 结束,紧随开始的关键字是模块名。模块也就是被设计的电路单元,可以通过输入/输出接口被其他模块所调用。模块名的命名必须清晰、易懂,模块的命名应该尽量用英文表达出其完成的功能,并在命名前加入函数的前缀,函数名的长度一般不少于 2 个字母。Verilog HDL 模块的命名还需要考虑以下情况。

1. 模块的命名规则

在系统设计阶段应该为每个模块进行命名。命名的方法是将模块英文名称的各个单词首字母组合起来,形成 3~5 个字符的缩写。若模块的英文名只有一个单词,可取该单词中的前 3 个字母。各模块的命名以 3 个字母为宜。例如:Built-in-self-test 模块,命名为 BIST;Arithmatic Logical Unit 模块,命名为 ALU;Transceivers 模块,命名为 TSR 等。

2. 模块端口连接规则

各模块之间都是通过端口来定义连接的,端口可以看成连接部分,即模块的内部和模块的外部。当一个模块调用另一个模块时,模块之间必须遵守一定的规则,模块端口的连接方式如图 2.2 所示。当一个模块调用另一个模块时,可以使用两种方式将模块定义的端口与外部环境中的信号连接起来,即信号顺序命名规则和端口名命名规则。信号顺序命名法是需要连接到模块实例的信号必须与模块声明时目标端口列表中的位置保持一致。这种方法适合于初学者或较短的程序代码,如下所示:

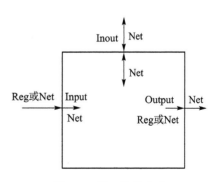

图 2.2　端口连接方式

```
module name1(...);
//端口定义;
//模块描述;
    mux mux_name1(in1,in2,sel,out);

endmodule
module name2(in1,in2,sel,out);
    //端口定义;
    //模块描述;
```

```
        assign out = sel ? in1 : in2 ;
    endmodule
```

信号顺序命名连接法对于大型复杂数字系统设计来说是很容易出问题的。而端口名命名法是在端口设置中,各模块端口与外界信号按名字进行连接而不是按照位置顺序。这种方法只要保证端口与外部信号正确匹配,其端口连接可以是任意顺序,程序代码如下:

```
    full_add U(.in1(a_in1),.in2(a_in2),.C_in(c_in),.C_out(c_out),.sum(sum));
```

相对于信号顺序连接法,端口名命名法的一个优点是,可以悬空某一端口而不用特别说明;另一个优点是,只要端口名字不变,即使模块端口列表中端口的顺序发生变化,模块实例的端口连接也无须调整。

3. 模块划分

模块结构划分是系统功能设计中将复杂问题简化的一种手段。使用硬件描述语言等高级程序设计语言时,在充分理解系统功能后,一般按照其逻辑功能划分为主模块和各个功能子模块。主模块内仅包含模块I/O端口、内部连线和子模块。为避免子模块间寄生逻辑,所有逻辑功能全部置于各子模块内,禁止主模块内设置逻辑功能。系统中模块结构的划分一般可以采用空间结构法和时间结构法,空间结构法是按照系统的逻辑功能平行划分,时间结构方法则是根据系统的计算过程纵向划分。

2.3.4 信号命名

对于大规模复杂数字系统,往往需要几个设计小组互相配合来完成,这种情况会带来不同模块编写的一致性问题。信号命名规则在团队开发中占据着重要地位,统一、有序的命名能大幅减少设计人员之间的冗余工作,还可便于团队成员代码的查错和验证。例如,所有的字符变量均以ch为前缀,若是常数变量则追加前缀c。信号命名的整体要求为:命名字符具有一定的意义,简捷易懂,且项目命名规则唯一。对于HDL设计,设计人员还需要注意下面的信号命名规则。

全局模块中信号的系统级命名是普遍使用的方法。输送到各个子模块的全局信号是系统级信号,主要指复位信号、置位信号和时钟信号等。全局系统信号以字符串sys开头;复位信号一般以rst或reset为标识;置位信号以set标识;时钟信号用clk来表示,并在后面添加相应的频率值或可区分信息。子模块的所有变量命名规则按照数据方向命名的原则,其中数据发送方在前,数据接收方在后,数据发送方与接收方两部分之间用下画线隔离开以保证清晰易读。模块内部的信号由几个单词连接而成,缩写要求能基本表明本单词的含义;单词除常用的缩写方法外(如reset→rst,clock→clk,enable→en等),一律取该单词的前几个字母(如transceiver→tran,frequency→freq等);一般采用C语言格式,遇两个连接字母时,中间添加一个下画线(如tran_clk);或者采用C++语言惯例(如TranClk)。典型的系统信号命名方式如下所示:

```
    wire [3:0]  sys_out, sys_in;
    wire        clk,clk_freq_50m,clk_freq_200m;
    wire        reset;
    wire        set_aes;
```

2.3.5　端口声明

在模块名之后,端口列表表示模块内输入、输出等各种信号,构成模块与外界交互信息的接口,端口声明包括以下 3 种类型:

- input:模块从外界读取数据的接口,是线网型。
- output:模块向外界送出数据的接口,是线网或寄存器型。
- inout:既可读取数据也可输出数据,数据可双向流动,是线网型。

注意:input 和 inout 类型的端口不能声明为 reg 数据类型,因为输入端口不能保存信号的数值。

2.3.6　变量声明

在高级程序设计语言里变量声明是必不可少的,Verilog 硬件描述语言与其他高级语言一样也必须对变量进行声明,Verilog 语言要求只要在变量使用前声明即可,例如:

```
assign  wire[127:0]     aes_output = (ctrl?) out_128:out_256;
```

上述连线端口仅仅在被调用前声明而已。声明后的变量、参数等禁止再次重复声明。Verilog 语言在设计使用上比 C 语言或者 VHDL 语言具有更大的自由性。

2.3.7　系统函数

Verilog 语言与 C 语言一样也采用了 include 来调用某个目录下的文件添加到这个程序中。其文件可以是其他程序的源码或是一些公共参数设定,在编译时将所指定的文件连接到当前程序共同编译。

`define 指令也是 Verilog 经常使用的编译指令之一,属于宏定义。`define 指令与参数设定有共同点,但 `define 作用于全局声明,而参数设定仅仅在本模块内声明。例如:

```
`define Idle 2 b00;
`define Write 2 b01;
`define Read 2 b10;
`define Count 2 b11;
module m_name(  );

    //模块内部代码
endmodule
```

尽管状态机的状态设计可以使用宏定义 `define,但在具体设计中应尽量使用参数定义法,以避免由于宏定义的全局性而带来问题。

2.3.8　代码编写规范

1. 分节编写格式

关于模块中主程序的编写,不同功能的小节之间采用空行隔开。如每个 always、initial 语句都是一节。一节基本上完成一个特定的功能,即用于描述某个功能信号的产生。在关键节之前可以使用注释对该节代码加以描述,以提高源代码的可读性。在编写时行首不要使用空格来对齐,而是用 Tab 键。不同层次之间的语句使用 Tab 键进行缩进,每加深一层缩进一个

Tab；在 task、function、case 等标记一个代码块开始的关键词后面，要添加注释以说明这个代码块的功能、特性等信息。

2．注释空格的规范

单行注释一般采用"//"符号，多行注释一般使用"/ * … * /"符号，回行一般顶格书写。

```
// generate some random data
/ *
Verilog has come as long way since it started at Gateway Design Automation in 1984 . It is now used
extensively in the design of integrated circiuts and digital systems.
* /
```

Verilog 在语法上允许使用空格，以保证程序的整齐美观，在仿真测试时，仿真器会自动忽略它们。

3．程序说明的编写

为使其他工程技术人员对程序有一个很好的了解，一般程序都有注释头，其描述的内容主要有版本序号、开发单位、开发人员、开发时间、更新时间、更新内容、功能描述等几个方面。注释头示例如下：

```
//程序说明
//============================//
//版本序号：
//开发单位：
//开发人员：
//开发时间：
//更新时间：
//更新内容：
//功能描述：
//============================//
```

在注释说明中，需要注意以下细节，如开发时间要从开始到测试结束，更新内容要记录清晰以备查找，模块或端口的命名规则要说明，电路的算法描述要言简意赅。

2.4　数据类型与运算符

2.4.1　数字声明

Verilog 语言包含了 19 种数据类型，主要是整型、参数型、寄存器型和线网型 4 种。其他类型使用较少不予说明。数据类型中整型是常量，参数型也是常量。数字的表示方法如表 2.1 所列。完整的数字表达式如下：

```
<位宽>'<进制><数字>
```

数字描述时位宽可以缺省，缺省方式下默认为 32 位。当数字描述没有使用标准表达式格式时，默认为十进制数。

Verilog 语言支持负数表达，以 2 的补码来表示负数。书写是在位宽前面加一个负号，负号必须在数字表达式的最前面。**注意**：负号不可在位宽和进制之间，也不可放在进制和具体数之间。举例如下：

```
wire [7:0] nega_num = - 8'b0100_0010 = 8'b1011_1110;    //(补码)
wire [7:0] test = 8'd - 3;                              //负号位置错误
```

表 2.1　数字的表示方法

数字格式	数字符号	数字示例	说　明
Binary	%b	8 b0010_0110	8 位二进制数
Decimal	%d	8 d17	8 位十进制数
Octal	%o	8 o10	8 位八进制数
Hex	%h	h29	32 位十六进制数
Time	%t		64 位无符号整数变量
Real	%e、%f、%g		双精度的带符号浮点变量,用法与 integer 相同
x 值		8 b1000_xxxx	x 表示不定值
z 值		8 b1000_zzzz	z 表示高阻

在非标准数字表达格式时可以直接在数字前添加负号,如:

```
wire [7:0]  test = - 3;
```

在 Verilog 语言中,为解决数字电路中不同强度的驱动源信号之间的冲突,逻辑值的驱动强度由强到弱包含:supply(驱动型)、strong(驱动型)、pull(驱动型)、large(存储型)、weak(驱动型)、medium(存储型)、small(存储型)、highz(高阻型)。当两个具有不同强度的信号驱动同一个线网时,则高强度的信号获胜输出/输入。

2.4.2　数值逻辑

Verilog 语言提供了数值逻辑,如表 2.2 所列,其逻辑电路图如图 2.3 所示。

表 2.2　数值逻辑

数　值	电　位
0	低电位或接 Gnd
1	高电位或接 VDD
x	不确定电位
z	高阻态

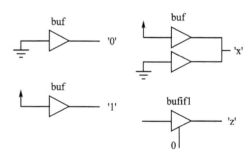

图 2.3　逻辑电路图

2.4.3　常量数据类型

Verilog HDL 中的常量分为 3 类:整数型、实数型及时间型。在整数型和实数型中使用下画线符号“_”以提高程序的可读性。

1. 整数型

整数型是用关键字 integer 进行声明的,是一种通用的寄存器数据类型。其可以按如下两种方式书写:简单的十进制数格式及基数格式。通常使用 reg 类型定义寄存器变量,但使用整数类型的变量来完成计数会更方便。

2. 实数型

实数可以用下列两种形式定义：十进制计数法和科学计数法,声明的关键字是 real。根据 Verilog 语言的定义,实数赋值给整数时,实数通过四舍五入转换为最相近的整数。实数声明不带范围,默认值为 0。

3. 时间型

硬件描述语言的仿真是以时间为基础进行的。时间量使用 time 进行声明,Verilog 语言中仿真时间寄存在时间寄存器,通过系统调用函数 $time 来调用仿真时间。

2.4.4 数据类型

1. 线网型

线网型(wire、tri 等)表示电路器件之间的物理连接,wire 类型是最常用的类型,只有连接功能;tri 类型是线网数据类型的一种,tri 类型可以用于描述多个驱动源驱动同一根线的线网类型。没有声明的连线的默认类型为 1 位(标量)wire 类型。Verilog 程序模块中输入、输出信号类型默认为 wire 型。wire 型信号可以用做方程式的输入,也可以用做 assign 语句或者实例元件的输出。

wire 型信号的定义格式如下：

```
wire [w-1:0] bus1,bus2,...,busN;
```

这里,总共定义了 N 条数据线,每条数据线的位宽为 w。

下面给出几个例子：

```
wire [7:0] x, y, z;        //x,y,z 都是 8 bit 的 wire 型连线
wire d;                    //默认为 1 bit 连线
```

线网型数据还有 supply1、supply0、wor、wand 等可综合的不同强度驱动源类型。

2. 寄存器型

寄存器型在赋新值以前保持原值,reg 是寄存器数据类型的关键字。寄存器是数据存储单元的抽象(不能表示真正的硬件),通过赋值语句可以改变寄存器存储的值,其作用相当于高级语言中的变量。reg 型数据常用来表示 always 模块内(行为级描述过程块将在后面详细介绍)的指定信号,代表触发器。通常在设计中要由 always 模块通过使用行为描述语句来表达逻辑关系。在 always 块内被赋值的每一个信号都必须声明为 reg 型,即赋值操作符的右端变量必须是 reg 型。reg 型信号的定义格式如下：

```
reg [w-1:0] data1,data2,...,dataN;
```

这里,总共定义了 N 个寄存器变量,每条数据线有 w bit 位宽。下面给出几个例子：

```
reg a;                    //一个标量寄存器
reg [15:0] data;          //从 MSB 到 LSB 的 16 位寄存器向量
reg [7:0] m, n;           //两个 8 位寄存器
```

reg 型数据可以为正值或负值。但当 reg 型数据是一个表达式中的操作数时,它的值被默认为无符号值的正值。如果一个 4 位的 reg 型数据被写入 −1,那么在表达式中运算时,其值

将采用 2 的补码形式来表示。reg 型和 wire 型的区别在于：wire 型需要持续的驱动信号，reg 型保持最后一次的赋值。

3.　参　数

在 Verilog HDL 中用 parameter 来定义在仿真时保持不变的常量，即用参数（parameter）来定义一个标志符，表示一个常数，其目的可以提高程序的可读性和易维护性。

parameter 信号的格式如下：

```
parameter 参数名 = 数据名;
```

下面给出几个例子：

```
parameter        width = 8;
output [width - 1:0] bus;

parameter [3:0] Sig0 = 4'b0000,
                Sig1 = 4'b0001,
                Sig2 = 4'b0010,
                Sig3 = 4'b0011;
```

Verilog 语言中局部参数使用关键字 localparam 定义，区别是局部参数的值不能改变，多用于局部状态机的状态编码。

4.　数组类型

Verilog 语法允许声明 reg、integer、time、realtime 及向量类型的数组（array），可以声明二维数组。数组中的元素可以是标量和矢量，例如：

```
integer Numb [7:0];               //包含 8 个整数数组变量
time   t_vals [3:0];              //4 个时间数组变量
reg [7:0]  memb   [0:1023];       //两维数组
wire [7:0]  array  [3:0];
```

Verilog 通常用 reg 型变量建立数组来描述存储器，可以是 RAM、ROM 存储器和寄存器数组。数组型通过扩展 reg 型数据的地址范围来达到二维数组的效果，其定义的格式如下：

```
reg [MSB:LSB]   <memory_name> [first_addr:last_addr];
    //[MSB:LSB]定义存储器字的位数
    //[first_addr:last_addr]定义存储器的深度
reg [15:0]  ROMA    [0:1023];
```

这个例子定义了一个存储位宽为 16 位，存储深度为 1 024 的一个存储器。该存储器的地址范围是 0～1 023。需要注意的是，对存储器进行地址索引的表达式必须是常数表达式。Verilog—1995 不支持多维数组，也就是说，只能对存储器字进行寻址，而不能对存储器中一个字的位寻址。Verilog—2001 以后支持三维数组。

尽管 array 型和 reg 型数据的定义比较接近，但二者还是有很大区别的。例如，一个由 n 个 1 位寄存器构成的存储器是不同于一个 n 位寄存器的。

```
reg [n-1:0]   rega;               //一个 n 位的寄存器
reg memb   [n-1:0];               //一个由 n 个 1 位寄存器构成的存储器数组
```

一个 n 位的寄存器可以在一条赋值语句中直接进行赋值，而一个存储器数组则不行。

5.　字符串型

字符串（string）保存在 reg 类型中，每字符占用 8 bit。字符串一般用双引号标示字符序列。字符串不能分成多行书写。例如,"welcome"用 8 位 ASCII 值表示的字符可看做是无符号整数,因此字符串是 8 位 ASCII 值的序列。为存储字符串"welcome",变量需要 7 个字节。

```
reg[1:8*7] Char;              //声明变量 char,其宽度为 7 个字节
Char = "welcome";            //字符串存储在变量中
```

2.4.5　运算符和表达式

操作符是 Verilog 语言中重要的组成部分,它可以简捷地实现数字电路中的逻辑运算功能。操作符通常分为单目操作符、双目操作符和多目操作符。这里单目操作符在操作数的左边使用,双目操作符使用在两个操作数中间,多目操作符应当分隔 3 个操作数或实现等价判断。与其他高级语言一样,Verilog HDL 语言使用运算符进行数学计算和逻辑运算。运算符按功能可以分为算术运算符、逻辑运算符、位运算符、关系运算符、赋值运算符、缩减运算符、移位运算符、位拼接运算符、条件运算符,如表 2.3 所列。

表 2.3　运算符及其功能

运算符名称	功能分类	运算符	运算符名称	功能分类	运算符
算术运算符	Add 加法	+	关系运算符	Less than or equ 小于或等于	<=
	Sub 减法	−		Greater than or equ 大于或等于	=>
	Multiply 乘法	*		Less than 小于	<
	Div 除法	/		Greater than 大于	>
	Modulus 取余数	%	赋值运算符	阻塞赋值	=
逻辑运算符	AND 逻辑与	&&		非阻塞赋值	<=
	OR 逻辑或	||	缩减运算符	AND 与	&
	NOT 逻辑非	!		OR 或	|
位运算符	AND 按位与	&		NAND 与非	~&
	OR 按位或	|		NOR 或非	~|
	NOT 按位非	~		XOR 异或	^
	NAND 按位与非	~&		XNOR 异或非	~^
	NOR 按位或非	~|	移位运算符	Shift left 左移	<<
	XOR 按位异或	^		Shift right 右移	>>
	XNOR 按位异或非	~^ or ^~	拼接运算符	Concatenation 拼接	{}
等式运算符	Equality 相等	==		Replication 重复拼接	{{}}
	Inequality 不等	!=	条件运算符	Conditional 条件	?:

位运算符中,按其所带操作数个数的不同可以分为以下 3 种:
- 单目运算符:带一个操作数,且放在运算符的右边;
- 双目运算符:带两个操作数,且放在运算符的两边;
- 三目运算符:带三个操作数,且被运算符间隔开。

在 Verilog 语言中,运算符是根据其优先级的不同来决定计算的先后顺序的。运算符的优先级如表 2.4 所列。

运算符使用时的注意事项:将负数赋值给 reg 或其他无符号变量使用 2 的补码算术;如果操作数的某一位是 x 或 z,则结果为 x;在整数除法中,余数舍弃;模运算中使用第一个操作数的符号。逻辑反操作符将操作数的逻辑值取反。例如,若操作数为全 0,则其逻辑值为 0,逻辑反操作值为 1,按位反的结果与操作数的位数相同。条件操作符必须有 3 个参数,缺少任何一

个都会产生错误。

表 2.4　运算符的优先级

优先级别	操作符	说　明
最高	!、~、*、/、%	逻辑非、按位取反、乘、除、取模
依次递减	+、−	加、减
	<<、>>	移位
	<、>、<=、>=	关系
	==、!=、===、!==	等价
	&、~&	按位与/与非
	^、~^、~^	按位异或/同或
	|、~|	按位或/或非
	&&	逻辑与
	||	逻辑或
最低	?:	条件运算

2.5　行为建模

由于数字系统设计的复杂度不断提高,从系统级着手考虑电路的整体架构已是设计人员通用的惯例。这种凌驾于电路结构或数据流之上的设计方法更有利于重点考虑系统的功能和算法性能。Verilog 语言支持设计者从行为级对电路进行描述,行为级设计可以在电路整体结构与系统算法做折中考虑,因此,Verilog 语言为设计者提供了更大的使用灵活性。在 Verilog 语言中,行为级建模的两种基本语句是 initial 语句和 always 语句。它是其他所有行为描述的基础,其他行为语句只能出现在这两种过程语句中。

2.5.1　行为描述模块

行为级描述主要包括过程语句、赋值语句、语句块、时序控制、数据流控制 5 个方面,主要完成电路时序逻辑功能。

1. 过程语句

过程语句主要由下面两种过程模块来实现,具有较强的通用性和有效性。
- initial 模块;
- always 模块。

一个程序可以有多个 initial 模块和 always 模块。initial 模块和 always 模块的区别在于 initial 模块从仿真开始时刻执行且只执行一次,而 always 模块则不断重复地执行。always 模块可以被逻辑综合,而 initial 模块则不可以被逻辑综合。

(1) initial 模块

在进行仿真时,一个 initial 模块从模拟 0 时刻开始执行,且在仿真过程中只执行一次,在执行完一次后,该 initial 模块就被挂起,不再执行。如果仿真中有两个 initial 模块,则两个模块在各自独立的情况下同时从 0 时刻开始并行执行。initial 模块是面向仿真的,是不可综合

的,通常被用在测试平台(Test Bench),以描述测试模块的初始化、监视、波形生成等功能,其格式为:

```
initial
    begin/fork
    变量说明
    时序控制1          行为语句1;
    ...
    时序控制n          行为语句n;
    end/join
```

其中,begin/end 块中的语句是串行执行的,而 fork/join 块中的语句是并行执行的。当块内只有一条语句且不需要定义局部变量时,可以省略。下面给出一个 initial 模块的实例。

```
initial
    begin
    //输入向量初始化
        load <= 0;
        en <= 0;
        rst <= 0;
    //等待一个时钟周期
    #CLK;
        load <= 20;
        en <= 10;
        rst <= 10;
        #500
        $finish;
    end
```

(2) always 模块

always 模块从仿真开始时刻顺序执行其中的行为语句,当执行完最后一条语句后,根据条件再开始执行第一条语句,如此重复执行直到整个仿真结束。always 模块由 always 过程语句和所包含的语句块组成,其格式如下:

```
always @ (敏感事件列表)
    begin
    变量说明
    时序控制1 行为语句1;
    ...
    时序控制n 行为语句n;
    end
```

敏感事件列表是可选项,但在实际工程中经常用到,而且是比较容易出错的地方。敏感事件列表的目的就是触发 always 模块的运行,而 initial 后面是不允许有敏感事件列表的。

当一个线网或寄存器的值发生改变时,就称其为事件。事件可以以多种形态发生,在Verilog 语言中用@符号描述。敏感事件列表由一个或多个事件表达式构成,事件表达式就是模块启动的条件。当存在多个事件表达式时,要使用关键词 or 将多个触发条件结合起来。Verilog HDL 的语法规定:对于这些表达式所代表的多个触发条件,只要有一个成立,就可以启动块内语句的执行。例如:

```
always@ (Clk)
    begin
        signal_a <= signal_b;
    end
```

always 过程块的多个事件表达式所代表的触发条件是:只要 clk 或者 reset 信号的电平有任意一个发生变化,begin…end 语句就会被触发。

always 模块主要是对硬件功能的行为进行描述,可以用来实现各种组合逻辑功能,也可以实现时序逻辑的锁存器和触发器等功能。利用 always 实现组合逻辑时,要将所有的信号放进敏感事件列表,而实现时序逻辑时却不一定要将所有的结果放进敏感事件列表。敏感事件列表未包含所有输入的情况,称为不完整事件说明,有时可能会引起综合器的误判,产生许多意想不到的结果。测试向量的 always 描述语句如下:

```
module test;
reg clk;
reg reset;
    initial  begin
            clk = 1'b0;
    always   #10    clk = ~clk;
...
            #10 * clk
            $ finish;

endmodule
```

例 2.2　同步 D 触发器的 always 语句。

```
module sy_d_ff(clk, d, q, q_b);
input clk, d;
output q, q_b;
reg q;
    assign q_b = ~q;
    always @(posedge clk) begin          //posedge 时钟上升沿
        q <= d;
        end
endmodule
```

2. 赋值语句

赋值语句包括连续赋值语句和过程赋值语句两种类型。连续赋值语句是基本数据流建模,用于对线网信号赋值,主要用于实现组合逻辑的功能过程。例如:

```
assign   out = a & b;
```

连续赋值语句的特点是:① 原赋值信号必须是标量或向量网线或其拼接,不可以是向量或向量寄存器;② 连续赋值语句一直置于激活态。

过程赋值语句是赋值或更新寄存器、整数、实数或时间变量的值。赋值式的右侧可以是数值或表达式。过程赋值语句通过在 always 过程块内的连续赋值语句来实现,在过程赋值语句中表达式左边的信号必须是寄存器类型(如 reg 类型);在过程赋值语句等式右边可以是任何有效的表达式,数据类型也没有限制。如果过程赋值内信号没有声明,则默认为 wire 类型,使用过程赋值语句给 wire 赋值会产生错误。赋值语句包括阻塞式赋值和非阻塞式赋值。

(1) 阻塞式赋值

阻塞式赋值语句是按时间顺序串行执行的,阻塞式赋值语句使用"="作为赋值符。
阻塞过程赋值执行完成后再执行在顺序块内的下一条语句。

(2) 非阻塞式赋值

非阻塞式赋值不阻塞过程流,仿真器读入一条赋值语句并对它进行调度之后,就可以处理下一条赋值语句。非阻塞式赋值语句使用"<="作为赋值符。上例中 always 块内是非阻塞式赋值。若过程块中的所有赋值都是非阻塞的,则赋值按以下两步进行:

① 时钟上升沿到来时仿真器计算所有右侧表达式的值,保存结果,并进行调度在时序控制指定时间的赋值。

② 在经过相应的延迟后,仿真器通过将保存的值赋给左侧表达式完成赋值。因此赋值完成的时间顺序不影响结果。

下例中描述了两种赋值。

例 2.3 赋值逻辑。

```
module block;
reg a, b, clk;
    initial begin
        a = 0; b = 1; clk = 0;        //阻塞赋值
    end
    always #5 clk = ~clk;
    always @(posedge clk)
        begin
        a <= b;                        //非阻塞过程赋值
        b <= a;
        end
endmodule
```

值得注意的是,设计中不要在同一个 always 块内混合使用阻塞式和非阻塞式两种赋值方式。一般情况下,阻塞式赋值用于组合逻辑电路,而非阻塞式赋值用于时序逻辑电路。

下面的编码完成了阻塞式与非阻塞式赋值的对比,使用阻塞式赋值,所描述的电路综合出一个 DFF;使用非阻塞式赋值,所描述的电路综合出两个 DFF。阻塞式与非阻塞式赋值的综合结果对比如图 2.4 所示。

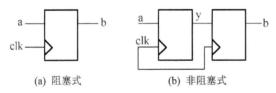

(a) 阻塞式   (b) 非阻塞式

图 2.4   阻塞式与非阻塞式赋值的综合结果对比

例 2.4 阻塞式与非阻塞式赋值的对比。

```
module block (clk, a, b);
    input clk, a;
    output    b;
    reg       b, y;

    always @(posedge clk)
    begin
            y = a;
            b = y;
    end
endmodule
```

```
module nonblock (clk, a, b);
    input clk, a;
    output    b;
    reg       b, y;

    always @(posedge clk)
    begin
            y <= a;
            b <= y;
    end
endmodule
```

3. 语句块

语句块就是在 initial 或 always 模块中位于 begin…end/fork…join 块定义语句之间的一

组行为语句。语句块用来将多个语句组织在一起,使它们在语法上如同一个语句。块语句分为两类:顺序块,语句置于关键字 begin 和 end 之间,块中的语句以顺序方式执行;并行块:在关键字 fork 和 join 之间的是并行块语句,块中的语句并行执行,一般用于测试分支中,不可综合。

语句块可以有 3 种描述形式:嵌套、命名和命名禁用。嵌套就是顺序块与并行块混合使用。命名块写在块定义语句的第一个关键字之后,即 begin 或 fork 之后,可以唯一地标识出某一语句块。如果有了块名字,则该语句块被称为一个有名块。在有名块内部可以声明内部寄存器变量,且可以使用 disable 中断语句中断。块名提供了唯一标识寄存器的一种方法。语句块使用如下:

```
always @(a or b)
    begin : adder1
    c = a + b;
    end
```

上述代码定义了一个名为 adder1 的语句块,实现输入数据的相加。

4. 时序控制

Verilog HDL 提供了 3 种类型的显示时序控制:第一种是简单延迟控制,在这种类型的时序控制中通过表达式定义开始遇到这一语句和真正执行这一语句之间的延迟时间;第二种是敏感事件控制,这种时序控制是通过表达式来完成的,只有当某一事件发生时才允许语句继续向下执行;第三种是电平敏感的时序控制,wait(clk)直至 clk 值为真时(非零)才执行,若 clk 已经为真则立即执行。

(1) 延时控制

延时控制表示“等待时延”结束后执行下一条语句。延时控制的语法实例如下:

```
initial
    begin
    #10 clk = ~clk;
    end
```

延时控制只能在仿真中使用,是不可综合的。在综合时,所有的延时控制都会被忽略。

(2) 敏感触发事件

边沿敏感触发控制参考边沿信号反转时发生的事件触发,边沿敏感信号包括上升沿和下降沿控制。上升沿的关键字是 posedge,下降沿的关键字是 negedge。可以用 or 指定多个触发条件。边沿触发事件控制的语法格式如下:

```
@(<边沿敏感事件>) 行为语句;
@(<边沿敏感事件 1> or <边沿敏感事件 2> or <边沿敏感事件 3>) 行为语句;
```

例 2.5　边沿触发事件计数器。

```
reg [7:0] cou;
always @(posedge clk or reset) begin
    if (reset)
        cou <= 0;
    else
        cou <= cou + 1;
end
```

（3）电平敏感事件

电平敏感事件是指参考信号的电平发生变化时而引起的行为动作。下面是电平触发事件控制的语法和实例：

> @（<电平敏感事件>) 行为语句；
> @（<电平敏感事件 1> or <电平敏感事件 2> or <电平敏感事件 3>) 行为语句；

例 2.6 电平沿触发计数器。

```
reg [7:0] cou;
    always @(a or b or c or reset) begin
    if (reset)
        cou <= 0;
    else
        cou <= cou + 1;
end
```

在电平敏感事件中，只要 a、b、c 信号的电平有变化，信号 cou 的值就会加 1，这可以用于记录 a、b、c 变化的次数。而在边沿敏感中，当时钟的正沿到来时，计数器就会加 1。敏感表要完整，不完整的敏感表将引起综合后网表的仿真结果与以前的不一致，如下：

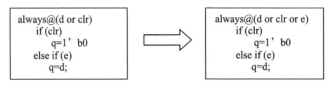

2.5.2 条件语句

Verilog 中条件语句根据设定某条件来确定是否执行后面的语句，可分为 if 条件语句和 case 条件语句两种。

if 条件语句的语法如下：

> if（条件表达式 1）
>   语句块 1
> else if（条件表达式 2）
>   语句块 2
>   ...
> else
>   语句块 n

如果条件 1 的表达式为真，那么语句块 1 被执行，否则语句块不被执行；然后依次判断条件 2 至条件最后一条是否满足，如果满足就执行相应的语句块；最后执行 else 分支，整个条件语句结束。在应用中，else if 分支的语句数目由实际情况决定。可以使用多层 if 嵌套形式。在嵌套 if 序列中，else 和前面最近的 if 相关。为提高可读性及确保正确关联，使用 begin…end 块语句指定其作用域。else 分支省略时，会生成冗余的锁存器。下面给出一个 if 语句的例子，并说明省略 else 分支所产生的一些结果。

例 2.7 if 语句的应用实例。

```
module mux4_1(out, in, sel);
output out;
input [3:0] in;
input [1:0] sel;
```

```
reg out;
wire [3:0] in;
wire [1:0] sel;

    always @(in or sel)
        if (sel == 0)
            out = in[0];
        else if (sel == 1)
            out = in[1];
        else if (sel == 2)
            out = in[2];
        else
            out = in[3];
endmodule
```

case 语句是一个多路条件分支形式,使用关键字 case、endcase 和 default 来表示,其用法和 C 语言的 csae 语句是类似的。下面给出一个 case 语句的应用实例。

例 2.8　case 语句的应用实例。

```
module mux4_1(out, in, sel);
output out;
input [3:0] in;
input [1:0] sel;

reg out;
wire [3:0] in;
wire [1:0] sel;

    always @(in or sel)
        case (sel)
        0: out = in[0];
        1: out = in[1];
        2: out = in[2];
        3: out = in[3];
        dedault:out = in[0];
        endcase
endmodule
```

需要指出的是,case 语句中虽然可以缺少 default 分支,但是一般不要缺少,否则会和 if 语句中缺少 else 分支一样,生成锁存器。具体内容详见第 3 章。

此外,还需要解释在硬件语言中使用 if 语句和 case 语句的区别。在实际中如果有分支情况,尽量选择 case 语句。这是因为 case 语句的分支是并行执行的,各个分支没有优先级的区别。而 if 语句的选择分支是串行执行的,是按照书写的顺序逐次判断的。如果设计中没有这种优先级的考虑,和 case 语句相比,if 语句则需要占用额外的硬件资源。

2.5.3　循环语句

Verilog HDL 中提供了 4 种循环语句:for 循环、while 循环、forever 循环和 repeat 循环。后 3 种形式不支持逻辑综合,循环语句只能在过程块内使用,可以有延迟描述,其语法和用途与 C 语言类似。

for 循环语句包含:初始条件、结束判断条件和循环变量增值条件等 3 个方面。执行时在指定的结束判断条件下,按照循环变量条件重复执行过程赋值语句,直到满足结束条件。for 循环的语法如下:

for(循环变量初始值；循环结束判断条件；循环变量增值)

例 2.9 for 语句的应用实例。

```
module count(out, clk);
output [3:0]    out;
input           clk;

reg [3:0]       out;
wire            clk;
integer         i;

initial
    out = 0;
always @(posedge clk)
    for(i = 0; i < 3; i = i + 1)
        #10 out = out + 1;
endmodule
```

for 循环语句经常用来对数组或存储器进行初始化。for 循环一般用于有固定开始和结束条件的循环，while 循环用于只有一个执行循环的条件。

while 循环执行过程赋值语句直到 while 表达式的条件为假。如果表达式条件在开始不为真(包括假、x 及 z)，那么过程语句将永远不会被执行。while 循环的语法如下：

```
while (表达式) begin
    ...    //执行语句
end
```

例 2.10 while 语句的应用实例。

```
always @(posedge clk) begin
    i = 0;
    while(i < 3) begin
        #10 Y = Y + 1;
            i = i + 1;
        end
end
```

forever 循环语句连续执行过程语句，为跳出这样的循环，中止语句可以与过程语句共同使用。通常情况下，forever 语句中必须使用时序控制，否则 forever 循环将永远循环下去。forever 语句必须写在 initial 模块中，用于产生周期性波形。

例 2.11 forever 语句的应用实例。

```
initial begin
    clk = 0;
    forever #10 clk = ~clk;
end
```

repeat 循环语句执行指定循环数，如果循环计数表达式的值不确定，即为 x 或 z 时，那么循环次数按 0 处理。repeat 循环语句的语法如下：

```
repeat(表达式) begin
...
end
```

例 2.12 repeat 语句的应用实例。

```
repeat(size) begin
    c = b << 1;
end
```

2.5.4　任务与函数

在程序设计中,为了将多个不同位置的相同功能的部分提取出来,形成子程序,以简化代码,避免重复,Verilog 语言采用了任务与函数来实现这种功能。

1. 任　务

任务使用关键字 task 和 endtask 进行声明。在满足下列条件时只能使用任务而不能用函数:任务模块内包含时序控制(♯延迟,@,wait)或时间控制结构,任务可以有 input、output 和 inout,同时,还可以调用其他任务或函数。任务中尽管也使用输入/输出变量,但它与模块的端口有本质的区别,模块的端口用于与外部信号连接,而任务的输入/输出是用来传入/传出变量的。

例 2.13　任务中的输入/输出变量。

```
module mult (clk, a, b, out, delay);
input clk, delay;
input [3:0] a, b;
output [7:0] out;
reg [7:0] out;
    always @(posedge clk)
    mult_use (a, b, out);          //任务调用
    task mult_use;                 //任务模块定义
    input [3:0] xme, tome;
    output [7:0] result;
        wait (delay)
        result = xme * tome;
    endtask
endmodule
```

在上面的任务中,传递给任务的输入是 a 和 b,等待一个延迟后,输出值被计算出来。延迟由输入信号决定。当任务执行结束后,输出值被传递回调用任务的输出变量。因此,任务的输入/输出变量是向其传入变量或从任务中传出,并不是向模块中输入/输出变量。

任务在某模块中可能存在两个以上同时调用的可能,由于任务中声明项的地址空间是静态分配的,上述同时调用任务的操作可能会出现错误的结果。为解决此问题,Verilog 设定了自动任务的功能,其关键字为 automatic task。这种动态调用任务就形成了地址空间动态分配,从而实现正确的运算功能。

2. 函　数

Verilog 语言使用关键字 function 和 endfunction 来进行函数声明。函数的一些特性如下:

- 不能包含任何延迟和非阻塞赋值语句;
- 只含有输入(input)参数并由函数名返回一个结果,不能有输出或双向参数;
- 可以调用其他函数,但不能调用任务;
- 函数不能包含时序控制、延迟;
- 通常用于计算某一个函数值或描述组合逻辑。

例 2.14　包含函数的代码。

```
module orand (a, b, c, en, out);
    input    en;
    input [7: 0] a, b, c;
    output [7: 0] out;
    reg [7: 0] out;
    always @(a or b or c or en)
        out = fun_log (a, b, c, en); // 函数调用

    function [7:0] fun_log;
            input [7:0] a, b, c;
            input    en;
            if  (en)
                fun_log = (a | b) & c;
            else
                fun_log = 0;
    endfunction
endmodule
```

注意：函数不能调用任务,但任务可以调用函数。虽然函数只返回单个值,但返回的值可以直接给信号连接赋值。这在需要有多个输出时非常有效。例如：

```
{out_1, out_2, out_3, out_4} = fun_log(a, b, c, en);
```

函数是不可以进行自动递归调用的,但如果函数声明前定义了关键字 automatic,则函数就成为自动可递归调用的函数。例如：

```
function automatic [32:0]   factorial;
input   [15:0]  op;

    if (op == 1)
        factorial = 1;
    else
        factorial = n * factorial (n - 1);
endfunction
```

2.5.5　混合设计模式

在使用 Verilog 语言描述复杂电路时,设计人员可以将结构描述、数据流描述和行为描述自由混合。也就是说,模块描述中可以包括实例化的门、模块实例化语句、连续赋值语句及行为描述语句的混合,各种设计描述之间可以相互包含。在 always 过程块和 initial 过程块内,只有寄存器类型的数据才可以赋值。过程块的输出语句可以驱动逻辑门或开关,逻辑门或连续赋值语句(只能驱动连线型)的输出能够反过来用于触发 always 过程块和 initial 过程块。

下面给出一个混合设计方式的实例。

例 2.15　用模块实例化结构描述一个 4 位全加器。

```
module adder4(in1, in2, sum, flag);
input [3:0] in1;
input [3:0] in2;
output [4:0]  sum;
output    flag;
wire    c0, c1, c2;

    fulladd u1 (in1 [0], in2 [0], 0, sum[0], c0);
    fulladd u2 (in1 [1], in2 [1], c0, sum[1], c1);
    fulladd u3 (in1 [2], in2 [2], c1, sum[2], c2);
```

```
        fulladd u4 (in1 [3], in2 [3], c2, sum[3], sum[4]);
        assign flag = sum ? 0 : 1;
    endmodule
```

在例 2.15 中,用结构化模块计数 sum 输出,用行为级模块输出标志位。

2.5.6　测试激励

使用 Verilog 语言进行数字电路设计,在复杂系统的情况下,往往采用行为级描述电路结构,这时设计电路与期望电路就可能存在不一致的情况,或者是当要求高性能设计时,设计的电路不能满足速度、面积和功耗的指标。因此,对所设计的 HDL 语言必须进行功能仿真验证。Verilog 语言与 C 语言在运行仿真方法上有所区别,Verilog 语言必须独立编写测试激励模块,且激励模块是顶层模块,它包含原有的设计模块,如图 2.5 所示。在图 2.5 的测试激励环境中,测试激励包含输入信号、工艺库文件、反标文件和输出结果等几个部分,测试分支作为顶层文件

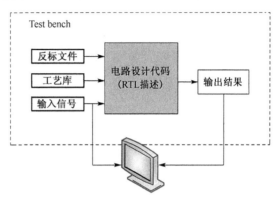

图 2.5　测试激励仿真设计环境

也包含电路设计代码。输入信号是所编写的测试代码,一般包括 Clk 信号、信号初始值和仿真时序等。在电路功能仿真阶段,测试激励仅仅需要输入信号,仿真后的结果输出给仿真器的显示终端或存储在文件中。工艺库文件和反标文件在综合后仿和布局布线后仿中使用。

通常的输入激励信号中包含以下几个方面的描述:
- 模块、参数声明;
- 时钟的生成;
- 时序的确定;
- 所测试的原代码调入;
- 其他测试信号的初始化;
- 仿真结束标示;
- 结果输出描述。

产生激励并加到设计有很多种方法,一些常用的方法如下:
- 从一个 initial 块中施加线激励;
- 从一个循环或 always 块中施加激励;
- 从一个向量或整数数组中施加激励;
- 记录一个仿真过程,然后在另一个仿真中回放施加激励。

下面给出一个完整的测试激励结构。

```
`timescale    时间单位/最小精度
module    测试激励模块名;
reg        声明;
wire        声明;
参数声明;
//所测试对象的原代码模块调入;
```

```
测试对象模块名    instance 名
                (.对象端口 1(测试模块端口 1),.对象端口 2(测试模块端口 2),...,
                .对象端口 n(测试模块端口 n));
//时钟信号生成
initial begin
    Clock = 初始值;
    end
always #(时钟周期/2)
    clock <= ~clock;
//其他信号
initial begin
    端口名 = 初始值;
    #延迟时间
    端口名 <= 值;
    #延迟时间
    ...
    $finish;
end
//仿真结果终端输出
integer    文件用变量;
initial
    文件用变量 = $fopen("文件名");
//输出文件的注释输出
initial
    begin
        $fdisplay(文件用变量,"文件的注释");
    end
//仿真结果的输出
always
    begin
        #观测时间点
        $fdisplay(文件用变量,"输出格式"
        ,$time
        ,端口名 1;
        ,端口名 2;
        ...
        ,端口名 n;
        #(周期-观测时间点));
    end
endmodule
```

Verilog 语言使用 timescale 关键字表示仿真的时间尺度,它包含仿真时间单位和仿真精度两部分。在测试激励模块中,由于测试模块是顶层,不需要外部的通信端口,因此,测试模块是无端口模块。测试信号与被测试对象模块只是采用 wire 和 reg 型连接。当测试对象端口是 input 型时,测试模块将声明为 reg 型;当测试对象端口是 output 型时,测试模块将声明为 wire 型。当需要调入所测试对象的原代码模块时,通过实例化名来读出被测试的对象模块。连线的接续方法可以采用顺序端口连接法或命名端口连接法。

对于测试模块,时钟生成、信号初始化及输出数据的显示存储是关键的 3 个部分。时钟生成有几种方法,下面使用行为级来分别描述。

例 2.16 描述法 1。

```
parameter period = 20;
always begin
```

```
#(period/2) clk = 0;
#(period/2) clk = 1;
end
```

例 2.17　描述法 2,如图 2.6 所示。

```
initial begin
    Clock = 1;
    end
always #(period/2)
    clock <= ~clock;
```

当时钟信号的占空比不是 1∶1 时,可以通过时钟生成来描述,如图 2.7 所示,Verilog 代码描述如下:

```
always
    begin
        clk = 0;
        #(period/4)
        clk = 1;
        #((period/4) * 3);
    end
```

图 2.6　占空比为 1∶1 的时钟信号　　图 2.7　占空比为非 1∶1 的时钟信号

当时钟信号不规则启动时,如图 2.8 所示,Verilog 代码描述如下:

```
initial begin
    #(period + 1) clk = 1;
    #(period/2 - 1)
    forever begin
        #(period/4) clk = 0;
        #(3 * period/4) clk = 1;
    end
end
```

对于其他输入信号初始值的建立,采用过程语句来描述。在测试激励中,产生激励并输入到设计模块有很多种方法。一些常用的方法如下:

- 从一个 initial 块中施加线激励;
- 从一个循环或 always 块中施加激励;
- 从一个向量或整数数组中施加激励;

图 2.8　不规则启动延时的不对称时钟

- 记录一个仿真过程,然后在另一个仿真中回放施加激励。

对于一些较简单的组合逻辑测试对象,采用线性激励法既直观又简捷。例如:

```
initial
    fork
        data_bus = 8'h00;
        addr = 8'h3f;
        #10 data_bus = 8'h45;
        #15 addr = 8'hf0;
        #40 data_bus = 8'h0f;
        #60 $finish;
```

```
    join
```

除线性激励设置外,还可以采用循环激励和数组激励等。从循环产生激励有以下特性:在每一次循环,修改同一组激励变量,时序关系规则,且代码紧凑,例如:

```
initial begin
    for(i = 0; i < 256; i = i + 1)
        @(negedge clk)  stimulus = i;
    #20 $finish;
end
```

对于调用存储器类的仿真,可以采用存储文件的方法进行仿真,保存在文件中的矢量可以作为激励信号源。例如:

```
initial
    begin // Vectors are loaded
        $ readmemb("vec. txt", stim);

        for(i = 0; i < num_vecs ; i = i + 1)
        #50 data_bus = stim[i];
end
```

```
//激励文本文件 vec.dat
00111000
00111001
00111010
00111100
00110000
00101000
00011000
01111000
10111000
```

激励文件可由其他程序生成,在复杂程序设计时,其优点表现为:激励修改简单,设计反复验证时直接使用工具比较矢量文件。

在测试激励文件中,一些常用的系统任务和函数是不可缺少的。其中常用到的有文件打开、文件输入和文件输出等。

首先,文件打开使用关键字 $fopen,用法如下:

```
$ fopen(" <file_name>");
```

与之相对应的还有文件关闭,用法如下:

```
$ fckise( <file_name>);
```

其次,在使用时,文件读入是经常用到的,用法如下:

```
$ readmemb("file.dat",memoryname[,startaddr[,finishaddr]]);
$ readmemh("file.dat",memoryname[,startaddr[,finishaddr]]);
```

另外,文件的输出在 Verilog 中使用 $display、$monitor、$strobe、$weite 等,用法如下:

```
$ fdisplay(dataout, " % 0d % 0d % 0d % 0d"
            ,i
            ,j
            ,k
            ,x_out);
$ fwrite[defbase] ([fmtstr,] {expr,});
```

2.6　Verilog—2001 设计规则

Verilog—2001 标准为适应集成电路的发展趋势做了修改,主要表现在:应用于系统级的高水平设计模式,可覆盖 IP core 开发模式,为深亚微米/纳米级工艺补充了更精确的时序精度。下面介绍主要区别。

1. 模块的端口、敏感表设置使用 ANSI 风格

```
//Verilog - 1995 separate module port, IO, and parameter definitions
module memory (rdy,clk,rw,strb,addr,data);

input      clk,rw,strb;
input      [addr_s - 1:0] addr;
inout      [word_s - 1:0] data;

output     rdy;
parameter addr_s = 4;
          word_s = 16;

    always @(addr or rw or strb)

//Verilog - 2001 combined module port, IO, and parameter definitions
module memory # (parameter addr_s = 4, word_s = 16) (
input      clk,rw,strb;
input      [addr_s - 1:0] addr;
inout      [word_s - 1:0] data;
output    rdy;)

    always @(addr, rw, strb)
```

(1) Verilog—1995 标准

```
module sy_d_ff(clk, d, q, qb);
    input clk, d;
    output q, qb;
    reg q,qb;
```

(2) Verilog—2001 标准

```
module sy_d_ff(clk, d, q, qb);
    input      wire clk, d;
    output     reg   q, qb;
```

2. 函数与任务定义的区别

(1) Verilog—1995 标准

```
function   [7:0]   sum;
    input  [7:0]   in_a,in_b;
    input          in_c;
task   sum;
    output [7:0]   sum;
    input  [7:0]   in_a,in_b;
    input          in_c;
```

（2）Verilog—2001 标准

```
function  [7:0]  sum(input [7:0] a,b,input in_c);
task sum
    (output  [7:0]  sum,input  [7:0]  in_a,in_b,input in_c);
```

3. 测试分支的参数描述

（1）Verilog—1995 标准

```
module top;
    parameter    step = 10;
    output       clk;
    reg          clk;
initial begin
    clk = 0;
    forever #step    clk = ~clk;
end
endmodule
```

（2）Verilog—2001 标准

```
module top #(parameter step = 10)(output reg clk = 0);
    initial
        forever #step clk = ~clk;
endmodule
```

4. 矩阵描述

（1）Verilog—1995 标准

Verilog—1995 标准仅支持一维阵列，包括 reg 型、integer 型和 time 型。

```
reg [15:0]  memory  [127:0];      //一维阵列存储
```

（2）Verilog—2001 标准

Verilog—2001 标准支持一维到三维矩阵的描述，包括 reg 型、integer 型和 time 型。

```
reg [15:0] memory [0:127][0:127];
realtime [0:15][0:15][0:15];
```

5. 操作符

在 Verilog—1995 标准中，仅有逻辑移位，如 data >> 2。在 Verilog—2001 标准中，字节移位操作符支持算术右移（>>>）和算术左移（<<<）操作；除此之外，Verilog—2001 标准中还支持指数运算符（data＝base** exponent;）。

6. 符号运算

在 Verilog—1995 标准中，reg 和 wire 类型为无符号类型，而数据类型 integer 为有符号类型，且 integer 大小固定，即为 32 位数据。在 Verilog—2001 标准中，对符号运算进行了扩展，例如 reg 和 wire 变量可以定义为有符号类型：

```
reg signed [31:0]        data;
wire signed [15:0]        in_wire;
```

```
input signed[31:0]              top_input;
function signed[7:0]            mult;
```

操作数可以是有符号和无符号,且可以互相转换,通过系统函数 $signed 和 $unsigned 实现。

```
reg[7:0] data1,data2;                //unsigned data type
always @(data1) begin
    count_a = data1 + 1;             //unsigned arithmetic
    count_b = $signed(data1)&data2;  //signed arithmetic
end
```

7. 敏感列表

(1) Verilog—1995 标准

对于 Verilog—1995 标准,多个敏感列表时使用"or"操作符,如:

```
always @(a or b or c or d)
```

(2) Verilog—2001 标准

对于 Verilog—2001 标准,多个敏感列表时使用","即可,如:

```
always@(a,b,c,d)
```

另一种是用" * "表示,如:

```
always@( * )
```

8. 常量功能

(1) Verilog—1995 标准

Verilog—1995 标准的语法中向量的宽度或数组大小必须是一个确定的数字或一个常量表达式。常量表达式只能是基于一些常量的算术操作,比如:

```
parameter WIDTH = 8;
wire[WIDTH-1:0] data;
```

(2) Verilog—2001 标准

在 Verilog—2001 标准中增加了常量功能,其定义与普通的 function 一样,不同点是只可以进行常量操作。例如,alu 函数返回输入值 2 次方的次数。

```
input[alu(SIZE)-1:0] bus;
...
function integer alu (input integer path);
    begin
    for(alu = 0; path > 0; alu = alu + 1)
    path = path << 3;
    end
endfunction
```

9. generate 语句

在 Verilog—2001 标准中增加了 generate 循环语句,允许产生 module 和 primitive 的多个实例化,为满足要求,Verilog—2001 标准增加了以下关键字:generate、endgenerate、genvar、 localparam。generate 语句还可以使用条件语句,根据条件不同产生不同的实例化。除条件语句外,还能使用 for 语句进行循环。genvar 为新增数据类型,存储正的 integer 型数据。在 generate 语句中使用的 index 必须定义成 genvar 类型。Verilog—2001 标准中定义了本地参数 localparam,它不能通过 redefined 直接重定义。generate 语句可以用于 variable、net、task、function、continous assignment、initial 和 always。

下面是一个使用 generate 的例子,根据 a_width 和 b_width 的不同,实例化不同的 multi-plier。

```verilog
module multiplier (a, b, product);
parameter a_width = 8, b_width = 8;
localparam product_width = a_width + b_width;
input [a_width-1:0] a;
input [b_width-1:0] b;
output[product_width-1:0]    product;

generate
    if((a_width < 8) || (b_width < 8))
        Array_multiplier #(a_width, b_width)
        u1 (a, b, product);
    else
        Booth_multiplier #(a_width, b_width)
        u2 (a, b, product);
endgenerate
endmodule
```

2.7 Verilog 基本模块

2.7.1 组合逻辑

基本逻辑门的 Verilog 描述是代码设计的基础,由于篇幅的限制,下面仅给出异或门、2-1 选择器、4-1 选择器、2 bit 比较器、3-8 编码器、3-8 译码器、7 段译码器、偶校验发生器、多路复位器基本组合逻辑门级电路的描述代码,具体可参考相关书籍。

(1) 异或门

```verilog
module  xor (in1, in2, out);
input   in1, in2;
output  out;
    assign  out = ~in1 & in2 | in1 & ~in2;
endmodule

module  xor (in1, in2, out);
input   in1, in2;
output  out;
    xor  u1 (out, in1, in2);
endmodule
```

(2) 2-1 选择器

```verilog
module  sel (a, b, sel, out);
input   a, b, sel;
output  out;
```

```verilog
wire sel_not, and1, and2;
    not   u1  (sel_not, sel);
    and   u2  (and1, b, sel),
          u3  (and2, a, sel_not);
    or    u4  (out , and1, and2);
endmodule
```

(3) 4 - 1 选择器

```verilog
module   sel   (a, b, c, d, sel, out);
input    a, b, c, d;

input[1:0]sel;
output   out;
wire sel1_not, sel0_not, and1, and2, and3, and4;
    not   u1  (sel1_not, sel[1]),
          u2  (sel0_not, sel[0]);
    and   u3  (and1, a, sel1_not, sel0_not),
          u4  (and2, b, sel1_not, sel[0]),
          u5  (and3, c, sel[1], sel0_not),
          u6  (and4, d, sel[1], sel[0]);
    or    u7  (out, and1, and2, and3, and4);
endmodule

module   sel (a, b, c, d, sel, out);
input    a, b, c, d;
input[1:0]sel;
output   out;
    assign   out = (sel[1] == 0)?
        ((sel[0] == 0)? a: b):((sel[0] == 0)? c:d);
endmodule
```

(4) 2 bit 比较器

```verilog
module   comp (x,y,lg,eq,sm);
input[1:0]x,y;
output   lg,eq,sm;
    assign   {lg,eq,sm} = func_comp(x,y);

function [2:0]func_comp;
input[1:0] x, y;
    if (x > y)
            func_comp = 3'b100;
    else if(x < y)
            func_comp = 3'b001;
        else
            func_comp = 3'b010;
endfunction

endmodule
```

(5) 3 - 8 编码器

```verilog
module encoder_using_case(
binary_out,       // 3 bit binary output
encoder_in,       // 8 bit input
enable            // enable for the encoder
);
```

```
output [2:0] binary_out   ;
input   enable ;
input [7:0] encoder_in ;

reg [2:0] binary_out ;

always @ (enable or encoder_in)
begin
  binary_out = 0;
  if (enable) begin
    case (encoder_in)
      8'h0002 : binary_out = 1;
      8'h0004 : binary_out = 2;
      8'h0008 : binary_out = 3;
      8'h0010 : binary_out = 4;
      8'h0020 : binary_out = 5;
      8'h0040 : binary_out = 6;
      8'h0080 : binary_out = 7;
      8'h0100 : binary_out = 8;
    endcase
  end
end
endmodule
```

(6) 3-8 译码器

```
module decoder3to8(din, reset, dout);
    input [2:0] din;
    input reset;
    output [7:0] dout;

    reg [7:0] dout;
    always @(din or reset) begin
            if(!reset)
            dout = 8'b0000_0000;
    else
            case(din)
                    3'b000: dout = 8'b0000_0001;
                    3'b001: dout = 8'b0000_0010;
                    3'b010: dout = 8'b0000_0100;
                    3'b011: dout = 8'b0000_1000;
                    3'b100: dout = 8'b0001_0000;
                    3'b101: dout = 8'b0010_0000;
                    3'b110: dout = 8'b0100_0000;
                    3'b111: dout = 8'b1000_0000;
            endcase
    end
endmodule
```

(7) 7 段译码器

```
`define    seg_out_0    7'b011_1111
`define    seg_out_1    7'b000_0110
`define    seg_out_2    7'b101_1011
`define    seg_out_3    7'b100_1111
`define    seg_out_4    7'b110_0110
`define    seg_out_5    7'b110_1101
```

```
`define      seg_out_6      7'b111_1101
`define      seg_out_7      7'b010_0111
`define      seg_out_8      7'b111_1111
`define      seg_out_9      7'b110_1111
`define      seg_out_err    7'b111_1001
module   seg7_dec    (in, out);
input[3:0]in;
output[6:0]out;
     assign  out = func_seg7_dec (in);

function [6:0] func_seg7_dec;
input[3:0]in;
     case (in)
         0:   func_seg7_dec = `seg_out_0;
         1:   func_seg7_dec = `seg_out_1;
         2:   func_seg7_dec = `seg_out_2;
         3:   func_seg7_dec = `seg_out_3;
         4:   func_seg7_dec = `seg_out_4;
         5:   func_seg7_dec = `seg_out_5;
         6:   func_seg7_dec = `seg_out_6;
         7:   func_seg7_dec = `seg_out_7;
         8:   func_seg7_dec = `seg_out_8;
         9:   func_seg7_dec = `seg_out_9;
         default:func_seg7_dec = `seg_out_err;
     endcase
endfunction

endmodule
```

(8) 偶校验发生器

```
module   even_parity_gen (in, odd_out);
input[3:0]in;
output  odd_out;
     assign  odd_out = func_gen (in);

function func_gen;
input[3:0]in;
integer i;
     begin
         func_gen = 0;
         for (i = 0; i <= 3; i = i + 1)
             func_gen = func_gen ^ in[i];
     end

endfunction

endmodule
```

(9) 多路复位器

```
module   mux_using_assign(
din_0        , // mux first input
din_1        , // mux second input
sel          , // select input
mux_out      // mux output
);
input din_0, din_1, sel;
output mux_out;
```

```
wire mux_out;
// ------------ code start ------------------
assign mux_out = (sel) ? din_1 : din_0;
endmodule
```

2.7.2 时序逻辑

1. Latch 锁存器

锁存器是最简单的时序逻辑单元,是电平敏感存储单元,而触发器则是边沿触发存储单元。

异步置位 d_latch 如下:

```
module d_latch asy(enable,data,set,out);
    input enable, data, set;
    output  out;
    reg     out;
        always @(enable or data or set)
            if (~set)
                out = 1'b1;
            else if (enable)
                out = data;

endmodule
```

时序电路是任意时刻电路产生的稳定输出,不仅与当前的输入有关,而且还与电路的状态有关。时序电路的基本单元就是触发器。下面介绍几种常见同步触发器的 Verilog 实现。

2. 同步 D 触发器

同步 D 触发器的功能为:D 输入只能在时序信号 clk 的沿变化时才能被写入到存储器中,替换以前的值,常用于数据延迟及数据存储模块中。

```
module sy_d_ff(clk, d, q, qb);
input clk, d;
output q, qb;

reg q, qb;
        always @(posedge clk)
            begin
                q <= d;
                qb <= ~q;
            end

endmodule
```

在 ModelSim 6.2b 中完成仿真,其结果如图 2.9 所示。

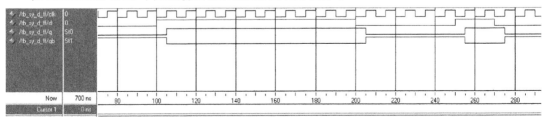

图 2.9 同步 D 触发器的仿真结果示意图

上述程序经过综合 Synplify Pro 后,其 RTL 级结构如图 2.10 所示。

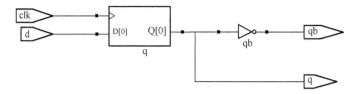

图 2.10 同步 D 触发器的 RTL 级结构图

3. 异步 DFF 触发器

```
module dff_async_reset (data, clk, reset,q);
 input data, clk, reset;
 output q;
 reg q;
  always @ (posedge clk or negedge reset)
  if (~reset)
   q <= 1'b0;
  else
   q <= data;

 endmodule
```

ModelSim 仿真结果如图 2.11 所示。

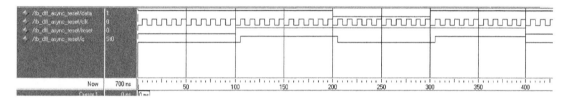

图 2.11 异步 DFF 触发器的仿真结果示意图

异步 DFF 触发器的 RTL 级结构如图 2.12 所示。

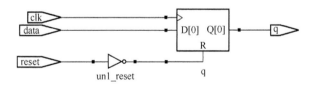

图 2.12 异步 DFF 触发器的 RTL 级结构图

4. 4 bit 寄存器

```
module   reg4 (clr_b, d, clk, q);
input    clr_b, clk;

input[3:0]d;
output[3:0]q;
wire[3:0]q_b;
    r_sydff  r_sydff0 (clr_b, d[0], clk, q[0], q_b[0]),
         r_sydff1 (clr_b, d[1], clk, q[1], q_b[1]),
```

```
        r_sydff2 (clr_b, d[2], clk, q[2], q_b[2]),
        r_sydff3 (clr_b, d[3], clk, q[3], q_b[3]);
endmodule
```

5. 计数器

```
module   cnt4 (reset_b, clk, q);
input    reset_b, clk;
output   [1:0] q;
reg [1:0] q;
    always   @(posedge clk or negedge reset_b)
        if (!reset_b)
            q <= 0;
        else
            q <= q + 1;
endmodule

module   cnt10   (reset_b, clk, q);
input    reset_b, clk;
output   [3:0] q;
reg [3:0] q;
    always   @(posedge clk or negedge reset_b)
        if (!reset_b)
            q <= 0;
        else if ( q == 9)
            q <= 0;
        else
            q <= q + 1;
endmodule
```

//up - down 计数器
```
module ud_counter   (out,up_down , clk, reset);
output [7:0] out;
input [7:0] data;
input up_down, clk, reset;
reg [7:0] out;
//-------------- code starts here -------
always @(posedge clk)
if (reset) begin // active high reset
  out <= 8'b0 ;
end else if (up_down) begin
  out <= out + 1;
end else begin
  out <= out - 1;
end

endmodule
```

ModelSim 仿真结果如图 2.13 所示。

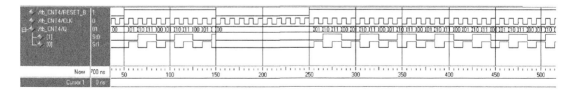

图 2.13 up - down 计数器仿真结果示意图

计数器 RTL 级结构如图 2.14 所示。

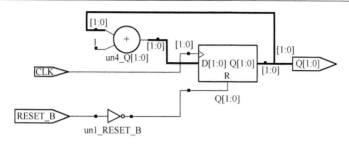

图 2.14　计数器 RTL 级结构图

Verilog 硬件描述语言在硬件设计中起到越来越重要的作用,从系统级建模到门级表达,其设计的灵活性和严密性都使工程师在设计工作中受益匪浅。Verilog 语言的主要特点可以归纳如下:

- 提供了基于开关级、门级、RTL 级和行为级不同层次的语言描述形式;
- 为满足实际电路的并发需求,程序执行方式具备顺序/并行执行;
- 运用时间延迟或事件表达方法精确地完成电路时序控制;
- 提供算术运算符、逻辑运算符和位运算符用于建立事件表达式;
- 提供了一套完整的表示组合逻辑基本元件的原语;
- 提供了可完成复杂算法的条件和循环等程序结构;
- 提供任务与函数功能,以实现程序的精简化;
- 提供了可带参数且非零连续时间的任务程序结构。

习　　题

1. 试说明高级程序语言与硬件描述语言的特点和区别。
2. 试描述一个基本的逻辑门级 Verilog 语言源代码。
3. Verilog 语言共包含多少种数据类型?其中主要的有哪几种?
4. Verilog 语言包含几种数值逻辑?其电位特性如何?
5. 请给出 Verilog 语言运算符,并指出运算符的优先级。
6. 什么是行为建模?行为模块主要包含哪几部分?
7. 赋值语句包含哪几种?实际设计时如何处理?
8. 敏感触发事件包含哪几种?其语法结构如何?它们的区别是什么?
9. 试用两种不同的方法描写条件语句,比较其中的异同。如有条件可用综合工具进行综合,比较逻辑单元的异同。
10. 在条件语句中,试分析说明为什么默认分支不可缺省?如缺省会有何不同?
11. 顺序块与并行块有何区别?
12. 试举例说明任务与函数的区别。
13. 测试激励模块的时钟信号有几种设置法?如在激励条件中调用外部数据文件,应该如何设计?如希望将仿真结果输出到硬盘,应该如何处理?
14. 试设计一个十进制 up - down 计数器,其功能包含复位信号、置位信号,每个时钟的正跳变沿计数器只能加 1。
15. 试设计 16 位 CRC 循环冗余代码,其生成多项式 $x^{16} + x^{12} + x^5 + 1$。

第3章 电路逻辑优化

在逻辑电路设计中,硬件描述语言可使设计师摆脱传统手工方法设计烦琐的逻辑门结构,而采用高层次抽象的行为级的描述方法完成电路系统的逻辑功能设计,从而大幅提升电路设计的效率。

对于逻辑电路设计而言,尽管编写 Verilog 语言好像是在完成软件程序设计,但硬件语言的设计思想与 C 语言等软件语言有着本质的区别。首先,硬件语言可以实现电路的串行或并行计算工作状态,而其他高级软件语言却只能执行串行操作。其次,硬件电路需要时钟的控制,即电路需要时序的约束,而高级软件则不需要时钟信号,更没有时序的概念。Verilog 语言设计的代码不仅完成前端逻辑功能,设计时更要考虑电路逻辑综合的优化问题,即考虑电路的面积、速度和功耗等多种物理因素。因此,仅仅学习 Verilog 语言是无法实现硬件电路的设计工作的。随着综合工具的诞生,自动化的电路综合变得异常轻松,也给后期的物理实现提供了良好的平台。但是,请注意电路优化的设计不能依赖综合工具来实现。

本章主要讨论在完成前端电路逻辑功能的情况下,如何结合电路的逻辑综合与后端布局布线实现小面积、低功耗、高速度的电路结构。通过布尔逻辑、资源共享、时序信号处理以及流水线设计等几个方面讨论如何实现优化硬件电路系统。

对于消费电子领域的产品,人们总是期望芯片电路面积最小化,这是便携式电子产品发展的趋势。第一,复杂电路设计中往往采用并行处理方式和流水线结构以提高电路的速度,代价是电路的面积增大。第二,在电路综合阶段,采用自动生成的方法来完成代码到门级电路的转化,这种实现方法与设计者的经验和水平有直接的关系,也可能造成电路规模的增加。第三,特殊的抗辐射或高可靠性产品,其电路设计是以产品的面积增大为代价实现其特殊功能的。因此,芯片设计必须权衡诸如小面积、高速和低功率等技术指标,采用的技术手段如下:

① 电路逻辑综合优化设计(如布尔逻辑、资源共享、流水线结构等);

② 复杂系统的算法或体系结构优化;

③ 使用更先进的芯片制备工艺或 FPGA 芯片等。

本章针对第①种手段进行讨论和分析,属于电路逻辑综合的问题,也是电路优化设计的基础。第②种手段将在第 4、5 章中进行讨论。至于第③种手段则是工艺问题而非电路设计问题,不在本书的讨论范围。

3.1 电路面积优化

集成电路设计的目标就是实现尽可能小的电路面积,提高集成电路的速度,降低电路功耗三项主要物理指标。下面分别介绍通过不同的技术方法完成电路面积的优化。

3.1.1　布尔逻辑优化

布尔逻辑由英国数学家 George Boole 提出,布尔逻辑中的"与""或""非""异或"等逻辑构成了逻辑运算的基础。基于顺序二进制数的逻辑运算正是逻辑电路的抽象表示,从简单的逻辑门电路到复杂的 CPU 处理器芯片,所有硬件电路逻辑都是以此为基础而建立的。

使用 Verilog 硬件描述语言编写逻辑代码,大多数初学者都会受到 C/C++语言等高级语言的影响。其中,好的影响是代码编写逻辑性较强,书写规范;但负面的影响也不可回避,就是忽视硬件电路的结构。如果仅考虑逻辑功能的实现而无视硬件逻辑的电路结构,则编写的代码将存在较大的面积冗余。

1. 布尔逻辑的非门结构

组合逻辑电路是以布尔逻辑运算为基础,布尔逻辑约简往往是进行逻辑变换的常用技术。但对于有些逻辑运算电路而言,通常的逻辑简化仅仅是约简了逻辑关系,电路结构可能本末倒置。

例 3.1　逻辑函数 $F = AB + \overline{A}C$。

该逻辑函数往往被认为是最简化的表达式,从逻辑角度来说也确实是最简化的表达式。但要实现的是逻辑电路,采用连续赋值建模方法的 Verilog 代码如下:

```
assign  out1 = A&&B;
assign  out2 = ~A&&C;
assign  F = out1 || out2;
```

将其用逻辑门电路描绘,如图 3.1(a)所示。

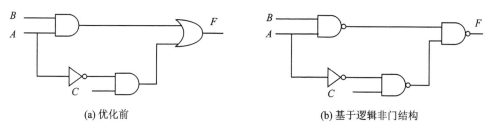

(a) 优化前　　　　　　　　　　　　　　(b) 基于逻辑非门结构

图 3.1　逻辑电路图

该逻辑函数还可以转化成逻辑非的形式,如 $F = \overline{\overline{AB} \cdot \overline{\overline{A}C}}$ 或 $F = \overline{\overline{A+B} + \overline{\overline{A}+C}}$ 等多种表达式。代码书写如下:

```
assign  F = ~(~(A&&B)&&~(~A&&C));
assign  F = ~(~(A||B)|| (~A||C));
```

这两种表达式的逻辑电路图如图 3.1(b)所示。由图可见,两种方式的逻辑门数量是相同的,但是,如果考虑每个逻辑门的 CMOS 电路组成,则发现图 3.1(b)的电路面积要比图 3.1(a)减小约 30%。为什么呢?原因是,由 CMOS 组成的逻辑门中与非门、或非门是最小结构,即每个与非门/或非门是由 4 个 MOS 管组成,而与门/或门则由 6 个 MOS 管组成。由此可见,改进后的方法更节省芯片面积。也就是说,对于组合逻辑表达式,要尽可能使用与非门/或非门等化简表达式。

数字运算电路的基础是加法器,加法器是由半加器构成的,半加器的逻辑运算是:"Sum=

$A \oplus B$，Carry$=A \cdot B$"，由此逻辑关系可知，求和项和进位项分别由异或逻辑和求和逻辑实现。那么半加器的逻辑运算是否唯一呢？答案是否定的。

例 3.2 用与非逻辑表示异或逻辑。

我们进行如下逻辑变换，则可以推导出异或逻辑用与非逻辑门来表示。

$$\overline{a \cdot b} = \overline{a} + \overline{b}$$

$$\overline{a(\overline{a} + \overline{b})} = \overline{a} + b$$

$$\overline{b(\overline{a} + \overline{b})} = a + \overline{b}$$

$$a \oplus b = \overline{(\overline{a} + b) \cdot (a + \overline{b})}$$

由此推导可知，半加器的求和项的异或逻辑运算可以使用与非逻辑门来完成，基于上述的逻辑关系，还可以分别用与非、或非逻辑门表述，电路如图 3.2 所示。

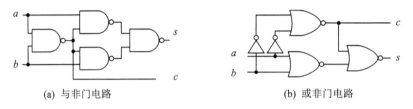

(a) 与非门电路　　　　　　　　　　　　(b) 或非门电路

图 3.2　与非逻辑、或非逻辑表示的半加器电路

2. 布尔逻辑约简

前面以逻辑非门描述电路可实现电路面积的优化，但逻辑关系表述采用了非门结构而相对复杂。那么，所有的逻辑电路都不需要逻辑约简吗？下面以 $Y = \overline{A}BC + A\overline{B}\overline{C} + A\overline{B}C$ 为例进行布尔逻辑关系约简来讨论电路面积优化问题。

该逻辑约简变换可以很容易得到 $\overline{B}C + A\overline{B}$ 的结果，但这是最简化的逻辑表达式吗？我们回顾一下逻辑代数中的等幂律，即 $A + A = A$，$A \cdot A = A$，利用该定律在逻辑变换中可以任意复制某项以利于逻辑约简，我们可以将待简化的逻辑表达式变化如下：

$$Y = \overline{A}BC + A\overline{B}\overline{C} + A\overline{B}C + A\overline{B}C$$
$$= \overline{B}C(\overline{A} + A) + A\overline{B}(\overline{C} + C)$$
$$= \overline{B}C + A\overline{B}$$

原始逻辑表达式的电路如图 3.3(a)所示，经过布尔逻辑约简后的电路如图 3.3(b)所示。

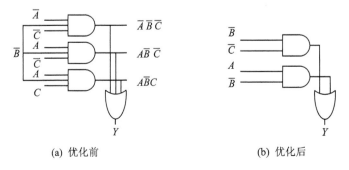

(a) 优化前　　　　　　　　　　　　　　(b) 优化后

图 3.3　布尔逻辑约简电路

上述我们采用了代数法约简逻辑关系,如果一个逻辑项不能与任何其他逻辑项组合而形成更小逻辑关系的逻辑项,则称为最简项。一般,最后约简的逻辑方程必须是最简项,否则,它将可以通过其他方法继续约简其逻辑关系。另一种简化逻辑表达式的方法是卡诺图法,感兴趣的读者可参考相关书籍。

3.1.2　条件语句处理

在 Verilog 语言中,行为级建模的两种基本过程块是 always 语句块和 initial 语句块。always 块操作是不断重复地执行块内的赋值语句,可以用在主电路代码设计模块或测试分支模块;initial 块是从仿真开始时刻执行且只执行一次,只能用于测试分支模块中。always 块代码可能综合出时序逻辑(锁存器或触发器),也可能综合出组合逻辑电路。

例 3.3　组合逻辑(见图 3.4(a))。

```
module always_block(in , out);
input [3:0]     in;
output          out;
reg             out;

    always @(in)
        begin
            out = (in[0] | in[1]) & (in[2] | in[3]);
        end
endmodule
```

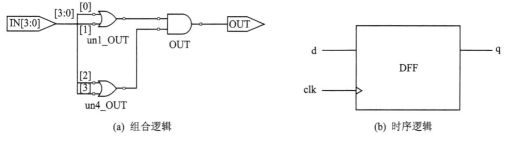

(a) 组合逻辑　　　　　　　　　　　　(b) 时序逻辑

图 3.4　always 块实现的组合逻辑和时序逻辑

例 3.4　时序逻辑(见图 3.4(b))。

```
module d_ff(clk, d, q);
input  clk, d;
output q;
reg    q;
    always @(posedge clk)
    begin
        q <= d;
    end
endmodule
```

由于设计中过程块建模涉及组合逻辑与时序逻辑问题,这样在设计中如不能很好地完成其描述,将可能把简单的组合逻辑电路实现变为带有寄存器的时序电路;另外,也可能把时序电路构造成组合逻辑电路而出现毛刺。

在过程块中,过程赋值包含阻塞(blocking)赋值和非阻塞(non-blocking)赋值两种,分别使用"="和"<="操作符执行。阻塞赋值和非阻塞赋值是逻辑综合中非常重要的基本概念,其对电路结构产生本质性影响,下面详细讨论其差异。

阻塞赋值语句按照在语句块中的前后顺序执行,所谓阻塞是指在同一个 always 块中,其后面的赋值语句(即使不设定延迟)是在前一句赋值语句结束后再开始赋值的。阻塞赋值语句不能阻塞在并行块中的语句。

例 3.5 阻塞赋值(见图 3.5)。

```
module   blocking (a, b, c, clk);
input    clk;
input    [4:0] a;
output   [4:0] b, c;
reg [4:0]    b, c;
    always @ (posedge clk) begin
        b = a;
        c = b;
    end
endmodule
```

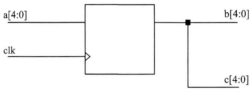

图 3.5　阻塞赋值综合的结果

非阻塞赋值允许在不阻塞顺序语句块中后续语句执行的情况下执行赋值操作,非阻塞赋值语句可以对多个变量在同一时刻赋值,且在彼此无互相影响的条件下执行操作。

例 3.6 非阻塞赋值。

```
module   non_blocking   (a, b, c, clk);
input    clk;
input    [4:0] a;
output   [4:0] b, c;
reg [4:0]    b, c;
always @ (posedge clk) begin
    b <= a;
    c <= b;
end
endmodule
```

这段代码在时钟上升沿到来时,计算所有右端(RHS)的值,假设此时,a 的值为 5,b 的值为 x,这是并发执行的,没有被阻塞按先后顺序执行;然后更新左端(LHS)的值,结束之后,b 的值变为 5,c 的值为前一时刻 b 的值,如图 3.6 所示。

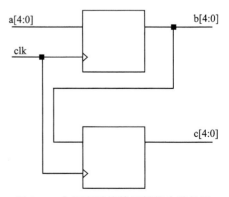

图 3.6　非阻塞赋值的逻辑综合的结果

行为级建模是 Verilog 电路设计的核心,基于高级语言的行为描述更是 Verilog 代码设计、电路综合的重要组成部分。在 Verilog 代码微小差别下,逻辑功能基本相当的时候,电路的结构可能会差异较大,如同上面阻塞与非阻塞。对于条件判断语句也存在上述的问题,它们将产生组合逻辑或者时序逻辑的电路,从而对电路面积也带来较大的增加。

例 3.7　if 语句的组合逻辑与时序逻辑。

```
module reg_C (y, a, b, c);          module reg_T (y, a, b, c);
input a, b, c;                      input a, b, c;
output y;                           output y;
reg y, rega;                        reg y, rega;
always @(a or b or c)               always @(a or b or c)
    begin                               begin
        if (a & b)                          if (a & b)
            rega = c;                           rega = c;
        else                                    y = rega;
            rega = 0;                       end
        y = rega;                   endmodule
    end
endmodule
```

在左边的代码中,y 和 rega 总是赋新值,因此产生一个纯组合逻辑。而在右边的代码中,rega 不总是产生新值,因此会产生一个锁存器,y 是锁存器的输出。由此可见,对于纯组合逻辑而言,右边的代码则变成了时序逻辑,不仅关键路径的延迟会增加,更重要的是电路的面积也会由于增加的 latch 而无谓增加。图 3.7 所示为两种代码综合后的电路结构。

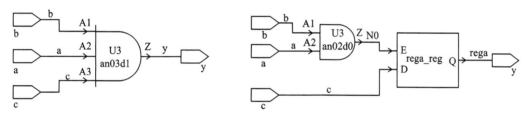

图 3.7　两种不同过程块描述代码综合的电路结构

上述的例子是使用条件语句来完成组合逻辑的,当条件语句不完全时,就可能综合出锁存器块。case 条件语句也有类似问题,如下:

例 3.8　不完整的 case 语句。

```
module full_case(in , out);
input [1 : 0]  in;
output [3 : 0]  out;
reg [3 : 0]out;
always @(in)
begin
    case(in)
    2'b00: out = 4'b0001;
    2'b01: out = 4'b0010;
    2'b10: out = 4'b0100;
    endcase
end
endmodule
```

上面的 case 条件语句当选择分支不全时,也将产生锁存器。为避免产生不必要的锁存器,一般要在分支后添加 default 语句。在逻辑电路设计中,条件语句的描述方法直接影响硬件电路的面积消耗。设计时既要注意使用 always 块可能把纯粹组合逻辑变成了时序逻辑而增大了面积,也要注意条件语句的不完整带来不必要的硬件寄存器的出现。

条件语句分为无优先级编码和优先级编码,如表 3.1 所列。对于无优先级编码,采用 case 语句或 if-else-if 语句,最多只有一个判断条件是真的。而当判断条件为真且不唯一时,就是优先级编码。

表 3.1　条件语句优先级编码

种　类	举　例		说　明

无优先级编码	if (sel==2'b00)
	　　y = a;
	else if (sel==2'b01)
	　　y = b;
	else if (sel==2'b10)
	　　y = c;
	else
	　　y = d;
		case (sel)
		2'b00 : y = a;
		2'b01 : y = b;
		2'b10 : y = c;
		2'b11 : y = d;
		endcase
			选择分支是并行的,最多只有一个条件为真

单选优先级编码	begin
	　　else if (sel[2]) z = c;
	　　else if (sel[1]) z = b;
	　　else if(sel[0]) z = a;
	end
			选择分支是非并行的,可能有多个条件为真。优先级编码需要确保第一个是真的条件已实现

多选优先级编码	begin
	　　if (sel[0]) z = a;
	　　if (sel[1]) z = b;
	　　if (sel[2]) z = c;
	end		

例 3.9　case 无优先级条件编码。

```
module mux(a, b,c,d,sel,y);
input a,b,c,d;
input [1:0] sel;
output y;
reg y;
always @ (a or b or c or d or sel)
    begin
        case (sel)
        2'b00 : y = a;
        2'b01 : y = b;
        2'b10 : y = c;
        2'b11 : y = d;
        endcase
    end
endmodule
```

例 3.10　if-else-if 无优先级条件编码。

```
module mux (a, b,c,d,sel,y);
input a,b,c,d;
input [1:0] sel;
output y;
reg y;
```

```
always @ (sel or a or b or c or d)
    if (sel == 2'b00)
        y = a;
    else if (sel == 2'b01)
        y = b;
    else if (sel == 2'b10)
        y = c;
    else y = d;
endmodule
```

上述两种条件语句都只有一个判断条件是真的并行结构,属于无优先级编码,除此以外,条件语句还存在优先编码的设计。使用 case 语句或 if-else-if 语句时条件判断不是平行的,也就是说,可能有多个条件是真的。在这种情况下,需要优先逻辑编码来确保实现第一个真条件。

例 3.11　优先级条件编码。

```
module m (p, q, r, s, a, z);
input p, q, r, s;
input [0:4] a;
output z;
reg z;
always @(a or p or q or r or s)
    if (p)
        z = a[0];
    else if (q)
        z = a[1];
    else if (r)
        z = a[2];
    else if (s)
        z = a[3];
    else
        z = a[4];
endmodule
```

对于 case 条件语句而言具有充分和并行两个方面,而其对应的编码往往不同,电路结构也有差异。如果 case 分支中至多有一个可以求值为真的情况,则称 case 语句是并行的。并行意味着没有两个分支重叠,当一个 case 语句是并行的,编译将避免生成优先级编码。而当 case 语句不是并行时,即多个分支的计算结果为真,需要使用优先级编码来确保 case 语句中首先列出的分支生效。

3.1.3　资源共享

在使用 HDL 语言设计电路时,初学者可能主要关注电路逻辑功能的正确性,而对代码所构造的电路逻辑的高效性却了解不多。然而,单纯的硬件描述语言设计的电路往往存在大量的冗余代码或电路结构冗余,为解决上述问题,资源共享是有效的技术手段。资源共享通过多个操作实现硬件电路,并减少冗余的硬件电路。其特点是,可以减少硬件资源,降低实现复杂度。在使用中同一 always 块可实现资源共享,但条件操作符不能实现共享。

1. 代码编写法

例 3.12　代码及其电路结构。

```
assign out = (sel = 1)? a + x : b + x; //见图 3.8 (a)
/*********************************/
always ( * )                    //见图 3.8(b)
begain
    if (sel)
        temp = a;
    else
        temp = b;
end
    out = x + temp;
```

为消减两个加法器达到资源共享,使用 assign 赋值语句是无法实现的,而采用过程块形式代码描述形式可以完成,如图 3.8(b)所示。

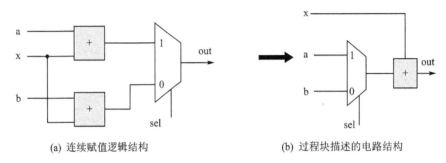

(a) 连续赋值逻辑结构　　　　　　　　　　(b) 过程块描述的电路结构

图 3.8　单元共享电路结构

例 3.13　连续赋值语句。

```
module nonshare(a, b, c, d, z);
input    [2:0]a,b,c;
input    d;
output   [3:0]z;
wire     [3:0]y;
    assign y = d? a + b:a + c;
    assign z = d? y + b:y + c;
endmodule
```

例 3.14　使用 if – else 语句实现。

```
always@(a or b or c or d)
begin
    if(d)
      y = a + b;
    else
      y = a + c;
end
always@(y or x or b or c)
begin
    if(x)
      z = y + b;
    else
      z = y + c;
end
```

从以上的例子可以看出,应当尽可能减少操作运算符和选择器运算符,以便缩减电路的规模。在行为级描述中,由于状态迁移的复杂度导致代码循环次数的增加,其结果是导致了寄存器数量的增加,而电路的功能没有变化。例如,当设计 100 个 16 bit 的寄存器时,硬件必须要

1 600 个 flip-flop 才可以完成其功能,这样势必带来大量的无意义的资源消耗。由此可见,代码编写的风格或方法对电路的面积有影响,尽管现在的 EDA 综合工具可以优化上述代码设计存在的冗余,但设计人员仍然要在代码编写时就考虑到面积、延迟等问题的存在,而不应当把工作交给 EDA 工具去完成,对于复杂电路系统而言,综合时工具是否进行了优化很难查证。

在 for 循环语句中资源共享更是需要考虑的问题。如果在 for 循环的语句内带有计算操作等功能,综合工具首先满足所有计算条件,而对面积约束往往优先级较低。下面使用循环语句举例说明其 Verilog 代码的电路结构。

例 3.15　for 循环语句。

```
for(i = 0,i <= 3,i = i + 1)
begin
    if (enable[i] == 1)
        sum = a + in[i];
    else
        sum = a;
end
```

上述代码综合后可以得到图 3.9(a)所示的电路结构。考虑计算功能和选择功能的执行顺序,将计算操作符移到循环语句外时,逻辑综合将首先完成数据的多路复用而后再完成计算操作,从而节省大量的计算电路的面积。其电路代码如下:

```
for(i = 0,i <= 3,i = i + 1)
    begin
        if(enable[i] == 1)
                input_a = in[i];
        end
sum = a + input_a;
```

修改后的计算单元电路如图 3.9(b)所示。

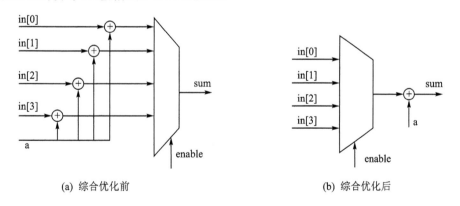

(a) 综合优化前　　　　　　　　　　　　　　(b) 综合优化后

图 3.9　计算单元电路结构

2. 计算顺序调整法

在使用算术操作符时,电路中信号的计算顺序的改变也是实现资源共享的方法之一。同样在进行大量算术操作运算时,包含有大量乘法器、加法器和选择器,在完成同样功能的情况下,各种运算器的计算顺序的变化对电路的规模也有很大的影响。也就是说,数学的因式分解变换可以改变电路的结构,如 $AC + AD = A(C + D)$,结构如图 3.10 所示。

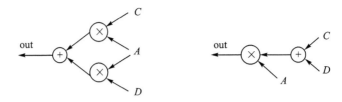

图 3.10　运算顺序的变更对电路的影响

利用括号可以改变电路的计算顺序,也可以改变电路的计算中间结果,改变电路面积,下面再分析另一段代码对电路面积的影响。

例 3.16　冗余计算符。

```
always@(posedge clk or *)
    if (a - 10 < 0)
        out <= x - y;
    else if (a - 10 > 0)
        out <= x + y;
    else
        out <= 0;
```

上述代码中的判断语句都需要加法器和判断电路来完成条件判断,显然该部分计算符是冗余的,可以改写为如下代码:

```
always@(posedge clk or *)
    if (a < 10)
        out <= x - y;
    else if (a > 10)
        out <= x + y;
    else
        out <= 0;
```

尽管本例中判断语句中冗余计算符通过某些 EDA 综合工具可能会自动综合掉,但也许在使用其他综合工具时并不能忽视从而导致无谓的面积消耗。

3. 复杂计算电路结构

大量的算术操作会经常在数字信号处理电路或图像处理电路中使用,如高速傅里叶变换或卷积计算等。其运算电路中数学计算占据大量电路,上述计算顺序变更法对电路规模会起到积极的作用。因此,在电路设计中,复杂函数通过因式分解、计算顺序等各种数学变换达到复杂函数简单化的目的。对于如图 3.11 所示的计算顺序变更,设计人员还要考虑当选择器增加而计算单元减少时,两者的单元面积消耗。如果选择单元大于计算单元,那么算法的修改就起到副作用。而进一步考虑,如果使用选择器来代替算术单元,那么其关键路径就可能会增加,从而导致电路速度的降低,这也是在实际设计工作中需谨慎注意的问题。

例 3.17　两个乘法器的计算电路。

```
module mux_1(in_a, in_b, in_c, in_d, ctrl_1, ctrl_2, ENB_1,
            ENB_2, dout_1, dout_2, mul_1_out, mul_2_out);

    input [1:0]  in_a, in_b, in_c, in_d;

    input        ctrl_1, ctrl_2, ENB_1, ENB_2;
    output [1:0] dout_1, dout_2, mul_1_out, mul_2_out;
    reg    [1:0] dout_1, dout_2, mul_1_out, mul_2_out;
```

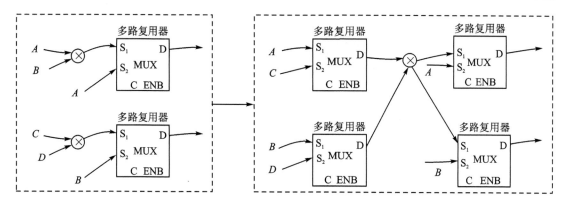

图 3.11　算术单元与选择单元计算顺序变更

```
always@(ctrl_1 or ENB_1 or ctrl_2 or ENB_2)
    begin
        mul_1_out = in_a * in_b;
        mul_2_out = in_c * in_d;
            //乘法器
        if(ENB_1 == 0)                  //多路复用器
            dout_1 = 1'bz;
        else
            begin
                case(ctrl_1)
                0:begin dout_1 = mul_1_out; end
                1:begin dout_1 = in_a; end
                endcase
            end
        if(ENB_2 == 0)                  //多路复用器
            dout_2 = 1'bz;
        else
            begin
                case(ctrl_2)
                0:begin dout_2 = mul_2_out; end
                1:begin dout_2 = in_b;   end
                endcase
            end
    end
endmodule
```

例 3.18　单乘法器的计算电路。

```
module mux_2(in_a, in_b, in_c, in_d,
    ctrl_front,             //前端数据选择端口
    ENB_front,              //前端总线使能
    ctrl_end,               //后端数据选择端口
    ENB_end,                //后端总线使能
    mux_front_1_out,        //前端多路复用器输出
    mux_front_2_out,
    mul_out,                //乘法器输出
    dout_1,                 //后端多路复用器输出
    dout_2);
    input   [1:0] in_a, in_b, in_c, in_d;
    input         ctrl_front, ENB_front, ctrl_end, ENB_end;
```

```
output    [1:0] mux_front_1_out, mux_front_2_out;
output    [3:0] mul_out, dout_1, dout_2;
reg       [1:0] mux_front_1_out, mux_front_2_out;
reg       [3:0] mul_out, dout_1, dout_2;
    always@(in_a or in_b or in_c or in_d or ctrl_front or ENB_
            front or ctrl_end or ENB_end)
        begin
            if(ENB_front == 0)
                begin
                    mux_front_1_out = 2'bz;
                    mux_front_2_out = 2'bz;
                end
            else
                begin
                    case(ctrl_front)
                    0:begin    mux_front_1_out = in_a;
                               mux_front_2_out = in_b;
                        end
                    1:begin    mux_front_1_out = in_c;
                               mux_front_2_out = in_d;
                        end
                    endcase
                end
            mul_out = (mux_front_1_out * mux_front_2_out);
                if(ENB_end == 0)
                    begin
                        dout_1 = 1'bz;
                        dout_2 = 1'bz;
                    end
                else
                    begin
                        case(ctrl_end)
                        0:begin
                            dout_1 = mul_out;
                            dout_2 = mul_out;
                        end
                        1:begin
                            dout_1 = in_a;
                            dout_2 = in_b;
                        end
                        endcase
                    end
        end
endmodule
```

比较上述两种不同代码描述方法,后者综合后的面积将得到极大的消减,从而实现了低面积消耗的设计规则,对电路的功耗也同样带来较大消减。

3.1.4　时序逻辑单元

时序逻辑电路中锁存器、触发器、寄存器、计数器等是组成电路的基本单元,在使用 HDL 描述语言编写代码时,时序电路的优化则是十分复杂的问题。特别是为提高电路性能而增加的并行计算和寄存器等都消耗了大量的面积。时序逻辑电路除上述需要注意的问题外,还有建立/保持时序违约、亚稳态等都需要认真考虑,关于时序与亚稳态等问题,将在第 7 章中进行进一步详细讨论。这里我们只讨论简单寄存器、锁存器等基本模块的代码差异。

1. 基本时序逻辑

首先,考虑时序逻辑的基本单元锁存器(Latch)、触发器(Filp-Flop)和寄存器等。下面给出 D-Latch 异步置位的代码和综合结果。

例 3.19   D-Latch 异步置位。

```
module d_latch asy(enable,data,set,out);
input enable, data, set;
output   out;
reg      out;
    always @(enable or data or set)
        if (~set)
            out = 1'b1;
        else if (enable)
            out = data;
endmodule
```

采用异步置位的代码进行描述,其综合后的电路如图 3.12 所示。

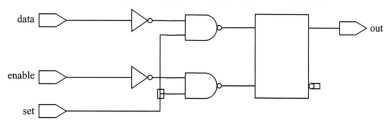

图 3.12   D-Latch 异步置位电路

例 3.20   D-Latch 异步复位。

```
module d_latch asy_reset(enable,data,reset,out);
input enable, data, reset;
output   out;
reg      out;
    always @(enable or data or reset)
        if (~reset)
            out = 1'b1;
        else if (gate)
            out = data;
endmodule
```

D-Latch 异步复位综合后的电路如图 3.13 所示。

下面观察使用 Flip-Flop 完成的异步置位代码和综合后的结果,如图 3.14 所示。

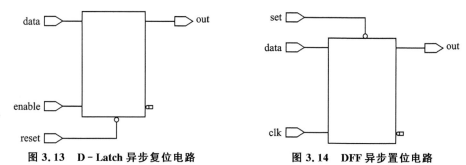

图 3.13   D-Latch 异步复位电路   **图 3.14   DFF 异步置位电路**

例 3.21 DFF 异步置位。

```
module dff_asy_set(data clk ,set,out);
input data,clk,set;
output    out;
reg       out;
    always @(posedge clk or negedge set)
        if(~set)
            out <= 1'b1;
        else
            out <= data;
endmodule
```

下面观察使用 Flip - Flop 完成的同步复位代码和综合后的结果,如图 3.15 所示。

例 3.22 DFF 同步复位。

```
module dff_sy_reset(data clk ,reset,out);
input data, clk, reset;
output    out;
reg       out;
    always @(posedge clk)
        if (~reset)
            out <= 1'b1;
        else
            out <= data;
endmodule
```

例 3.23 DFF 异步复位(电路见图 3.16)。

```
module dff_asy_reset(data clk ,reset,out);
input data, clk, reset;
output    out;
reg       out;
    always @(posedge clk or negedge reset)
        if (~reset)
            out <= 1'b1;
        else
            out <= data;
endmodule
```

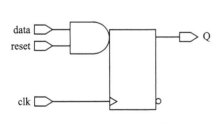

图 3.15 DFF 同步复位电路

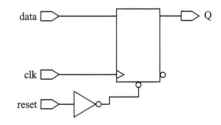

图 3.16 DFF 异步复位电路

通过上述几种锁存器与触发器的同步、异步的代码和综合结果可知,时序逻辑中应尽量避免锁存器的使用,而触发器的使用会给电路综合带来更简捷的结果。锁存器由于其电平敏感的特性导致所设计的电路功能与预期相违。触发器的同步和异步在面积上没有明显的差别。

2. 时序逻辑设计

在 ASIC/FPGA 数字系统设计中,时钟信号与复位信号是两个最普通的信号,也是对电路的性能起着关键作用的信号。本节讨论有关复位信号的设置和结构,并考虑其对电路性能提高的影响。现在,无论是规模庞大的微处理器还是普通的低端数字系统,电路系统中的触发器都包含可复位的信号。例如,移位寄存式触发器往往被应用在高速电路中,其复位信号的消减就可以提高电路性能。因此,在电路设计的初期必须考虑系统或模块的复位信号的设置,其中包括使用同步复位还是异步复位,复位信号树如何扇入,是否使用缓冲,复位信号树时序如何保证,以及跨越多个时钟域的复位信号如何应用等。对于多芯片间的复杂数字系统更需要具备复位信号,其中要使用多芯片间与 PCB 间的复位处理技术。

下面的例子中使用主从触发器实现了简单的数据移位寄存的功能,第一触发器用于数据的捕获,其数据输出由后面的从属触发器来完成。例 3.24 非优化设计是第一触发器采用同期复位,且第二触发器没单独设置,两个触发器在同一个过程块内实现,其结果复位信号被用于第二个触发器作为数据使能信号,其代码及综合电路如下:

例 3.24　非优化设计。

```
module bad_FF (out, data, clk, reset);
output   out;
input    data, clk, reset;
reg      out, q1;
    always @(posedge clk)
        if (!reset) q1 <= 1'b0;
        else begin
        q1 <= data;
        out <= q1;
        end
endmodule
```

为避免图 3.17 所示综合到的复杂复位信号,正确的方法是将上面的一个过程块分成两个过程块分别实现两个触发器,代码如下:

例 3.25　优化设计。

```
module good_FF (out, data, clk, reset);
output  data;
input   data, clk, reset;
reg     data, q1;

    always @(posedge clk)
        if (!reset) q1 <= 1'b0;
        else q1 <= d;
    always @(posedge clk)
        out <= q1;
endmodule
```

两个过程块综合后的触发器电路结构图如图 3.18 所示。

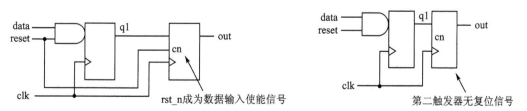

图 3.17　单一过程块综合后的触发器电路结构图　　图 3.18　两个过程块综合后的触发器电路结构图

在同步电路设计中,同步复位与异步复位同样具有各自的优缺点。同步复位信号仅影响复位在时钟信号触发沿时触发器的状态。当复位信号应用到触发器而作为组合逻辑产生输入数据时，代码的描述通常由条件选择语句完成。这时可能会出现问题，例如，一些仿真器会将触发器中的复位信号连接到组合逻辑中，尽管这是仿真的问题，但更希望仿真时复位信号是在已知的状态。另外，复位信号由于高的复位树扇出而与时钟相比可能会成为迟滞信号。下面的示例是同步复位信号作为负载计数器的代码描述方法。

例 3.26 带负载的同步复位设置。

```
module ctr_sync (out, co, data, ld, reset, clk);
output [7:0] out;
output co;
input [7:0] data;
input ld, reset, clk;
reg [7:0] out;
reg co;

    always @(posedge clk)
        if (!reset) {co,out} <= 9'b0;        //sync reset
        else if (ld) {co,out} <= data;       //sync load
        else {co,out} <= out + 1'b1;         //sync increment

endmodule
```

图 3.19 是同步复位负载计数器的电路结构图。同期的复位信号(reset)增加了关键路径的延迟时间，即降低了电路的速度且使电路复杂化。同步置位/清零是指只有在时钟的有效跳变时刻置位/清零，才能使触发器的输出分别转换为 1 或 0。所以，不要把置位/清零信号列入 always 模块的事件控制表达式。但是必须在 always 模块中首先检查置位/清零信号的电平。

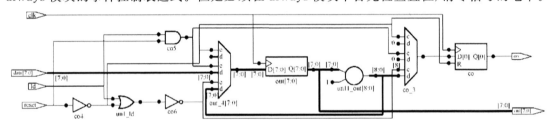

图 3.19 同步复位的负载计数器

为此，使用异步复位技术对上述问题重新设计，注意异步复位敏感列表中必须包含复位信号。异步复位技术由于与代工厂的工艺库相同，所以它的数据路径变得清晰简捷。由图 3.19 可知，使用同步复位数据路径增加了额外的门延迟及连线延迟从而带来负面效果，而异步复位技术可以避免上述问题，代码如下。

例 3.27 带负载的异步复位设置。

```
module ctr_async (out, co, data, ld, reset, clk);
output [7:0] out;
output co;
input [7:0] data;
input ld, reset, clk;
reg [7:0] out;
reg co;

    always @(posedge clk or negedge reset)
        if (!reset) {co,out} <= 9'b0;        //async reset
        else if (ld) {co,out} <= data;       //sync load
        else {co,out} <= out + 1'b1;         //sync increment

endmodule
```

如图 3.20 所示,异步复位比同步复位具有简捷的数据路径,且提高系统速度减小资源开销。异步复位的另一个优势是电路复位与时钟无关。异步复位同样也有缺点,通常会在静态时序分析时带来麻烦。复位信号无论同步/异步必须满足时序要求以保证复位信号的释放在一个时钟内完成。异步复位最大的问题在于其非同步,如果异步复位发生在时钟沿附近,触发器的输出可能是亚稳态而导致芯片复位状态的丢失。异步置位/清零是与时钟无关的,当异步置位/清零信号到来时,触发器的输出立即被置为 1 或 0,不需要等到时钟沿到来才置位/清零。所以,必须要把置位/清零信号列入 always 模块的事件控制表达式。

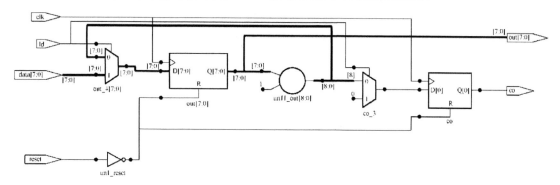

图 3.20　异步复位计数器

在 FPGA 的设计中,置位和复位信号对芯片的面积也存在影响。在 FPGA 厂商提供的单元库中给定了触发器的单元并给以特定的逻辑功能,所提供的综合工具可以利用复位信号实现逻辑功能。因此,设计复位信号的优劣关系到系统的性能。其中定义全局的置位/复位信号对面积产生影响,如果处理不当可能导致更坏的结果。其原因是复位置于每个同步单元时可能导致综合与映射的非匹配。

同步复位(always @ (posedge clk))是当时钟上升沿检测到复位信号时,执行复位操作,其优点如下:

① 由于只在时钟有效电平到来时才有效,所以可以剔除复位信号中周期短于时钟周期的毛刺,抗干扰性高;

② 可以实现真正的同步时序电路,有利于静态时序分析工具的分析;

③ 有利于基于周期的仿真工具的仿真。

其缺点如下:

① 占用更多的逻辑资源;

② 对复位信号的脉冲宽度有要求,必须大于指定的时钟周期,由于线路上的延迟,可能需要多个时钟周期的复位脉冲宽度,且很难保证复位信号到达各个寄存器的时序;

③ 同步复位依赖于时钟,如果电路中的时钟信号出现问题,则无法完成复位。

异步复位(always @ (posedge clk or negedge rst))是指无论时钟沿是否到来,只要复位信号有效,就对系统进行复位,其优点如下:

① 不需要额外的逻辑资源,设计实现简单,而且 CPLD 有针对复位信号的全局布线资源,可以保证复位引脚到各个寄存器的时钟偏差最小(注意不是到各个寄存器的延迟最小);

② 电路在任何情况下都能复位,不依赖于时钟。

其缺点如下:

① 复位信号容易受到外界的干扰,并且对电路内的毛刺敏感;

② 复位信号释放的随机性,可能导致时序违规,也就是复位释放时在时钟有效沿附近,会使电路处于亚稳态。

3.2 高速电路设计

电路系统的时钟频率是数字电路设计中最重要的性能指标,系统的时钟频率随着集成化技术的发展而得到了极大提高。基于 FPGA、ASIC 两种不同芯片的电路设计,高速电路设计方法也有所不同。ASIC 设计不仅与逻辑电路的结构有关,而且与电路所选择的 CMOS 工艺技术密切相关。对于 FPGA 设计而言,由于 FPGA 器件的晶体管已经固定,设计主要考察电路的结构设计。

电路的计算效率不仅取决于电路的时钟频率,而且也取决于完成一次数据处理所消耗的时钟数,通常称为时延(Latency),即系统工作的时延=时钟周期×消耗时钟数。电路中的时钟频率,主要取决于组合电路中的关键路径,即从输入到输出经过的延时最长的逻辑路径。关键路径的延迟时间取决于逻辑门种类、门级数、扇出和信号传播的配线等。

3.2.1 电路结构

在复杂的数字系统设计中,系统算法、体系结构、电路结构和器件版图等都对计算速度带来影响,本节主要从电路结构,也就是综合后 RTL 进行分析和讨论。其中,涉及底层 CMOS 器件-电路结构、电路的关键路径、信号传播延迟带来的先后顺序以及简单的体系结构等几个方面。

关于器件-电路结构问题,考虑二进制数的全加器,输入 x 和 y,输出和进位项分别为 S 和 C_i/C_{i+1},逻辑表达式如下:

$$S = x \oplus y \oplus C_i$$
$$C_{i+1} = x \cdot y + C_i(x \oplus y)$$

通过 Verilog 硬件描述语言描述并进行综合后,其逻辑电路描述如图 3.21 所示。

在分析简单底层逻辑门时需要考虑 CMOS 晶体管的电路结构和特性,而不是仅仅考虑逻辑门结构。这里逻辑与门是由 6 个晶体管组成,门级延迟设为 2.2 时间单位。异或门由 14 个晶体管组成,门级延迟 4.0 时间单位。

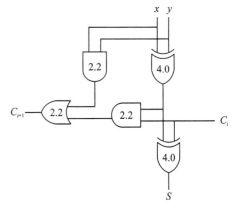

图 3.21 传统与门全加器电路

加法器总晶体管数量是 46 个。可以计算上述与门结构的加法器的关键路径是从 x/y 到 C_{i+1},其延迟时间是 8.4 时间单位。将上述与门结构的逻辑表达式进行变换,使用与非门逻辑结构描述。由于进位输出项可以写成另外一种形式:

$$C_{i+1} = x \cdot y + C_i \cdot (x + y) = \overline{\overline{x \cdot y}} + \overline{\overline{C_i \cdot (x + y)}}$$
$$= \overline{\overline{(x \cdot y)} + \overline{C_i \cdot (x + y)}}$$

求和项同样可以改写为与非门的逻辑结构,因此,加法器逻辑电路描述如图 3.22 所示。

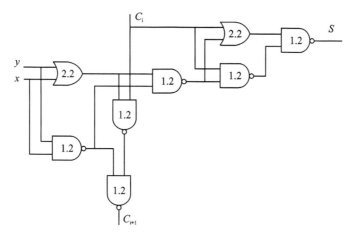

图 3.22　与非门逻辑全加器电路

考察图 3.22 逻辑电路其中关键路径是从 x/y 到 S,其延迟时间为 5.8 时间单位。与非门的晶体管数量是 4 个,而采用非门结构总的全加器晶体管数量是 36 个。从改进后的逻辑结构分析可见采用与非门结构不仅在延迟时间方面有大幅提升,而且晶体管消耗也大幅降低。

注意:数字逻辑的高速化设计仅考虑逻辑层面是不够的,偏向 CMOS 器件底层的结构设计也是重要的一环,这同面积优化时考虑布尔逻辑问题如出一辙。

3.2.2　关键路径

3.2.1 小节全加器的底层逻辑门的变换改变了电路的计算延迟,其实也是将电路的关键路径缩短了,由此影响了电路的速度性能。模块间附加的组合逻辑也影响电路的关键路径,由于模块间的逻辑结构在自动综合时往往不能被优化,从而导致全体关键路径的延迟增加,如图 3.23 所示。设计时仔细考虑电路中关键路径上的计算结构或者数据的处理顺序,对提高电路系统的运算速度有积极的作用。

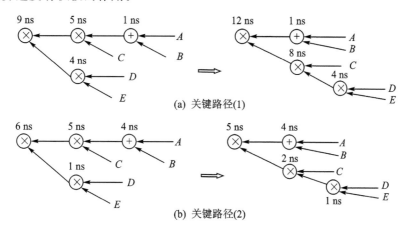

图 3.23　关键路径

电路的计算速度不仅与逻辑器件的门级结构有关,而且还与计算单元的执行顺序相关。考虑图 3.23,对于不同的计算深度最后得到的关键路径的延迟是不同的。图 3.23(a)表示在乘法和加法延迟时间不变的条件下,不同结构其关键路径延迟也不同;而图 3.23(b)表示了乘法器和加法器的延迟时间与图(a)不同时,电路结构对关键路径延迟的影响与图(a)完全相反,也就是关键路径不一定与计算单元数量成正比。关于对关键路径的处理,在同一个状态下含有复杂计算的关键路径,可以将关键路径的状态分解以提高速度。

下面通过基于循环语句描写的线形结构和树形结构观测电路关键路径的延迟问题。

例 3.28 线形电路结构。

```
module XOR_linear (data_in, data_out);
parameter N = 6;
input [N-1:0] data_in;
output data_out;
reg data_out;
    function XOR_reduce_func;
        input [N-1:0] data;
        integer I;
        begin
            XOR_reduce_func = 0;
            for (I = N-1; I >= 0; I = I-1)
                XOR_reduce_func = XOR_reduce_func ^ data[I];
        end
    endfunction
    always @(data_in)
        data_out <= XOR_reduce_func(data_in);
endmodule
```

将上述代码综合后得到的电路结构如图 3.24 所示。电路结构从线形结构转变为树形结构,减少了逻辑单元并减少了延迟。为避免由于某些综合工具不能转化成最佳的树形结构,设计时要考虑代码的编写,树形结构电路的描述代码可以如下例编写,由于仅仅是组合逻辑,建议采用简单的逻辑赋值语句来实现。综合结果进一步进行平坦化,综合后的电路结构如图 3.25 所示。

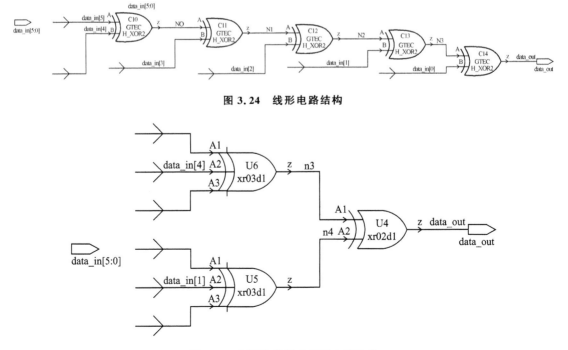

图 3.24 线形电路结构

图 3.25 树形结构综合后的电路结构

例 3.29　树形结构。

```verilog
module XOR_tree (data_in, data_out);
parameter N = 6;
input [N-1:0] data_in;
output data_out;

wire out_z,out_z1,out_2;

    assign out_z1 = data_in[5]^data_in[4]^data_in[3];
    assign out_z2 = data_in[2]^data_in[1]^data_in[0];
    assign data_out = out_z1^out_z2;
endmodule
```

树形结构的实现有时还要与运算单元的执行顺序相关,代码如下:

```verilog
module arraycomp(clk, reset, inc, index, min);
input clk, reset, inc;
input [1:0] index;
output [1:0] min;
reg [5:0] cntr[0:4];
integer i;
// binary tree comparison
wire c3lt2 = cntr[3] < cntr[2];
wire c1lt0 = cntr[1] < cntr[0];
wire [5:0] cntr32 = c3lt2 ? cntr[3] : cntr[2];
wire [5:0] cntr10 - c1lt0 ? cntr[1] : cntr[0];
wire c32lt10 = cntr32 < cntr10;
// select the smallest value
assign min = {c32lt10, c32lt10 ? c3lt2 : c1lt0};

always @(posedge clk)
  if (reset)
    for(i = 0; i <= 3; i = i + 1)
      cntr[i] <= 6'd0;
  else if (inc)
      cntr[index] <= cntr[index] + 1;
endmodule
```

上例中通过 for 循环调用产生的计算结构差异实现了如图 3.26 所示的树形计算,修改后的方法可以缩减计算的关键路径,从而改善电路的性能。

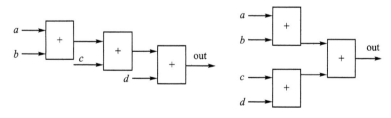

图 3.26　线形变树形结构

虽然上述几种不同描述方式可以完成同样的逻辑功能,但其电路结构却有本质的区别,采用树形结构设计,电路的关键路径得到了缩减,从而为提高电路的速度提供了可能。另外,树形结构电路的面积也被缩减,进而带来了功耗的降低。从两种综合结果可以看出,采用树形结构的延迟比线形结构小,对提升电路系统的速度将产生积极的作用。

对 if 语句再来观察一组含有优先级编码和无优先级编码的设计对比,如图 3.27 所示。
if 语句设计对比如下:

1) 优先级编码

```
module mult_if(a, b, c, d, sel, z);
input a, b, c, d;
input [3:0] sel;
output z;
reg z;
always @(a or b or c or d or sel)
begin
z = 0;
if (sel[0]) z = a;
if (sel[1]) z = b;
if (sel[2]) z = c;
if (sel[3]) z = d;
end
endmodule
```

2) 无优先级编码

```
module single_if(a, b, c, d, sel, z);
input a, b, c, d;
input [3:0] sel;
output z;
reg z;
always @(a or b or c or d or sel)
begin
z = 0;
if (sel[3])
z = d;
else if (sel[2])
z = c;
else if (sel[1])
z = b;
else if(sel[0])
z = a;
end
endmodule
```

图 3.27 为综合后的结果,图(a)的结果是线形的电路结构,关键路径长;而图(b)的结果是并行的电路结构,关键路径短,计算速度高。

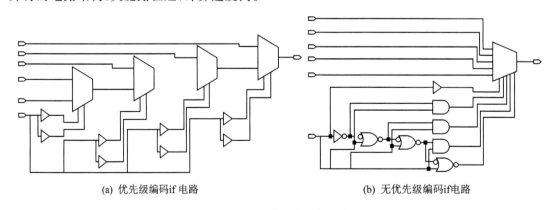

(a) 优先级编码 if 电路　　　　　　　　　　(b) 无优先级编码 if 电路

图 3.27　不同条件语句逻辑综合结果

关键路径的缩减可以通过增加必要的时钟数或寄存器来实现。例如,在 FSM 中具体方法是可以重新划分状态机的状态及其内部的计算数据流。图 3.28 描述了以状态机的状态分解换取电路频率改进的方法,增加了工作的状态数。通过采用上述技术手段可以缩短关键路径的时间,即由原来的一个时钟信号完成两步算术运算改为使用两个时钟分别计算两步算术计算,从而缩短关键路径的延迟时间。此时,设计人员应注意当改变计算结构时一定要考虑结构树形的深度是否减小,否则不会提高电路的速度。在实际电路设计中必须综合考虑,否则可能适得其反。

　　为提高电路速度,增加时钟数和寄存器的数量有时也会起到较好的效果,如图 3.28 所示。在复杂数字系统中多时钟会有效提高系统的速度,从而实现不同模块确定不同的时钟频率。寄存器数量的增加就是采用流水线结构,缩短了关键路径的延迟时间,提高了系统频率。

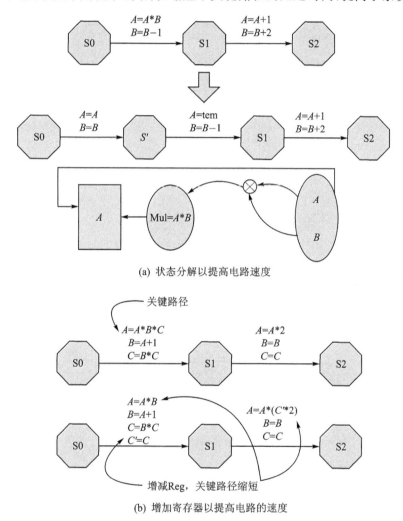

图 3.28　系统结构速度优化

　　影响关键路径的情况还包含电路的扇出结构等。由于电路的多余扇出会降低电路的速度,设计时应注意扇出结构的设置,减少电路扇出的方法可以采用输出电路共享。对于寄存器也会遇到同样的情况,如一个寄存器 A 与寄存器 B 完全相同,可以将其合并为一个寄存器从而减少电路的扇出。

　　在复杂的数字信号系统中,对于关键路径的变化还有更高级的技术,如重定时、折叠等,由于涉及数字信号处理的基本概念,本书将在第 5 章中介绍分析其中的常用技术。

3.2.3 迟到信号处理

在组合时序逻辑的数字系统中,关键路径由相邻的两个寄存器的延迟时间决定。寄存器之间的组合逻辑电路由于电路延迟的差异使信号到达输出端的时间存在差异,也就是有迟到信号的问题。

在条件选择语句中,由于信号的处理存在时间上的差异,从前一单元传递到下一单元的数据就存在到达时间先后的问题,因此,为提高电路的速度,对迟到信号要安排在下一单元最后处理,也就是说,放在最靠近本级输出的位置,这样将不影响处理已经到达的信号。下面的两组源码经综合后对比迟到信号的位置。综合后的网表如图 3.29 和图 3.30 所示。

例 3.30 未处理的迟到信号。

```
module single_if(a_late, b, c, d, sel, z);
input a_late, b, c, d;
input [3:0] sel;
output z;
reg z;
always @(a_late or b or c or d or sel)
    begin
        if (sel[1])          z = b;
        else if (sel[2])     z = c;
        else if (sel[3])     z = d;
        else if (sel[0])     z = a_late;
        else                 z = 0;
    end
endmodule
```

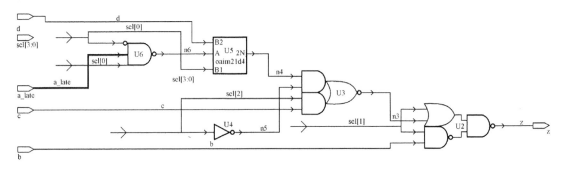

图 3.29 迟到信号的位置(a_late 粗黑线)

例 3.31 处理后的迟到信号端口。

```
module single_if(a_late, b, c, d, sel, z);
input a_late, b, c, d;
input [3:0] sel;
output z;
reg z;
always @(a_late or b or c or d or sel)
    begin
        if (sel[1])          z = a_late;
        else if (sel[2])     z = c;
        else if (sel[3])     z = d;
        else if (sel[0])     z = b;
```

```
        else                     z = 0;
    end
endmodule
```

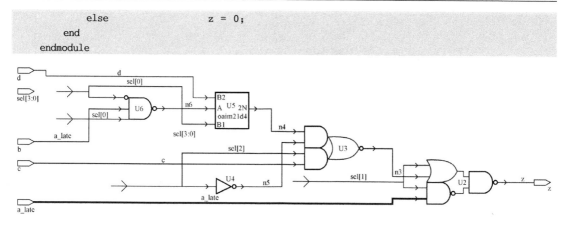

图 3.30　处理后的迟到信号的位置(a_late 粗黑线)

下面通过另一个例子来说明迟滞信号的处理。电路综合的结果如图 3.31 和图 3.32 所示。其中的粗黑线是设置的迟到信号。

例 3.32　迟到信号未处理。

```
module case_in_if_01(a, data_is_late, c, sel, z);
input [8:1] a;
input data_is_late;
input [2:0] sel;
input [5:1] c;
output z;   reg z;

always @ (sel or c or a or data_is_late)
    if (c[1])                 z = a[5];
    else if (c[2] == 1'b0)    z = a[4];
    else if (c[3])            z = a[1];
    else if (c[4])
        case (sel)
            3'b010:     z = a[8];
            3'b011:     z = data_is_late;
            3'b101:     z = a[7];
            3'b110:     z = a[6];
            default:    z = a[2];
        endcase
    else if (c[5] == 1'b0)    z = a[2];
    else  z = a[3];
endmodule
```

修改后的代码如下:

```
module case_in_if_01(a, data_s, c, sel, z);
input [8:1] a;
input data_s;
input [2:0] sel;
input [5:1] c;
output z;   reg z,z1,fir;

always @(sel or c or a or data_s)   begin
if (c[1])                 z1 = a[5];
else if (c[2] == 1'b0)    z1 = a[4];
else if (c[3])            z1 = a[1];
else if (c[4])
```

```
    case (sel)
        3'b010:            z1 = a[8];
        //3'b011:          z1 = data_s;
        3'b101:            z1 = a[7];
        3'b110:            z1 = a[6];
        default:           z1 = a[2];
    endcase
else if (c[5] == 1'b0)     z1 = a[2];
else                       z1 = a[3];
    fir = (c[1] == 1'b1) || (c[2] == 1'b0) || (c[3] == 1'b1);
    if (!fir && c[4] && (sel == 3'b011))
        z = data_s;
    else
        z = z1;
end
endmodule
```

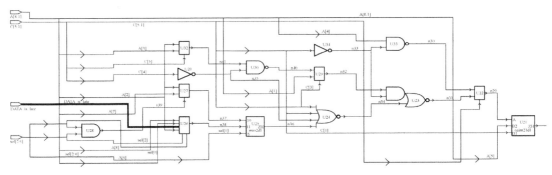

图 3.31   未处理的迟到信号的位置(粗黑线)

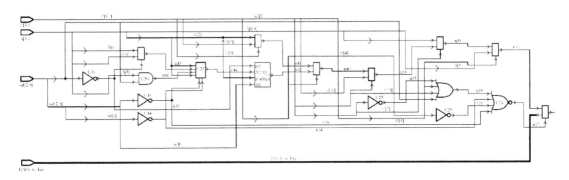

图 3.32   处理后的迟到信号的位置(粗黑线)

迟到信号处理也就是条件判断语句的优先编码问题,优先级编码的逻辑需要在第一个条件选项中声明。上面的实例中说明了对于迟到的信号在电路设计时要进行优先级编码处理,以提高电路的速度。模块设计中对不同时间到达的信号不要设置在同一单元中,即按到达的时间先后按优先级次序编码设计。

3.2.4   流水线

电路中流水线设计是对组合时序电路根据期望的关键路径延迟时间,利用插入寄存器进行 N 级分割。设计后关键路径的延迟缩短,时钟频率增加,吞吐率增加,这些是以牺牲电路的面积为代价而获得的速度提升。流水线的 N 次分割通常称为 N 级流水线结构,也就是从组合逻辑的输入到输出被 N 个寄存器所分割并形成非循环结构。

如图 3.33 所示的组合逻辑单元,关键路径是从输入信号 A 到输出端,设其最大的路径延迟是 $T_{\max}$。如果采用流水线设计法,在三个单元之间加入寄存器就形成了流水线结构,被分割的路径延迟为 $T_{\max/n1}$ 和 $T_{\max/n2}$ 等,则全体逻辑单元的关键路径的最大延迟为分割延迟的最大值。流水线结构增大了电路的面积,同时也额外开销了时钟信号。对于采用 ASIC 设计的数字系统而言会有额外的物理开销,对于采用 FPGA 设计的数字系统,则是利用 FPGA 内置的寄存器资源。在实际设计工作中,设计人员使用流水线结构分割逻辑单元电路,应注意使被分割的每个单元的分配路径长度保持平衡。一般情况下,分割而成的各单元的最大延迟时间决定了整个逻辑系统的最终工作频率。对于组合逻辑电路而言,流水线结构不宜使用过多级结构,过多级流水线结构不会改进吞吐率,只会增加延迟开销。

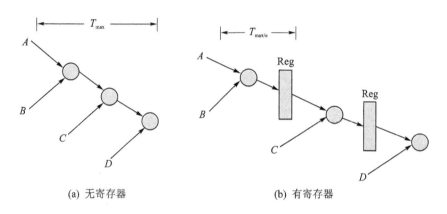

(a) 无寄存器　　　　　　　　　(b) 有寄存器

图 3.33　流水线设计结构图

尽管流水线结构带来了系统时钟频率和数据吞吐率的增加,然而也造成输入/输出系统时延的增加,即流水线设计需要 N 个时钟周期来完成首次计算结果的输出,且每次计算结果输出还需要延迟一个时钟周期。在输入信号与输出信号之间,延迟效应会带来时间的偏移,但传播信号的功能是不改变的。

下面以加法器为例来说明流水线对电路速度的影响。图 3.34 所示为 4 bit 加法器,综合后的逻辑图如图 3.35 所示。

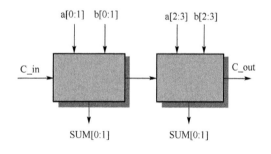

图 3.34　4 bit 加法器

例 3.33　4 bit 加法器。

```
module   adder_4b (a_in, b_in, sum, ovf,cy_i);

input    [3:0] a_in, b_in;
input        cy_i;
output   [3:0] sum;
wire     [2:0] cy;
output   ovf;

    fulladder  fa0 (a_in[0], b_in[0], cy_i, sum[0], cy[0]);
    fulladder  fa1 (a_in[1], b_in[1], cy[0], sum[1], cy[1]);
```

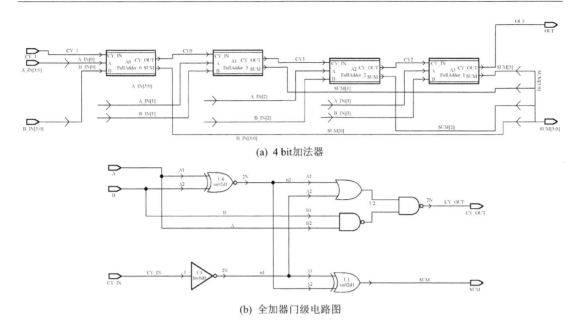

(a) 4 bit加法器

(b) 全加器门级电路图

图 3.35   4 bit 加法器 RTL 门级电路

```
    fulladder  fa2 (a_in[2], b_in[2], cy[1], sum[2], cy[2]);
    fulladder  fa3 (a_in[3], b_in[3], cy[2], sum[3], ovf);
endmodule

module  fulladder  (a, b, cy_in, sum, cy_out);
input   a, b, cy_in;
output  sum, cy_out;

    assign  sum = a ^ b ^ cy_in;
    assign  cy_out = (a & b) | (a & cy_in) | (b & cy_in);
endmodule
```

$$S = a \oplus b \oplus C_i$$
$$C_{i+1} = a \cdot b + bC_i + aC_i$$

流水线结构如图 3.36 所示。用于流水线功能的寄存器组分别为输入端、中间端和输出端。对于输入数据要按顺序排列,以便进位字节能传播全部数据流的一半在给定的时钟周期内。电路中输入数据路径接口仍然采用同步方式给计算单元提供了整字节,然而仅仅最左侧的数据是有效的。在最右侧数据通路中,计算的"和"被存储在内部寄存器中。当下一个时钟信号到来时,最右侧的数据被执行,并与上一个时钟周期计算的"和"一起被存储在流水线的寄存器中。由于内部时钟支持的最长路径使用了 2 bit 而不是 4 bit 加法器,因此流水线的操作频率是原始加法器频率的两倍。由于时钟信号的支持,输入寄存器的输出数据延迟半个时钟周期到达低位计算块(低位块指 a[0:1] 和 b[0:1],高位块指 a[3:2] 和 b[3:2])。而中间流水线的寄存器和输出寄存器也同样后延半个时钟周期。因此,首次延迟计算周期占用两个时钟周期。

例 3.34   流水线式加法器设计。

```
module adder_4(cout ,sum ,clk ,cina ,cinb ,cin) ;
input [3:0] cina ,cinb;
input clk ,cin;
output [3:0] sum;
```

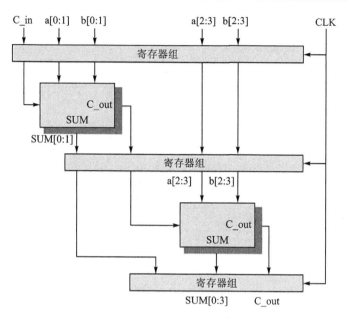

图 3.36　基于流水线结构的 4 bit 加法器结构图

```
output cout;
reg cout ;
reg cout1 ;
reg[1:0]sum1;
reg[3:0]sum;
    always @(posedge clk) begin
        {cout1 , sum1} = cina [1 : 0] + cinb [1 : 0] + cin ;
    end
    always @(posedge clk) begin
        {cout ,sum} = {{cina[3],cina [3:2]} + {cinb[3], cinb[3:2] + cout1},sum1};
    end
endmodule
```

流水线加法器时序图如图 3.37 所示。

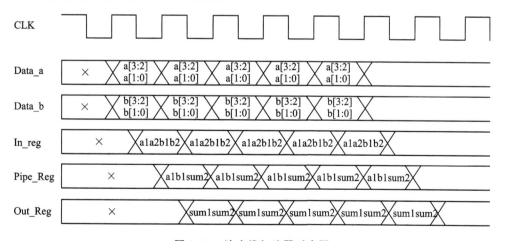

图 3.37　流水线加法器时序图

两级流水线综合后的电路图如图 3.38 所示,时序信号的仿真图如图 3.39 所示。

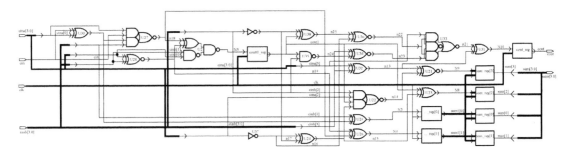

图 3.38　两级流水线综合后的电路图(黑方框表示添加的一二级流水线的寄存器,由时钟来控制)

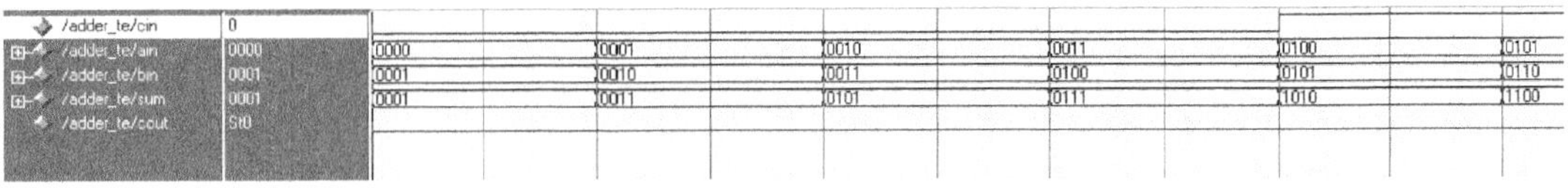

(a) 普通加法器

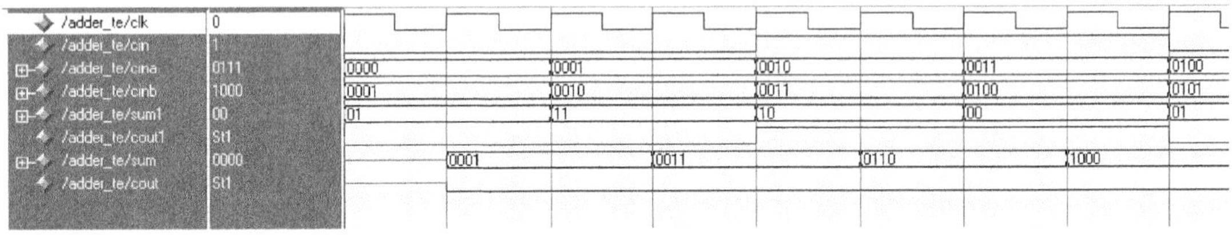

(b) 流水线结构加法器

图 3.39　时序信号的仿真图

从图 3.39 的仿真结果可知,流水线结构的计算结果除了延时一个时钟周期以外,与非流水线图(a)的结果一样,为什么?原因有两个方面:一是仿真器仅仅是逻辑仿真而没有加载工艺库参数,看不到各个路径上的细微的延迟差;二是选择加法器较为简单且仿真精度使细微差异观察不到。流水线结构随着分割的段数增加电路的时钟频率也增加,与此同时,系统的吞吐率随之增加。但是,当固定设计系统的时钟频率时,随着分割的段数增加电路的规模也增加(消耗的硬件资源增加),系统的吞吐率却并不增加,因此,流水线的段数应保持最小的数量。另外,流水线的插入会影响一些电路系统总线的宽度,应当控制寄存器的位宽。

在不降低吞吐率的条件下提升时钟频率的方法是使用流水线结构。为了提高工作系统的吞吐率,往往采用减少数据处理的时钟数的方案,但伴随而来的是系统的时钟频率被降低,进而导致系统面积消耗增加,从而造成事与愿违的设计结果。采用流水线结构可以避免系统的数据吞吐率下滑,从而保障需求时钟频率的提升。对于时序电路或组合逻辑电路,流水线结构都可以很好地提高系统的性能,但代价是系统的面积资源消耗同比上升。当系统的时钟周期已经确定时,过度的流水线的结构细化只能增加系统的面积资源消耗,而不会增加系统的吞吐率等物理特性,为此,设计中应避免无谓的过度流水线细化。同时,流水线寄存器的位宽也要尽可能最小化以达到面积消减的设计目的。

流水线结构可以提高电路性能,而对于复杂的组合时序逻辑电路,体系结构中的系统控制、数据路径等对电路系统产生更多的影响。以简单的微处理器为例,基于时序控制电路的状态转移的处理方法决定流水线设计,图 3.40(a)是处理器的命令图,由设计师所定义的系统功能决定。在此基础上完成逻辑功能在时间上的状态转移的展开,如图 3.40(b)所示。时间展开除了控制指令按时间顺序移动之外,数据流处理也是基于时间顺序展开计算的。考虑时序电路处理的时钟数与各个状态间的折中问题,对状态转移图进行电路结构设计,如图 3.40(d)所示。在另一方面,基于原始定义的命令按照空间予以展开,如图 3.40(c)所示。各个命令对应不同的模块以完成全体的功能,这样时序处理电路完成预期的数据处理功能,这就形成了电路空间展开的部分。

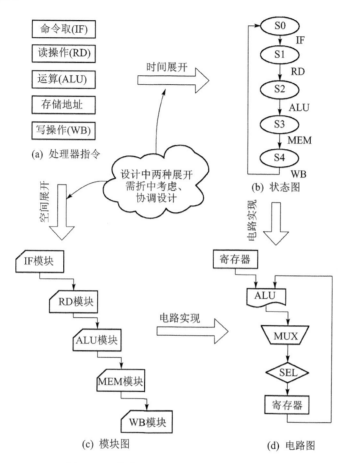

图 3.40　复杂逻辑系统中的时空展开关系

本章以电路逻辑综合为目标进行高性能电路的设计,其中对电路面积和时钟频率这两个问题做了重点讨论,而对于功耗问题则留给后面章节进行详细讨论。本章高性能设计仅仅基于底层逻辑的优化设计的讨论,而系统算法、体系结构等方面对电路设计的影响则没讨论到,并不是说其对面积、速度、功耗没影响,相反,可能会有更大的影响,这点请读者注意,相关内容会在后续章有所讨论。由于面积、速度和功耗三者本身也是互相联系、互相矛盾和互相制约的,单一强调某一个方向的设计可能都会适得其反,因此,需要在设计中折中考虑各个参数指标,这也是集成电路设计的核心和难点。

习　　题

1. 为了提高数字电路系统的性能,一般从哪几个方面考虑? 这些性能之间有何影响?

2. 在设计时,当电路的面积是第一优先级时,一般采用哪些具体技术进行设计?

3. 试分析下列 always 过程块的电路方法,通过综合工具给出其 RTL 级逻辑结构,说明两种描述方法的本质区别。

```
module case(A,B, out);
input   A,B;
output [3 : 0] out;
reg [3 : 0]out;
always @(A&B)
begin
    case({A,B})
    2'b00: out = 4'b0001;
    2'b01: out = 4'b0010;
    2'b10: out = 4'b0100;
    endcase
end
endmodule
module case(A,B, out);
input   A,B;
output [3 : 0] out;
reg [3 : 0]out;
always @(A&B)
begin
    case({A,B})
    2'b00: out = 4'b0001;
    2'b01: out = 4'b0010;
    2'b10: out = 4'b0100;
    default: out = 4'b0000;
    endcase
end
endmodule
```

4. 说明并讨论图 3.11 中算术单元与选择单元计算顺序所带来的电路结构的变化,请试着给出两种代码的 RTL 级电路结构图。

5. 使用 Verilog 语言描述的线形电路结构和树形电路结构有何区别?举例说明如何实现高速、低面积消耗的设计方案。

6. 试编写图 3.19 的 Verilog 描述语言,通过仿真结果具体说明如何通过增加寄存器而提高了电路的速度。

7. 图 3.41 给出了 4 bit 比较器的门级逻辑图,请描写其 Verilog 代码,用流水线结构和非流水线结构两种方法,并给出综合后的门级逻辑结构图。

8. 编写同步、异步的复位或置位的 Verilog 描述方法。通过仿真器观察其结果,说明其异同。

9. 简述同步复位/异步复位的优缺点。

10. 图 3.42 是优先编码器的门级结构,请指出电路中存在的问题,如何消除?

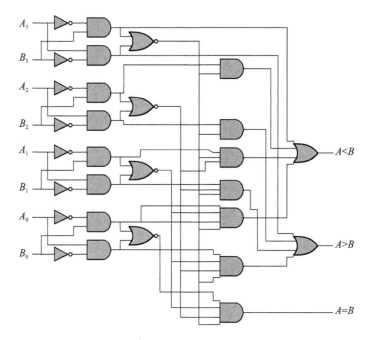

图 3.41　4 bit 比较器逻辑门

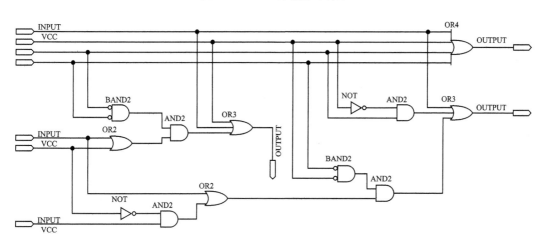

图 3.42　习题 10 题图

第4章 运算单元结构

从基础运算单元到体系结构决定了高性能处理器芯片计算系统的性能。数值计算的结构通常包含完成数据路径的组合逻辑单元和完成时序分配的状态控制单元,其中数据路径的电路计算结构及其物理特性属于本章讨论的重点。在数值计算单元中,任务处理电路结构和数据流控制程序需要满足一些特殊的设计要求,如功耗、面积、速度和吞吐率等。现在,由于数字IC系统设计可以采用全自动设计EDA工具,因此设计人员往往会把注意力更多地集中在电路算法和系统逻辑功能的改进上,而忽视电路基础结构的优化。本章将讨论运算单元硬件描述语言与具体电路结构的关系。

在过去几十年中,由于微电子、计算机等各种技术的迅猛发展,硬件电路计算速度有了极大的提高,但随着数据信息的膨胀,如高清数据图像的编解码、海量数据传输等。FFT、DCT/IDCT、滤波器和加解密电路的计算速度仍然不够理想。高速算术运算主要有两个制约因素:一个是电路结构设计/计算算法,另一个是硬件器件的制造工艺。算术运算单元是高级复杂数字信号处理器的基本结构,其性能的优劣直接影响以此为基础的复杂IC系统的工作效率,因此,关于运算单元的设计优化是芯片设计人员提高系统性能的基础。

4.1 数的表示

在数字电路系统中,数值计算经常被用于完成某种高速信息处理的任务,如数字信号处理(DSP)芯片或高速傅里叶变换(FFT)专用芯片等。通常而言,数字信号使用顺序二进制数表示,特殊目的时,使用格雷码或汉明码等。电路的高低电平分别用来表示逻辑"1"和"0"。数据的大小由电路的位宽所决定。数值的计算一般包含定点计算和浮点计算两种,定点计算就是计算中小数点的位置在数值中固定。定点数一般有3种表示,原码、1补码(也叫反码)和2补码。数据是由最高位(MSB)的符号位和其余位的数据位组成。MSB符号位用0、1分别表示正、负数值,其余全体数据位宽($n-1$位)表示数据的范围。在原码中,整数的表示范围是

$$-(2^{n-1}-1) < x < (2^{n-1}-1) \tag{4.1}$$

对于8比特的数而言,其表示范围就是从$-127 \sim +127$。由于原码存在两个重复的0,且符号位不能直接参与运算,必须和其他位分开,这将增加芯片的开销和复杂性,原码的数据表示存在间断点突变的问题,因此,在电路中不能使用。

而在1补码的数的表示中,其整数的表示范围与原码相同。正数的表示与原码相同,但负数表示则不同,例如,-9的1补码是11110110,而原码却是10001001。1补码(反码)仍然存在重复0的问题和间断点,还是不能使用。

2补码是基于原码和1补码的扩展,MSB位是符号位,其中1表示负数,0表示正数。正数是相同的,负数则不同,例如,-9的2补码是11110111。因此,2补码的表示范围是

$$-2^{n-1} < x < (2^{n-1}-1) \tag{4.2}$$

由此可见,2 补码没有重复 0 问题,数的表示是连续的,不存在间断点问题,因此,成为芯片逻辑计算的基础。

图 4.1 表示 4 bit 带符号量纲数值,称为二进制数及其 2 补码的圆图。可以发现 2 补码的加法只要使用标准的二进制加法即可实现。下面通过 2 补码数值计算式来说明。

例 4.1　试计算 $1+(-5)=-4$。

$$
\begin{array}{r}
+\,0001 \quad (\ \ \ 1) \\
+\,1011 \quad (-5) \\
\hline
1100 \quad (-4)
\end{array}
$$

一个数的 2 补码就是将该数值取位反运算(即 1 补码),再将结果加 1,即为该数字的 2 补码。在 2 补码系统中,一个负数就是用其对应正数的 2 补码来表示。在二进制的数值计算中,对正数的表示,原码、反码和补码都相同。而负数一般使用 2 的补码来表示。补码的计算是,对十进制数 7 而言,其二进制数的原码为 0111,取反为 1000,然后再加 1(1001),这样就得到 -7 的数值。

另一种计算(此例中以 N 为例)的 2 补码的公式如下:

$$N_{\text{补}} = 2^n - N \tag{4.3}$$

式中:$N_{\text{补}}$ 是 N 的补码;n 是数字 N 用二进制表示时需要的位(比特)数。

以 4 bit 二进制的 7 为例:

$$N_{\text{十进制}} = 7, \quad N_{\text{二进制}} = 0111$$

7 的 2 补码计算方式如下:

$$N_{\text{补}} = 2^n - N = [2^4]_{\text{十进制}} - 0111 = 10000_{\text{二进制}} - 0111 = 1001$$

2 补码的最大优点是可以在加法或减法处理中,不需要因为数字的正负而使用不同的计算方式。只要一种加法电路就可以处理各种带符号数加法,而且减法可以用一个数加上另一个数的 2 补码来表示,因此只要有加法电路及 2 补码电路即可完成各种符号数的加法及减法,电路设计实现方便。另外,2 补码系统的 0 只有一个表示方式,用 2 补码进行计算,减法可以用加法来实现。

采用补码计算时,计算结果的数值可能超出补码表示的范围,这时计算结果是错误的,我们把这种情况称为溢出。考虑 $n=4$ bit,最高位是 MSB 符号位,补码表示范围 $-8 \sim +7$(如图 4.1 所示),如果计算的数超过上述位就会溢出。

定点小数是标定小数点的位置在符号位(MSB)之后、有效数值部分最高位之前。若数据 a 的形式为 $a=a_0.a_1a_2\cdots a_n$(其中 a_0 为符号位,$a_1 \sim a_n$ 是数值的有效部分,也称为尾数,a_1 为最高有效位),则定点小数的表示范围是 $-(1-2^{-(n-1)}) \leqslant x < 1-2^{-(n-1)}$,小数表示法如图 4.2 所示。

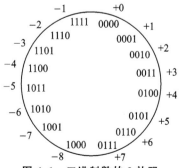

图 4.1　二进制数的 2 补码

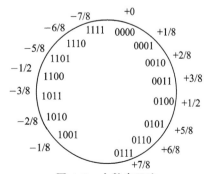

图 4.2　小数表示法

定点小数表示为

$$x = \frac{-(b_{n-1}2^{n-1}) + b_{n-2}2^{n-2} + \cdots + b_1 2 + b_0}{2^{n-1}} = -(b_{n-1}) + \sum_{i=0}^{n-2}(2^{i-n-1}b_i) \qquad (4.4)$$

数的表示是逻辑电路的基础,数值计算功能在硬件电路系统中占据特殊重要的意义,基于数值计算的电路如 DSP、FFT 或滤波器等数字电路系统都是以基本的电路运算功能为基础而实现的。下面通过加法器、乘法器及其优化后的运算器为例讨论它们的一些功能和特性。

4.2 加法器

4.2.1 串行进位加法器

数值计算电路的介绍首先从加法器开始,对于两个二进制数的加法通过如表 4.1 所列的真值表来表示。其中,A、B 是两个输入的数值,S 是所得的求和项,C 为进位项。基于真值表 4.1 可以得到其逻辑表达式,即

$$\begin{cases} S = A \oplus B \\ C = A \cdot B \end{cases} \qquad (4.5)$$

上述表达式通常称为半加器,它是加法器的基本单元。可以很容易地用 Verilog 语言进行描述,并得到其综合后的门级电路(见图 4.3),代码如下:

```
module half_adder(S,C, A,B);
input A,B;
outputS,C;

    assign   S = A^B;
    assign   C = A&B;
endmodule
```

表 4.1 真值表

A	B	S	C
0	0	0	0
0	1	1	0
1	0	1	0
1	1	0	1

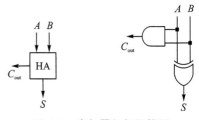

图 4.3 半加器门级逻辑图

关于半加器的逻辑门描述,我们在第 3 章中介绍了几种不同的逻辑结构,本章侧重于加法器的体系结构,因此,采用了最基本的结构。全加器是在半加器的基础上附带上下进位功能的电路,下面考虑全加器的逻辑表达式及 4 bit 的全加器的 Verilog 语言描述。

$$\begin{cases} S_n = A_n \oplus B_n \oplus C_n \\ C_{n+1} = A_n \cdot B_n + C_n \cdot (A_n \oplus B_n) \end{cases} \qquad (4.6)$$

```
module   adder_4b (a_in, b_in, sum, ovf,cy_i);
input    [3:0]a_in, b_in;
input         cy_i;
output   [3:0]sum;
```

```
wire      [2:0]  cy;
output    ovf;

    fulladder   fa0  (a_in[0], b_in[0], cy_i, sum[0], cy[0]);
    fulladder   fa1  (a_in[1], b_in[1], cy[0], sum[1], cy[1]);
    fulladder   fa2  (a_in[2], b_in[2], cy[1], sum[2], cy[2]);
    fulladder   fa3  (a_in[3], b_in[3], cy[2], sum[3], ovf);
endmodule

module   fulladder   (a, b, cy_in, sum, cy_out);
input    a, b, cy_in;
output   sum, cy_out;
assign sum = a ^b ^cy_in;
assign cy_out = a &b |cy_in &(a ^b);

endmodule
```

根据上述硬件描述语言可以综合出原始的串行进位的电路结构,对于普遍情况,一个 n 比特的串行进位加法器必须由 n 个全加器来支持,其中进位输出位 C_{i+1} 用来作为下一列的输入,图 4.4 是一个 4 bit 串行进位加法器的框图。

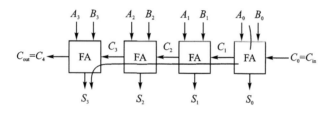

图 4.4　4 bit 串行进位加法器

上述的代码就是使用 4 个全加器的模块描述的 4 bit 加法器,目前的 Verilog 语言和多数综合器完全支持高级数学算子的描述模式,代码将更简捷但电路结构是传统的。

对于传统的串行进位加法器,代码描述简捷,电路结构清晰是其主要特点。然而,由于 n bit 的串行进位计算,高位计算必须依赖于低位进位项,使整体电路的计算速度受到极大的制约,这也是串行进位加法器(也叫行波进位加法器)的最大不足。图 4.4 的箭头表明了计算由低到高的递进过程,电路的最大延迟就是由此关键路径所决定的。箭头显示了加法器的最长延迟路径或关键路径,也就是说,进位传递必须要依次递进通过每一级全加器。计算时当两数据的输入同时有效时,相加各个延时得到总延迟:

$$\begin{cases} t_{all} = t_3 + t_2 + t_1 + t_0, \quad (t_2 = t_1) \\ t_{all} = t_3(C_{3\_in} \rightarrow S_3) + 2t_1(C_{1\_in} \rightarrow C_2) + t_0(A_0 B_0 \rightarrow C_1) \end{cases} \tag{4.7}$$

对于加法器中的最低有效位(LSB),其时间延迟为 $t_{d0} = t_d(A_0 B_0 \rightarrow C_1)$ 这是由输入产生进位输出位的时间。电路中第一个和第二个全加器的延迟时间相同,即 $t(C_{in} \rightarrow C_{out})$,电路中最后一位延迟 $t(C_{3\_in} \rightarrow S_3)$,这样即可得到上述的总延迟表达式。对于 n bit 的串行进位加法器,其最大延迟为

$$t_{n-b} = t(C_{in} \rightarrow S_{n-1}) + (n-2)t(C_{in} \rightarrow C_{out}) + t(A_0, B_0 \rightarrow C_1) \tag{4.8}$$

这表明加发器的延迟与位宽成正比,对于高位宽加法器,电路的工作速度是很慢的。为了实现高速计算,可以修改加法器计算结构等实现高速计算,如超前进位加法器。

4.2.2 超前进位加法器

由上述串行进位加法器可知,加法器的进位项的最长延迟时间是限制其速度的关键所在,因此,加法器的进位项可以修改表示如下:

$$c_{i+1} = a_i \cdot b_i + c_i \cdot (a_i \oplus b_i) \tag{4.9}$$

由于式(4.9)中每项都可以使这个输出为1,如果设 $a_i \cdot b_i = 1$,则 $c_{i+1} = 1$,用 $g_i = a_i \cdot b_i$ 表示进位生成项,这里每一个进位项都由其两个输入项产生。第二项代表输入进位 $c_i = 1$ 可以通过全加器进行传播,则传播项为 $p_i = a_i \oplus b_i$。图 4.5 表示了进位产生与进位传播项的逻辑真值表和示意图。

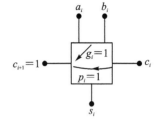

	g_i	p_i
	$a_i \cdot b_i$	$a_i \oplus b_i$
$a_i = b_i = 0$	0	0
$a_i = b_i = 1$	1	0
$a_i \neq b_i$	0	1

$$c_{i+1} = a_i \cdot b_i + c_i \cdot (a_i \oplus b_i)$$

图 4.5 超前进位加法器的逻辑关系与图示

超前进位加法器的计算步骤主要是:当 n bit 的加数和被加数进行计算时,首先加法器电路各比特位同步计算产生生成项和传播项的值,然后再使用其值计算进位项 c_{i+1},最后根据传播项和进位项来计算求和项。表达式如下:

$$\begin{cases} g_i = a_i \cdot b_i, \quad p_i = a_i \oplus b_i \\ c_{i+1} = g_i + p_i \cdot c_i \\ s_i = p_i \oplus c_i \end{cases} \tag{4.10}$$

基于上述计算方法,可以避免串行进位导致的大量的传播延迟。下式是 4 bit 加法器各位计算的计算过程:

$$\begin{cases} c_1 = g_0 + p_0 c_0 \\ c_2 = g_1 + p_1 g_0 + p_1 p_0 c_0 \\ c_3 = g_2 + p_2 g_1 + p_2 p_1 g_0 + p_2 p_1 p_0 c_0 \\ c_4 = g_3 + p_3 g_2 + p_3 p_2 g_1 + p_3 p_2 p_1 g_0 + p_3 p_2 p_1 p_0 c_0 \end{cases} \tag{4.11}$$

上述表达式显示了进位项可以从进位产生和进位传播项求得,在计算中可以通过迭代的方法实现。4 bit 超前进位电路的逻辑如图 4.6 所示。当计算出电路的进位项后,通过方程(4.10)就可计算最后的求和。图 4.6 超前进位加法器的逻辑电路表明了每位进位项的延迟时间都是两级逻辑门的延迟时间,因此,超前进位加法器的最长延迟时间与数据的位宽无关,从而实现了高速计算的目的。

例 4.2(a) 超前进位加法器。

```
module CLA_4b(SUM,C_Y,a,b,C_0);
input     [3:0]  a,b;
input            C_0;
output    [3:0]  SUM;
output           C_Y;
wire             p0,p1,p2,p3,g0,g1,g2,g3,c1,c2,c3,c4;
```

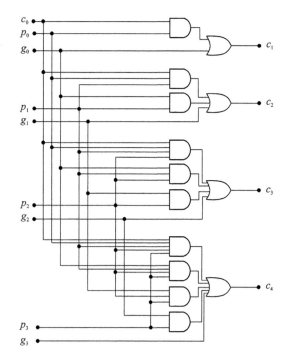

图 4.6　4 bit 超前进位加法器进位产生项的电路结构

```
        assign   p0 = a[0]^b[0],
                 p1 = a[1]^b[1],
                 p2 = a[2]^b[2],
                 p3 = a[3]^b[3],
                 g0 = a[0]&b[0],
                 g1 = a[1]&b[1],
                 g2 = a[2]&b[2],
                 g3 = a[3]&b[3];
        assign
                 c1 = g0|(p0&c_0),
                 c2 = g1|(p1&g0)|(p1&p0&C_0),
                 c3 = g2|(p2&g1)|(p2&p1&g0)|(p2&p1&p0&C_0),
                 c4 = g3|(p3&g2)|(p3&p2&g1)|(p3&p2&p1&g0)|(p3&p2&p1&p0&C_0);
        assign
                 SUM[0] = p0^C_0,
                 SUM[1] = p1^C1,
                 SUM[2] = p2^c2,

                 SUM[3] = p3^c3,
                 C_Y = c4;
endmodule
```

对上述 Verilog 语言可以使用循环语句以提高代码的编写效率,其代码如下。

例 4.2(b)　超前进位加法器(使用循环语句)。

```
module CLA_4b_For(sum,c_out,a,b,c_in);
input    [3:0]   a,b;
input            c_in;
output   [3:0]   sum;
output           c_out;
reg      [3:0]   carry;
```

```
wire      [3:0]   gen, prop;
wire      [4:0]   shift_carry;
integer           i;

assign   gen = a&b;
assign   prop = a^b;
    always @(a or b or c_in or prop or gen)
        begin
        carry[0] = gen[0] + (prop[0]&c_in);
        for(i = 1;i <= 3;i = i + 1)
            begin
                carry[i] = g[i]|(p[i]&carry[i-1]);
            end
        end
assign   shift_carry = {carry,c_in};
assign   sum = prop^shift_carry;
assign   c_out = shift_carry;

endmodule
```

例 4.2(a)代码直接利用算法结构完成硬件描述语言编码,它具有代码直观易于理解的优点,但编写时过于麻烦,对大位宽数据加法器的代码编写有易错的可能。例 4.2(b)代码是根据超前进位算法的迭代规则编写的基于 for 循环的逻辑代码,它具有编码紧凑高效且有利于数据位宽变化的优点。

尽管超前进位加法器理论上具有较短的关键路径,但由于电路工艺的制约,逻辑门的输入端是受限制的,不可能无限增加,通常以 4 个输入为限。因此,超前进位加法器的关键路径与所使用的制造工艺或 FPGA 产品有极大关联。图 4.7 就是某种工艺条件下被综合后的进位产生项的逻辑门级结构。

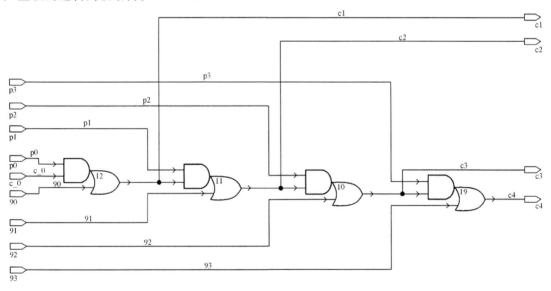

图 4.7　4 bit 超前进位产生项的综合后电路结构

对于上述 4 位超前进位技术,如果应用更宽位的加法器,则必须考虑由于最长延迟路径门数增加而导致硬件延迟的膨胀。对于上述问题,von Neumann 等人的研究结果表明,最长的进位链平均长度是 $\log_2 N$,例如,32 位加法器的平均长度为

$$\log_2 32 = \log_2 2^5 = 5$$

这就是多层 CLA 电路的工作原理,它意味着进位电路的长度不必扩展到全部字节,而是分配到较小的块。

　　对于 N bit 加法器,如果 $N = 2k$(k 是整数),其中选择 4 的整数倍的 i 位,从 i 到 $i+3$ 位构成一个 4 bit 的超前进位电路单元块。其超前进位电路的工作原理与上述相同。图 4.8 描述了多位加法器的分块结构,如图 4.9 所示的逻辑图描述了块产生与块传播信号。块产生信号用输入变量描述如下:

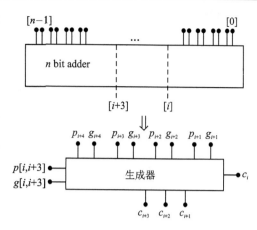

$$g_{[i,i+3]} = g_{[i+3]} + p_{[i+3]}g_{[i+2]} + p_{[i+3]}p_{[i+2]}g_{[i+1]}$$
$$= p_{[i+3]}p_{[i+2]}p_{[i+1]}g_{[i]} \tag{4.12}$$

图 4.9 中 or1 的逻辑输出的块传播信号表示为

图 4.8　多位加法器的分块结构图

$$p_{[i,i+3]} = p_{[i+3]}p_{[i+2]}p_{[i+1]}p_i \tag{4.13}$$

通过上述方法就可以使用超前进位加法器完成宽位加法器的多层次结构设计,其优点是减小了硬件延迟时间。

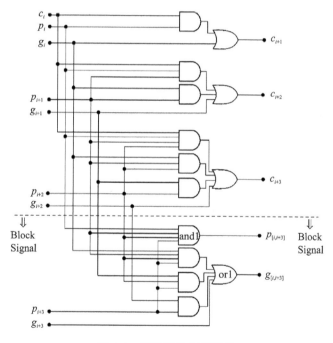

图 4.9　超前进位逻辑结构

4.2.3　进位选择加法器

　　进位选择加法器是 1962 年由 Bedrij 首先提出的,其思想是采用两个独立并行的划分为 4 bit 一组的块,每一逻辑块具有相同的设计结构(见图 4.10)。在选择进位加法器中,两个和是同步生成的。结果假设一组是"1",另一组是"0"。因此,被预测的组常常选择两个和之一。当采用多级加法器时,组间逻辑运算会快速增加。随着子序列的延迟的增加,复杂度会减小,与超前进位加法器(CLA)类似。

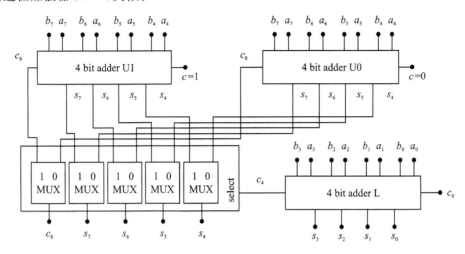

图 4.10   进位选择加法器

进位选择加法器采用分组的数据以完成全并行的数据进行相加操作,各分组内则采用串行进位进行求和。该方式避免了逐行进位时每个加法器单元必须等待输入项到达后才可以输出进位,实现了提前计算针对两种计算结果的可能输出。进位选择加法器所增加的硬件开销限于一个额外的进位路径和一个多路选择开关,对面积要求比较苛刻的场合则不适合使用。进位选择加法器的改进型还有平方根进位选择加法器,其计算速度又有所提高。

4.2.4   进位保留加法器

通常一个二进制全加器输入是由输入项和进位项共 3 比特构成,而输出则是由求和项与进位项构成。对于进位保留加法器(CSA),修改顺序二进制全加器的计算规则,即求和项与进位项互不相关各自独立计算,如图 4.11 所示。

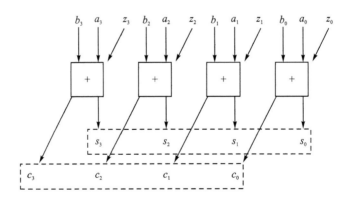

图 4.11   进位保留加法计算

对于 n 比特的进位保留加法器,其中每个全加器的输出项是独立的,即计算求和项与进位项。其中,求和项就是 3 个数的模 2 运算,也就是对应位的异或计算。进位项从竖式低位开始计算,低位向高位进位,每一列的数相加对进位数取商,如下式,进位项并不传播给下一位。使用 x、y 和 z 表示输入,用 c 和 s 表示输出,求和项 s 及进位项 c 分别为

$$s = (x + y + z) \bmod 2, \quad c = \left(\frac{x + y + z}{2} \right)_{\text{取商}} \quad (4.14)$$

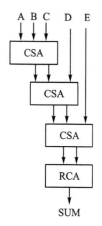

下面,我们假设 $x = 01010$, $y = 00111$, $z = 01100$, 求和项是对应位的异或计算,其结果是 00001;进位项按式(4.14)计算,如(0+1+0)/2=0(商)……1(余数),(1+1+0)/2=1……0,可得 11100。将求和项与进位项再用顺序二进制数相加,结果是 11101,这与直接的二进制数相加结果是相同的。进位保留顾名思义就是先保留进位输出而不是立即用它来计算最终结果,这样进位保留法可以自动避免进位输出位的传播延迟问题。

在图 4.12 中,假设有 5 个数连续相加,采用串行进位加法器则需要 4 次加法计算,而采用进位保留加法器则需要 3 次保留和一次串行进位即可,这样其前三个保留进位不存在进位链延迟的问题,因此,其计算速度会大幅提高。使用进位保存加法器 CSA 结构可

图 4.12　进位保留加法器计算

以将门延迟降到更低,其结构如图 4.13 所示,它将 3 个数相加转换为 2 个数相加,在树的根部,如果最后一个使用超前进位加法器,其门延迟为 $O(\lg n)$,则总的延迟为 $O(\lg(n + \lg m))$。

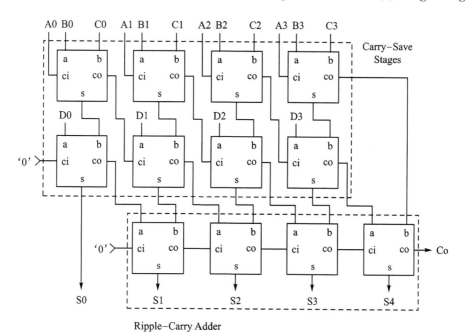

图 4.13　4 bit 进位保留加法器结构图

例 4.3　4 bit CSA。

```
module carry_save_adder(a,b,c,d, sum,cout);
input [3:0] a, b,c,d;
output [4:0] sum;
output cout;
wire [3:0] s0,s1;
wire [3:0] c0, c1;

//1st Statge
f_adder fa0(.a(a[0]), .b(b[0]), .cin(c[0]), .sum(s0[0]), .cout(c0[0]));
```

```
f_adder fa1(.a(a[1]), .b(b[1]), .cin(c[1]), .sum(s0[1]), .cout(c0[1]));
f_adder fa2(.a(a[2]), .b(b[2]), .cin(c[2]), .sum(s0[2]), .cout(c0[2]));
f_adder fa3(.a(a[3]), .b(b[3]), .cin(c[3]), .sum(s0[3]), .cout(c0[3]));

//2nd Stage
f_adder a4(.a(d[0]), .b(s0[0]), .cin(1'b0), .sum(sum[0]), .cout(c1[0]));
f_adder a5(.a(d[1]), .b(s0[1]), .cin(c0[0]), .sum(s1[0]), .cout(c1[1]));
f_adder a6(.a(d[2]), .b(s0[2]), .cin(c0[1]), .sum(s1[1]), .cout(c1[2]));
f_adder a7(.a(d[3]), .b(s0[3]), .cin(c0[2]), .sum(s1[2]), .cout(c1[3]));

ripple_carry_4
rca(.a(c1[3:0]),.b({c0[3],s1[2:0]}),.cin(1'b0),.sum(sum[4:1]),.cout(cout));
endmodule
//4 - bit Ripple Carry Adder
////////////////////////////////////
module ripple_carry_4 (a, b, cin, sum, cout);
input [3:0] a,b;
input cin;
wire c1,c2,c3;
output [3:0] sum;
output cout;
f_adder fa0(.a(a[0]), .b(b[0]),.cin(cin), .sum(sum[0]),.cout(c1));
f_adder fa1(.a(a[1]), .b(b[1]), .cin(c1), .sum(sum[1]),.cout(c2));
f_adder fa2(.a(a[2]), .b(b[2]), .cin(c2), .sum(sum[2]),.cout(c3));
f_adder fa3(.a(a[3]), .b(b[3]), .cin(c3), .sum(sum[3]),.cout(cout));
endmodule
//1bit Full Adder
////////////////////////////////////////
module full_adder(a,b,cin,sum, cout);
input a,b,cin;
output sum, cout;
wire x,y,z;
half_adder  h1(.a(a), .b(b), .sum(x), .cout(y));
half_adder  h2(.a(x), .b(cin), .sum(sum), .cout(z));
assign cout = y|z;
endmodule
// 1 bit Half Adder
////////////////////////////////////////
module half_adder(a,b, sum, cout);
input a,b;
output sum = a^b;
output cout = a&b;
endmodule
```

4.2.5 进位旁路加法器

进位旁路(Carry - Skip)加法器,顾名思义即加法器的进位链旁路于加法器主体以便完成高速数据传播的功能,此类电路是一种有利于高速宽位加法器设计。图 4.14 是进位旁路加法器的结构示意图。c_i 表示进位输入信号,c_{i+1} 是加法器产生的新的进位输出信号。旁路电路包含 AND 门和 OR 门,与门将进位输入信号和加法器本身产生的信号完成逻辑与的功能,其输出值再输入到下一级逻辑或门,逻辑或门完成加法器本身产生的 c_{i+4}(对于 4 bit 加法器而言)信号和与门的输出信号的"或"运算,这里传播项 p 和进位项 c 的表达式为

$$\begin{cases} p_{[i,i+3]} = p_{i+3} \cdot p_{i+2} \cdot p_{i+1} \cdot p_i \\ \mathrm{Carry} = c_{i+4} + p_{[i,i+3]} \cdot c_i \end{cases} \tag{4.15}$$

进位旁路的工作原理,如果满足条件 $p_{[i,j+3]} = 0$,那么 c_{i+4} 信号值决定这一组的进位输出值。如果进位输入信号 c_i 是高电位信号,逻辑值为 1,同时 $p_{[i,j+3]} = 1$,那么这一组的进位输入值直接送入加法器的下一组。简而言之,如果条件 $p_{[i,j+3]} c_i$ 为逻辑真,即 $p_3 \cdot p_2 \cdot p_1 \cdot p_0 = 1$ 时,那么进位输入信号与加法器本身无逻辑关系,直接输出给下一组单元。

首先,当 $p_3 \cdot p_2 \cdot p_1 \cdot p_0 = 1$ 时,$p_3 = p_2 = p_1 = p_0 = 1$,所以 c_4 产生的逻辑如下:

$$\begin{aligned} c_4 &= g_3 + g_2 p_3 + g_1 p_3 p_2 + g_0 p_3 p_2 p_1 + c_0 p_3 p_2 p_1 p_0 \\ &= g_3 + g_2 + g_1 + g_0 + c_0 \end{aligned}$$

由超前进位加法器定义的 p 和 g 可知,只要 $p = 1$,则 $g = 0$,所以 $g_3 + g_2 + g_1 + g_0 = 0$,即 $c_4 = c_0$。

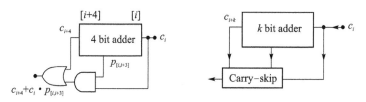

图 4.14 进位旁路加法器的电路结构示意图

进位旁路加法器一般由等分的多个旁路单元组成,而旁路单元的大小与一般加法器的关系可表示为 $M = \sqrt{\dfrac{N}{2}}$,其中 N 是加法器的位数,M 是每一个旁路单元的位数。对于 16 bit 的加法器而言,旁路单元的尺寸是 3,为了便于分割一般取 $M = 4$,电路如图 4.15 所示。

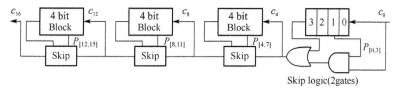

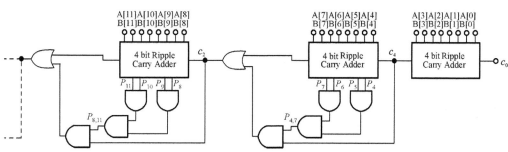

图 4.15 16 bit 进位旁路加法器结构图

下面来分析上述电路的延迟时间,当 $c_0 = 0$ 时,加法器产生 $c_1 = 1$ 的进位输出项,假设加法器本身采用的是串行结构,则当 $c_4 = 1$ 时,进位信号值直接送入第四计算单元,最后串行通过第四单元至输出进位 $c_{16} = 1$,此时可认为是旁路计算单元的最长延迟单元。为了进一步提高加法器的计算速度,采用可变的进位旁路单元,即进位旁路单元通过嵌套结构完成多层旁路单元以减少进位延迟时间。

进位旁路加法器的优势在于可以灵活使用产生或是传播进位信号的传播延迟线。通常电路分成若干块,当每个单元块的进位项不同时,信号被快速传播。该电路产生的信号将被命名为阻止传播信号。如果进位传播通过计算单元的所有位置,则通过加法器本身的进位信号可以直接旁路于它并被旁路单元送入下一级计算块。一旦进位信号传输到本块,它也就传播到下一个单元块,好像它仅仅在该块才开始生成。

关于计算单元的速度与面积的折中是必须要考虑的。对于一个平分 M 块的进位旁路加法器,假设 t_1 是进位信号传播整个加法器的时间,而 t_2 是旁路一个计算块的时间。顺序进位加法器的消耗时间是依赖于输入信号的结构,当进位传播通过所有加法单元时,其完成时间可以很小但可能会出现错误的计算。因此,对于 N bit 的进位旁路加法器,加法器被分成 M 块,且每个块包含 P 个加法单元。旁路进位加法器的传播延迟时间需要被衡量,假设电路结构如图 4.15 所示,进位信号是在第一个块开始时就被生成,这时,进位信号通过所有的加法器进行传播直到最后一个加法器才产生进位信号。在第一个和最后一个块中,块的传播信号等于 0,因此,整个进位信号并不传输到下一个块。因此,在第一个块中,最后一个加法器必须等待来自于第一个加法器的进位信号。当第一个块输出进位信号后,进位信号可以被同时分布到第二个、第三个和最后一个块。这是第一种可能的进位传播路径,考虑另一种情况,假设第二块被旁路(即它的块传播信号是 0),这样意味进位信号由内部产生。事实上,旁路进位加法器存在两个进位信号源,内部生成的进位信号延迟可能优于最坏的旁路进位信号。

例 4.4 进位旁路加法器的 Verilog 描述如下:

```
module carryskip(a,b,carryin,sum,carryout);
    input [7:0] a, b; /* add these bits */
    input carryin; /* carry in */
    output [7:0] sum; /* result */
    output carryout;
    wire [8:1] carry; /* transfers the carry between bits */
    wire [7:0] p; /* propagate for each bit */
    wire cs4; /* final carry for first group */

    fulladd_p a0(a[0],b[0],carryin,sum[0],carry[1],p[0]);
    fulladd_p a1(a[1],b[1],carry[1],sum[1],carry[2],p[1]);
    fulladd_p a2(a[2],b[2],carry[2],sum[2],carry[3],p[2]);
    fulladd_p a3(a[3],b[3],carry[3],sum[3],carry[4],p[3]);
    assign cs4 = carry[4] | (p[0] & p[1] & p[2] & p[3] & carryin);

    fulladd_p a4(a[4],b[4],cs4, sum[4],carry[5],p[4]);
    ...
    assign carryout = carry[8] | (p[4] & p[5] & p[6] & p[7] & cs4);
endmodule
```

高速加法器的设计还包含进位保留加法器和曼彻斯特加法器,曼彻斯特加法器由于其自身的特性使设计无法采用纯自动化设计工具来实现。因此,在使用中受到一定的影响。

图 4.16 是多种加法器的比较结果,曾于 1998 年发表在 IEEE 的文献中,结果表明传统的串行进位加法器具有最平衡的性价比。尽管其计算速度较慢,但其消耗的面积资源也是同比最小的加法器。

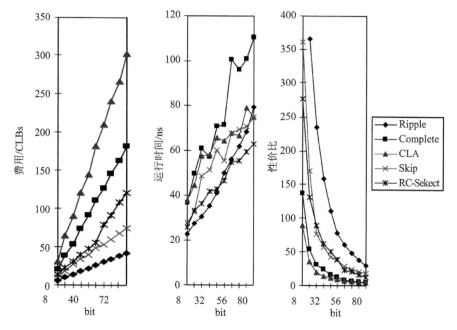

图 4.16　加法器的性能对比图

4.3　乘法器

对于由逻辑门为基础实现的运算单元,其计算过程中都是以 1 和 0 的二进制数为基础进行的数学计算,因此,二进制数的计算也称为模 2 乘法计算,是运算器的计算基础。

二进制数模 2 乘法计算可以等价于逻辑与门来实现乘法。那么对于多字节的乘法器而言,如何工作呢?下面以 4 bit 乘法器为例讲解其工作原理。假设被乘数为 $A = a_3 a_2 a_1 a_0$,乘数为 $B = b_3 b_2 b_1 b_0$,那么两者的积为 8 bit 的数,$M = m_7 m_6 m_5 m_4 m_3 m_2 m_1 m_0$。计算过程如图 4.17 所示。

$$
\begin{array}{rccccl}
 & a_3 & a_2 & a_1 & a_0 & \text{被乘数} \\
\times & b_3 & b_2 & b_1 & b_0 & \text{乘数} \\
\hline
 & a_3b_0 & a_2b_0 & a_1b_0 & a_0b_0 & \\
+a_3b_1 & a_2b_1 & a_1b_1 & a_0b_1 & & \\
+a_3b_2 & a_2b_2 & a_1b_2 & a_0b_2 & & \\
+a_3b_3 & a_2b_3 & a_1b_3 & a_0b_3 & & \\
\hline
m_7 \quad m_6 \quad m_5 & m_4 & m_3 & m_2 & m_1 \quad m_0 & \text{积}
\end{array}
$$

图 4.17　4 bit 乘法器

4.3.1　阵列乘法器

乘数与被乘数相乘形成一组阵列,将结果的每列向量加和并考虑低位的进位项时,可以得到积的简单数学表达式:

$$M_i = \sum_{i=j+k} a_j b_k + c_{i-1} \tag{4.17}$$

数字乘法器以加法器为基础,其计算过程如图 4.17 所示。乘法器根据图 4.17 的算术计算规则采用并行的逻辑电路来实现。在节省电路资源且保证计算速度的条件下,首先介绍阵列乘法。

根据式(4.17),其 n 位无符号十进制值的等效描述如下:

$$A = \sum_{j=0}^{n-1} a_j 2^j, \quad B = \sum_{k=0}^{n-1} b_k 2^k \tag{4.18}$$

$$M = AB = \sum_{j=0}^{n-1} \sum_{k=0}^{n-1} a_j b_k 2^{j+k} \tag{4.19}$$

从上面的关系式可知,a_j、b_k 提供了相应的位值,而 2^{j+k} 是加权系数,这也是无符号乘法器的表示。乘法器的计算形式通常分为:阵列乘法器、二进制串行法和顺序移位法。一般阵列乘法器的电路结构如图 4.18 所示。电路结构中使用逻辑与门计算位积 $a_j \cdot b_k$。在每列中对各个位积的值求和而得到乘法器的位值。所有的加法器组成进位保留链,因此,进位项输送到它左边一列的下一行的加法器。阵列乘法器采用并行的计算结构,内部加法器的速度决定了阵列的计算能力。当 M_1 列的进位生成并通过 $M_2 \sim M_6$ 传播到 M_7 时,整条进位链的传播延迟显然涉及全部的计算位和对应的加法器。为了解决上述问题,可以加入输入寄存器以实现数据流的同步,也可使用输出寄存器进一步提高其性能。一般来说,一个 n bit 的阵列乘法器需要 $n(n-2)$ 个全加器、n 个半加器和 n^2 个与门。从 p_4 到 p_7 由串行进位加法器计算,而 p_4 之前的计算是采用进位保留加法器实现。

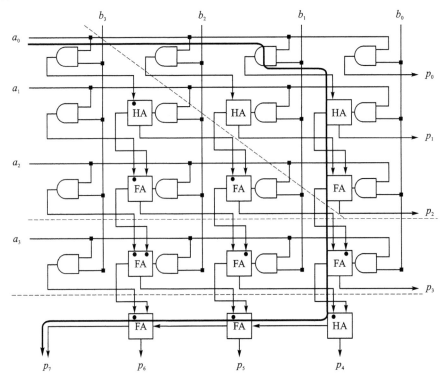

图 4.18 阵列乘法器结构图

由与门、半加器和全加器构成的阵列乘法器,该乘法器的总的乘法时间可以估算如下:令 t_a 为"与门"的传输延迟时间,全加器(FA)的进位传输延迟时间为 $t_f = 4t_a$。由图 4.18 可见,最坏情况下的延迟途径,是沿着 a_0 输入到 p_7 输出的路径。因而得到 n 位 $\times n$ 位不带符号的

阵列乘法器的总的乘法时间为

$$T = 6t_a - 9 \tag{4.20}$$

例 4.5　阵列结构乘法器。

```
module array_multiplier(input_a,input_b,product);
output [7:0] product;
input [3:0] input_a;
input [3:0] input_b;
wire [2:0] wire1_nand,wire2_nand;
wire [2:0] wire1_and,wire2_and,wire3_and;
wire w33;
wire [2:0] s1,s2,s3;
wire [2:0] cout1,cout2,cout3;
//
    assign wire1_and[2] = input_a[2] & input_b[0];    //w20 - w00
    assign wire1_and[1] = input_a[1] & input_b[0];
    assign wire1_and[0] = input_a[0] & input_b[0];
    assign wire2_and[2] = input_a[2] & input_b[1];    //w21 - w01
    assign wire2_and[1] = input_a[1] & input_b[1];
    assign wire2_and[0] = input_a[0] & input_b[1];
    assign wire3_and[2] = input_a[2] & input_b[2];    //w22 - w02
    assign wire3_and[1] = input_a[1] & input_b[2];
    assign wire3_and[0] = input_a[0] & input_b[2];
    assign wire1_nand[2] = ~(input_b[2] & input_a[3]);   //w'32 - w'30
    assign wire1_nand[1] = ~(input_b[1] & input_a[3]);
    assign wire1_nand[0] = ~(input_b[0] & input_a[3]);
    assign wire2_nand[2] = ~(input_a[2] & input_b[3]);   //w'23 - w'03
    assign wire2_nand[1] = ~(input_a[1] & input_b[3]);
    assign wire2_nand[0] = ~(input_a[0] & input_b[3]);
    assign w33 = input_a[3] & input_b[3];               //w33

    array m1({wire1_nand[0],wire1_and[2:1]},wire2_and[2:0],3'b0,s1[2:0], cout1[2:0]);
    array m2({wire1_nand[1],s1[2:1]},wire3_and[2:0],cout1[2:0],s2[2:0],cout2[2:0]);
    array m3({wire1_nand[2],s2[2:1]},wire2_nand[2:0],cout2[2:0],s3[2:0],cout3[2:0]);
    adder a1(s3[1],1'b1,cout3[0],sum_1,carry_1);
    adder a2(s3[2],carry_1,cout3[1],sum_2,carry_2);
    adder a3(w33,carry_2,cout3[2],sum_3,carry_3);
    assign product[7:0] = ~(carry_3),sum_3,sum_2,sum_1,s3[0],s2[0],s1[0],
wire1_and[0]};
endmodule

module array(a,b,cin,s,cout);
output [2:0] s;
output [2:0] cout;
input [2:0] a;
input [2:0] b;
input [2:0] cin;
//assign {cout[2:0],s[2:0]} = a[2:0] + b[2:0] + cin[2:0];
    adder add0(a[0],b[0],cin[0],s[0],cout[0]);
    adder add1(a[1],b[1],cin[1],s[1],cout[1]);
    adder add2(a[2],b[2],cin[2],s[2],cout[2]);
endmodule

/* 1 bit adder  */
module adder(A,B,Ci,Sum,Carry);
input A,B,Ci;
```

```
output Sum,Carry;
    assign {Carry,Sum} = A + B + Ci;
endmodule
```

乘法器还存在一种特殊的情况,即乘数是2。考虑一个8 bit的数,当乘数是2时,相当于对被乘数进行左移操作。例如,当被乘数是2时,$a = 00000010$,乘数是4时,积则是$M = 00000100$,即左移1位。因此,对于乘数是2的倍数时,即$2m$,可以通过乘数的寄存器进行左移m位的操作来实现。基于移位寄存器的乘法器的结构图如图4.19所示。

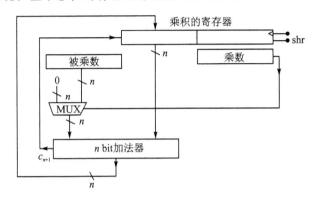

图4.19 基于移位寄存器的乘法器的结构图

移位寄存器并行输入n bit数,被乘数与乘数经过MUX选择后与寄存器进行加法运算,这里相加得到的最高进位输出位输出到寄存器的最左边位(最高位)。对于两个n bit的数相乘,乘积的计算可以表示成$M_{i+1} = (M_i + a2^n b^i)/2$,这里$b^i$是用来控制一个2∶1的多路选择器,如果$b^i = 0$,则$n$ bit的"0"输入到加法器;而$b^i = 1$则选择被乘数a输入到加法器。下面给出一个8 bit的移位寄存器结构的乘法器代码。

例4.6 移位寄存器式乘法器。

```
module multiply(ready,product,multiplier,multiplicand,sign,clk);

    input          clk;
    input          sign;
    input [7:0]    multiplier, multiplicand;
    output [15:0]  product;
    output         ready;

    reg [15:0]     product, product_temp;

    reg [7:0]      multiplier_copy;
    reg [15:0]     multiplicand_copy;
    reg            negative_output;

    reg [4:0]      bit;
    wire           ready = !bit;

    initial bit = 0;
    initial negative_output = 0;

        always @(posedge clk)

        if(ready) begin
            bit           = 5'd16;
            product       = 0;
            product_temp  = 0;
```

```
                multiplicand_copy = (!sign || !multiplicand[7]) ?
                            { 7'd0, multiplicand } :
                            { 7'd0, ~multiplicand + 1'b1};
                multiplier_copy = (!sign || !multiplier[7]) ?
                            multiplier :
                            ~multiplier + 1'b1;

                negative_output = sign &&
                            ((multiplier[7] && !multiplicand[7])
                          ||(!multiplier[7] && multiplicand[7]));

        end
        else if ( bit > 0) begin

            if( multiplier_copy[0] == 1'b1) product_temp = product_temp + multiplicand_copy;

            product = (!negative_output) ?
                    product_temp :
                    ~product_temp + 1'b1;

            multiplier_copy = multiplier_copy >> 1;

            multiplicand_copy = multiplicand_copy << 1;
            bit = bit - 1'b1;

        end
    endmodule
```

4.3.2　高速乘法器

乘法器是高性能微处理器中的基础单元,也是进行高速计算,特别是信号处理、图像处理和深度学习等应用领域不可缺少的关键单元。然而,在海量的数据计算过程中,乘法器的性能直接关系到系统的计算速度。上述的阵列乘法器的电路会产生阵列传播延迟,而且越到下一级的逻辑位时延迟越严重。在阵列乘法器中将会出现时序违约,而使值无法正确传递。若要得到正确的结果,则必须降低整体速度。因此,设计可高速计算的乘法器要考虑复杂信号处理的基础。为了提高乘法器的计算速度,通常的处理方法如下:

- 提高部分积的加法器的运算速度,减少其基本单元的延迟时间,一般是利用进位保留加法器先使参与操作的部分积形成两个数(这两个数分别是求和与局部进位);
- 改进乘法器的计算原理,减少部分积的计算量,采用多位扫描、跳过连续的 0/1 串和对乘数重编码(如 Booth 算法)等处理方法。

Booth Algorithm Multiplier(BAM)是高速乘法器的一种,其特性主要包括:

① 高速乘法计算;

② 带符号位乘法计算。

首先,来举一个简单的数学计算的例子,试分别计算 $8\,567 \times 1\,001$ 和 $8\,567 \times 999$。当使用普通乘法计算时,显而易见前者很容易计算,而后者则要烦琐得多。假如对这两个数的运算进行如下处理:

$$8\,567 \times 1\,001 = 8\,567 \times (1\,000 + 1)$$
$$8\,567 \times 999 = 8\,567 \times (1\,000 - 1)$$

这时两种计算将具有相同的计算复杂度,因此,尝试更改乘法器的计算过程。

对于二进制数的乘法器,当乘数中 0 占多数位时,其计算的复杂度降低,如下所示:

$$
\begin{array}{r}
0\ 1\ 1\ 0\ 1\ 1\ 1\ 0\ 0\ 1 \\
\times\ 0\ 0\ 1\ 0\ 0\ 0\ 0\ 0\ 1\ 0 \\
\hline
0\ 1\ 1\ 0\ 1\ 1\ 1\ 0\ 0\ 1 \\
+\qquad 0\ 1\ 1\ 0\ 1\ 1\ 1\ 0\ 0\ 1\qquad \\
\hline
0\ 1\ 1\ 0\ 1\ 1\ 1\ 1\ 1\ 1\ 1\ 0\ 0\ 1\ 0
\end{array}
$$

然而,当乘数的 1 占多数位时,并不能得到期望的结果,例如:

$$
\begin{array}{r}
0\ 1\ 1\ 0\ 1\ 1\ 1\ 0\ 0\ 1 \\
\times\ 0\ 0\ 1\ 0\ 1\ 1\ 1\ 0\ 1\ 0 \\
\hline
0\ 1\ 1\ 0\ 1\ 1\ 1\ 0\ 0\ 1 \\
0\ 1\ 1\ 0\ 1\ 1\ 1\ 0\ 0\ 1\quad \\
+\quad 0\ 1\ 1\ 0\ 1\ 1\ 1\ 0\ 0\ 1\qquad \\
0\ 1\ 1\ 0\ 1\ 1\ 1\ 0\ 0\ 1\qquad\quad \\
\hline
1\ 0\ 1\ 0\ 0\ 0\ 0\ 0\ 0\ 1\ 1\ 0\ 1\ 0\ 1\ 0
\end{array}
$$

Booth 算法将一串数据的位分成以 1 作为标识符,分为开始、中间和结尾,如表 4.2 所列。

表 4.2　数据串的表示

串结束		串中间				串开始	
0	(	1	1	1	1	)	0

如果局限在只看两个位,则根据两个位的值得到符合前面的状况,如表 4.3 所列。

表 4.3　乘数位的意义

现行位	现行位的右边位	解　释	范　例
1	0	一串 1 的开始	00001111000_2
1	1	一串 1 的中间	00001111000_2
0	1	一串 1 的结束	00001111000_2
0	0	一串 0 的中间	00001111000_2

Booth 算法首先是观察乘积寄存器最右边的两位数据(其中,最右边是用 0 补位),依照目前位与先前位的不同,执行下面不同的操作。

- 00:字符串 0 的中间部分,不需要算术运算。
- 01:字符串 1 的结尾,所以将乘数加到乘积的左半部。
- 10:字符串 1 的开始,所以从乘积的左半部减去乘数。
- 11:字符串 1 的中间部分,所以不需要算术运算。

如同前面的算法,将乘积缓存器右移 1 位,在准备好开始之前,将虚构位 0 放在最右边位的右边。将乘积右移时,因为是处理带符号数字,必须保留中间过程结果的正负符号,所以当乘积向右移时,扩展其符号。因此第一次重复循环的乘积缓存器右移 1 位时,将$(111001110)_2$转换成$(111100111)_2$,不是$(011100111)_2$,这种移位称为算术右移(Arithemetic Right Shift),有别于逻辑右移。

例如,对于十进制的乘法计算$(-3)\times2 = -6$,转换为二进制计算,被乘数$(1101)_2\times$乘数$(0010)_2 =$乘积$(11111010)_2$,以 Booth 算法执行乘法运算,其计算过程如下:

将乘数和被乘数按最高有效二进制位数编写。

构建乘数寄存器和乘积寄存器,其中乘积寄存器由两部分组成,最右位是虚构位 0,其次右边 4 比特位放置 2 补码被乘数,左侧位放置相同位数的 0,计算剩余步骤如表 4.4 所列。

表 4.4　计算步骤(1)

重复次数	步　骤	乘数寄存器	乘积寄存器	
			左	右
0	起始值	0010	0000	110 1 0
1	10⇒乘积缓存器=乘积缓存器左侧数(PL)－乘数缓存器(M),右侧和虚构位不变	0010	1110	1101 0
	乘积缓存器右移	0010	1111	011 0 1
2	01⇒乘积缓存器=乘积缓存器左侧数＋乘数缓存器	0010	0001	0110 1
	乘积缓存器右移	0010	0000	101 1 0
3	10⇒乘积缓存器=乘积缓存器左侧数－乘数缓存器	0010	1110	1011 0
	乘积缓存器右移	0010	1111	010 1 1
4	11⇒不进行操作	0010	1111	0101 1
	乘积缓存器右移	0010	1111	1010 1

为了得到较快的乘法,可以将 Booth 算法一般化,一次检查多个位。

例 4.7　假设被乘数 $A=-34=-(0100010)_2$,乘数 $B=22=(0010110)_2$,首先完成 2 补数的变换:

$$22 \rightarrow 0010110, \quad -22 \rightarrow 1101010$$
$$34 \rightarrow 0100010, \quad -34 \rightarrow 1011110$$

硬件执行的操作如表 4.5 所列。

表 4.5　计算步骤(2)

两位判断字符	操　作	[M]	0010110	PR	1011110	0
		PL	0000000			
00	右移		0000000		0101111	0
10	PL－M	＋	1101010			
			1101010		0101111	0
	右移		1110101		0010111	1
11	右移		1111010		1001011	1
11	右移		1111101		0100101	1
11	右移		1111110		1010010	1
01	PL＋M	＋	0010110			
			0010100		1010010	1
	右移		0001010		0101001	0
10	PL－M	＋	1101010			
			1110100		0101001	0
	右移		1111010		0010100	1

最终结果的上 7 位寄存到存储器 PL,下 7 位存入 PR。最终的积的实际值是 2 的补数,即

$$A \times B = 11110100010100 = -748_{10}$$

注意事项:

● 当操作是 2 的补数形式时,算术移位常常用于右移。当其他位被移到右边时 MSB 位

（符号位）总被重复。这保证了以 2 的补数表示的正负值适当的符号扩展。

- 当被乘数被表示为 2 补数的负值时，它要求完成加法的计算（乘数的 LSB 是 1，其他位是 0）。
- 选用字节多的作为被乘数。
- 被乘数位宽满足符号位＋数字。
- 当执行加法运算时，乘积缓存器右移采用逻辑右移法。
- 当执行减法运算时，乘积缓存器右移采用算术右移法。
- 执行的变化过程取决于被乘数的字节宽度。

Booth 算法通过对数据位（当前数据位和其右边一位）进行判断，采用相加、相减和右移这三种基本运算实现补码乘法。Booth 算法之所以要进行算术右移（Arithmetic Right Shift）而非普通的逻辑右移，是因为运算操作均是在补码系统中进行的，故当乘积向右移时，要扩展其符号位。由于符号位存在 0 和 1 两种情况，故在每次进行算术右移操作之前，要对最高符号位的数值进行判断。而左移操作则相对简单，在最低位扩展 0 即可。

通过上面的理论分析，了解了 Booth 算法高速乘法器的工作原理，下面进一步通过逻辑电路观测分析具体的乘法器的工作过程。图 4.20 是 SBM 乘法器的结构图。

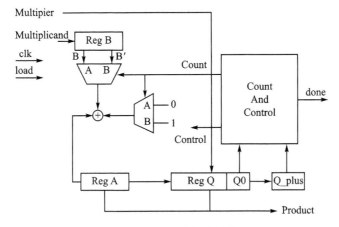

图 4.20　SBM 乘法器的结构图

根据 Booth 算法原理和上述结构图编写 Verilog 源代码。Booth 算法器 Verilog 源代码之一如下：

```
/////////////////////////////////////////////////////////////
//    Function:    Booth's Multiplier, N * N bits --≫ 2N bits
/////////////////////////////////////////////////////////////
/*    instance template:
    mult_Booth #(.N()) mul_b (.clk(), .rst_n(), .en(), .rdy()
                              .a(), .b(),     .p());
*/
module mult_Booth
#(parameter N = 4        // bit width of two operands)
(
        clk, rst_n,    // clk, active low asynchronous rst
        en,            // enable = 1 starts a new computation.
        rdy,           // rdy = 1 indicates result is avoidable
        a, b,          //
        p              // product, p = a * b
```

```verilog
);
/******************* port begin ******************/
input               clk, rst_n;
input               en;
output              rdy;
input   [N-1:0]     a, b;
output  [2*N-1:0]   p;

wire                clk, rst_n;
wire                en;
wire                rdy;
wire    [N-1:0]     a, b;
wire    [2*N-1:0]   p;

wire load, shift;
/*********************** Controller ********************/
    ctrl_mult_Booth   #(.N(N)) ctrl_mB
    (.clk(clk), .rst_n(rst_n), .en(en), .rdy(rdy),
        .load(load), .shift(shift));
/*********************** Datapath ********************/
    dp_mult_Booth #(.N(N)) dp_mB
    (.clk(clk), .load(load), .shift(shift),.a(a), .b(b), .p(p));
endmodule

module ctrl_mult_Booth
#(parameter     N = 16          // 16 * 16 --> 32 bits)
    (clk, rst_n,    // clk, asynchronous active low rst.
    en,             // If en is high @(posedge clk) and
    rdy,            // rdy is high, a new computation
    load,           // sequences will begin and rdy will
    shift           // be low until finished.
);
//////////////////////////////////// port begin:
input   clk, rst_n;

input   en;         // start a new multiplication operation
output  rdy;        // product is avoidable
output  load, shift;    // ctrl signal for datapath unit
//////////////////////////////////// port end   ;
//////////////////////////////////// begin
localparam  cnt_w = clogb2(N);
reg [cnt_w-1:0] counter;
reg rst_cnt, inc_cnt;
always @(posedge clk) begin
    if(rst_cnt)
        counter <= 0;
    else if (inc_cnt)
        counter <= counter + {{(cnt_w-1){1'b0}}, 1'b1};
end
localparam  [2:0]
        RDY = 3'B001,
        LOAD = 3'B010,
        SHIFT = 3'B100;

reg [2:0] state_p;      // preset state: outputs of registers
reg [2:0] state_n;      // next state: combinational logic
always @(posedge clk or negedge rst_n) begin
    if(~rst_n) begin
        state_p <= RDY;
```

```
        end else begin
            state_p <= state_n;
        end
    end

    reg rdy, load, shift;
    always @( * ) begin
        state_n = state_p;
        rdy = 1'b0;
        load = 1'b0;
        shift = 1'b0;

        rst_cnt = 1'b0;
        inc_cnt = 1'b0;
        case (state_p)
            RDY:  begin
                rdy = 1'b1;
                if (en) state_n = LOAD;
            end
            LOAD:  begin
                load = 1'b1;
                rst_cnt = 1'b1;
                state_n = SHIFT;
            end
            SHIFT:  begin
                shift = 1'b1;
                inc_cnt = 1'b1;
                if (&counter) state_n = RDY;

            end
            default:begin
                rdy = 1'bx;
                load = 1'bx;
                shift = 1'bx;
                state_n = 3'bxxx;
            end
        endcase
    end
//////////////////////////////////// end
// This function return the ceiling of log base 2
function integer clogb2;
        input [31:0] value;
        begin
        value = value - 1;
        for (clogb2 = 0; value > 0; clogb2 = clogb2 + 1)
        value = value >> 1;
        end
        endfunction

        endmodule

module add_sub_signed
#(parameter   N = 4     // bit - length: a, b are N bit while s is N + 1 bit
)                       // sign bit: a[N - 1], b[N - 1], s[N]
(
    sub,                // ctrl signal: s = ~sub ? a + b : a - b;
    a, b,               // N bit input
    s                   // (N + 1) bit output
```

```
);
/////////////////////////////// port begin:
input     sub;
input     [N-1:0]  a, b;
output    [N:0]  s;
/////////////////////////////// port end   ;
/////////////////////////////// begin
// behaviour level description
// first, we need to sign-extend the inputs
//    A more in-depth description(inputs are not sign-extended):
//    while sub&(b == -8(the least num)), a serious problem arise.
//    Because -(-8) is +8, which is out of range(-8-> 7), it will be
//    interpreted as -8(B1000) by adder_signed, resulting with an
//    offset of -16. So, in the -(-8)case, we convert the s[N] to 0.
//    sN must be postive. (-8->7) - (-8) >= 0;
wire sub_neg_8;
assign sub_neg_8 = &{sub,b[N-1],~b[N-2:0]};

wire c_s;     // the sign bit of add_signed's output
wire [N-1:0] b_ ; //
assign b_ = sub ? ~b : b;
add_signed #(N) as(.a(a), .b(b_), .s(s[N-1:0]),
    .c_i(sub), .c_s(c_s));
assign s[N] = sub_neg_8 ? 1'b0 : c_s;
/////////////////////////////// end
endmodule
/*
    add_signed #(N) as(.a(), .b(), .s(), .c_i(), c_s());
*/
// a more in-depth description:
module add_signed
#(parameter N = 4)
(a, b, s,     // a, b, s are 4 bits
    c_i, c_s     // c_i: carry input; c_s(sign bit of output)
);
input     [N-1:0]a, b;
output    [N-1:0]s;
input    c_i;
output    c_s;

wire    c_o;
    assign {c_o, s} = a + b + c_i;     // inefficient
assign c_s = (a[N-1]^b[N-1]) ? ~c_o : c_o;
endmodule
```

下面提供第二种 Booth 算法乘法器的源代码(Booth 算法器 Verilog 源代码之二),并提供测试向量供读者参考。

```
module multiplier(prod, busy, mc, mp, clk, start);
output [15:0] prod;
output busy;
input [7:0] mc, mp;
input clk, start;
reg [7:0] A, Q, M;
reg Q_1;
reg [3:0] count;
```

```
wire [7:0] sum, difference;

always @(posedge clk)
begin
    if (start) begin
        A  <= 8'b0;
        M  <= mc;
        Q  <= mp;
        Q_1  <=  1'b0;
        count  <=  4'b0;
    end
    else begin
        case ({Q[0], Q_1})
            2'b0_1 : {A, Q, Q_1} <= {sum[7], sum, Q};
            2'b1_0 : {A, Q, Q_1} <= {difference[7], difference, Q};
            default: {A, Q, Q_1} <= {A[7], A, Q};
        endcase
        count  <=  count  +  1'b1;
    end
end

alu adder (sum, A, M, 1'b0);
alu subtracter (difference, A, ~M, 1'b1);

assign prod = {A, Q};
assign busy = (count < 8);

endmodule

//The following is an alu.
//It is an adder, but capable of subtraction:
//Recall that subtraction means adding the two's complement --
//a - b = a + (-b) = a + (inverted b + 1)
module alu(out, a, b, cin);
output [7:0] out;
input [7:0] a;
input [7:0] b;
input cin;

assign out = a + b + cin;

endmodule
/* test_Booth_8 is a test fixture to test an 8-bit Booth multiplier. */

module test_Booth_8;
    reg [7:0] MC, MP;
    reg [15:0] Correct;
    reg Clk, Start;

    reg Error;
    integer  Tot_errors, Cycles;
    integer J,K;
    wire [15:0] Prod;
    wire Busy;
    parameter Del = 5;

// Stopwatch
  initial begin
  #9000000 $finish;
  end

// Clock generator
```

```
        initial begin Clk = 0; forever #Del Clk = ~Clk; end
/* Initialize certain startup variables.
Loop and generate potentially exhaustive sequence
of multiplier and multiplicand values.
Gather data about any incorrect products that might be calculated. */
      initial begin
          Start = 0;
          Tot_errors = 0;
          Cycles = -2;
          #(2 * Del) for (K = 127; K >= -127; K = K - 1) begin
              for (J = 127; J >= -127; J = J - 1) begin
                  MC = K;
                  MP = J;
                  Correct = K * J;
                  Error = 0;
                  @(negedge Clk) Start = 1;
                  #Del Start = 1'b0;
                  @(negedge Busy) if (Correct! == Prod) Error = 1;
                  Tot_errors = Tot_errors + Error;
                  check (Correct);    // Use this line for detailed output.
                  end
              end
//            check (Correct);
// Use this line and uncheck "Save all sim data"for shorter run time.
          end
/* Calculate number of cycles to perform each multiplication. The value -2
compensates for extra cycles that are included in the count. */
      always @ (posedge Clk or Busy) begin
          if(Busy) Cycles = Cycles + 1;
          else #1 Cycles = -2;
          end
// Print information about each product calculated.
   task check;
      input [15:0] Correct;
      $ display ("Ver2_Time = %5d, Cycles = %2d, MC = %h, MP = %h, Prod =
  %h, Correct prod = %h, Error = %h, T_Errors = %0d", $ time, Cycles, MC, MP, Prod, Correct,
Error, Tot_errors);
      endtask

// Module instances
Booth_Multiplier_8 B8 (Prod, Busy, MC, MP, Clk, Start);

endmodule
```

Booth 算法结构图如图 4.21 所示。Booth 算法乘法器 Verilog 源代码之三如下：

```
module booth(
                clk,
                rst_n,
                mul1,      //multiplier
                mul2,      //multiplicant
                product
              );
input clk;
input [width-1:0]mul1,mul2;
```

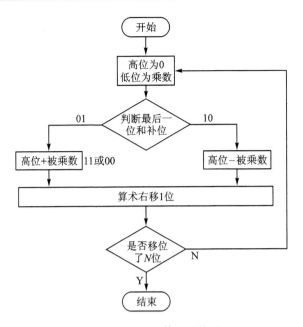

图 4.21 Booth 算法结构图

```
input rst_n;
output [2 * width - 1:0] product;
parameter width = 4;
reg [width - 1:0] r1,r2;
reg q;
reg nd;
reg[2:0] i;

assign product = {r2,r1};
always @ (posedge clk or negedge rst_n)
    if (!rst_n)
        begin
            r1 <= mul1;
            r2 <= 0;
            q <= 0;
            nd <= 0;
            i <= 0;
        end
    else
        begin
            if(i < width)
            if(~nd)
                case ({r1[0],q})
                    2'b01:begin
                        r2 <= r2 + mul2;
                        nd <= 1;
                        end
                    2'b10:begin
                        r2 <= r2 - mul2;
                        nd <= 1;
                        end
                    default :begin
                        {r2,r1,q} <= {r2[width - 1],r2,r1};
```

```
                            i <= i + 1;
                        end
                endcase
            else
                begin
                    {r2,r1,q} <= {r2[width-1],r2,r1};
                    nd <= 0;
                    i <= i + 1;
                end
        end
    endmodule
```

对上面的源代码进行了仿真和综合,数据$-3(1101)$乘以$7(0111)$的计算结果如图4.22所示,其综合结果表明源代码的可综合性。

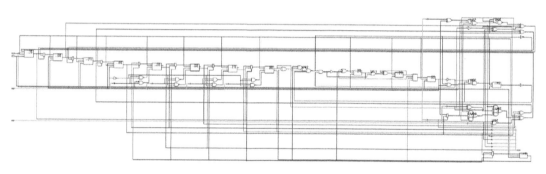

图 4.22　Booth 算法的仿真与综合的门级结果

4.4　有限域 $GF(2n)$ 运算

在研究的数字电路系统中,如加解密算法、信道编码和数字信号处理等领域会涉及近世代数的相关理论,如群论、Galois 域等基础知识,为理解方便下面进行简单介绍。群论用于引入另一种代数系统,称为域。一个域是一组元素的集合,它可以在集合中完成加减乘除等四则运算。加法和乘法必须满足交换、结合和分配的规律。

4.4.1　定　义

定义 1　给定一个集合 G,在其上定义了一个二元运算 $*$,若它满足下列条件就称为群(Group):

① 二元运算 $*$ 具有结合性,即对任何 $a,b,c\in G,a*(b*c)=(a*b)*c$。

② G 中存在一个元素 e,使其满足 $a*e=e*a=a$,当 $a\in G$ 时,这个元素称为单位元。

③ G 中任意元素 a,存在一个逆元 $a^{-1}\in G$,它满足 $a*a^{-1}=a^{-1}*a=e$,它们互相可逆。

④ 对于 G 中任意的元素 a 和 b,满足 $a*b=b*a$,则 G 称为交换群(Abel 群),此时符号"$*$"变为"$+$",单位元素 e 改写为 0,因此,交换群也称为加法群。

定义 2 假设一组元素的集合 F 被定义,其包含加法和乘法的两个二进制操作。具有两种二进制操作的运算"$+$"和"$*$"的集合 F 成为域:

如果 F 在加法运算下的交换群,则对于加法的单位元素称为零元素或者 F 额外的单位元被定义为零。

如果 F 域中的非零元素是一个基于乘法的交换群,则包含乘法的标识元素被称为单位元素或者 F 域的乘法和,标定为 1。

对于加法上的乘法分配律,即对于 F 域中任意三个元素 a,b,c,有

$$a*(b+c)=a*b+a*c$$

域中元素的个数称为域的阶(order)。

定义 3 定义结构 $\langle F,+,*\rangle$ 为一个域,如果满足下列两个条件:

① $\langle F,+,*\rangle$ 是一个交换环;

② 除了 $\langle F,+\rangle$ 中的零元素 0 以外,F 中的其他所有元素关于运算"$*$"在 F 中存在逆元素,则结构 $\langle F,+,*\rangle$ 是一个域当且仅当 $\langle F,+\rangle$ 和 $\langle F/[0],*\rangle$ 都是阿贝尔群且满足分配律时,$\langle F/[0],*\rangle$ 的零元素称为该域的单位元。

一个具有有限个元素序列的域被称为有限域。考虑集合 $\{0,1\}$ 具有模 -2 加法或乘法功能,能容易地检测到集合 $\{0,1\}$ 是基于模 2 加法和模 2 乘法的两个元素的域。这个域称为一个二进制域,$GF(2)$。集合中元素的个数称为域的阶,m 阶域存在当且仅当 m 是某素数的幂,即存在一个整数 n 和素数 p,使得 $m=pn$,p 就是有限域的特征。一般采用以 2 为特征的有限域。在 2 的有限域计算中,一般使用符号 $\oplus$ 表示 2 特征域中的加法运算。

在此,对模 2 加法运算表示如下:

$$0\oplus 0=0,\quad 0\oplus 1=1,\quad 1\oplus 0=1,\quad 1\oplus 1=0$$

由此可见,模 2 加法与逻辑运算中的异或逻辑是一致的。模 2 乘法运算表示如下:

$$0\cdot 0=0,\quad 0\cdot 1=0,\quad 1\cdot 0=0,\quad 1\cdot 1=1$$

由上式可见,乘法计算和逻辑与是一致的。

4.4.2 有限域多项式

有限域 F 上的多项式表示如下:

$$b(x)=b_{n-1}x^{n-1}+b_{n-2}x^{n-2}+\cdots+b_2x^2+b_1x+b_0 \tag{4.21}$$

式中:x 是变量元素;b 是多项式系数。

例如,$GF(2)$ 的多项式 $x^6+x^4+x^2+x+1$ 等价于比特串 01010111,即十六进制表示的 57。

加法:多项式之和等于先对具有相同 x 次幂的系数求和,然后各项再相加。而各系数求和是在域 F 中进行的:

$$c(x)=a(x)+b(x)\Leftrightarrow c_i=a_i+b_i \quad (0\leqslant i\leqslant n) \tag{4.22}$$

设 F 为域 $GF(2)$。十六进制数 57 和 83 所表示的多项式的和可以用十六进制数 D4 表示:

$$(x^6 + x^4 + x^2 + x + 1) + (x^7 + x + 1) = x^7 + x^6 + x^4 + x^2 + (1+1)x + (1+1)$$
$$= x^7 + x^6 + x^4 + x^2 \qquad (4.23)$$

当采用二进制计算时，$01010111 + 10000011 = 11010100$。其加法运算可以通过逐位异或来实现。

乘法：多项式乘法关于多项式加法满足结合律、交换律和分配律。单位元素为 x_0。项的系数等于 1 和 0 次多项式。为使乘法运算在 F 域上具有封闭性，选取一个 l 次多项式 $m(x)$，当多项式 $a(x)$ 和 $b(x)$ 的乘积定义为模多项式 $m(x)$ 时，则多项式乘积为

$$c(x) = a(x) \cdot b(x) \Leftrightarrow c(x) \equiv a(x) \times b(x) \pmod{m(x)} \qquad (4.24)$$

二进制域 $GF(2)$ 在编码理论中扮演着重要的角色，而在数字计算机和数据传输或是存储系统中同样得到了普遍的运用。

一般计算机处理和存储数据的基本单位是字节，一个字节 $\{b_7 b_6 \cdots b_0\}$ 可以看做有限域 $GF(2^8)$ 中的一个多项式：

$$b(x) = b_7 x^7 + b_6 x^6 + b_5 x^5 + b_4 x^4 + b_3 x^3 + b_2 x^2 + b_1 x^1 + b_0 \qquad (4.25)$$

这样就可以将字节之间的运算定义为 $GF(2^8)$ 中的多项式运算。

例如，一个值（十六进制为'69'，二进制为 01101001）的字节可以表示为

$$\text{'69'} = x^6 + x^5 + x^3 + 1$$

在算法中定义了加法和乘法两种运算，下面分别给予介绍。

加法：在多项式表示中，两个数的相加等于多项式对应项系数相加后模 2（如 $1+1=0$）。'69'+'30' = '59' 用多项式相加的形式表示如下：

$$\text{'69'} + \text{'30'} = (x^6 + x^5 + x^3 + 1) + (x^5 + x^4) = x^6 + x^4 + x^3 + 1 = \text{'59'}$$

用二进制形式表示如下：'01101001' + '00110000' = '01011001'。很显然，这种相加就是字节的每一位的异或运算，同时照这种定义可以推导出它的逆运算减法和加法具有相同的定义。

乘法：在多项式表示中，有限域 2^8 内的乘法就是乘法所得到的结果经一个不可约简的 8 次二进制多项式取模后的结果。不可约简的多项式是指多项式除了它本身和 1 以外没有其他的因式。在 Rijndael 中这个多项式被命名为 $m(x)$，定义如下：

$$m(x) = x^8 + x^4 + x^3 + x + 1$$

例 4.8　计算 '57' · '83' = 'C1'。

$$(x^6 + x^4 + x^2 + x + 1)(x^7 + x + 1)$$
$$= x^{13} + x^{11} + x^9 + x^8 + x^5 + x^3 + x^6 + x^4 + 1$$
$$\mod(x^8 + x^4 + x^3 + x + 1)$$
$$= x^7 + x^6 + 1$$

很显然，计算的结果仍然是低于 8 次的二进制多项式。但和加法不一样，无法给出简单的以位为单位的运算。但从上面的定义中可以看出，任何值的字节乘以 '01' 都是本身。

当乘以 x 时：

$$b(x) \cdot x = b_7 x^8 + b_6 x^7 + b_5 x^6 + b_4 x^5 + b_3 x^4 + b_2 x^3 + b_1 x^2 + b_0 x \mod m(x)$$

可以看到，当 $b_7 = 0$ 时，求模结果不变，$b_7 = 1$ 时，结果为 $b(x)$ 左移一位右边补零，再与 '00011011' 异或。设字节为 $(b_7 b_6 b_5 b_4 b_3 b_2 b_1 b_0)$，则

$$(b_7 b_6 b_5 b_4 b_3 b_2 b_1 b_0) \times \text{'01'} = (b_7 b_6 b_5 b_4 b_3 b_2 b_1 b_0)$$

$$(b_7 b_6 b_5 b_4 b_3 b_2 b_1 b_0) \times \text{'02'} = (b_6 b_5 b_4 b_3 b_2 b_1 b_0 0) + (000 b_7 b_7 0 b_7 b_7)$$

$$(b_7 b_6 b_5 b_4 b_3 b_2 b_1 b_0) \times \text{'03'} = (b_7 b_6 b_5 b_4 b_3 b_2 b_1 b_0) \times \text{'01'} + (b_7 b_6 b_5 b_4 b_3 b_2 b_1 b_0) \times \text{'02'}$$

总结如下：

$$x \cdot b(x) = \{b_6 b_5 b_4 b_3 b_2 b_1 b_0 0\}_2 \quad (b_7 = 0)$$
$$= \{b_6 b_5 b_4 b_3 b_2 b_1 b_0 0\}_2 \oplus \{00011011\}_2 \quad (b_7 = 1) \tag{4.26}$$

将式(4.26)定义的操作记做 xtime()。乘以一个高于一次的多项式可以通过反复使用 xtime()操作,然后将多个中间结果相加的方法来实现。

有限域理论在通信系统的纠错编码等方面被广泛使用。下面考察有限二元域 $GF(2)$的多项式计算,设含有变量 x 的多项式 $f(x)$表示如下:

$$f(x) = a_0 + a_1 x + a_2 x^2 + \cdots + a_n x^n = \sum_{i=0}^{n} a_i x^i \tag{4.27}$$

其中,$a_i \in \{0,1\}, 0 \leqslant i \leqslant n$。对于$(n,k)$循环码中,每个码多项式 $f(x)$都可以考虑被改写为

$$F(x) = G(x)Q(x) \tag{4.28}$$

这里把 $G(x)$定义为生成多项式,$F(x)$为本原多项式,为满足上式,余数多项式 $Q(x)$的系数是 $n - k - 1$,其总项数是 2^{n-k}。可以证明(n,k)循环码的生成多项式 $G(x)$是 $x^n - 1$的因式。

上面简单介绍了有限域及其有限域计算,加解密和信号处理等许多领域都是基于此基础使用硬件电路实现的。

本章讲述了运算电路的基础知识和电路结构,包含数的定义、全加器设计、高速加法器设计、乘法器设计、高速乘法器以及有限域运算等。本章的内容是为下一章数字信号计算架构提供基础,也为后续的计算机体系结构设计提供支撑。在人工智能、大数据的时代,算力已经成为破解复杂计算问题的核心和基础,算力就是本章硬件计算电路计算能力的简称。硬件计算电路单元无论过去、现在和未来都将为人类社会的科技发展提供更高"算力"。

习　　题

1. 二进制数的表示有几种? 由什么组成? 定点二进制整数的表示范围是什么?

2. 在数字系统中通常采用哪种表示法进行计算? 其原理是什么? 请举例说明。

3. 给出全加器逻辑表达式,使用 Verilog 语言描述 4 bit 串行进位加法器,并分析其关键路径。

4. 试给出超前进位加法器的逻辑关系,用 Verilog 语言描述 16 bit 加法器,并分析其关键路径。

5. 试用 Verilog 语言描述超前进位加法器、进位旁路加法器、进位选择加法器,并对其综合,观察各自加法器的关键路径,比较其计算速度。

6. 用 Verilog 语言设计一个 8 bit 输入的阵列乘法器,然后使用 FPGA/ASIC 方法综合出其电路逻辑门,比较其异同。

7. 简述 Booth 乘法器的工作原理和具体工作过程。

8. 对书中所提供的 3 种 Booth 乘法器代码,通过仿真结果、综合结果比较其速度、面积和功耗等性能,并用 FPGA 实现。

9. 基于 FPGA 开发板,设计一个具有加、减、乘、移位寄存、与或非、模运算等功能的运算器,并用 LED 数码管显示它们的计算结果。

10. 对于循环码$(n = 7, k = 4)$,当生成多项式 $G(x) = x^3 + x + 1$ 时,传递的消息是$(1,1,1,1)$,试求其检测的余项。并用 Verilog 语言编写 CRC 检测编码。

11. 试讨论图 4.23 电路的进位传播表达式,并给出其最长传播延迟表达式。

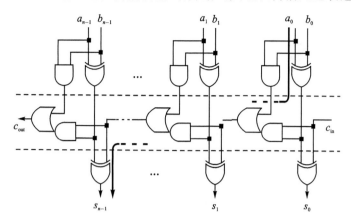

图 4.23 加法器逻辑电路

第 5 章　数字信号计算

面对大数据的高速、高效计算的需求,数值计算正朝着阵列化、高精度、高速度实时处理方向发展,其应用范围扩展到人工智能、数字通信、导航观测、雷达探测等各个领域。

尽管超级计算机如我国的神威·太湖之光峰值性能达到 125.4 PFLOPS(12.5 亿亿次),但并不适合工程计算中终端设备的实时信息处理的要求。由于单指令、单操作的计算机在完成 N bit 数的乘法计算需要 N 个指令周期,这将导致数值计算结果存在很大的时延,对于高实时性、高计算效能的边缘计算单元设备而言是无法胜任的。因此,20 世纪 80 年代,专用数字信号处理器芯片应运而生,在实时信号处理、图像分析、数据计算等方面发挥重要作用。本章将以数字信号处理的基础知识为起点,进而讲述流水与并行、重定时、分布计算和脉动阵列等高级数字计算领域的内容。

5.1　基本概念

本节讲解基于数字信号处理相关的基本概念,包括:

- 图形表示;
- 关键路径;
- 迭代周期、采样周期和环路周期;
- 环路、关键环路、环路边界;
- 迭代边界和采样边界(等价于吞吐率)。

5.1.1　图形表示

在数字信号处理的设计中通常使用 4 种图形表示,包括:框图、信号流图、数据流图和依赖图。首先介绍框图,如图 5.1 所示。框图由功能单元及其数据从输入到输出方向的边组成,这些边可以包含或不包含延时单元,对于系统而言,可以在不同抽象层次上构建框图。

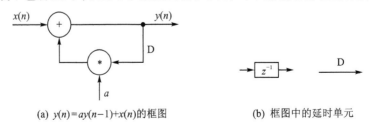

(a) $y(n)=ay(n-1)+x(n)$ 的框图　　(b) 框图中的延时单元

图 5.1　框图表示

信号流图(SFG)是计算节点和有向边的集合。节点表示计算和任务,SFG 中还包含两种特殊节点,即源节点和汇节点。源节点是指没有输入边的节点,用来表示向信号流图输入外部信号;汇节点是指仅有输入边的节点,表示从信号流图中输出信号。有向边 (j,k) 表示从节点 j 出发到节点 k 结束的路径。节点 k 的输出信号是对节点 j 输入信号的一种线性变换。因此,信号流图是一种表示、分析和评价线性数字信号处理普遍使用的方法。一个三阶的 FIR 滤波器直接形式的 SFG 如图 5.2 所示。有向边包含两种形式,一种是有延迟或线性关系标注的边,另一种是无标注的边,表示恒等变换单位增益操作,源节点和汇节点表示系统的输入与输出。对于单输入、单输出的线性系统,SFG 在不改变系统功能的条件下具有流图反转或转置的形式,如图 5.2(b)所示。

信号流图可以看作是框图的简化版本,但 SFG 对于某些系统架构的变换非常方便,而其他形式的图却做不到。比如书中所说的转置,就是非常有用的系统架构变换之一,变换前后系统的功能不发生变化,但是新结构也许会带来更多好处,除了转置,还有类似的很多系统架构变换都需要用 SFG 来表示和操作。当然,SFG 和框图是可以互相转化的,它们都比较清楚地表达出每个信号和功能单元。

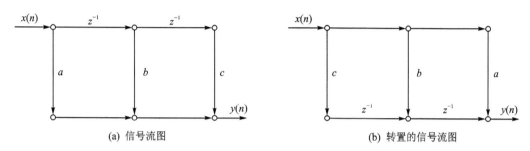

(a) 信号流图　　　　　　　　　　　　　　　(b) 转置的信号流图

图 5.2　信号流图和转置的信号流图

数据流图(DFG)包含节点、有向边,节点表示运算或任务,有向边表示数据路径,每条边用非负的延时数标注。DFG 比前面讲的框图和 SFG 来得简单,如图 5.3 所示,图(a)为框图表示,图(b)和图(c)为 DFG 表示。其中,节点 A 表示加法,且执行时间用 2 u.t. 表示,即 2 个时间单位(u.t.,units of time);节点 B 表示乘法,且执行时间用 4 u.t. 表示。执行时间与节点相关,且采用归一化时间单位。从节点 A 到 B 的边有延时 D,而从节点 B 到 A 的边没有延时。图 5.3 的 DFG 迭代周期等于 6 u.t.。

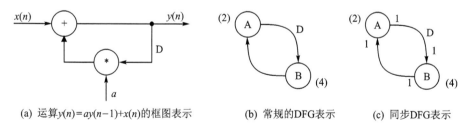

(a) 运算 $y(n)=ay(n-1)+x(n)$ 的框图表示　　(b) 常规的DFG表示　　(c) 同步DFG表示

图 5.3　数据流图

在图 5.3(b)中看不到输入 $x(n)$、输出 $y(n)$ 和乘数 a。DFG 不是用来"全面"描述数字信号系统的,仅仅给一个 DFG,是不能还原出硬件框图的,它专用于突出数据之间的依赖关系和节点计算时间。DFG 图的抽取方法如下:首先,框图中一个计算节点对应 DFG 中的一个节点,如 DFG 中的 A 节点对应框图中的加法节点,而 DFG 中的 B 节点对应框图中的乘法节点。然后,A 的输出经过一个延时作为 B 的输入表示 A 到 B 的数据关系,用从 A 指向 B 的有向边表示,延时直接标注在有向边上(比如可用 1、2、3 或者是 D、2D、3D 来分别表示 1、2、3 个延时);另一方面,B 的输出又直接作为 A 的输入来表示 B 到 A 的数据关系,从 B 指向 A 的边延时为 0。最后把 A 或 B 节点的计算时间用小括号中的数字标注在节点旁边。

基于数值计算的数字信号处理属于数据驱动,计算节点在多输入时只有全部输入都具备数据到达的条件才能执行操作,这带来了计算循环的优先级问题。这里涉及到两个概念:"迭代内优先约束"和"迭代间优先约束":

- 迭代内优先约束关系:比如图 5.3(b),从 B 到 A 的有向边,延时为 0,这表示 B 优先于 A。B 计算完成输出结果传到 A,A 才开始正确地计算并输出结果,如果在 B 没计算完成之前,A 也有计算的操作,那么其数据是错误的。这种 B 优先于 A(或说 A 依赖于 B)的关系称为迭代内优先关系。迭代内指的就是一个时钟周期之内。
- 迭代间优先约束关系:从计算节点 A 到 B 的延时不为 0,既不同时钟周期间的优先关系。比如图 5.3(b),从 A 到 B 的一条带一个延时的边,表示 A 迭代间优先于 B。迭代间的优先关系指的是 A 的第 n 次迭代必须在 B 的第 $n+1$ 次迭代执行完毕方可开始,因为 A 第 n 次迭代的输出就是所需 B 的第 $n+1$ 次迭代输入,这是不同节点的不同迭代间存在依赖关系。容易理解,A 的输出的确要经过一个延时才到达 B。

框图和 DFG 既可以描述线性数值计算系统,也可以描述非线性计算系统。DFG 具有描述信号处理流程中的子任务之间的数据流,高层次变化可以得到统一算法的不同的 DFG 图。DFG 主要用在高层次综合中,它将数字信号处理应用的并发实现方法推导到并行硬件上,其中子任务的调度以及资源分配是主要目标(调度是指确定节点何时并且在哪个硬件单元中执行)。DFG 的节点单元可以简单到不可分割的基本运算,如加减法等计算,这就是细粒度的数据流图。如果计算单元粒度是在信号处理子任务层面以上,那么这种 DFG 称为粗粒度的数据流图。相对于单速率的 DFG,还有同步数据流图(SDFG)、单采样率 DFG(SRDFG)和多采样率 DFG(MRDFG)。MRDFG 就是单节点 DFG 的扩展。

依赖图(DG)是一种有向图,它表明算法中计算节点之间对时间的依赖关系。DG 中的节点表示运算关系(指定为不一定唯一的节点),边表示节点间的优先级约束。DG 与 DFG 类似,都是描述节点间的优先约束关系。在 DFG 中具有"迭代内优先约束关系"和"迭代间优先约束关系",DG 中也有优先约束关系,但是 DG 与 DFG 的不同在于:DFG 中的节点只描述了对应算法的一次(仅仅一次)迭代中的计算,而 DG 描述了所有次迭代的运算,即与时间相关的所有次运算都看成独立的节点。因此,DG 中,算法每调用一次新的运算,就会产生一个新的节点。DG 中不同时间迭代描述的计算节点其实是对应物理单元运算节点的不同时间周期,也就是一个物理运算节点对应多个 DG 的节点。DFG 有延时单元,DG 也有,但 DG 的是隐藏起来的,不像 DFG 直接标注出来,DG 通过有向边跨越的时间长度来表示延时的次数。

在图 5.4 的 DG 中,水平轴 i 表示时间,表明计算循环了几个周期,图中画出第 0 周期到第 4 周期,后面省略。纵轴 j 表示计算节点,图 5.4 中就只包含 3 个物理计算节点,记为节点 0、节点 1 和节点 2。这 3 个物理节点对应所有循环的 DG 节点。所以在水平轴的时间方向,也就是水平方向上的节点都对应同一个物理计算节点,只是计算时间不同。图 5.4 中 3 行节点就分别对应于节点 0(最低行)、节点 1(中间行)和节点 2(最高行),同一行节点对应于同一个物理计算节点的不同计算周期的调用。每个节点都表示一次乘加运算,将水平向右的数与竖直向上的数相乘,在与第二象限斜向下的数相加,得到第四象限斜向下的数。比如最低行所有节点都使用乘数 b_0,所以有一条水平向右(方向(1,0))的线贯穿这行节点。中间行和最高行节点类似,它们的乘数分别是 b_1 和 b_2。纵向向上(方向(0,1))的线,对应 $x_0,x_1,x_2,\cdots,x_5,$

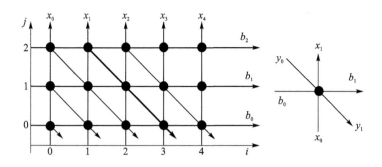

图 5.4　三阶 FIR 依赖图，$y(n) = b_0 * x(n) + b_1 * x(n-1) + b_2 * x(n-2)$

表示不同时刻的输入，对于周期 i，x_i 同时穿过一列节点，也就是说周期 i，x_i 会同时传递到节点 0、节点 1 和节点 2，作为它们的输入进行运算。斜对角线向下（方向 $(1,-1)$）的线，比如穿过节点 $(1,2)$ 的斜线，表示在周期 1，将 0 与 $x_1 * b_2$ 相加，然后延迟一个计算周期（到周期 2）传到节点 $(2,1)$，也就得到 $x_1 * b_2 + x_2 * b_1$，同理再延迟一个计算周期（到周期 3）传到节点 $(3,0)$，就得到 $x_1 * b_2 + x_2 * b_1 + x_3 * b_0$，也就是输出 y_3 了。DG 是描述分析多次迭代中优先约束关系的最佳工具，主要用于脉动阵列的设计。脉动阵列是一种单指令多数据（MISD）结构。

最后我们对比数字信号中三阶 FIR DFG 和 DG 的两个表达式，DFG 的是 $y(n) = ay(n-1) + x(n)$，DG 的是 $y(n) = b_0 * x(n-2) + b_1 * x(n-1) + b_0 * x(n)$。两种数学表达式的不同，同样暗示着两种图示的差异。

5.1.2　关键路径

首先给关键路径一个严格的定义。在纯组合逻辑电路的所有路径中，消耗最长计算时间的物理路径定义为关键路径。也就是说关键路径上的所有边都是没有延时的，如图 5.5 所示。图 5.5 的计算系统的路径通路包含：$a/c + + x$、$a/c + + * y$、$d + * y$、$b * y$ 等 4 条路径，其中路径 $a/c + + * y$ 的计算路径是最长的路径，即是关键路径，而其他几条则是非关键路径。

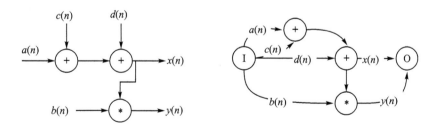

图 5.5　多输入多输出系统及 DFG

关键路径是一个系统内计算时间最长的纯粹组合逻辑路径，是制约整个系统最高时钟频率的决定因素。如果系统时钟频率大于关键路径的计算频率，则将导致时序的违约，计算结果将是错误的。对于线性时不变的有些环路而言，其关键路径是可以改变或者关键路径的延时是可以改变的，即在保证功能正确的条件下，改变环路边的延迟数量和分布，从而改变关键路径，缩短环路的计算周期。

5.1.3 环路、迭代和采样边界

环路是指一个计算回路的起点和终点都是同一个节点的有向路径。图 5.6(a)为数据流图的计算环路,即 A→B→C→A。我们定义一个环路理论上的最小时钟周期为该环路的环路边界,即环路边界是指计算所需的最小时钟周期,而非长度!因此,环路边界可由公式,$\text{loop}_{\text{bound}} = t_1/w_1$,其中 t 是环路长度(也就是环路所有节点计算时间之和),w(有时用 b 表示)是环路所有边的权值之和(或延迟个数之和)。如果是一条开环的路径,比如直线路径如图 5.6(b)所示,就不存在理论上的速度限制。假设节点是可拆分的,对以上这个开环路径,只要使用流水线技术,就可以把时钟周期缩短,而且是没限制的。但是对于环路则不然,由于其首尾相连的这种约束,不能在环路中插入流水线,所以存在一个理论上的速度限制,这就是环路边界。

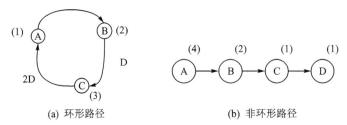

(a) 环形路径　　　　　　　　(b) 非环形路径

图 5.6　计算环路

迭代周期,也就是平时所说的系统时钟周期,假设系统只使用一个全局时钟,我们定义系统进行一次完整运算所需的时间,或者是系统进行一拍运算所需的时间。

从前面的分析可知,如果系统不存在环路,那么可以用流水线技术来加快系统速度,缩短迭代周期。但是如果系统中包含一个或多个环路,那么就不能无限提速了。因此,可以假定递归的(也就是包含环路的)数字流图存在一个基本极限,该极限确定了基于硬件电路所能达到的最高时钟频率,这个极限频率就是迭代边界。因为系统的速度受制于环路,故而迭代边界"T_∞"定义为 $T_\infty = \max\limits_{l \in L} \left\{ \dfrac{t_1}{w_1} \right\}$。其中,$L$ 表示 DFG 中所有环路的集合,t_1 是环路 1 的运算时间,w_1 是环路 1 的延时数目。获得 DFG 中迭代边界的直接方法就是寻找所有环路,但随着环路数量的增加会以指数形式激增。在 Parhi 教授的教材中介绍了 2 种方法,最长路径矩阵法和最小环路均值法。

下面介绍最小环路均值法。如图 5.7 所示,计算环路包含 4 个节点 3 个环,节点和环路的延迟时间如图 5.7 所示。考虑其迭代边界。环路 L1 的延迟时间是 $D_{L1} = (10 + 2)/1 = 12$ u.t.,环路 L2 的延迟是 $D_{L2} = (2+3+5)/2 = 5$ u.t.,环路 L3 的延迟是 $D_{L3} = (10+2+3)/2 = 7.5$ u.t.。根据最小环路均值法,迭代边界是 $T_\infty = \max\limits_{l \in L}\{12, 5, 7.5\}$ 的最大值。

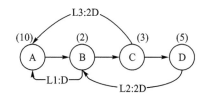

图 5.7　迭代边界计算

对于计算环路而言,系统速度不仅仅由其时钟频率(时钟周期)所决定,还与其吞吐率有关。吞吐率定义为单位时间系统所能处理的样本点个数,采样周期是吞吐率的倒数,采样周期越小,吞吐率越大;反之采样周期越大,吞吐率越小。采样周期和迭代周期存在一定关系,但它们的属性不同。根据系统的并行度考察采样周期和迭代周期的关系:

- 系统一次迭代只处理一个样本，采样周期等于迭代周期，也就是一个周期采样一个样本并处理一个样本。
- 系统一次迭代处理 N 个样本，此时采样周期将是迭代周期的 N 分之一，这是一个并行处理的系统，可以在一次迭代中同时处理多个样本，所以采样的速度要是迭代速度的 N 倍才能保证数据完整。
- 系统处理一个样本需要 N 次迭代，不仅是一次迭代处理不了多个样本，而且一个样本还需要多次迭代才能处理完，这种系统称为"折叠后的系统"。此时采样速度要比迭代速度慢，在周期上就是采样周期等于迭代周期的 N 倍。

5.1.4　图、树和割集

在电路中，我们通常用线段表示支路，线段的端点称为节点，而由支路和节点构成"图"。或者说，图是支路和节点的集合。连通图的定义是在图中任意两节点间至少存在一条支路构成的路径，否则称其为非连通图。在连通图中，如果移去某些支路，剩下的图形中就不存在任何闭合回路，但所有的节点仍互相连通，这就成了"树"。

如果对连通图中某些支路移除（割除），就使图变成两个分离的子图，但只要少割除其中任何一条支路，图还是连通图，把这些支路的集合称为割集。前馈割集的定义如下：如果数据在割集的所有边上都沿前进方向移动，则这个割集就称为前馈割集。

割集的判定规则如下：如果在图 G 中作一个闭合面，使其包围 G 的某些节点，若把与此闭合面相切的所有支路全部移除，图 G 被分离成两个部分（注意不能大于 2 个），则这样一组支路就形成一个割集，如图 5.8 所示。图 G 中(b)～(d)的 Q_1～Q_3 为割集，满足分离成两个子图但又不大于两个，图 5.8(e)、(f)就不是割集，有 3 个子图（以节点计算）。

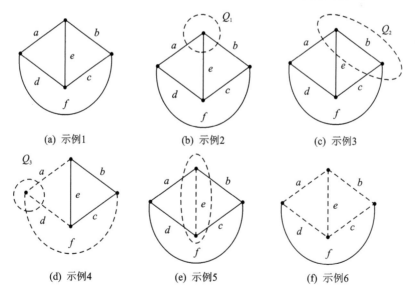

图 5.8　割集示例

如果指定支路的方向，如图 5.9 所示，割集中每条支路（虚线）都有一个数据流方向。如果割集中支路的方向都指向同一方向，那么该割集称为单向割集，如图 5.9(a)和(b)所示；反之，割集中的支路方向不是同一方向，则称该割集为双向割集，如图 5.9(c)所示。

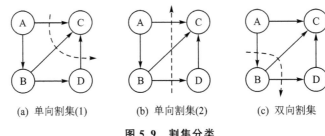

(a) 单向割集(1)　　　　(b) 单向割集(2)　　　　(c) 双向割集

图 5.9　割集分类

5.2　流水线与并行处理

5.2.1　流水线

数字逻辑系统的时钟频率或计算速度是由数据路径支路中相邻的两个锁存器之间组合逻辑电路的最大延迟时间所决定的,也就是关键路径。系统的关键路径可以通过插入适当的寄存器而缩短,即插入流水线。流水线能斩断关键路径,从而提高时钟速度或采样速度,或者在同样速度下降低功耗。

这里先直接给出流水线的严格定义:

① 一个架构的速度(或时钟周期)由任意两个寄存器间,或一个输入与一个寄存器间,或一个寄存器与输出间,或输入与输出间路径中最长的路径限定。

② 延时最长的路径或"关键路径"可以通过在数据通路中恰当插入流水线寄存器来缩短。

③ 流水线寄存器只能按照穿过任一图的前馈(单向)割集的方式插入。

下面通过图 5.10 所示的数据路径介绍流水线的插入方法。该数据流计算的迭代方程非常简单,就是 3 个数组对应元素相加,即 $y(n)=a(n)+b(n)+c(n)$。数据路径是一条单向(非递归)计算路径。对于图 5.10(a),假设数据路径加法节点计算时间为 T_a,那么从输入到输出的关键路径长度就是 $2*T_a$。把图 5.10(a)的数据路径框图转换成数据流图 DFG,基于数据流图进行割集划分划出合适的割线,在图 5.10(b)的割线处(割线所隔的两条同向边)插入"流水线寄存器",也就是延时,就得到二级流水线结构如图 5.10(c)所示。图 5.10(c)二级流水线结构的关键路径长度变为 T_a。由此,我们可以看出流水线采用沿着数据路径引入流水线寄存器的方法来缩短有效的关键路径,从而缩短迭代周期(采样周期也会相应缩短),提高系统吞吐率。

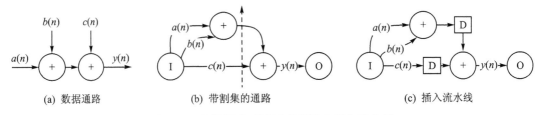

(a) 数据通路　　　　(b) 带割集的通路　　　　(c) 插入流水线

图 5.10　数据通路、带割集的通路和插入流水线

从上面的数据路径实例中发现,通过在划分割集的数据流图中插入流水线寄存器从而使关键路径长度由原来的 $2*T_a$ 变为 T_a,关键路径的延时变短,时钟频率提高。那么是否所有数据流图中的割集都可以插入流水线从而达到缩短关键路径的目的? 显然不是,如果想通过插入流水线寄存器的方法来缩短关键路径,那么插入寄存器的位置就要满足一定的条件。众所周知,关键路径是数据流图中延时最长的计算路径,而节点到节点的边是 0 延时。如果在关键路径的某些边上插入流水线寄存器,那么这条关键路径将被这些流水线寄存器斩断成若干段,数据路径中新的关键路径肯定小于或等于旧的关键路径。"等于"的情况之一,如果流水线寄存器不是插入到关键路径的某条边上,那么原始关键路径没有被斩断,数据通路的关键路径长度不变。还有另一种情况,在一个架构中,存在多条等长的关键路径,流水线寄存器只斩断其中一些,还有一些没斩断,那么架构的关键路径长度还是不变。反过来说,流水线寄存器要插入到能斩断所有关键路径的边上才能缩短关键路径长度。也就是说,在数据流图中,割集的划分要全面,否则,就不是割集,也不能斩断所有的关键路径。那么插入流水线寄存器,是不是指随便在某些边上加入延时就行了呢? 不是的,要想保证架构的功能不变,必须按照规定的法则进行流水线寄存器的插入。也就是流水线第 3 点,流水线寄存器只能按照穿过任一图的前馈(单向)割集的方式插入。

　　明白了割集和前馈(单向)割集,还有一点需要注意:当数字计算系统有多个输入端和多个输出端时,应该先把多个输入端合并成一个输入节点,多个输出端合并成一个输出节点,输入节点和输出节点计算不耗时间,也就是计算时间为 0 u.t.。比如图 5.11(a)所示的数据计算框图,其输入有 4 个分别为 $a(n)$、$b(n)$、$c(n)$ 和 $d(n)$,输出有 2 个分别为 $y(n)$ 和 $z(n)$;图 5.11(b)为其 DFG,所有输入折合为节点 I,所有输出折合为节点 O。

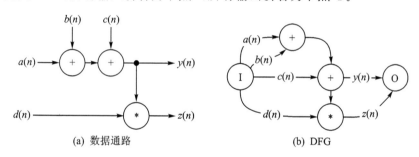

(a) 数据通路　　　　　　　　　　　　(b) DFG

图 5.11　多输入多输出系统及其 DFG

　　下面以图 5.11 的 DFG 为例讲解如何插入流水线寄存器以缩短关键路径。首先假设加法节点计算时间 $T_a = 1$ u.t.,乘法节点计算时间为 $T_m = 2$ u.t.,那么图 5.11(b)的 DFG 关键路径为 I++ * O,长度为 $T_a + T_a + T_m = 4$ u.t.。列出图 5.11(b) DFG 的一些单向割集,如图 5.12 所示。

　　图 5.12(a)的割集不算斩断有效关键路径,因为决定关键路径长度的是两个加法节点、一个乘法节点及其所连接的边,而图(a)只是将一个计算时间为 0 u.t. 的输入节点从关键路径去掉而已;图(b)斩断有效关键路径,新的关键路径为 I++或者是 * O,长度均为 $2 * T_a = T_m = 2$ u.t.;图(c)和图(a)类似,不算斩断关键路径,仅仅是把计算时间为 0 u.t. 的输出节点从关键路径上去掉而已;图(d) 斩断有效关键路径,新的关键路径为 + * O,长度为 $T_a + T_m = 3$ u.t.。比较上述 4 种流水线插入,图(b) 的插入最有效,可以使关键路径缩短到 2 u.t.,次之是图(d)的插入,关键路径缩短到 3 u.t.,而图(a)和图(d)属于无效的流水线插入。由上述分析可知,数据流图中的割集有多种,但并不是所有的割集都能有效地斩断关键路径。或者说,割集是流水线插入的先决条件,而有效斩断关键路径的割集才是插入流水线的正确方式。

　　在图 5.12(b)中,两个加法器的关键路径可以通过在中间再插入寄存器的方法使其关键

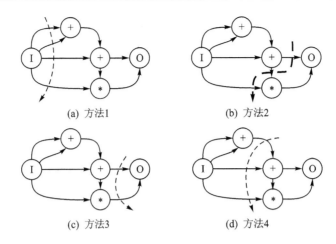

(a) 方法1　　　　　　　　(b) 方法2

(c) 方法3　　　　　　　　(d) 方法4

图 5.12　4 种可能的单向割集

路径从 $2T_a$ 变成 T_a。而另一端乘法器的关键路径还是 $T_m = 2T_a$，第二次仅仅在两个加法器中间的流水线插入并没有斩断所有的关键路径，因为它只斩断了 $I++$ 这条关键路径，还剩另一条等长的关键路径 $*O$ 没被斩断，而且 $*O$ 用流水线的方法也没办法斩断了。

　　下面要介绍的细粒度流水线可以解决 $*O$ 没办法斩断的问题。仔细分析新的关键路径 $*O$，如果乘法节点能拆分，比如拆成两个部分，分别为节点 $*a$ 和节点 $*b$，且两个节点计算时间相等都为 1 u.t.，也就是原始乘法节点的一半，如图 5.13(a) 所示，那么可以再次插入一级流水线（虚色割线所示），这样就可以斩断乘法节点，从而得到关键路径长度为 1 u.t. 的"终极"细粒度流水线架构，如图 5.13(b) 所示。细粒度流水线，就是假设那些决定架构关键路径的节点是可以拆分的，将其拆分之后再运用流水线寄存器将其斩断，从而进一步缩短关键路径。反过来，我们把节点不可拆分的流水线称为"粗粒度"流水线。

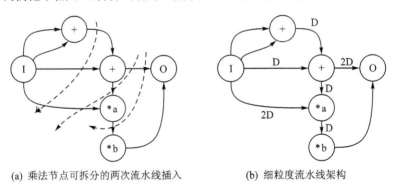

(a) 乘法节点可拆分的两次流水线插入　　　(b) 细粒度流水线架构

图 5.13　乘法节点可拆分的两次流水线插入和细粒度流水线架构

　　流水线想要用好，除了按正确的方法（单向割集法）进行插入之外，还要注意分析插入的位置，使插入的流水线寄存器恰好能斩断所有有效的关键路径，从而获得更短的关键路径，否则，流水线插入就没有意义，而且还增加面积和功耗，使系统性能下降。

5.2.2　并行处理

　　流水线是在数据计算的过程中针对关键路径插入寄存器实现关键路径缩短的技术。如果计算系统能够以流水线方式执行操作，那么该系统也可以使用复制的并行硬件架构来操作。

数据框图 5.10(a)也可以进行并行处理。由于计算的节点不存在迭代间的优先关系,也就是说,任一次迭代都可以单独进行,而与其他次迭代没依赖关系。比如构造一个 2 级并行处理系统,那么可以将输入序列 $x(n)$、$a(n)$ 和 $b(n)$ 分为奇偶两列分别由两套相同的硬件电路来计算。具体迭代式如下:

$$\begin{cases} y(2k)=x(2k)+a(2k)+b(2k), & n=2k \\ y(2k+1)=(2k+1)+a(2k+1)+b(2k+1), & n=2k+1 \end{cases} \tag{5.1}$$

这两个式子完全可以单独计算,根据式子构造的两套完全相同的并行硬件如图 5.14 所示。

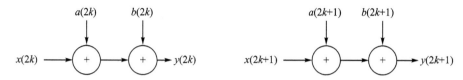

图 5.14　并行处理

我们一般通过观察数据流计算表达式来构造并行计算的架构,但注意,观察法不适合构造复杂的并行处理架构。

示例分析:3 阶 FIR 滤波器的并行处理,如图 5.15 所示,该系统是单输入单输出系统(SISO),其迭代公式如下:

$$y(n)=ax(n)+bx(n-1)+cx(n-2) \tag{5.2}$$

该 3 阶滤波器的关键路径为 $*++$,长度为 $T_M+T_A+T_A$。为了获得一个 2 级并行处理系统(可同时处理 N 份样本点的系统称为 N 级并行处理系统),需要将 SISO 系统转换为 MIMO 系统。先对其迭代公式进行变换,分别将 $n=2k$、$2k+1$ 带入原迭代公式,得到如下新迭代公式:

$$\begin{cases} y(2k)=ax(2k)+bx(2k-1)+cx(2k-2) \\ y(2k+1)=ax(2k+1)+bx(2k)+cx(2k-1) \end{cases} \tag{5.3}$$

观察式(5.3),发现只要输入 $x(2k)$、$x(2k+1)$ 就可以计算出 $y(2k)$ 和 $y(2k+1)$,其他的输入 $x(\cdots)$ 都是可以被其重复表示的数据,可由 $x(2k+1)$ 延时得到。也就是说式(5.3)可以并行计算,类似的步骤还可以构造 3 级并行处理系统或更高级并行处理系统。

并行处理也称为块处理,我们以 3 阶滤波器为例来讨论并行处理系统,并行处理器系统是 MIMO 系统,即每次都是 2 个数据同步并行输入,即 $x(2k)$ 和 $x(2k+1)$,输出也是 2 个数据同步并行输出,即 $y(2k)$ 和 $y(2k+1)$。例如示例中的 2 级并行处理系统,有 2 个输入端口,每个周期的输入情况如表 5.1 所列。

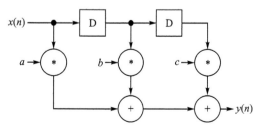

图 5.15　3 阶 FIR 滤波器

表 5.1　并行处理

时　钟	端口 0,$x(2k)$		端口 1,$x(2k+1)$	
0	$x(0)$	—	$x(1)$	—
1	$x(2)$	—	$x(3)$	—
2	$x(4)$	$y(0)$	$x(5)$	$y(1)$
3	$x(6)$	$y(2)$	$x(7)$	$y(3)$
4	$x(8)$	$y(4)$	$x(9)$	$y(5)$

可以根据新得到的 2 个迭代式画出 3 阶 FIR 滤波器的 2 级并行处理架构,如图 5.16 所示。上述滤波器的关键路径 $T_M + (N-1)T_A$ 保持不变,N 是滤波器的阶数,时钟周期满足 $T_{clk} \geqslant T_M + (N-1)T_A$,吞吐率是 $2/[T_M + (N-1)T_A]$。如果 L 级并行系统一个时钟周期处理 L 个样点,则采样(迭代)周期缩小 L 倍,即

$$T_s = \frac{T_{clk}}{L} \geqslant \frac{1}{3}(T_M + 2T_A) \tag{5.4}$$

在 L 级并行系统中,时钟周期不等于采样周期,迭代周期就是时钟周期,即 $T_{iter} = T_{clk}$,根据系统的并行度与迭代周期,可计算出采样周期为 $T_{sample} = T_{iter} / L$,$L$ 为并行处理系统的块尺寸。而在流水线系统中,时钟周期和采样周期是相同的。

并行系统的 L 级把原始系统的采样率提高 L 倍,或者降低系统时钟为 T_{clk}/L,当然,并行处理的硬件开销也增加了 L 倍。流水线与并行处理的另一个本质差异:当芯片间通信延迟大于关键路径的延迟时,再用流水线提高片内的工作频率是无意义的,只有通过并行处理,既提高片内的计算性能,同时又增加片间的通信带宽,才能提升整体片-片系统的计算效率。

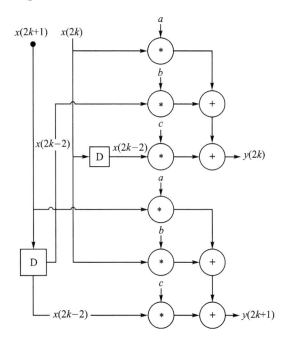

图 5.16 3 阶 FIR 滤波器的 2 级并行处理架构

5.3 重定时

流水线和并行处理两项技术是通过改变系统的时序电路来实现系统吞吐率提高的目的。流水线技术用于斩断有效关键路径(也就是缩短关键路径),从而提高系统运行的频率,吞吐率也得到相应的提高;并行处理技术通过构造多份"相同"的硬件电路,以同时处理多个输入样本点(提高并行程度),来提高吞吐率。在有些情况下,上述技术并不能改善系统性能。下面我们讨论一个新的技术——重定时。

重定时是在 1983 年由 Leiserson 和 Saxe 提出的变换技术,即在不改变电路逻辑功能的条件下改变电路延时单元(寄存器)的数量和位置。重定时已经广泛应用于同步电路中,以实现缩减时钟频率、降低功耗和逻辑综合规模等。流水线就是改变系统延时数目的一个实例。加入流水线后,系统中的延时数目增加了,所付出的主要代价就是面积变大,当然这带来了更快的运行速度。因此,我们通常也认为流水线是重定时的一种特例。为了能在各个性能指标之间进行的折中设计,即采样增加或减少系统延时单元数以及改变系统延时分布的方法,也就是通用的重定时技术。

5.3.1　重定时基础

考虑一个多节点电路系统,分别定义 U、V 和 w 为重定时前、后节点和权重值(或者称延迟数),分别为每个节点赋予一个重定时值 $r(U)$ 和 $r(V)$,其中 $r(U)$ 是从节点 U 输出的延迟单元减少的数目,$r(V)$ 是从节点 V 输入的延迟单元增加的数目,边的权值(w)就是边上延时的数目,如图 5.17 所示。图 5.17(a)是原始的 SFG 中的一条边,图(b)为重定时之后的系统的相应边。因此,边 e 为节点 U 的输出边,边 e 的权值需要减去 $r(U)$ 个延时,同时边 e 又是节点 V 的输入边,所以需要再加上 $r(V)$ 个延时,因此,重定时之后新边的延时为

$$w_r(e) = w(e) + r(V) - r(U) \tag{5.5}$$

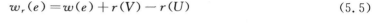
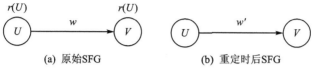

图 5.17　3 阶 FIR 滤波器的信号流图

我们把上述方程称为重定时方程。为了使电路延迟具有物理意义,或者说延时不是负数,所以规定,只有当 DFG 中所有边的 $w_r(e)$ 都是大于或等于零时,所设定的节点值才是合法的,所进行的重定时才是可以实现的。

我们以 FIR 滤波器为例,重新画出滤波器的 DFG,如图 5.18 所示,计算节点直接用数字序号 $1,2,3,\cdots$ 表示;总共 6 个节点,假设为每个节点所赋的值为 $r(i),i=1,2,3,\cdots,6$;共有 7 条边,进行重定时之后的边的权值计算如下:

$$\begin{cases} w_r(1 \to 2) = w(1 \to 2) + r(2) - r(1) \\ w_r(1 \to 3) = w(1 \to 3) + r(3) - r(1) \\ w_r(1 \to 4) = w(1 \to 4) + r(4) - r(1) \\ w_r(2 \to 5) = w(2 \to 5) + r(2) - r(5) \\ w_r(3 \to 5) = w(3 \to 5) + r(3) - r(5) \\ w_r(4 \to 6) = w(4 \to 6) + r(4) - r(6) \\ w_r(5 \to 6) = w(5 \to 6) + r(5) - r(6) \end{cases} \tag{5.6}$$

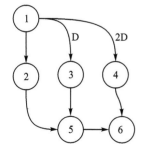
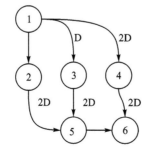
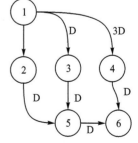

(a) 原始的3阶FIR滤波器的DFG　　(b) 重定时的3阶FIR滤波器的DFG(1)　　(c) 重定时的3阶FIR滤波器的DFG(2)

图 5.18　重定时 3 阶 FIR 滤波器数据流图

假设使用各个计算节点重定时值 $r(1)=-2,r(2)=-2,r(3)=-2,r(4)=-2,r(5)=0$,$r(6)=0$ 代入到式(5.6)中,重定时后权重的计算结果如下:

$$\begin{cases} w_r(1 \to 2) = 0 + (-2) - (-2) = 0 \geqslant 0 \\ w_r(1 \to 3) = 1 + (-2) - (-2) = 1 \geqslant 0 \\ w_r(1 \to 4) = 2 + (-2) - (-2) = 2 \geqslant 0 \\ w_r(2 \to 5) = 0 + 0 - (-2) = 2 \geqslant 0 \\ w_r(3 \to 5) = 0 + 0 - (-2) = 2 \geqslant 0 \\ w_r(4 \to 6) = 0 + 0 - (-2) = 2 \geqslant 0 \\ w_r(5 \to 6) = 0 + 0 - 0 = 0 \geqslant 0 \end{cases} \tag{5.7}$$

上述重定时权重计算结果满足式(5.5)的各边延迟大于或等于零的约束要求,由此可知,该重定时是可行的,如图 5.18(b)所示。该重定时方法是在割集边上同步插入 2D 延迟单元,整体系统将再延时两个时钟周期,且系统的寄存器数量达到 9 个,对于芯片面积也是一种消耗。是否还有其他重定时解呢?答案是肯定的。重定时解不一定是唯一的,假设使用各个计算节点重定时新值 $r(1) = -2, r(2) = -2, r(3) = -2, r(4) = -1, r(5) = -1, r(6) = 0$ 代入式(5.6)中,重定时后权重的计算结果如下:

$$\begin{cases} w_r(1 \to 2) = 0 + (-2) - (-2) = 0 \geqslant 0 \\ w_r(1 \to 3) = 1 + (-2) - (-2) = 1 \geqslant 0 \\ w_r(1 \to 4) = 2 + (-1) - (-2) = 3 \geqslant 0 \\ w_r(2 \to 5) = 0 + (-1) - (-2) = 1 \geqslant 0 \\ w_r(3 \to 5) = 0 + (-1) - (-2) = 1 \geqslant 0 \\ w_r(4 \to 6) = 0 + 0 - (-1) = 1 \geqslant 0 \\ w_r(5 \to 6) = 0 + 0 - (-1) = 1 \geqslant 0 \end{cases} \tag{5.8}$$

上述新重定时权重计算结果同样满足式(5.5)的各边延迟大于或等于零的约束要求,所以该重定时也是可行的,如图 5.18(c)所示。

从上述两个重定时例子可以清楚地看出,重定时可用于将迭代间约束(Parhi,1999 年)引入 DFG。重定时图解法更有利于重定时应用,这就是割集重定时法,由美籍华裔科学家孔祥重教授提出。

下面简要介绍重定时的性质。重定时性质是由式(5.5)导出的,在简要介绍重定时性质前需要了解路径和环路的概念。路径是一个由边和节点按顺序排列的序列,$p = V_0 \xrightarrow{e_0} V_1 \xrightarrow{e_1} \cdots \xrightarrow{e_{k-2}} V_{k-1} \xrightarrow{e_{k-1}} V_k$,路径 p 的权重是 $w(p) = \sum_{i=0}^{k} w(e_i)$,路径的计算时间 $t(p) = \sum_{i=0}^{k} t(V_i)$,封闭的路径就是环路。下面的性质只给出定义,证明请参考 Parhi 教授的教材或论文。

性质 1:重定时的路径 $p = V_0 \xrightarrow{e_0} V_1 \xrightarrow{e_1} \cdots \xrightarrow{e_{k-2}} V_{k-1} \xrightarrow{e_{k-1}} V_k$ 的权重是 $w_r(p) = w(p) + r(V_k) - r(V_0)$。

性质 2:重定时不改变环路中的延时数。

性质 3:重定时不改变 DFG 的迭代边界。

性质 4:每一个节点的重定时值增加同一个常数 j 不会改变从 G 到 G_r 的映射。

对系统的 DFG 应用重定时是非常直观的,从前面的各个例子中很容易看明白并掌握它;但是对于大型逻辑电路系统,其 DFG 往往包含成千上万个节点,边也是"不计其数",此时人工进行 DFG 的重定时是不太可能的。由此通过一套严格的数学方法,将重定时问题(包括时钟周期最小化重定时和寄存器最小化重定时)转化为以线性不等式方程组为约束的最小化求解问题。这类最小化问题的求解可以使用 MATLAB 自带的工具箱或者是优化算法（如进化计算）进行求解。

5.3.2 割集重定时

下面以 IIR 滤波器为例讨论重定时设计方法，IIR 的迭代公式如下：

$$\begin{cases} w(n) = ay(n-1) + by(n-2) \\ y(n) = w(n-1) + x(n) = ay(n-2) + by(n-3) + x(n) \end{cases} \tag{5.9}$$

将式(5.9)滤波器方程式进行变换，可表述如下：

$$\begin{cases} w_1(n) = ay(n-1) \\ w_2(n) = by(n-2) \\ y(n) = w_1(n-1) + w_2(n-1) + x(n) = ay(n-2) + by(n-3) + x(n) \end{cases} \tag{5.10}$$

直接根据迭代公式(5.9)可以画出 DFG，如图 5.19(a)所示。其中，假设加法节点计算时间为 1 u.t.，乘法节点计算时间为 2 u.t.。仔细观察图 5.19(a)的 DFG，存在两条等长的关键路径，都是 ∗＋，长度为 2＋1＝3 u.t.。而根据迭代公式(5.10)则可以得到如图 5.19(b)所示的 DFG，我们发现加法器计算节点输入端和输出端的寄存器延时 D 发生了变化。也就是，加法节点从图 5.19(a)的输出边寄存器移到了输入的两条边，然而，关键路径则从 ∗＋ 变成了 ∗ 和＋＋，关键路径的时间长度由 3 u.t. 变成了 2 u.t. 时间单位，即缩短了 1 u.t. 时间单位。上述设计要获得更快的运行速度需要斩断这两条关键路径。利用重定时可以改变系统中延时的数目和分布，显然只要能在关键路径 ∗＋ 上插入寄存器即可斩断关键路径，同时又能保证系统的其他部分不产生比 ∗＋ 更长的关键路径。

图 5.19(b)的新结构存在 3 条等长的关键路径，两条为 ∗，另一条为＋＋，长度为 2 u.t.，而其寄存器的数量则从 4 个增加到 5 个。这是以牺牲面积获得高速计算的设计方法。

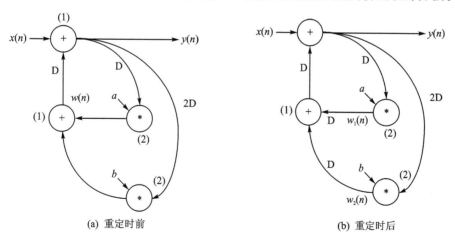

(a) 重定时前 (b) 重定时后

图 5.19 滤波器 IIR 的 DFG 图

上述重定时方法我们就称其围绕加法器计算节点做割集的割集重定时。割集就是一组边，可以把割边从图中切断从而产生两个互不相连的子图。观察图 5.20，割线是以加法器为中心节点包括两条输入和一条输出。对图 5.20(a)的加法器节点赋予重定时值 K，图 5.20(b)的该节点赋予重定时值 $K+j$，根据重定时方程可以算出割集中 3 条边重定时后的权值，即

$$\begin{cases} w_r(e_1) = w(e_1) + r(V) - r(U) = w(e_1) + K + j - K = j \\ w_r(e_2) = w(e_2) + r(V) - r(U) = w(e_2) + K + j - K = j \\ w_r(e_2) = w(e_3) + r(V) - r(U) = w(e_3) + K - (K + i) = 1 - j \end{cases} \quad (5.11)$$

令 $j=1$，得到一个重定时结构如图 5.20(b) 所示。分析图 5.20(a) 和 (b) 的关键路径可知，重定时将原始 DFG 中的关键路径 $* + +$，斩断为 $*$ 或者 $+ +$，关键路径长度从 $2+1+1=4$ u. t. 缩短为 2 u. t. 。

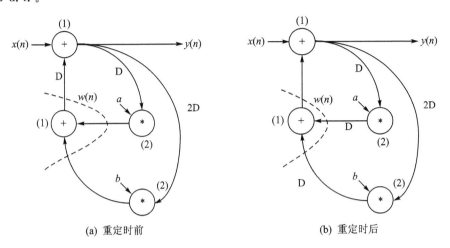

(a) 重定时前　　　　　　　　　　　　(b) 重定时后

图 5.20　割集重定时

重定时技术由于提高时钟频率将带来高功耗问题，如果系统需要低功耗或者低面积消耗，那么就应当考虑所插入的寄存器最小化。我们以图 5.21 所示来讲解。首先，考察加法器到乘法器延迟分别是 2D 和 3D，可以先将输入边的延时分出两个来，如图 5.21(b) 所示；然后，移动到乘法器的输出边，得到图 5.21(c) 所示的结构；继续将这些延时往前移，注意此处涉及的加法节点只有一条边，故两个输入边的延时"合并"，在加法节点的输出边上仅有一个 2D 的延时。比较图 5.21(a) 和 (d) 两个结构，新结构相当于把原始结构的 4 个延时减少到 2 个延时，当然新结构的关键路径为 $+ * +$，长度为 4 u. t. ，速度上没有改善。

从上面这个 IIR 滤波器的例子可以看出，重定时是提供系统时钟频率和减少系统寄存器数目的有效方法。值得注意的是，重定时作用远不如此，重定时还可以用来减少开关动作降低系统功耗，即在具有大电容的节点输入端插入寄存器能够减少这些节点的开关动作率，从而实现低功耗解决方案。

前面我们介绍了割集重定时的两种方法，即在割线上插入寄存器和割线上转移寄存器。那么，是否可以进行多次割集重定时呢？我们再来看图 5.18 的重定时也可以按照割集重定时来分析，参看图 5.22。基于割集理论将 FIR 滤波器先分解为两个子图，分别为子图 A 包含 1、2、3、4 计算节点和子图 B 包含 5、6 计算节点。其中子图 A 到子图 B 的边都被割线穿过，因此全部割线上就可以插入寄存器，如图 5.22(b) 所示，这属于割线上插入寄存器法。对于此 DFG 还可以进一步做割集，即分成子图 X 包含 1、2、3、5 节点和子图 Y 包含 4、6 节点，基于此割线上插入寄存器就可以得到最后的割集重定时，如图 5.22(c) 所示，第二次重定时也属于插入寄存器法。那么，什么情况下采用转移寄存器法呢？读者可以独立思考一下。

对于简单的数字信号处理系统采用上述割集重定时法就可以减小关键路径，达到提高时钟频率的目的。但对于复杂的数字系统，如格型 IIR 数字滤波器或者坐标旋转计算机

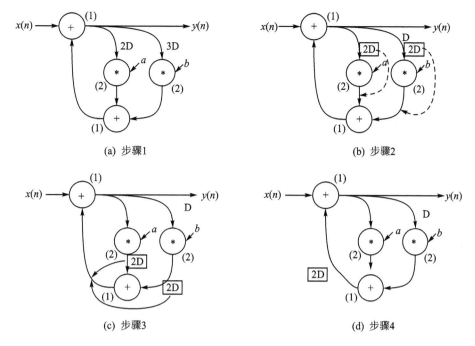

(a) 步骤1　　　　　　　　　　　(b) 步骤2

(c) 步骤3　　　　　　　　　　　(d) 步骤4

图 5.21　寄存器转移重定时 DFG

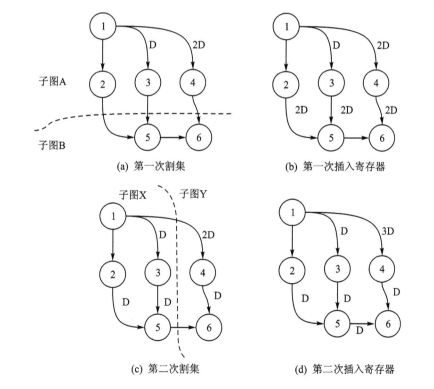

(a) 第一次割集　　　　　　　　　(b) 第一次插入寄存器

(c) 第二次割集　　　　　　　　　(d) 第二次插入寄存器

图 5.22　多次割集重定时

(CORDIC)而言,直接进行割集反而事与愿违。观察图 5.23 格型数字滤波器,图(a)中原始 DFG 的关键路径是 4 加法器 2 乘法器,其迭代边界是 3 加法器和 2 乘法器;图(b)中割集重定时后关键路径是由 4 加法器 4 乘法器组成,关键路径变差。因此,对于较为复杂的数字滤波器简单的割集重定时不能提高系统时钟频率。

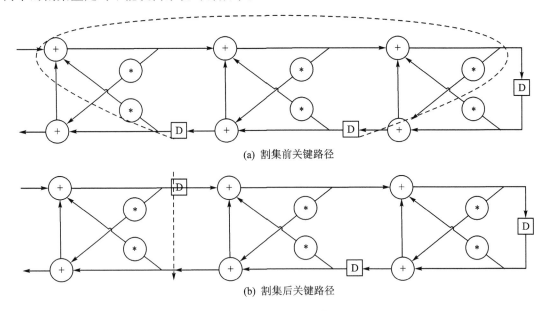

(a) 割集前关键路径

(b) 割集后关键路径

图 5.23　格型 IIR 数字滤波器

对于某些高阶滤波器或微处理器体系等复杂数字系统通常采用降速(slow-down 或 C-slow)法配合割集重定时来实现缩减关键路径。如图 5.24 所示,首先,用 $N=2$ 个延时取代 DFG 中的每个延时,从而实现 $N=2$ 倍降速;然后,再对 $N=2$ 倍降速后的 DFG 进行割集重定时。为了保证计算功能的正确,需要对 N 倍降速的系统进行 $N-1$ 个空操作,即必须在每个有用信号采样点后交替插入空操作。降速系统以完全锁定频率运行,处理两个 x 和 x' 输入数据流,并生成两个对应的 y 和 y' 输出数据流。

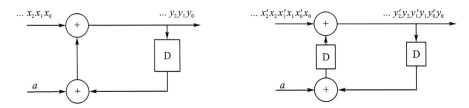

图 5.24　降速重定时

图 5.25 对格型滤波器进行 2 倍降速,即在原有寄存器处再增加一个寄存器,之后,对其进行寄存器转移法的割集重定时操作,也就是将寄存器转移到另一侧上,这时,关键路径就变成 2 加法器 2 乘法器长度,可见降速后重定时实现了关键路径减小的目的。此方法对于 100 级的滤波器尤其有效。对 100 级格型滤波器如最小采样周期是 105 u.t.,则该电路 2 倍降速后,最小采样周期变成 12 u.t.,关键路径变为 6 u.t.。

降速重定时通常用于高复杂度体系结构设计中,如格型滤波器、微处理器等。而在微处理器体系设计中,不能简单认为是插入寄存器或平衡延迟的问题,该技术通常产生一个简单的、静态调度的、更高的时钟速率以及多线程体系结构。

流水重定时也就是平时所说的流水线技术。在流水与并行中,给出了流水线技术的做法:在单向割集的每一条边上插入同等数目的流水线寄存器,即可得到流水结构。由此可见,流水

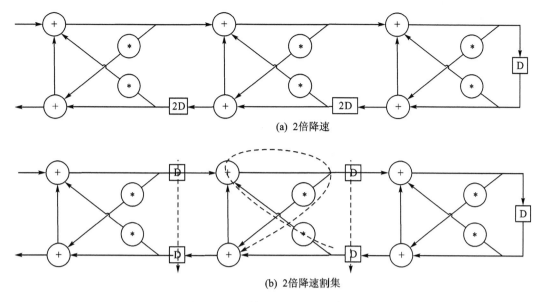

(a) 2倍降速

(b) 2倍降速割集

图 5.25　2 倍降速及割集重定时

线技术就是重定时的一种特例。如图 5.26 所示为 FIR 滤波器的流水重定时与流水线的等价示例,重定时后的结果,就是在单向割集的每一条边上插入一个延时。在进行流水重定时,首先是确定一个前馈割集,该割集将原始 DFG 分离为 2 个不相连的连通子图;对于割集中的每一条边,重定时之后的延时增加 N 个延时,当 $N=1$ 时,就是一级流水线的单向割集插入。

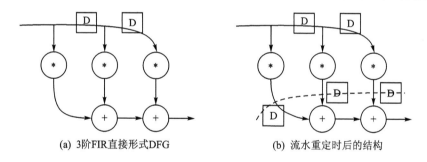

(a) 3阶FIR直接形式DFG　　　　(b) 流水重定时后的结构

图 5.26　流水线重定时

重定时设计可以得到:① 时钟周期最小;② 寄存器最少;③ 两者混合的某个折中,3 个不同的系统重定时方案。其实,重定时是一个改变系统延时的数目和分布的一个规则,重定时设计其实是一个优化求解的问题,而且往往可以在大规模的计算系统中实现。这里,我们讨论了重定时技术的三种情况:割集重定时、流水线重定时和降速重定时,割集重定时具有普遍性,而流水线重定时又是割集重定时的特例,也就是说流水线重定时"相当于"将割集重定时的割集限制为单向割集的情况。降速重定时在复杂的滤波器系统中将起到显著的电路优化作用。

5.4　乘累加计算

目前,数字信号处理、人工智能或深度学习等大量的数字计算电路中都依赖的计算架构是乘法-加法计算,乘累加计算(MAC)已经是众多数字计算电路中的核心计算架构。以乘累加计算为核心计算的有卷积计算、相关计算和分布式计算等。

5.4.1 卷积计算

卷积是通过两个函数 $f(x)$ 和 $g(y)$ 生成第三个函数的一种积分变换的数学方法,在数字信号处理、图像识别、频谱分析等众多方面得到了广泛应用。

卷积定义:设 $f(\tau)$,$g(x-\tau)$ 是 R1 上的两个可积函数,作积分如下:

$$\int_{-\infty}^{\infty} f(\tau) g(x-\tau) \, \mathrm{d}\tau \tag{5.12}$$

随着 x 的不同取值,这个积分就定义了一个新函数 $h(x)$,称为函数 f 与 g 的卷积,记为 $h(x) = (f * g)(x)$。

当考虑离散序列 $x(n)$ 和 $y(n)$ 时,卷积是两个变量在某范围内相乘后求和的结果。设卷积变量是序列 $x(n)$ 和 $y(n)$,则卷积的结果为

$$h(n) = \sum_{i=-\infty}^{\infty} x(i) y(n-i) = x(n) * y(n) \tag{5.13}$$

式中星号 $*$ 表示卷积。当时序 $n=0$ 时,序列 $h(-i)$ 是 $h(i)$ 的时序 i 取反的结果;时序取反使得 $h(i)$ 以纵轴为中心翻转 $180°$,所以这种相乘后求和的计算法称为卷积和,简称卷积。另外,n 是使 $h(-i)$ 位移的量,不同的 n 对应不同的卷积结果。

卷积计算可以分为一维、二维和三维等卷积计算。一维卷积计算就是多项式运算。考虑:

$$H(x) = P(x) \times Q(x) = \left(\sum_{i=0}^{n} a_i x^i \right) \cdot \left(\sum_{i=0}^{m} b_i x^i \right) = \sum_{i=0}^{n+m} \left(\sum_{k} a_k b_{i-k} \right) x^i \tag{5.14}$$

式中:$P(x)$、$Q(x)$ 是两个多项式。这里如果考虑两个序列 $\{a_n\}$ 和 $\{b_m\}$,则上述多项式计算的系数是两序列的卷积,即 $\sum_{k} a_k b_{i-k} = (a * b)_i$。

一维的卷积核是在一维的被卷积向量上滑动实现卷积计算。对于二维、三维卷积而言也是在被卷积向(张)量上进行滑动,分别做卷积,最后累加求和。

下面我们以二维卷积为例讲解。

假设卷积核为 3×3 矩阵:$\begin{pmatrix} 1 & 2 & 3 \\ 0 & 0 & 0 \\ 1 & 2 & 1 \end{pmatrix}$,输入卷积的矩阵:$\begin{bmatrix} 1 & 2 & 3 & 4 \\ 1 & 1 & 1 & 1 \\ 1 & 2 & 1 & 2 \\ 2 & 1 & 3 & 1 \end{bmatrix}$,求其卷积计算结果。

卷积计算过程分为三步:

第一步,将卷积核翻转 $180°$,即卷积核变成 $\begin{pmatrix} 1 & 2 & 1 \\ 0 & 0 & 0 \\ 3 & 2 & 1 \end{pmatrix}$。

第二步,将卷积核的中心元素对准被卷积阵的第一个元素,然后对应元素相乘后相加,没有元素的地方补 0。因此,结果 $H_{11} = 1 \times 0 + 2 \times 0 + 1 \times 0 + 0 \times 0 + 0 \times 1 + 0 \times 2 + 3 \times 0 + 2 \times 1 + 1 \times 1 = 3$。其他元素计算以此类推。

第三步,最终求得 H_{nn} 的全部结果,得到卷积计算的结果。这里我们给出基于 MATLAB 的计算结果。

```
>> a = [1 2 3 4;1 1 1 1;1 2 1 2;2 1 3 1]
a =
    1    2    3    4
    1    1    1    1
    1    2    1    2
    2    1    3    1
>> b = [1 2 3 ;0 0 0;1 2 1]
b =
    1    2    3
    0    0    0
    1    2    1
>> c = conv2(a,b,'same')
c =
    3    6    6    5
    8   16   22   18
    8   15   14   14
    4    6    6    5
```

5.4.2　分布式计算

分布式计算也是进行矢量-矢量乘法累加的计算过程,在积和、点积或乘累加等计算中使用。分布式计算就是指在完成乘加功能时通过将各个输入数据每一位对应产生的运算结果预先进行相加形成相应的部分积,然后再对各部分积进行累加,以获得最终的计算结果。而传统的算法则是等到所有的乘积结果产生之后再进行相加,然后完成最终的乘加运算。分布式计算有一个前提条件:每个乘法运算中必须有一个乘数为常数。FIR 滤波器的基本结构正是这样的常系数乘加运算,而常系数乘法器在面积和功耗方面有着较大的优势。因此,分布式计算在复杂数字系统设计中有着广泛的应用。

我们使用的有符号数都采用定点 2 的补码来表示,一个 W 位$[-1,1]$的数 A 可表示为

$$A = a_0 . a_1 \cdots a_{W-2} a_{W-1}$$

式中:a_i 为 0 或 1,并且最高位 a_0 是符号位,0 时为正,1 时为负。

乘累加计算可以描述如下:

$$y = \sum_{k=1}^{K} A_k x_k = A_1 \times x_1 + A_2 \times x_2 + \cdots + A_K \times x_K \tag{5.15}$$

这里乘数是 A,被乘数是 x,其中,

$$A = a_0 . a_1 \cdots a_{W-2} a_{W-1} = -a_0 + \sum_{i=1}^{W-1} a_i 2^{-i} \tag{5.16}$$

$$x = x_0 . x_1 \cdots x_{W-2} x_{W-1} = -x_0 + \sum_{i=1}^{W-1} x_i 2^{-i} \tag{5.17}$$

注意:A 的位长不必与 x 位长相同(实际很多情况下也是不同的)。

假设 x_k 是 N bit 位宽的 2 补码$|x_k| < 1$,x_k:$\{b_{k0}, b_{k1}, b_{k2}, \cdots, b_{k(N-1)}\}$,$b_{k0}$ 是符号位。x_k 可以扩展如下:

$$x_k = -b_{k0} + \sum_{n=1}^{N-1} b_{kn} 2^{-n} \tag{5.18}$$

因此,分布式计算,即

$$
\begin{cases}
y = \sum_{k=1}^{K} A_k \left(-b_{k0} + \sum_{n=1}^{N-1} b_{kn} 2^{-n} \right) \\[2mm]
y = -\sum_{k=1}^{K} (b_{k0} \cdot A_k) + \sum_{k=1}^{K} \sum_{n=1}^{N-1} (A_k \cdot b_{kn}) 2^{-n} \\[2mm]
y = -\sum_{k=1}^{K} (b_{k0} \cdot A_k) + \sum_{k=1}^{K} \left[\sum_{n=1}^{N-1} (b_{kn} \cdot A_k) 2^{-n} \right]
\end{cases}
\tag{5.19}
$$

$$
y = -\sum_{k=1}^{K} (b_{k0} \cdot A_k) + \sum_{k=1}^{K} \left\{ (A_k \cdot b_{k1}) 2^{-1} + (A_k \cdot b_{k2}) 2^{-2} + \cdots + [A_k \cdot b_{k(N-1)}] 2^{-(N-1)} \right\}
$$

在上述分布式计算中,A 是 M bit 位宽的常数,x_k 是 N bit 位宽的变量。我们可以将上式整理并重新分配,得到如下结果:

$$
\begin{cases}
\begin{aligned}
y = & -(b_{10} \cdot A_1 + b_{20} \cdot A_2 + \cdots + b_{k0} \cdot A_k) + \\
& [(b_{11} \cdot A_1) 2^{-1} + (b_{12} \cdot A_1) 2^{-2} + \cdots + (b_{1(N-1)} \cdot A_1) 2^{-(N-1)}] + \\
& [(b_{21} \cdot A_2) 2^{-1} + (b_{22} \cdot A_2) 2^{-2} + \cdots + (b_{2(N-1)} \cdot A_2) 2^{-(N-1)}] + \cdots + \\
& [(b_{k1} \cdot A_k) 2^{-1} + (b_{k2} \cdot A_k) 2^{-2} + \cdots + (b_{k(N-1)} \cdot A_k) 2^{-(N-1)}]
\end{aligned} \\[4mm]
\begin{aligned}
y = & -(b_{10} \cdot A_1 + b_{20} \cdot A_2 + \cdots + b_{k0} \cdot A_k) + \\
& [(b_{11} \cdot A_1) 2^{-1} + (b_{12} \cdot A_1) 2^{-2} + \cdots + (b_{1(N-1)} \cdot A_1) 2^{-(N-1)}] + \\
& [(b_{21} \cdot A_2) 2^{-1} + (b_{22} \cdot A_2) 2^{-2} + \cdots + (b_{2(N-1)} \cdot A_2) 2^{-(N-1)}] + \cdots + \\
& [(b_{k1} \cdot A_k) 2^{-1} + (b_{k2} \cdot A_k) 2^{-2} + \cdots + (b_{k(N-1)} \cdot A_k) 2^{-(N-1)}]
\end{aligned} \\[4mm]
\begin{aligned}
y = & -(b_{10} \cdot A_1 + b_{20} \cdot A_2 + \cdots + b_{k0} \cdot A_k) + \\
& [(b_{11} \cdot A_1) + (b_{21} \cdot A_2) + \cdots + (b_{k1} \cdot A_k)] 2^{-1} + \\
& [(b_{12} \cdot A_1) + (b_{22} \cdot A_2) + \cdots + (b_{k2} \cdot A_k)] 2^{-2} + \cdots + \\
& [(b_{1(N-1)} \cdot A_1) + (b_{2(N-1)} \cdot A_2) + \cdots + (b_{k(N-1)} \cdot A_K)] 2^{-(N-1)}
\end{aligned} \\[4mm]
\begin{aligned}
y = & -(b_{10} \cdot A_1 + b_{20} \cdot A_2 + \cdots + b_{k0} \cdot A_k) + \\
& [(b_{11} \cdot A_1) + (b_{21} \cdot A_2) + \cdots + (b_{k1} \cdot A_k)] 2^{-1} + \\
& [(b_{12} \cdot A_1) + (b_{22} \cdot A_2) + \cdots + (b_{k2} \cdot A_k)] 2^{-2} + \cdots + \\
& [(b_{1(N-1)} \cdot A_1) + (b_{2(N-1)} \cdot A_2) + \cdots + (b_{k(N-1)} \cdot A_k)] 2^{-(N-1)}
\end{aligned} \\[4mm]
y = -\sum_{k=1}^{K} (b_{k0}) \cdot A_k + \sum_{n=1}^{N-1} (b_{1n} \cdot A_k + b_{2n} \cdot A_2 + \cdots + b_{kn} \cdot A_k) 2^{-n} \\[2mm]
y = -\sum_{k=1}^{K} A_k \cdot (b_{k0}) + \sum_{n=1}^{N-1} \left(\sum_{k=1}^{K} A_k \cdot b_{kn} \right) 2^{-n}
\end{cases}
$$

$$
\tag{5.20}
$$

观察式(5.19),可以得到如图 5.27 的硬件电路结构。

把分布计算表达式(5.19)整理成表达式(5.20)后,其逻辑计算功能不变,但计算的顺序发生变化,即加法单元提前计算,而后再统一进行移位累加器计算,如图 5.28 所示。由此可知,通过变换后的硬件电路的移位累加器仅使用一个即可完成分布式计算的功能,大大减少了硬件电路单元,在功耗和硬件资源利用上都得到极大优化。

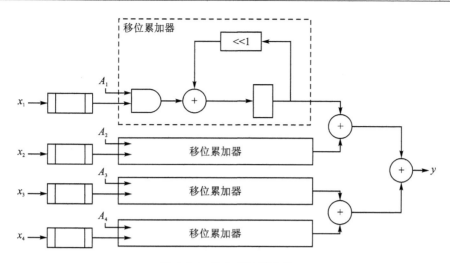

图 5.27　分布式计算结构

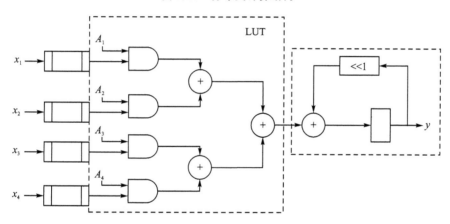

图 5.28　优化后的分布式计算结构

假设数据是 $N=4$ bit 位宽,分布式计算的表达式如下:

$$\left(\sum_{k=1}^{4} A_k b_{kn}\right) = A_1 b_{1n} + A_2 b_{2n} + A_3 b_{3n} + A_4 b_{4n}$$

考虑基于 FPGA 中的 LUT 用于存储输入 x 的数据,采用查表法使输入数据作为 LUT 的地址,则查表对应的存储值如表 5.2 所列。该分布式计算可以执行两个长度为 N 的矢量的内积,移位累加器是位并行进位传播加法器,实现 LUT 中数据的累加计算。该计算方法一般用于视频压缩 DCT 计算,但传统的位串行分布式计算速度还不能胜任高速运算的要求,可以使用缩减系数乘法器以满足 DCT 高速计算的要求,具体内容可参考相关的文献资料。

表 5.2　分布计算参数

b_{1n}	b_{2n}	b_{3n}	b_{4n}	LUT Contents
0	0	0	0	0
0	0	0	1	A_4
0	0	1	0	A_3
0	0	1	1	$A_3 + A_4$
0	1	0	0	A_2

b_{1n}	b_{2n}	b_{3n}	b_{4n}	LUT Contents
0	1	0	1	$A_2 + A_4$
0	1	1	0	$A_2 + A_3$
0	1	1	1	$A_2 + A_3 + A_4$
1	0	0	0	A_1
1	0	0	1	$A_1 + A_4$
1	0	1	0	$A_1 + A_3$
1	0	1	1	$A_1 + A_3 + A_4$
1	1	0	0	$A_1 + A_2$
1	1	0	1	$A_1 + A_2 + A_4$
1	1	1	0	$A_1 + A_2 + A_3$
1	1	1	1	$A_1 + A_2 + A_3 + A_4$

5.4.3　位串行乘法器

对于有符号数都采用定点 2 的补码来表示,一个 W 位的数 A 为

$$A = a_0. \underline{a}_1 \underline{a}_2 \cdots \underline{a}_{W-1} = -a_0 + \sum_{i=1}^{W-1} \underline{a}_i \cdot 2^{-i} \tag{5.21}$$

显然式(5.21)定义了一个 $[-1,1)$ 的小数,包括 -1,但不包括 $+1$,对于式(5.21)所表示的定点数记为 $SN.M$,其中 S 表示一位符号位,N 表示 N 位整数位,M 表示 M 位小数位,即

$$a_N \cdots a_1 a_0. \underline{a}_1 \underline{a}_2 \cdots \underline{a}_M = -a_N \cdot 2^N + \sum_{i=0}^{N-1} a_i \cdot 2^i + \sum_{i=0}^{M} \underline{a}_i \cdot 2^{-i} \tag{5.22}$$

对于无符号定点数,可以直接记为 $N.M$,其中 N 表示 N 位整数,M 表示 M 位小数位,即

$$a_{N-1} \cdots a_1 a_0. \underline{a}_1 \underline{a}_2 \cdots \underline{a}_M = \sum_{i=0}^{N-1} a_i \cdot 2^i + \sum_{i=0}^{M} \underline{a}_i \cdot 2^{-i} \tag{5.23}$$

这里,我们用带下画线的 $\underline{a}_i$ 表示负权值的系数,整数部分的系数用正常的 a_i 表示。

如果采用 2 补码表示整数和小数,最高位为符号位,公式如下:

$$[x]_{2C} = a_{N-1} \cdots a_1 a_0 = -a_{N-1} + \sum_{i=0}^{N-2} a_i \cdot 2^i \tag{5.24}$$

$$[x]_{2C} = a_0. \underline{a}_1 \cdots \underline{a}_{N-1} = -a_0 + \sum_{i=1}^{N-1} \underline{a}_i \cdot 2^{-i} \tag{5.25}$$

对于两个 2 补数相乘,Horner 法则乘法计算公式如下:

$$P = A \cdot B = \left(-a_0 + \sum_{i=1}^{W-1} \underline{a}_i \cdot 2^{-i} \right) \cdot \left(-b_0 + \sum_{i=1}^{W-1} \underline{b}_i \cdot 2^{-i} \right) = -p_0 + \sum_{i=1}^{2(W-1)} \underline{p}_i \cdot 2^{-i}$$

$$\tag{5.26}$$

该法则是多项式求值快速算法,使用最少的乘法次数计算多项式的值。基于 Horner 法则的迭代乘法器设计,乘法算式还可以表示如下:

$$P = A \cdot B = A \cdot \left(-b_0 + \sum_{i=1}^{W-1} \underline{b}_i \cdot 2^{-i} \right) = -(A \cdot b_0) + \sum_{i=1}^{W-1} (A \cdot \underline{b}_i) \cdot 2^{-i}$$

$$= -A \cdot b_0 + \left\{ A \cdot b_1 + \left[\cdots + (A \cdot b_{W-2} + A \cdot b_{W-1} \cdot 2^{-1}) 2^{-1} \right] 2^{-1} \right\} 2^{-1} \tag{5.27}$$

利用 Horner 法则式(5.27)可以推导位串行乘法器,这是与 4.3.1 小节讲述的阵列乘法器不同的硬件架构。Lyon 最早设计出的 4×4 位串行乘法器架构如图 5.29(a)所示。

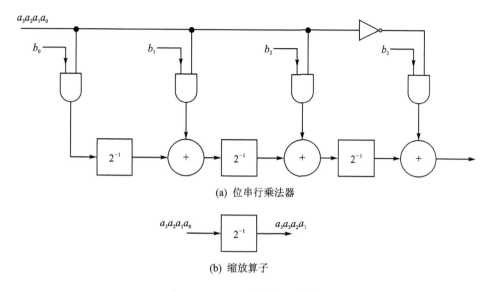

(a) 位串行乘法器

(b) 缩放算子

图 5.29　4×4 位串行乘法器

其中 2^{-1} 是乘法器的零迟滞缩放算子,其功能如图 5.29(b)所示。在位串行零迟滞系统中,第一个输出位必须在第一个 a_0 进入系统的时钟周期内产生。对于缩放算子,第一个输出位 a_1 必须在第一个输入 a_0 进入算子时同步产生,而此时,输入 a_1 还没有进入系统,缩放算子不可能计算得到,最简单的方法就是延时获得因果系统,实际上就是插入割集流水线。

此时,我们可以采用割集重定时技术解决上述问题,即在割线处插入寄存器单元,这样,延迟单元和零延迟缩放算子的组合单元是可以用硬件实现的,如图 5.30 所示。将该组合单元 S0、S1、S2 通过调度阵列乘法中的运算得到组合单元的开关时序,图 5.31 中每个操作数右边方框中的数字是该操作数的运算时间。乘数($b_0 b_1 b_2 b_3$)的各位在时刻 0 并行输入到相应的与门,而被乘数则是从最低位开始串行输入与门,而计算的乘积结果输出则是 $p_3 p_2 p_1 p_0$。该位串行乘法器就称为 Lyon 位串行 2 补码乘法器。该乘法器是以牺牲延迟为代价进行面积和功耗优先设计的设计方法。

位串行乘法器的 DFG 图中有 3 个延迟寄存器,系统计算要延迟 3 个时钟周期。相比于加法器的延时可以忽略与门的延时,其关键路径是 $3T_A$(T_A 是加法器周期)。由此可推算,对于 $N \times N$ 位的位串行乘法器的等待时间是 $N-1$ 个时钟周期,且周期时间 $T_{CLK} \geqslant (N-1)T_A$。该结构可以利用流水线计算缩短关键路径,从而到达其关键路径等于加法器,但代价是系统的时延将增大,如图 5.32 所示。这里当符号位一出现就接通寄存器进行保存,之后寄存器形成自循环路径。这样就能多次使用保留下来的符号位,而不必用多个寄存器来保存。这种设计不仅有助于减少功耗,而且还使符号寄存器的个数变少,其翻转次数也减少了。这种乘法器也是串/并行乘法器,即一个数是串行输入,另一个操作数是并行输入,每个时钟周期产生积的比特位,并最终串行输出乘积结果。

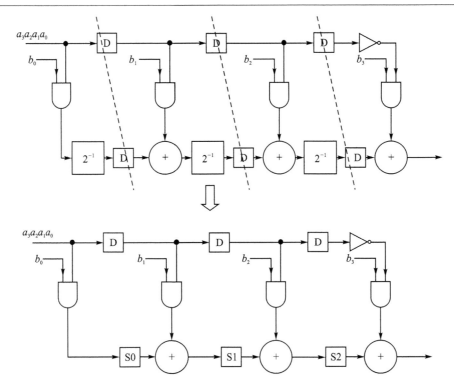

图 5.30　割集重定时推导出可实现的乘法器

			a_3 $\boxed{3}$	a_2 $\boxed{2}$	a_1 $\boxed{1}$	a_0 $\boxed{0}$
			b_3 $\boxed{0}$	b_2 $\boxed{0}$	b_1 $\boxed{0}$	b_0 $\boxed{0}$
		a_3b_0 $\boxed{4}$ $\leftarrow$	a_3b_0 $\boxed{3}$	a_2b_0 $\boxed{2}$	a_1b_0 $\boxed{1}$	$\boxed{a_0b_0}$
		a_3b_1 $\boxed{4}$	a_2b_1 $\boxed{3}$	a_1b_1 $\boxed{2}$	a_0b_1 $\boxed{1}$	
	pp_3^1 $\boxed{5}$	$\leftarrow pp_3^1$ $\boxed{4}$	pp_2^1 $\boxed{3}$	pp_1^1 $\boxed{3}$	$\boxed{pp_0^1}$	
	a_3b_2 $\boxed{5}$	a_2b_2 $\boxed{4}$	a_1b_2 $\boxed{3}$	a_0b_2 $\boxed{3}$		
pp_3^2 $\boxed{6}$	$\leftarrow pp_3^2$ $\boxed{5}$	pp_2^2 $\boxed{4}$	pp_1^2 $\boxed{3}$	$\boxed{pp_0^2}$		
$\bar{a}_3b_3$ $\boxed{6}$	$\bar{a}_2b_3$ $\boxed{5}$	$\bar{a}_1b_3$ $\boxed{4}$	$\bar{a}_0b_3$ $\boxed{3}$			
			b_3			
x_3 $\boxed{6}$	x_2 $\boxed{5}$	x_1 $\boxed{4}$	x_0 $\boxed{3}$			

图 5.31　位串行乘法器运算调度时序

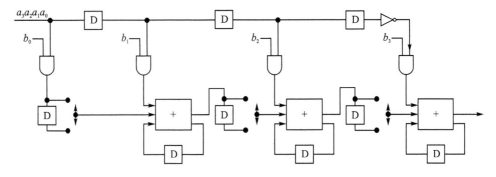

图 5.32　Lyon 位串行乘法器

5.5　脉动阵列

脉动阵列由卡内基梅隆大学的孔祥重教授提出,如图 5.33 所示,图(a)为一维脉动阵列,图(b)为二维脉动阵列。脉动阵列可以是一维线形、二维三角形、二维矩形、二维六边形、二维二叉树形、三维长方体形等。

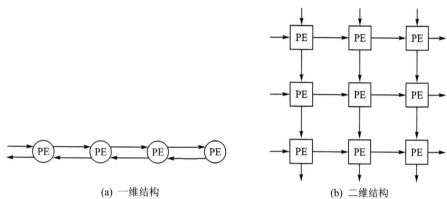

(a) 一维结构　　　　　　　　　　(b) 二维结构

图 5.33　脉动阵列结构

5.5.1　基本概念

脉动阵列是一种有节奏地计算和传递数据的处理器组成的网络系统。它们特别适用于具有规则的、局部的数据流计算的一类特殊的计算算法。脉动阵列的特点如下:

① 脉动阵列是基于规则依赖图,通过线性映射技术设计的;

② 依赖图分为全局计算架构和局部计算架构;

③ 依赖图中每个计算节点(处理单元,PE)都是相同的,PE 之间的通信是局部的、规则的;

④ PE 的某些边带有延时,即寄存器,因此,脉动阵列数据储存具有局部性,也是流水线设置的必要条件。

由于脉动阵列的以上特点,造成 PE 之间的高度流水化、规则化,因此系统吞吐率非常大且易于 FPGA/ASIC 的芯片化实现。流水化意味着吞吐率大,规则化则意味着版图布局布线规则。既然脉动阵列是高度规则的,那么什么类型的计算才能用脉动阵列来实现呢?答案是,不是任意的算法都可以用脉动阵列来实现,只有规则的迭代算法,也就是通过线性映射技术用于规则依赖图的才可以。那么如何判断一个迭代算法是不是规则的?FIR 是规则迭代吗?矩阵乘法是不是规则迭代?LU 分解是不是规则迭代,等等。依赖图中各节点的基本边都包含同样的属性,我们可称其为规则依赖图。依赖图是一种空间表示,计算单元不包含时序。脉动阵列采用映射技术把依赖图的空间投影为空间-时间关系图,其中,每个依赖图节点映射为特定的硬件处理单元(PE),且满足调度到特定的时序关系。

下面先定义脉动阵列的基本概念:

● 计算节点矢量定义,$I^{①}=\begin{pmatrix} i \\ j \end{pmatrix}$。

---

① 本书矢量、矩阵均用白斜体。

- 投影矢量(或称迭代矢量)$, d = \begin{pmatrix} d_1 \\ d_2 \end{pmatrix}$,被投影矢量 d 或 d 的倍数取代的两个节点由同一个 PE 执行。

- PE 空间矢量(或处理单元、处理器)$, P^{\mathrm{T}} = (p_1 \quad p_2)$,也就是,节点 $I = \begin{pmatrix} i \\ j \end{pmatrix}$ 被分配到 $P^{\mathrm{T}} I = (p_1 \quad p_2) \begin{pmatrix} i \\ j \end{pmatrix}$ 的 PE 处理单元执行。

- 调度矢量$, s^{\mathrm{T}} = (s_1 \quad s_2)$,节点 I 在时刻 $s^{\mathrm{T}} I$ 被 PE 执行。

- 处理单元利用率$, \mathrm{HUE} = 1/|s^{\mathrm{T}} d|$,同一 PE 处理单元执行两次任务的时间间隔是 $|s^{\mathrm{T}} d|$。

- 边映射,如果依赖图(DG)中存在边 e,则在脉动阵列对应 PE 间存在 $P^{\mathrm{T}} e$ 边沿方向,其延时为 $s^{\mathrm{T}} e$,延时为 0 时就是广播变量。

- 约束条件:① 投影矢量与 PE 处理空间矢量必须相互正交,即 $P^{\mathrm{T}} d = 0$。如果 A 和 B 节点差是投影矢量 d,则需要同一个 PE 执行,$P^{\mathrm{T}} I_{\mathrm{A}} = P^{\mathrm{T}} I_{\mathrm{B}} \Rightarrow P^{\mathrm{T}} d = 0$。② 如果节点 A、B 映射到同一个 PE 单元,则它们不能在同一时间被执行,$s^{\mathrm{T}} I_{\mathrm{A}} \neq s^{\mathrm{T}} I_{\mathrm{B}}$,也就是 $s^{\mathrm{T}} d \neq 0$。在构造脉动空间时,必须保证时间轴不能和处理器轴或处理器平面平行。

5.5.2　脉动阵列设计

脉动阵列的计算方式是基于矩阵计算,脉动阵列设计的方法有投影法和计算法等。下面以 3 阶 FIR 滤波器 $y(n) = b_0 x(n) + b_1 x(n-1) + b_2 x(n-2)$ 为例进行脉动阵列设计。基于时间-空间表示的规则依赖图如图 5.34 所示。我们构造了这样一个脉动空间(s, P),它的时间调度 s 轴与 i 轴平行,它的处理器 P 轴与 j 轴平行,$i - j$ 指的是 DG 空间的坐标轴,而 $s - P$ 指的是脉动空间的坐标轴。这里,构造的脉动空间是与 DG 空间"重合",两个空间的重合只是构造脉动阵列的一种情况,不是唯一的情况,不要以为 DG 空间就是脉动空间。脉动空间还可以构造很多其他形式,也就是说,一个 DG 空间可以通过构造不同的脉动空间进行设计实现。

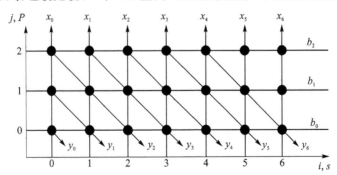

图 5.34　脉动阵列映射图(输入广播,结果移动,权重保持)

1. 投影法

基于线性映射技术设计 FIR 脉动阵列,一般通过投影矢量、PE 空间矢量和调度矢量为条件构造脉动阵列结构。构造的脉动空间如图 5.34 所示,其投影矢量、PE 空间矢量和调度矢量分别为

$$d = \begin{pmatrix} 1 \\ 0 \end{pmatrix}, \quad P^{\mathrm{T}} = (0 \quad 1), \quad s^{\mathrm{T}} = (1 \quad 0)$$

① 计算节点 $I^{\mathrm{T}} = (i \quad j)$ 映射到 PE 空间矢量,即

$$P^{\mathrm{T}}I = (0 \quad 1)\begin{pmatrix} i \\ j \end{pmatrix} = j$$

② 节点 $I^{\mathrm{T}} = (i \quad j)$ 的执行时间,即

$$s^{\mathrm{T}}I = (1 \quad 0)\begin{pmatrix} i \\ j \end{pmatrix} = i$$

③ PE 处理单元利用率,即

$$s^{\mathrm{T}}d = (1 \quad 0)\begin{pmatrix} 1 \\ 0 \end{pmatrix}, \quad \mathrm{HUE} = \frac{1}{|s^{\mathrm{T}}d|} = 1$$

④ 边映射,基于输入、权重和输出的 3 条基本边映射出脉动阵列的端口,如表 5.3 所列。

图 5.34 是 3 阶 FIR 的一种时间-空间映射的 DG,表示了节点计算时迭代的依赖关系,为了将 DG 映射到实际硬件电路的架构,需要将计算节点和边分别映射为具体的 PE 处理单元和带延迟的网络。这里,我们的依赖图 DG 是时间-空间表示的二维空间,而硬件计算则是一维空间的物理

表 5.3　脉动阵列边映射关系

e^{T}	$s^{\mathrm{T}}e$	$P^{\mathrm{T}}e$
权重 b $_{(1 \quad 0)}$	1	0
输入 x $_{(0 \quad 1)}$	0	1
输出 y $_{(1 \quad -1)}$	1	-1

电路,也就是投影成一维脉动阵列计算架构。实际的脉动阵列计算过程是二维空间,即一维的硬件电路和一维的时间。图 5.34 中,横坐标 s 是时间轴,纵坐标 P 是 PE 处理单元轴。在此映射的 DG 中,PE 处理单元对应一个时间点上纵轴的 3 个 PE 单元,而不同时间点上的 PE 处理单元都是基于时间的迭代处理。这样,一维线性的 PE 脉动阵列,所有时间节点向 P 轴投影,投影的位置就是节点运行所在的 PE 单元,可以看到时间轴上的所有节点分别被广播到 PE0、PE1 和 PE2 三个 PE 处理单元上运行。而另一方面,所有同一纵轴上 PE 处理单元在不同计算周期(s 轴时刻)时被调度执行,比如从左边起的第一列 3 个节点投影到 s 轴的 0 位置,那么这 3 个节点将在周期 0 被调度执行,也就是 3 个 PE 内电路同时计算。同理,第二列的 3 个节点将在周期 1 调度执行,以此类推,可以说一个节点投影到时间 s 轴的位置就是此周期的 PE 同时被调度执行。

我们可以理解脉动阵列计算就是基于 PE 处理单元上的各个时间节点迭代计算的过程。迭代计算的过程也是计算调度的问题,调度的逻辑是根据计算逻辑和延时而决定,约定一个 PE 在一个周期内只能执行一个节点的计算任务,也就是说,不能在同一个周期内将多于一个的节点映射到同一个 PE。从数学意义上说,对一维脉动阵列,时间轴不能和处理器轴平行。这种方法也称为投影法,该方法是特殊脉动空间的设计方法,对于有些脉动空间该方法则不适合。

脉动阵列电路设计如下:

- 设定 PE 处理单元:通过脉动阵列映射图可以确定纵轴上 PE 处理单元构成一维脉动阵列,包含 3 个 PE 处理单元。所有空间节点向 P 轴投影,投影的位置就是节点运行所在的 PE 单元位置,可以看到平行于纵轴的所有空间节点分别被投影到 PE0、PE1 和 PE2 三个硬件 PE 处理单元,如图 5.35(a)所示。
- 把 DG 中节点的边映射为各个 PE 之间的连接关系。基于脉动空间映射关系,或者是

脉动空间和 DG 空间图而言,对于$[1,0]^{\mathrm{T}}$方向的权值边(水平向右)在各处理单元并行于时间轴,也就是权值边连接相邻的两个时间节点是延迟一个周期,且位于同一 PE 单元,即权值边在硬件上表现为同一个 PE 上延时一个周期的连线。再来看输入 x 边的$[0,1]^{\mathrm{T}}$方向,投影到纵轴的 PE 处理单元是从 PE0 到 PE2 串行输入的关系,反映到硬件上就是图 5.35(b)。

- 结果输出,输出结果在$[1,-1]^{\mathrm{T}}$方向的输出 y 边,投影到横轴上,延迟一个周期,投影到纵轴上,则从 PE2 到 PE1 再到 PE0 单元的传递,硬件结构如图 5.35(c)所示。
- 处理器 PE 细化,将 PE 处理单元内部电路结构细化,包含乘法器、加法器、寄存器和基于调度关系的连接线,可以得到图 5.35(d)。

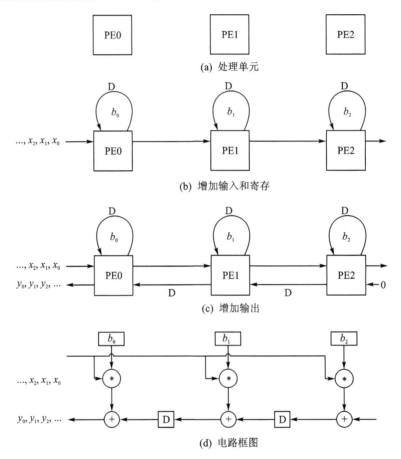

(a) 处理单元

(b) 增加输入和寄存

(c) 增加输出

(d) 电路框图

图 5.35　一维 FIR 脉动阵列硬件电路设计

2. 计算法

映射法是由于脉动空间和 DG 空间的重合可以通过观察直接构造出脉动阵列,但是对于更为复杂的脉动空间采用映射法构造脉动阵列则会力不从心。下面以非垂直脉动空间为例来讲解计算法设计脉动阵列的过程。由于使用的脉动空间与 DG 空间并非是重合的几何空间,我们很难画出简单的映射图来描述两个空间的关系,所以只能依靠严格的数学形式来描述整个设计过程。PE 单元轴与时间轴构成的脉动空间如图 5.36 所示。

基于输入广播、权重移动和结果保持进行脉动阵列设计,其中,投影矢量、调度矢量和处理

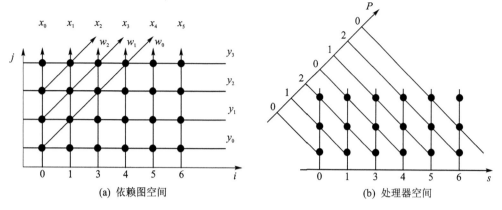

图 5.36　脉动阵列映射图(输入广播、权重移动、结果保持)

器单元(PE)矢量分别为:$d = \begin{pmatrix} 1 \\ -1 \end{pmatrix}$,$s = \begin{pmatrix} 1 \\ 0 \end{pmatrix}$ 和 $P = \begin{pmatrix} 1 \\ 1 \end{pmatrix}$。

由于脉动空间的两个坐标轴 s 和 P 的矢量分别为 $s = \begin{pmatrix} 1 \\ 0 \end{pmatrix}$,$P = \begin{pmatrix} 1 \\ 1 \end{pmatrix}$,那么,$s^{\mathrm{T}}d = (1 \quad 0) \begin{pmatrix} 1 \\ -1 \end{pmatrix} = 1$,满足"可行性限制条件"。

任一个节点 $\begin{pmatrix} i \\ j \end{pmatrix}$ 在 P 轴和 s 轴上的投影,在数学上就是点乘,即节点 $\begin{pmatrix} i \\ j \end{pmatrix}$ 在 $s \cdot \begin{pmatrix} i \\ j \end{pmatrix}$ 周期被调度到 $P \cdot \begin{pmatrix} i \\ j \end{pmatrix}$ 处理单元上执行。考虑图 5.36 中左下角第一个节点坐标为 $\begin{pmatrix} 0 \\ 0 \end{pmatrix}$,将在 $s \cdot \begin{pmatrix} i \\ j \end{pmatrix} = \begin{pmatrix} 1 \\ 0 \end{pmatrix} \begin{pmatrix} 0 \\ 0 \end{pmatrix} = 0$ 周期被调度到 $P \cdot \begin{pmatrix} i \\ j \end{pmatrix} = \begin{pmatrix} 1 \\ 1 \end{pmatrix} \begin{pmatrix} 0 \\ 0 \end{pmatrix} = 0$ 处理单元上执行;又比如左上角第一个节点,坐标为 $\begin{pmatrix} 0 \\ 2 \end{pmatrix}$,将在 $s \cdot \begin{pmatrix} i \\ j \end{pmatrix} = \begin{pmatrix} 1 \\ 0 \end{pmatrix} \begin{pmatrix} 0 \\ 2 \end{pmatrix} = 0$ 周期被调度到 $P \cdot \begin{pmatrix} i \\ j \end{pmatrix} = \begin{pmatrix} 1 \\ 1 \end{pmatrix} \begin{pmatrix} 0 \\ 2 \end{pmatrix} = 2$ 处理单元上执行,这与观察投影法得到的结果是一样的。

由表 5.4 脉动阵列边映射关系结果可知,权重沿着(1,1)方向移动,输入沿着(0,1)方向移动,而结果输出是沿着(1,0)方向移动,这与图 5.36 是吻合的。

表 5.4　脉动阵列边映射关系

e^{T}	$s^{\mathrm{T}}e$	$P^{\mathrm{T}}e$
权重 b (1　0)	1	1
输入 x (0　1)	0	1
输出 y (1　−1)	1	0

针对输入广播、权重移动和结果保持的脉动阵列设计可以发现,同一周期最多只有 3 个节点被映射到 P 轴的处理单元上执行,也就是说只需 3 个处理器便可以保证构造出功能正确的脉动阵列,而不是无限个 PE 处理单元。因此,脉动阵列的设计如图 5.37 所示。

① 在 DG 中存在 3 条边,分别是 $[1,0]^{\mathrm{T}}$ 的权值 w 边、$[0,1]^{\mathrm{T}}$ 的输入 x 边以及 $[1,-1]^{\mathrm{T}}$ 的输出 y 边,基于映射关系计算得到脉动空间的矢量如表 5.4 所列,分别为权重(1,1)、输入(0,1)和结果输出(1,0)。**注意**:这些矢量不仅表示了这些边的方向,也表示了这些边的长度。权值(1,1)表示脉动空间中沿着(1,1)方向移动,从低序号 PE0 流向高序号 PE1 且消耗一个周期,从 PE1 到 PE2 同样再消耗一个周期,如图 5.37(a)所示。

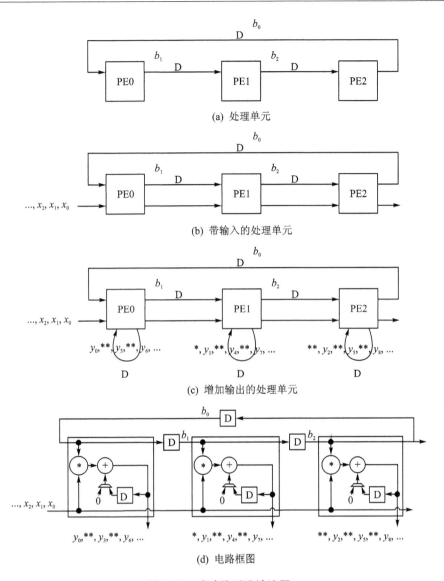

图 5.37 脉动阵列设计流图

② 考虑 DG 图中 $[0,1]^T$ 的输入 x 边,分别投影到 s 轴和 P 轴,有 $(0,1)$ 矢量,这就意味着输入 x 也是从低序号 PE0 流向高序号 PE1、PE2,但没有时间上的延迟,也就是数据广播结构,如图 5.37(b) 所示。

③ 考虑 DG 图中 $(1,-1)^T$ 的输出 y 边,分别投影到 s 轴和 P 轴,有 $(1,0)$,这就是说结果 y 在同一个 PE 上循环且延时一个周期,如图 5.37(c) 所示。

④ 从图 5.37(c) 中可以看出第 0 周期在 PE0 输出 y_0,第 1 周期在 PE1 输出 y_1,第 2 周期在 PE2 输出 y_2,第 3 周期在 PE0 输出 y_3,等等,PE 处理单元内部电路结构如图 5.37(d) 所示。

上面我们利用投影法和计算法分别设计了两种不同脉动空间的脉动阵列,并给出了最终脉动阵列硬件电路架构,为了正确利用脉动阵列计算 FIR 滤波器的结果还需要时序控制的配合。除了上述两种结构外,还有 F 型脉动阵列(结果扇入、输入移动、权重保持)、R1(结果保持、输入和权重反向移动)、R2 和双 R2(结果保持、输入和权重同方向异速移动)、W1(权重保持、输入和结果反向移动)以及 W2 和双 W2(权重保持、输入和结果同向异速移动)等几种方式。本书不再讲述,留给大家课后练习设计。不同形式的一维脉动阵列之间是否能互相转换呢? 答案是肯定的。不同脉动空间的阵列可以通过反转、结合、减速、重定时或流水线等结构来实现。

5.5.3　二维脉动阵列

矩阵乘法可以通过 A、B 和 C(都是 $n \times n$ 矩阵)来表示,如 $C = AB$。算术计算表示如下:

$$c_{ij} = \sum_{k=1}^{N} a_{ik} b_{kj}$$

按照迭代计算的思想,可以改写上述矩阵乘法的算术描述,即

$$c_{ij}(k) = c_{ij}(k-1) + a_{ik} b_{kj}$$

式中:k 是迭代系数。我们设置 $n = 2$,有

$$\begin{pmatrix} c_{11} & c_{12} \\ c_{21} & c_{22} \end{pmatrix} = \begin{pmatrix} a_{11} & a_{12} \\ a_{21} & a_{22} \end{pmatrix} \begin{pmatrix} b_{11} & b_{12} \\ b_{21} & b_{22} \end{pmatrix}$$

如图 5.38 所示为 2×2 矩阵乘法 DG。

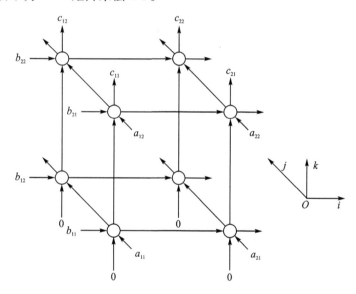

图 5.38　矩阵乘法的三维依赖图

矩阵乘法是三维 DG,可用投影法将其投影到二维脉动空间,二维脉动空间是 2 个维度,是 PE 处理单元空间,也就是 PE 构成二维硬件处理单元空间,另一个维度是时间轴。

选择调度矢量、投影矢量和 PE 处理单元如下:

$$s^{\mathrm{T}} = (1 \quad 1 \quad 1), \quad d = \begin{pmatrix} 0 \\ 0 \\ 1 \end{pmatrix}, \quad P^{\mathrm{T}} = \begin{pmatrix} 1 & 0 & 0 \\ 0 & 1 & 0 \end{pmatrix}$$

$$P^{\mathrm{T}} d = \begin{pmatrix} 1 & 0 & 0 \\ 0 & 1 & 0 \end{pmatrix} \begin{pmatrix} 0 \\ 0 \\ 1 \end{pmatrix} = \begin{pmatrix} 0 \\ 0 \end{pmatrix}$$

$$s^{\mathrm{T}}d = (1 \quad 1 \quad 1)\begin{pmatrix} 0 \\ 0 \\ 1 \end{pmatrix} = 1$$

因此,边映射如表5.5所列。

表 5.5 矩阵乘法边映射

边 e^{T}	$P^{\mathrm{T}}e$	$s^{\mathrm{T}}e$	$P^{\mathrm{T}}e$	$s^{\mathrm{T}}e$
$a(0 \quad 1 \quad 0)$	$(0 \quad 1)$	1	$(0 \quad 1)$	1
$b(1 \quad 0 \quad 0)$	$(1 \quad 0)$	1	$(1 \quad 0)$	1
$c(0 \quad 0 \quad 1)$	$(0 \quad 0)$	1	$(1 \quad 1)$	1

这里,PE 处理单元是二维空间,$P^{\mathrm{T}} = \begin{pmatrix} 1 & 0 & 0 \\ 0 & 1 & 0 \end{pmatrix}$ 表示 PE 平面,$(1 \quad 0 \quad 0)^{\mathrm{T}}$ 和 $(1 \quad 0 \quad 0)^{\mathrm{T}}$ 构成 PE 处理器平面的两个坐标轴,在选择 s 和 P 时必须考虑"可行性限制条件"。判断 s 是否平行于 P,根据脉动阵列限定条件,对于以上的 s 和 P 有

$$P^{\mathrm{T}}d = \begin{pmatrix} 1 & 0 & 0 \\ 0 & 1 & 0 \end{pmatrix}\begin{pmatrix} 0 \\ 0 \\ 1 \end{pmatrix} = \begin{pmatrix} 0 \\ 0 \end{pmatrix}$$

$$s^{\mathrm{T}}d = (1 \quad 1 \quad 1)\begin{pmatrix} 0 \\ 0 \\ 1 \end{pmatrix} = 1$$

所以 s 不平行于 P。

基于投影方向$(0 \quad 0 \quad 1)$,矩阵乘法的数据流图(SFG)如图 5.39 所示。可能出现的 PE 序号有$(0 \quad 0)/(0 \quad 1)/(1 \quad 0)/(1 \quad 1)$,所以只需在处理器平面设置 4 个 PE 节点。PE 调度工作的时刻,比如左下角为$(0 \quad 0)$号 PE,在 0 周期和 1 周期工作,同理右上角为$(1 \quad 1)$号 PE,在 2 周期和 3 周期工作。因此,完成全部一次脉动阵列的计算至少需要 3 个工作周期,而不是 2 个周期。基于不同的投影方向可以实现不同的脉动阵列,硬件 PE 单元结构不仅有差别,而且,由于调度时间不同,调度计算也存在较大区别。

通过上面一维和二维脉动阵列电路(实际的脉动阵列计算都包含附加一维的时间轴),我们分析并讲解了脉动阵列的设计过程

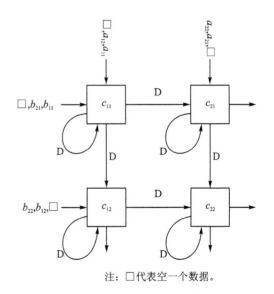

注:□代表空一个数据。

图 5.39 投影方向(0 0 1)的脉动阵列 SFG

和设计方法。由此,我们总结一下脉动阵列计算电路的特点:① 规则化架构与简单处理单元实现迭代计算,避免大量的重复冗余的硬件开销;② 全局或局部并发计算在共享数据带宽中有利于吞吐率的提高;③ 均衡的计算利用率和周期性时间调度。

脉动阵列计算往往采用超大规模集成电路来实现,基于 CMOS 工艺的集成电路往往有利

于简单加法和乘法的实现,而规则化架构也是有利于超大规模集成电路布局布线设计的利好条件,因此,基于上述原因,脉动架构计算电路适合于集成电路的实现。另一方面,采用 PE 处理单元设计的规则化架构,基于时间调度算法重复利用计算单元,从而避免由于并行计算而带来的冗余的硬件资源开销,在实现成本、芯片面积和功耗等诸多方面具有利好作用。

二维脉动阵列电路在实现矩阵乘法时处理单元需要并发同步计算,且计算结果需要在 PE 单元中传递,这就使统一的数据带宽有利于规则化阵列电路的实现。阵列单元电路的并发计算均源自于系统设计的计算流程。由于脉动阵列设计决定了各个 PE 处理单元在计算时是均衡工作的状态,这也是源自底层实现算法,均衡电路工作对芯片实现具有重要作用。脉动本身的含义就是有节律的工作,这就必然需要同步时钟信号作为工作参考,从而实现周期性调度和控制。时钟信号在脉动阵列计算中肩负双重任务,一是保证数据保持、广播、移动或传递时按照规定周期频率执行;二是,确保系统的物理及芯片物理延迟满足系统计算速率的要求。

习　　题

1. 请解释关键路径、迭代周期、采样周期和环路周期的概念。

2. 如何理解迭代边界和采样边界的差异?请举例说明。

3. 请给出图 5.40 中有效的单向割集,请问共有几种?

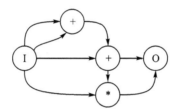

图 5.40　可行的单向割集

4. 对于 FIR 滤波器的并行处理系统,其迭代公式为 $y(n)=ax(n)+bx(n-1)+cx(n-2)$,请设计 3 输入的 3 阶并行处理系统,并说明其工作原理。

5. 卷积核为 3×3 矩阵: $\begin{pmatrix} 1 & 2 & 3 \\ 0 & 1 & 0 \\ -1 & -2 & -1 \end{pmatrix}$,输入卷积的矩阵为 $\begin{bmatrix} 1 & 2 & 3 & 4 \\ 5 & 6 & 7 & 8 \\ 1 & 2 & 1 & 2 \\ 2 & 1 & 2 & 1 \end{bmatrix}$,求其卷积计算结果。

6. 请给出图 5.41 中 FIR 的关键路径并分析。

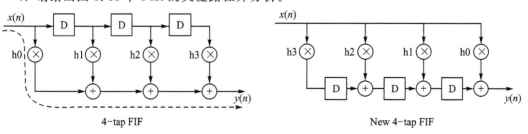

图 5.41　习题 6 题图

7. 如图 5.42 所示,请考虑什么是 k 倍降速,使用 k 倍降速法分析 Lattice 滤波器。

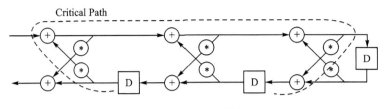

图 5.42　习题 7 题图

8. 设计 R1 脉动阵列(结果保持、输入和权重反向移动),映射图如图 5.43 所示,选择 $P = \begin{pmatrix} 1 \\ 1 \end{pmatrix}$ 及 $S = \begin{pmatrix} 1 \\ -1 \end{pmatrix}$,满足 P 和 S 不平行限制条件。

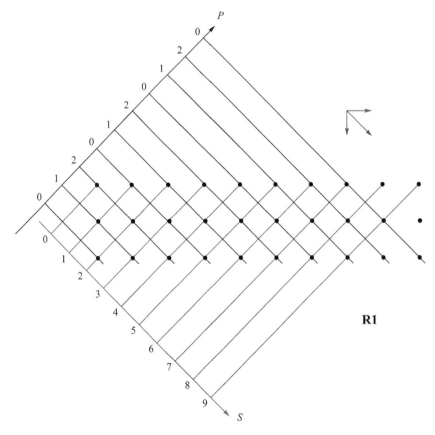

图 5.43　R1 脉动阵列映射图

9. 请用脉动阵列的技术设计串行进位加法器,给出 Verilog 源代码并进行仿真验证。

第6章 状态机与数据路径

计算体系架构一般由四个部分组成,即运算器、控制器、存储器和输入/输出端口。前两章讨论了运算器,本章讨论控制器及其相关知识。现代复杂数字系统都是针对某种应用领域而设计的逻辑计算架构。例如,X86 架构是指令集架构(如 X86、ARM、PowerPC、RISC‐V)的一种;深度学习是神经网络(如 CNN、RNN、BP)的一种;静止图像编码是图像压缩标准(如 MPEG、JPEG 或 H.264)的一种;高级加密标准也是加解密算法(如 DES、AES 等)的一种。在这些复杂的数字电路系统中,系统结构不仅包含某一特定算法(或理论),而且每种系统结构为实现高性能、高可靠性等实时操作的功能,对系统结构的控制是必不可少的,也就是绝大部分复杂数字系统必须具备系统控制单元。尽管实际应用中基于微处理器和可编程器件的软件化设计被广为利用,但是当系统对消耗的资源和系统运行速度有较高要求时,基于 CPU 的软件实现是不能胜任的。如果这些复杂算法采用硬件完成其功能时,则通常采用基于数据路径的有限状态机(FSMD)来实现。状态机能够实现复杂的逻辑功能并可以通过硬件逻辑单元来完成物理实现,数据路径则是系统执行数值计算的数字逻辑单元。

FSMD 问题涉及所有复杂数字系统,复杂数字系统性能的优劣在很大程度上受控于上述问题的解决。为更好地设计、实现复杂系统,首先介绍基础核心问题——状态控制与数据路径。本章重点讲述基于高级硬件描述语言所构成的状态机、数据路径及其实现和优化。状态机的内容包括基础知识、状态机分类、状态机结构、状态机编码和优化设计等。通过使用硬件描述语言来编写状态机结构,可以更好地实现所要求的复杂逻辑功能且功能验证简单明确,这对于有限状态机的物理实现起到了极大的推动作用。数据路径的设计介绍了约束、调度与分配、路径优化及与状态控制单元的分割等。

6.1 有限状态机

6.1.1 基本概念

有限状态机(Finite State Machine,FSM)是表示实现有限个离散状态及其状态之间的转移等行为动作的数学模型,又称为有限状态自动机或简称状态机。在讨论状态机工作之前,首先介绍有限状态机模型理论,有限状态机理论上定义五个部分$\langle S, I, O, F, H \rangle$:

$S = \{S_0, S_1, S_2, \cdots, S_l\}$ 表示状态集合;

$I = \{i_0, i_1, i_2, \cdots, i_m\}$ 表示输入集合;

$O = \{o_0, o_1, o_2, \cdots, o_n\}$ 表示输出集合;

$F: S \times I \rightarrow S$,表示次态逻辑,理论上定义为一种映射,即当前状态与输入映射到次状态;

$H: S \times I \rightarrow O$,表示当前状态和输入映射到输出。

数学理论上状态机的 S、I 和 O 可以有任意个数,然而,对于有限状态下的时序控制电路而言,状态、输入和输出则由有限状态下的二进制编码来决定,F 和 H 则是由布尔表达的逻辑门来实现。

图 6.1 所示为有限状态机的模型。基于时序逻辑电路下,S、I 和 O 的数学关系如下:

$$S = \prod_{i=0}^{n} S_i$$

$$I = \prod_{m=0}^{k} I_m$$

$$O = \prod_{n=0}^{j} O_n$$

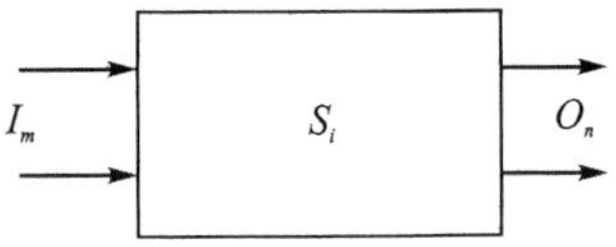

图 6.1 FSM 模型

状态机主要有状态和转移两方面。状态具体包含下列内容:

- 状态名称:将一个状态与其他状态区分开来的文本字符串;状态也可能是匿名的,这表示它没有名称。
- 进入/退出操作:在进入和退出状态时所执行的操作。
- 内部转移:在同一状态的情况下进行的状态转移。
- 子状态:状态的嵌套结构,包括不相连的(依次处于活动状态的)或并行的(同时处于活动状态的)子状态。
- 延迟事件:未在该状态中处理但被延迟处理(即列队等待由另一个状态中的对象来处理)的一系列事件。

转移是两个状态之间的关系,它表示当发生指定事件并且满足指定条件时,第一个状态中的对象将执行某些操作并进入第二个状态。当发生这种状态变更时,即"触发"了转移。在触发转移之前,可认为对象处于"源"状态;在触发转移之后,可认为对象处于"目标"状态。转移包含以下内容:

- 原始状态:状态机原始保持的状态,迁移会对其产生影响。如果对象处于源状态,当对象收到转移的触发事件并且满足警戒条件(如果有)时,就可能会触发输出转移。
- 转移条件:使转移满足触发条件的事件。当处于源状态的对象收到该事件时(假设已满足其警戒条件),就可能会触发转移。
- 警戒条件:一种布尔表达式。在接收到事件触发器而触发转移时,将对该表达式求值,如果该表达式求值结果为"真",则说明转移符合触发条件;如果该表达式求值结果为"假",则不触发转移。如果没有其他转移则可以由同一事件来触发,该事件就将被丢弃。
- 转移操作:可执行的、不可分割的计算过程,该计算可能直接作用于拥有状态机的对象,也可能间接作用于该对象可见的其他对象。
- 目标状态:在完成转移后被激活的状态。

状态机由状态组成,各状态由转移连接在一起。状态是对象执行某项活动或等待某个事件时的条件。转移是两个状态之间的关系,它由某个事件触发,然后执行特定的操作或评估并导致特定的结束状态。图 6.2 描绘了状态机的迁移及其各种信号动作。状态主要包含状态名称、状态编码;状态转移(迁移)主要有状态转移和转移方向;其中状态转移又包含输入信号(触发事件)和输出信号(执行动作)。

有限状态机可以通过图 6.3 来描述,也可以用状态转换表来表示。表 6.1 为最常见的状态表,当前状态(A/B)和转移条件($x/y/z$)的组合指示出下一个状态(A)。完整的动作信息可以只使用脚注来增加。完整动作信息的 FSM 定义可以使用状态表。

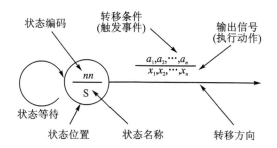

图 6.2　状态机状态转移示意图

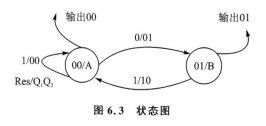

图 6.3　状态图

表 6.1　状态转换表

转移条件 ＼ 当前状态	状态 A	状态 B
条件 00	A	转 A
条件 01	转 B	B

6.1.2　状态机分类

有限状态机(FSM)分为两大类:摩尔型(Moore)和米勒型(Mealy)。输出仅仅与当前状态有关的状态机被定义为摩尔型状态机,如图 6.4 所示。输出不仅与当前状态有关还与输入有关的状态机被定义为米勒型状态机,如图 6.5 所示。状态机的组成要素有输入(包括复位)、状态(包括当前状态的操作)、状态转移条件、状态输出条件。

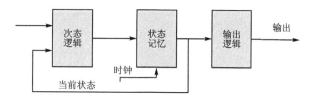

图 6.4　摩尔型状态机

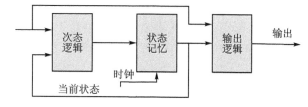

图 6.5　米勒型状态机

有限状态机包含以下几个状态:

① 次态逻辑:负责状态机译码逻辑,是组合逻辑电路。其输入包含当前状态和外部输入信号。

② 状态记忆:储存目前的状态,是时序逻辑电路。次态逻辑的输出是其输入信号。

③ 输出逻辑:负责输出逻辑,是组合逻辑电路。摩尔机仅仅与当前状态有关,米勒机与当前状态和输入信号都有关。

④ 输出缓存器:对输出结果做一次寄存,避免毛刺产生,有利于时序收敛,也能保证输入延迟是一个可预测的量。

摩尔机通过组合逻辑链把当前状态译码转化为输出,且摩尔机的状态只在全局时钟信号改变的时候改变。当前状态存储在状态触发器中,而全局时钟信号连接到触发器的"时钟"输入上,设计时必须考虑状态机的时序问题,尽量避免亚稳态或冒险等现象的出现。当前状态一旦改变,这种改变就通过组合逻辑链传播到逻辑输出。可以确保当变化沿着状态链传播时在输出上不出现毛刺,但是设计出的大多数系统都忽略了在短暂的转移时间的毛刺。输出接着等待,同样表现为不确定,直到摩尔机再次改变状态。摩尔有限状态机在时钟脉冲的有效边沿后的有限个门延迟后,输出达到稳定值。即使在一个时钟周期内输入信号发生变化,输出也会在一个完整的时钟周期内保持稳定值而不变。输入对输出的影响要到下一个时钟周期才能反映出来。摩尔有限状态机最重要的特点就是将输入与输出信号隔离。摩尔机的特点是输出稳定,能有效滤除冒险,输入信号不能传播到输出。状态控制设计中若无特殊功能要求,则摩尔机是设计首选。

摩尔机的状态转移如图 6.6 所示,其状态转移表如表 6.2 所列,S₁~S₄ 都是状态并且不同状态其输入、输出不同。图 6.6 中每条边都标记着状态输入或转移的条件。

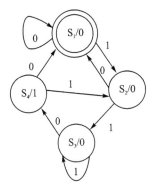

图 6.6 摩尔机的状态转移图

表 6.2 摩尔机的状态转移表

状 态	0	1	输 出
S₁	S₁	S₂	0
S₂	S₁	S₃	0
S₃	S₄	S₃	0
S₄	S₁	S₂	1

米勒机是基于它的当前状态和输入而生成输出的有限状态自动机(也称为有限状态变换器)。这意味着它的状态图包括状态和输入/输出二者。与输出只依赖于机器当前状态的摩尔有限状态机不同,它的输出与当前状态和输入都有关。但是对于每个米勒机都有一个等价的摩尔机,该等价的摩尔机的状态数量上限是所对应米勒机状态数量和输出数量的乘积加 1。由于米勒有限状态机的输出直接受输入信号的当前值影响,而输入信号可能在一个时钟周期内任意时刻变化,这使得米勒有限状态机对输入的响应发生在当前时钟周期,比米勒状态机对输入信号的响应要早一个周期。因此,输入信号的噪声可能影响在输出的信号,米勒机输出具有冒险现象且不能滤除。硬件逻辑实现米勒机时,不同生成信号有不同的传播延迟。

米勒机的状态图如图 6.7 所示,其状态转移表如表 6.3 所列,S₁、S₂ 和 S₃ 是状态。图 6.7 中每条边都标记着"j/k",这里的 j 是输入而 k 是输出。

例 6.1 下面通过实际的例子说明米勒和摩尔两种状态机的设计。同步计数器状态机的结构如图 6.8 所示。

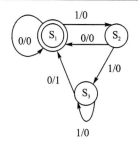

图 6.7　米勒机的状态图

表 6.3　米勒机的状态转移表

状态＼次态/输出	输入 0	1
S_1	$S_1/0$	$S_2/0$
S_2	$S_1/0$	$S_3/1$
S_3	$S_1/1$	$S_3/0$

状态机中的组合逻辑单元连接输入信号,负责状态机的逻辑编码并生成状态信号 $S_0 S_1$ 以及输出信号 $Q_0 Q_1$。两个 DFF 触发器实现了状态机的逻辑寄存功能,以便维持状态机的当前状态直到时钟信号提供的同步状态信号到来才生成新的状态,状态输出和时序电路实现状态机的功能。为了清晰地描述状态机的各个状态以及它们的相互关系,依据图 6.8 的逻辑结构描述状态转换图(见图 6.9)。由状态转换图可编写出状态转换表(见表 6.4)。

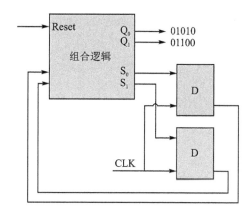

图 6.8　同步计数器状态机结构图

表 6.4　米勒机状态转换表

当前状态	输入 0	1
A	B/01	A/00
B	C/10	A/00
C	D/11	A/00
D	A/00	A/00

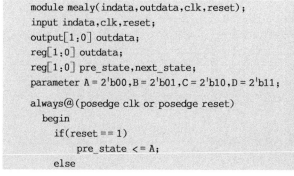

图 6.9　状态转换图

米勒机(Mealy)的源代码如下:

```
module mealy(indata,outdata,clk,reset);
input indata,clk,reset;
output[1:0] outdata;
reg[1:0] outdata;
reg[1:0] pre_state,next_state;
parameter A = 2'b00,B = 2'b01,C = 2'b10,D = 2'b11;

always@(posedge clk or posedge reset)
  begin
    if(reset == 1)
        pre_state <= A;
    else
```

```
            pre_state <= next_state;
        end
    always@(pre_state or indata)
      begin
        case(pre_state)
          A:begin
              if(indata == 1)
                  next_state <= A;
                  outdata <= 2'b00;
              else
                  next_state <= B;
                  outdata <= 2'b01;
          end
          B:begin
              if(indata == 1)
                  next_state <= A;
                  outdata <= 2'b00;
              else
                  next_state <= C;
                  outdata <= 2'b10;
          end
          C:begin
              if(indata == 1)
                  next_state <= A;
                  outdata <= 2'b00;
              else
                  next_state <= D;
                  outdata <= 2'b11;
          end
          D:begin
                  next_state <= A;
                  outdata <= 2'b00;
          end
          default:  next_state <= A;
        endcase
      end

endmodule
```

图 6.10 是上述米勒机的逻辑仿真结果,仿真结果表明输出依赖于输入和逻辑状态。代码的综合结果如图 6.11 所示。

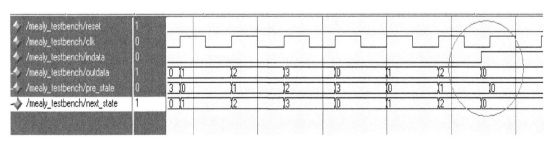

图 6.10   米勒机的仿真结果

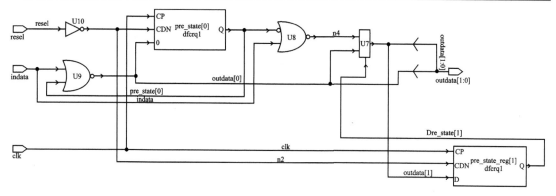

图 6.11 米勒机的综合结果

下面再给出摩尔机(Moore)的源代码如下：

```
module moore(indata,outdata,clk,reset);
input indata,clk,reset;
output[1:0] outdata;
reg[1:0] outdata;
reg[1:0] pre_state,next_state;
parameter A = 2'b00,B = 2'b01,C = 2'b10,D = 2'b11;

always@(posedge clk or posedge reset)
  begin
    if(reset == 1)
    pre_state <= A;
    else
       pre_state <= next_state;
  end

always@(pre_state or indata)
  begin
    case(pre_state)
      A:begin
          if(indata == 1)
              next_state = A;
          else
              next_state = B;
        end
      B:begin
          if(indata == 1)
              next_state = A;
          else
              next_state = C;
        end
      C:begin
          if(indata == 1)
              next_state = A;
          else
              next_state = D;
        end
      D:begin
          next_state = A;
        end
      default:  next_state = A;
    endcase
```

```
      end
  always@(pre_state)
    begin
      case(pre_state)
        A:   outdata <= 2'b00;
        B:   outdata <= 2'b01;
        C:   outdata <= 2'b10;
        D:   outdata <= 2'b11;
      endcase
  end

  endmodule
```

摩尔机的仿真结果如图 6.12 所示,综合结果如图 6.13 所示。

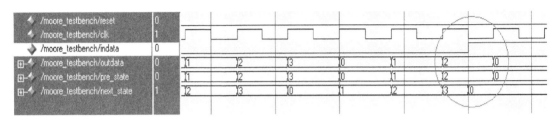

图 6.12　摩尔机的仿真结果

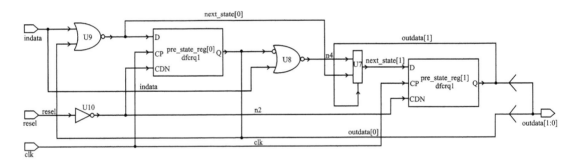

图 6.13　摩尔机的综合结果

对比两种状态机的仿真结果可以发现,米勒机的仿真结果与输入信号有关,而摩尔机则与输入信号无关,参考仿真结果图 6.10 和图 6.12。两个综合结果也证明其电路结构与预期结果吻合,参考逻辑综合图 6.11 和图 6.13。当米勒状态机增加额外的状态时可以转化成摩尔机,其优势是减少逻辑的复杂度,避免输出信号可能产生的毛刺等。由于输出信号仅仅与当前状态有关而与输入无关,因此实现时可能会带来额外状态的消耗。由于状态机的逻辑过于复杂,所以不能硬性转化成摩尔机设计。

6.1.3　状态机描述方法

现在硬件数字电路已经完全采用硬件描述语言(HDL)来完成各种电路逻辑功能,状态机的设计也不例外。有限状态机在处理复杂数字系统逻辑时克服了纯硬件数字电路顺序方式控制不灵活的缺点,实现了硬件数字电路处理复杂系统逻辑功能。

数字逻辑电路设计手法经历了从手工绘制到全自动设计的演变过程。如果需要设计仅仅由几个逻辑门来实现的计数器或编译码器等功能电路时,则可以通过其真值表或使用卡诺图简化其布尔逻辑方程来选择适合的单元构建概念结构框图。在 20 世纪 80 年代前,这种方法被大量使用,例如在老式的 IBM 或苹果等台式计算机中都有大量运用。传统的逻辑与图形表述的问题在于电路体积大且容易出现人为错误,随着数字逻辑电路的不断发展,电路的逻辑功能变得越来越复杂,传统的设计方法已经完全不适应大规模复杂电路的设计需求。因此硬件描述语言应运而生,由于硬件描述语言具有高级语言语义结构的特点,适合于描述复杂逻辑功能,特别是对于状态机的描述更适合于硬件的逻辑设计。

采用硬件描述语言完成状态机的设计,其状态机描述时关键是状态机的要素,即如何进行状态转移,每个状态的输出是什么,状态转移的输入条件等。其最常见的有如下三种描述方法:

方法 1:一段式描述方法。

整个状态机由一段式过程块编写,在该模块中既描述状态转移,又描述状态的输入和输出。采用一个过程块的设计方法由于通过寄存器完成输出因而不宜产生毛刺,逻辑综合易于执行。然而,其缺点是全体语句理解晦涩,不利于修改和完善,代码冗长不易于维护。状态向量和输出向量都由寄存器逻辑实现,因此消耗面积资源较大,不能实现异步米勒状态机。下例为采用一段式方法实现状态机。

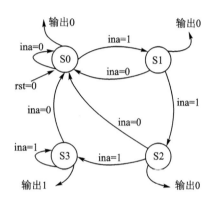

图 6.14　状态转换图

例 6.2　状态机的状态转换如图 6.14 所示。

```verilog
module fsm(clk, rst, ina,out);
input     clk,rst, ina;
output    out;
reg       out;
parameter s0 = 3'b00,s1 = 3'b01,s2 = 3'b10, s3 = 3'b11;
reg  [0:1]    state;

always @ (posedge clk or negedge rst)
    if (!rst)
    begin
        state <= s0;
        out = 0;
    else
    case(state)
        s0:begin
            state <= (ina)? s1:s0;out = 0;
        end
        s1:begin
            state <= (ina)? s2:s0;out = 0;
        end
        s2:begin
            state <= (ina)? s3:s0;out = 0;
        end
        s3:begin
            state <= (ina)? s3:s0;out = 1;
        end
    endcase
```

```
      end
  endmodule
```

上述一段式编码是完全依照逻辑关系实现的代码描述,因此看不出有限状态机的系统结构,电路综合依赖于综合器来合成电路架构。这种写法有几个缺点:① 程序相当冗长。将状态译码逻辑与输出逻辑全部混在一起,后期维护较难,好的 Verilog 应该是每个 always 模块都很精简以便于理解和更新。② 无法反映出电路架构。

一段式状态机的综合结果如图 6.15 所示。

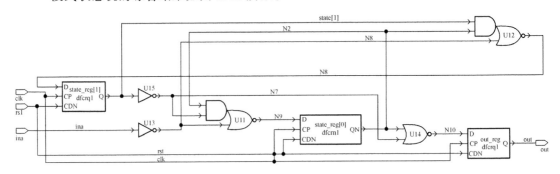

图 6.15 一段式状态机的综合结果

Verilog 是个硬件描述语言,而不是单纯的高级程序语言,一个好的 HDL 要能充分地反映出电路架构,除了增加程序的可读性外,还能帮助综合工具综合以便综合结果更优化。由于综合工具在综合设计时很难有效平衡电路设计中的速度、功耗、面积、时延及时序等多重因素,因此,完全依赖于综合工具进行电路综合很难得到高效的电路结构。

方法 2:二段式描述方法。

用两个 always 模块来描述状态机,其中一个 always 模块采用同步时序描述状态转移;另一个模块采用组合逻辑判断状态转移条件,描述状态转移规律及输出;两个过程块描述方法与其他方法相比具有面积和时序的优势,但由于输出是当前状态的组合函数,存在一些问题如下:

① 组合逻辑输出会产生输出毛刺(glitch),如果输出作为一种控制或使能信号,则输出毛刺会带来致命的错误。

② 由于状态机的输出向量必须由状态向量译码,增加了状态向量到输出的延迟。

③ 由于组合逻辑输出占用了部分时钟周期,即增加了它驱动下一个模块的输入延迟,因此不利于系统的综合优化。

采用二段式设计状态机还包含三种结构,即次态逻辑和逻辑输出在一个过程块中,当前逻辑占用另一个;当前状态和次态逻辑合在一个过程块中,输出逻辑占用另一个过程块;当前状态和输出逻辑合在一个过程块中,次态逻辑占用另一过程块。如果采用两个 always 来描述,则程序的模块声明、端口定义和信号类型部分不变,只是改动逻辑功能描述部分。

次态逻辑和逻辑输出在一个过程块的二段式状态机代码如下:

```
module fsm_2(clk,rst,ina,out);
input clk,rst,ina;
output out;
reg out;
parameter s0 = 2'b00,s1 = 2'b01,s2 = 2'b10,s3 = 2'b11;
reg [1:0] state,next_state;
```

```
always @ (posedge clk or negedge rst)            //当前状态
    if (!rst)
        state <= s0;
    else
        state <= next_state;
always @ (state or ina)                          //次态逻辑及逻辑输出
    begin
    next_state <= s0;
    case(state)
        s0:begin
            if (ina == 1)
                next_state <= s1;
            else
                next_state <= s0;
                out = 0;
            end
        s1:begin
            if (ina == 1)
                next_state <= s2;
            else
                next_state <= s0;
                out = 0;
            end
        s2:begin
            if (ina == 1)
                next_state <= s3;
            else
                next_state <= s0;
                out = 0;
            end
        s3:begin
            if (ina == 1)
                next_state <= s3;
            else
                next_state <= s0;
                out = 1;
            end
    endcase
endmodule
```

二段式逻辑综合的结果如图 6.16 所示,结构比方法 1 有所改进,但输出由组合逻辑门完成,存在上述问题。

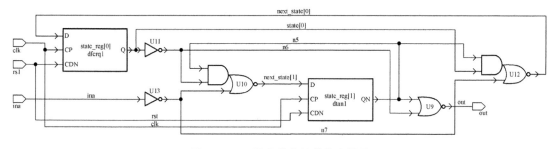

图 6.16　二段式状态机的综合结果

当前状态和次态逻辑在一个过程块的二段式代码如下:

```
module fsm_2(clk,rst,ina,out);
input clk,rst,ina;
output out;
reg out;
parameter s0 = 2'b00,s1 = 2'b01,s2 = 2'b10,s3 = 2'b11;
reg [1:0] state,next_state;
always @ (posedge clk or negedge rst)          //当前状态
    if (!rst)
        state <= s0;
      else
        state <= next_state;
//次态逻辑
    case(state)
        s0:begin
            if (ina == 1)
                next_state <= s1;
            else
                next_state <= s0;
            end
        s1:begin
            if (ina == 1)
                next_state <= s2;
            else
                next_state <= s0;
            end
        s2:begin
            if (ina == 1)
                next_state <= s3;
            else
                next_state <= s0;
            end
        s3:begin
            if (ina == 1)
                next_state <= s3;
            else
                next_state <= s0;
            end
    endcase
always @ (state or ina)                         //逻辑输出
    case(state)
    s0: out = 0;
    s1: out = 0;
    s2: out = 0;
    s3: out = 1;
    default: out = 0;
    endcase
endmodule
```

另外一种的当前状态和输出逻辑合在一个过程块中,次态逻辑占用另一过程块的形式,要使用次态逻辑去判断逻辑输出,因为这种判断不直观,很容易出错,所以不推荐。

将组合电路与时序电路分开写,组合电路放在一个过程块中,时序电路放在另一个过程块中。在上述代码中,将状态译码逻辑(次态逻辑)与输出逻辑这两个组合电路写在一个过程块内。比起一段式写法,二段式写法已经将时序电路与组合电路分开,具有较好的可读性,更有利于综合工具的合成与优化,也接近原来的 FSM 系统架构图。不过由于其仍将状态译码逻辑与输出逻辑写在一起,若是较复杂的算法,则组合逻辑的过程块部分仍会很庞大。

方法 3:三段式描述方法。

为了改进两个 always 模块描述的问题,使用时序逻辑来描述输出向量。3 个 always 模块描述方法可以消除上面的一些问题,其中,一个 always 模块采用同步时序描述状态转移,一个采用组合逻辑判断状态转移条件,描述状态转移规律,另一个 always 模块描述状态的输出(可以用组合电路输出,也可以时序电路输出)。此方法与一个过程块比较具有可读性强、面积较小的特点,与两个过程块比较具有面积稍大但无毛刺有利于综合。

```verilog
module fsm_3(clk,rst,ina,out);
input    clk,rst,ina;
output   out;
reg      out;
parameter s0 = 2'b00,s1 = 2'b01,s2 = 2'b10,s3 = 2'b11;

reg [1:0]  state,next_state;
    always @ (posedge clk or negedge rst)
        if (!rst)
                state <= s0;
        else
                state <= next_state;

    always @ (state or ina)
        begin
        next_state = s0;
        case(state)
            s0:begin
                if (ina == 1)
                next_state = s1;
                else
                next_state = s0;
            end
            s1:begin
                if (ina == 1)
                next_state = s2;
                else
                next_state = s0;
            end
            s2:begin
                if (ina == 1)
                next_state = s3;
                else
                next_state = s0;
            end
            s3:begin
                if (ina == 1)
                next_state = s3;
                else
                next_state = s0;
                end
        default:
                next_state = s0;
        endcase
```

```
        end
    always @ ( * )
        case(state)
            s0: out <= 0;
            s1: out <= 0;
            s2: out <= 0;
            s3: out <= 1;
        endcase // case(state)
endmodule
```

图 6.17 是上述三段式结构的仿真结果，其逻辑综合如图 6.18 所示。从上面的 3 种描述方法的综合结果可知，二段式与三段式的综合后逻辑结构不相同，前者输出的是组合逻辑电路，后者输出的是时序逻辑电路，两者逻辑电路的使用量相当。一段式是综合的电路结果，比后两种方法复杂且状态机逻辑结构理解较困难，消耗的逻辑资源会更多。

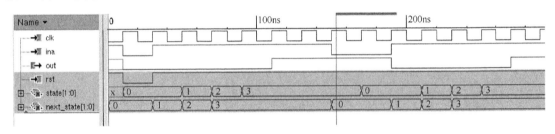

图 6.17　三段式结构的仿真结果

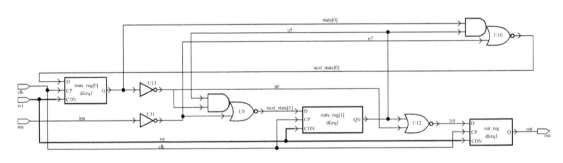

图 6.18　三段式结构的综合结果

对于输出逻辑部分的组合电路，由于从状态译码逻辑部分独立出来，也相当精简。比起二段式结构法，三段式写法将状态译码逻辑与输出逻辑再分开，这种写法更贴近原来的 FSM 系统架构图，更适合实现复杂的算法。关于二段式结构和三段式结构的优劣性，下面将进一步讨论。

状态机采用 Verilog HDL 语言编码，建议使用三段式完成。

使用三段式建模描述 FSM 的状态机输出时，只需指定 case 敏感表为次态寄存器，然后直接在每个次态的 case 分支中描述该状态的输出即可，不用考虑状态转移条件。三段式描述方法虽然代码结构复杂了一些，但是换来的优势是使 FSM 做到了同步寄存器输出，消除了组合逻辑输出的不稳定与毛刺的隐患，而且更利于时序路径分组，一般来说，在 FPGA/CPLD 等可编程逻辑器件上的综合与布局布线效果更佳。下面通过例子进一步说明。

状态机一般示列如下：

```
//第一个过程块,同步时序 always 模块,格式化描述次态寄存器转移到现态寄存器
always @ (posedge clk or negedge rst_n)    //异步复位
```

```
    if(!rst_n)
        current_state <= IDLE;

    else
        current_state <= next_state;          //注意,使用的是非阻塞赋值
//第二个过程块,组合逻辑 always 模块,描述状态转移条件判断
always @ (current_state)                       //电平触发
    begin
    case(current_state)
    S1: if(...)
        next_state = S2;                       //一般用阻塞赋值
        else
        next_state = Sn;
        ...
    endcase
    end
//第三个过程块,同步时序 always 模块,格式化描述次态寄存器输出
always @ (posedge clk or negedge rst_n)
...//初始化
case(next_state)
S1:
    out1 <= 1'b1;                              //一般用非阻塞逻辑
S2:
    out2 <= 1'b1;
default:...                                    //default 的作用是免除综合工具综合出锁存器
endcase
end
```

FSM 将时序部分(状态转移部分)和组合部分(判断状态转移条件和产生输出)分开,写为两个 always 语句,即为二段式有限状态机。将组合部分中的判断状态转移条件和产生输入再分开写,则为三段式有限状态机。

二段式在组合逻辑特别复杂时适用,但要注意需在后面加一个触发器以消除组合逻辑对输出产生的毛刺。三段式没有这个问题,因为第三个 always 会生成触发器。三种状态机性能比较如表 6.5 所列。

表 6.5　三种状态机性能比较

对比内容	一段式	二段式	三段式
结构化设计	否	是	是
代码编写/理解	不宜,理解难	宜	宜
输出信号	寄存器输出	组合逻辑输出	寄存器输出
有无毛刺	不产生毛刺	产生毛刺	不产生毛刺
面积消耗	大	最小	小
运行速度	最慢	最快	较快
时序约束	不利	有利	有利
可靠性、可维护性	低	较高	最高
后端物理设计	不利	有利	有利

6.1.4　状态机的编码风格

状态机所包含的 N 种状态通常需要用某种编码方式来表示,即状态编码,状态编码又称

集成电路系统设计

状态分配。通常有多种编码方法,编码方案选择得当,设计的电路可以简单;反之,电路将会占用过多的逻辑资源或降低速度。设计时,须综合考虑电路复杂度和电路性能这两个因素。下面主要介绍状态机编码中常用的顺序二进制编码、格雷码和独热码。

顺序二进制编码和格雷码都是压缩状态编码。二进制编码是最紧密的编码,优点在于它使用状态向量的位数最少。例如,对于 6 个状态,只需要 3 位二进制数来进行编码,因此只需要 3 个触发器来实现,节约了逻辑资源。在实际应用中,往往需要较多组合逻辑对状态向量进行解码以产生输出,因此实际节约资源的效果并不明显。二进制编码的优点是使用的状态向量最少,但从一个状态转换到相邻状态时,可能有多个比特位发生变化,瞬变次数多,易产生毛刺。格雷码在相邻状态的转换中,每次只有 1 个比特位发生变化,虽减少了产生毛刺和一些暂态的可能,但不适用多状态跳转的情况。

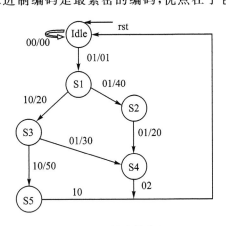

图 6.19　状态转换图

例 6.3　含有 8 个状态和 12 种跳转的米勒状态机,如图 6.19 所示。基于所给的状态结构图分别采用顺序二进制编码(Binary)和独热码(one-hot)编写状态机,其代码如下:

```
module FSM_3B (clk, rst, in, out) ;

input clk, rst ;
input [7:0] in ;
output [7:0] out ;

parameter [2:0] // synopsys enum code
    Idle  = 3'd0 ,
    S1    = 3'd1 ,
    S2    = 3'd2 ,
    S3    = 3'd3 ,
    S4    = 3'd4 ,
    S5    = 3'd5 ;

// synopsys state_vector state
reg [2:0] state, next_state ;
reg [7:0] out, next_out ;

always @ (in or state) begin
    // default values
    next_state = Idle ;
    next_out = 8'bx ;
    // state machine
    case (state) // synopsys parallel_case full_case
    S0: if (in == 8'h00) begin
            next_state = S1 ;
            next_out = 8'h01 ;
            end
        else begin
            next_state = Idle ;
            next_out = 8'h00 ;
            end
    S1: case (in) // synopsys parallel_case full_case
            8'h01:
```

```
                        begin
                        next_state = S2 ;
                        next_out = 8'h40 ;
                        end
                    8'h10:
                        begin
                        next_state = S3 ;
                        next_out = 8'h20 ;
                        end
                    endcase
          S2: begin
                        next_state = S4 ;
                        next_out = 8'h20 ;
                end
          S3: if (in == 8'h01) begin
                        next_state = S4;
                        next_out = 8'h30;
                end
              else
                  begin
                        next_state = S5 ;
                        next_out = 8'h50 ;
                  end
          S4: begin
                        next_state = Idle ;
                        next_out = 8'h02 ;
              end
          S5: begin
                        next_state = Idle ;
                        next_out = 8'h10 ;
              end
          endcase
          end
              // build the state flops
          always @ (posedge clk or negedge rst)
              begin
              if (!rst)      state <= Idle ;
              else              state <= next_state ;
                  end
              // build the output flops
          always @ (posedge clk or negedge rst)
                  begin
                  if (!rst)    out <= 8'b0 ;
                  else      out <= next_out ;
                  end
      endmodule
```

独热码是指对任意给定的状态,状态向量中仅有一位为"1"而其余位都为"0"。因此,在物理实现时,N 状态的状态机需要 N 个触发器。独热码状态机的速度仅与到某特定状态的转移数量有关而与状态数量无关,速度很快。当使用顺序二进制状态编码时,由于状态机的状态增加会导致其速度明显下降。采用独热码状态机,虽然增加了触发器的使用量,但由于状态译码简单,节省和简化了组合逻辑电路。FPGA 器件由于寄存器数量多而逻辑门资源紧张,因此采用独热码可以有效提高 FPGA 资源的利用率和电路的速度。独热码还具有设计简单、修改灵活和易于调试、易于综合、易于寻找关键路径、易于进行静态时序分析等优点。

在讲解独热码设计之前,首先介绍逻辑综合的概念"full_case parallel_case"。"full_case"状态是所有可能的二进制数都被处理。当综合工具检测到硬件描述语言是 full_case 指令时,它将对没有制定的 case 选项采用输出无关方法(don't care)来进行优化。如果设计中不包含 full_case 指令,则综合优化时将产生不必要的锁存器,这样才能使综合后仿真与综合前仿真一致,但锁存器并非是我们所希望的。"parallel_case"可以实现 case 表达式仅与一项 case 相匹配。当综合工具检测到 parallel_case 命令时,它将优化仅有一项 case 选项的逻辑结构,防止综合工具优化出不必要的逻辑而导致面积冗余。因此,通过使用此指令可以实现电路的高速性和低面积消耗及消除不必要的锁存器等。

对于设计的独热状态机编码,需要的不仅仅是界定为 00001、00010、00100、01000 和 10000 的状态,更需要考虑由编码综合后得到的实际逻辑状态和物理连接。下面通过例子来说明其关系。

```
case (state)
    4'b0001: begin
        if (in_a) state <= 4'b0010 ;
        out_1 <= 1 ;
        out_2 <= in_a;
    end
    4'b0010: begin
        if (in_b) state <= 4'b0100 ;
        else state <= 4'b0001 ;
        out_1 <= 0 ;
        out_2 <= 0 ;
        out_3 <= 0 ;
    end
    4'b0100: begin
        state <= 4'b1000 ;
        out_3 <= 1;
    end
    4'b1000: begin
        if (in_c) state <= 4'b0001 ;
        out_3 <= 0 ;
    end
endcase
```

上述状态机的描述没有使用 full_case parallel_case 方法实现独热码设计。由于没有默认分支,综合时可能会出现不必要的电路结构从而失去使用独热码的初衷。也就是说,不能达到在有效利用组合时序资源的情况下,充分提高系统的时钟频率。为此,编码描述使用 full_case parallel_case 方法,代码如下:

```
case (1'b1) // synthesis full_case parallel_case
    state[0]: begin ... end
    state[1]: begin ... end
    state[2]: begin ... end
    state[3]: begin ... end
endcase
```

下面使用独热码方式重新编写图 6.19。

```
module FSM_1_hot (clk, rst, in, out) ;
input clk, rst ;
```

```
input [7:0] in ;
output [7:0] out ;

parameter [5:0] // synopsys enum code
    S0      = 000001 ,
    S1      = 000010 ,
    S2      = 000100,
    S3      = 001000,
    S4      = 010000,
    S5      = 100000;
// synopsys state_vector state
reg [2:0] state, next_state ;
reg [7:0] out, next_out ;

always @ (in or state) begin
    // default values
    next_state = 8'b0;
    next_out = 8'bx ;
    case (1'b1)              // synopsys parallel_case full_case
    state[S0]:
        if (in == 8'h00) begin
            next_state[S1] = 1 ;
            next_out = 8'h01 ;
            end
        else begin
            next_state [Idle] = 1;
            next_out = 8'h00 ;
            end
    state[S1]:
        case (in) // synopsys parallel_case full_case
            8'h01:
                begin
                next_state [S2] = 1 ;
                next_out = 8'h40 ;
                end
            8'h10:
                begin
                next_state [S3] = 1 ;
                next_out = 8'h20 ;
                end
        endcase
        ...
```

独热码的优势如下：

- 独热码的状态机具有高速的特点。状态机的速度与其状态的数量无关,仅仅取决于状态跳转的数量。
- 独热码方法无须考虑最优状态编码,当修改状态机时,添加的状态编码和原始的编码都具有同等的功能。
- 关键路径很容易被发现,有利于进行准确的静态时序分析。
- 任何状态都可以直接进行添加/删除等修改而不会影响状态机的其余部分。
- 具有设计描述简单易懂和维护便利的特点,更有利于使用 FPGA 器件完成综合和实现。

独热码状态机也存在缺点,即当任意状态发生跳转时,与之相关的一位也必发生跳变。由于状态机的输出是由状态寄存器组合生成的,同时变化的状态位越多,产生的毛刺就越多。如果该输出不经同步就直接连接到寄存器的时钟、复位或锁存器的使能等控制端口,将很容易导致数据的错误。通常解决方法是加一级寄存器来同步状态机的输出,该方案可能会产生一个周期的延迟,而且如果该输出稳定前所需的时间过长还会违背寄存器的建立时间。其次,对于有异步输入的系统,在时钟沿到来时有多个状态位发生变化,即有多个寄存器可能受异步输入的影响,使亚稳态发生的概率有所增加。虽然这并不是独热码的问题,但是根本的解决方案还是避免异步输入。独热码的另一个问题是有很多无效状态,应该确保状态机一旦进入无效状态,就可以立即跳转到确定的已知状态以避免死锁现象的出现。

为了解决上面的问题,格雷码状态机提供了一种解决途径。格雷码状态机在发生状态跳转时,状态向量只有 1 位发生变化。理论上说格雷码状态机在状态跳转时不会有任何毛刺。但是实际上,综合后的状态机是否还有此优点还需要进一步验证。格雷码状态机设计中最大的问题是,当状态机复杂状态跳转的分支很多时,需要合理地分配状态编码并保证每个状态跳转与状态编码唯一对应。

状态机编码对电路性能的影响如表 6.6 所列。

表 6.6 编码性能比较

编码方法	面　积	速　度	状态数量
顺序二进制编码(Binary)	较好	较差	log(state N)
独热码(One-hot)	较差	较好	States Number
格雷码(Gray)	较好	较差	log(state N)

总而言之,在设计 FSM 时,如规模较小可以考虑使用顺序二进制编码或格雷码。对于较复杂的设计,由于现在集成制造技术进步,芯片面积或逻辑资源的问题已经成为次要问题,可以使用独热码以提高速度。但是要达到最佳性能,需要根据不同的设计需求,基于所需求芯片的性能、速度、面积和功耗等多个方面进行综合的评价和分析,从而最终选择最合适的编码。特殊情况下,需要研究和探讨更高级的编码算法来满足系统设计的特殊要求。有不少学者对状态编码展开了深入的研究工作,并对于给定状态机的编码优化提出了多种算法。关于更详细的状态编码算法的研究已经超出本书的范围,感兴趣的读者可以参考有关资料进一步研究。

6.1.5　状态机的优化

状态机在复杂的系统中担任系统的控制与协调任务,因此,状态机对系统的性能起着重要的作用,为提高控制的性能,优化状态机变得异常的迫切。对于复杂算法的状态控制,状态机的复杂度很可能难于有效控制。状态机的设计必须折中考虑系统性能需求、所设计 FSM 逻辑复杂性与所实现器件时序约束。对于多达几十个的复杂状态机,从多层次的逻辑到全体的输出及当前状态矢量,再到全体输出和次状态的矢量,这些复杂的过程非常可能导致时序的问题,从而不得不牺牲系统速度以满足时序。对状态机的正确分割与设置是成功开发系统的主要因素。如果底层的 FSM 结构不合理,即使是最好的优化方案也可能会导致这个系统设计的失败。因此,较为推荐的方法是,对于复杂而庞大的系统,通常使用多个小的状态机而不使用一个复杂的状态机,这样有利于减小复杂的逻辑状态处理以及输出矢量。也就是说,当采用分立的 FSM 较长的时序路径会被分割成较短的时序路径。

采用多个短小的状态机完成复杂系统控制不仅可以改善时序问题,还可以降低设计的难度、提高其可维护性。短小状态机编码可以分配给各自不同的开发人员以实现并行化的高速处理。采用这种分割设计的方法可以在每一阶段的测试和分析时大大减少工作量。通常情况是由于内部之间的关联问题,使复杂庞大的系统设计问题的错误数量往往多于分解设计的和。

状态机内部的优化处理也是提高其性能的重要一环。由已知条件(需求)完成状态图的转化过程基本实现了状态机的代码编写的前提,但状态转换表更能帮助设计者完成其状态的优化,从而得到更高效的状态机。下面通过一设计实例来说明。

例 6.4　控制逻辑如图 6.20 所示的状态转换图及其转换表(见表 6.7)。

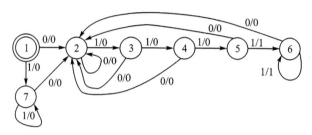

图 6.20　状态转换图

由于状态数决定状态机的寄存器数量,也就是决定状态机面积资源的消耗,因此,面积的最小化同样是设计者的工作目标。考察上述的转换表可以发现状态 5 与状态 6 相同,而状态 1 与状态 7 也相同,删除重复的状态可以大大提高性能且减小面积消耗。修改后的状态表如表 6.8 所列。

<table>
<tr><th colspan="3">表 6.7　状态转换表</th></tr>
<tr><th>输入
状态</th><th>0</th><th>1</th></tr>
<tr><td>1</td><td>2/0</td><td>7/0</td></tr>
<tr><td>2</td><td>2/0</td><td>3/0</td></tr>
<tr><td>3</td><td>2/0</td><td>4/0</td></tr>
<tr><td>4</td><td>2/0</td><td>5/0</td></tr>
<tr><td>5</td><td>2/0</td><td>6/1</td></tr>
<tr><td>6</td><td>2/0</td><td>6/1</td></tr>
<tr><td>7</td><td>2/0</td><td>7/0</td></tr>
</table>

<table>
<tr><th colspan="3">表 6.8　状态转换表</th></tr>
<tr><th>输入
状态</th><th>0</th><th>1</th></tr>
<tr><td>1</td><td>2/0</td><td>1/0</td></tr>
<tr><td>2</td><td>2/0</td><td>3/0</td></tr>
<tr><td>3</td><td>2/0</td><td>4/0</td></tr>
<tr><td>4</td><td>2/0</td><td>5/0</td></tr>
<tr><td>5</td><td>2/0</td><td>5/1</td></tr>
</table>

通过上述的格雷状态编码可知,对于 5 个状态的状态机而言,3 位的编码方法将剩余 3 种编码,如表 6.9 所列。如果在设计中未加任何处理,那么在状态转换中可能会误入非理想状态而导致状态机系统的崩溃或出现错误的结果。因此,必须设置默认分支以保证状态正常转换。状态机的设计流程如图 6.21 所示。

状态机的优化必须基于状态等价进行设计,也就是说相同行为的逻辑表述可能由不同的状态机来实现,这可能是状态机的状态数不同,也可能是状态转换序列不同。状态机优化可以减少状态的数量,对于时序逻辑电路而言有时能减少触发器的数量,实现面积和成本的下降。然而,有时状态数的优化不一定能减少触发器的数量,通常定义 m 个状态的时序电路,需要触发器的数量是 $\log_2 m$,因此,当原始 6 个状态的状态机简化为 5 个状态时,触发器的数量不变,当化简到 4 个状态时才减少触发器的数量。状态优化还可以减少逻辑门的数量,从而实现次态逻辑、输出逻辑门以及输入逻辑门的数量。逻辑门数量的降低带来状态机关键路径延迟的缩减,从而提升系统的时钟频率。

表 6.9　状态表

状态		输入 0	1
1	000	1/0	000/0
2	001	1/0	011/0
3	011	1/0	010/0
4	010	1/0	110/0
5	110	1/0	110/1
	111	x/x	x/x
	101	x/x	x/x
	100	x/x	x/x

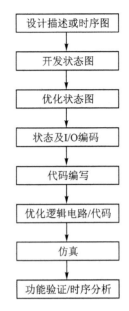

图 6.21　状态机设计流程图

6.1.6　状态机容错和设计准则

一个完备的状态机(健壮性强)应该具备初始化状态和默认状态。当芯片加电或者复位后,状态机应该能够自动将所有判断条件复位,并进入初始化状态。需要注明的一点是,大多数 FPGA 有整体设置/复位信号,当 FPGA 加电后,整体设置/复位信号拉高,对所有的寄存器,RAM 等单元复位/置位,这时配置给 FPGA 的逻辑并没有生效,所以不能保证正确进入初始化状态。所以使用设置/复位企图进入 FPGA 的初始化状态,常常会产生种种麻烦。一般的方法是采用异步复位信号,当然也可以使用同步复位,但是要注意同步复位的逻辑设计。解决这个问题的另一种方法是将默认的初始状态的编码设为全零,这样 GSR 复位后,状态机自动进入初始状态。

另一方面状态机也应该有一个默认(default)状态,当转移条件不满足,或者状态发生了突变时,要能保证逻辑不会陷入"死循环"。这是对状态机健壮性的一个重要要求,也就是常说的要具备"自恢复"功能。对应于编码就是对 case、if…else 语句要特别注意,要写完备的条件判断语句。Verilog 中,使用 case 语句时要用 default 建立默认状态,与使用 if…else 语句的注意事项相似。

在状态机设计中,不可避免地会出现剩余状态。若不对剩余状态进行合理的处理,状态机可能进入不可预测的状态,后果是对外界出现短暂失控或者始终无法摆脱剩余状态而失去正常功能。因此,对剩余状态的处理,即容错技术的应用是必须慎重考虑的问题。但是,剩余状态的处理要不同程度地耗用逻辑资源,因此设计者在选用状态机结构、状态编码方式、容错技术及系统的工作速度与资源利用率方面需要做权衡比较,以适应自己的设计要求。

剩余状态的转移去向大致有如下几种:

① 转入空闲状态,等待下一个工作任务的到来;

② 转入指定的状态,去执行特定任务;

③ 转入预定义的专门处理错误的状态,如预警状态。

对于前两种编码方式可以将多余状态做出定义,在以后的语句中加以处理,处理的方法有两种:

① 在语句中对每一个非法状态都做出明确的状态转换指示;

② 利用 others 语句对未提到的状态做统一处理。

对于独热码方式其剩余状态数将随有效状态数的增加呈指数式剧增,就不能采用上述的处理方法。鉴于独热码方式的特点,任何多于 1 个寄存器为"1"的状态均为非法状态。因此,可编写一个检错程序,判断是否在同一时刻有多个寄存器为"1",若有,则转入相应的处理程序。

在本小节中,主要介绍了状态机的概念、描述方法、编码风格及优化处理等几个方面。为了进一步利于读者掌握,对状态机的编码设计流程总结如下:

① 定义状态变量 S;

② 定义输出与下一个状态寄存器;

③ 建立状态转换图;

④ 状态最小化;

⑤ 选择状态编码分配;

⑥ 设计下一状态寄存器和输出。

状态机设计时需要考虑的设计准则如下:

① 状态机的安全性是指 FSM 不会进入死循环,特别是不会进入非预知的状态。而且即使由于某些干扰或辐射使 FSM 进入非设计状态,也能很快地恢复到正常的状态循环中来。这里面有两层含义:

其一,要求该 FSM 的综合实现结果无毛刺等异常扰动;

其二,要求 FSM 要完备,即使受到异常扰动进入非设计状态,也能很快恢复到正常状态。

② 编码原则,顺序二进制编码和格雷码适用于触发器资源较少,组合电路资源丰富的情况(如 CPLD)。对于 FPGA,适用于独热码,这样不但充分利用了 FPGA 丰富的触发器资源,且减少了组合逻辑资源消耗。对于 ASIC 设计而言,前两种代码编写更有利于面积资源的优化利用。

③ FSM 初始化问题:置位/复位信号(Set/Reset)只是在初始阶段清零所有的寄存器和片内存储器,并不保证 FSM 能进入初始化状态。设计时采用初始状态编码为全零初始状态编码及异步复位等设置。

④ FSM 中的 case 最好加上 default,否则,可能会使状态机进入死循环。默认态可以设为初始态。另外 if…else 的判断条件必须包含 else 分支,以保证包含完全。

⑤ 对于多段 always 描述法,组合逻辑 always 块内赋值一般用阻塞赋值,当使用三段式过程块时尽管输出是组合逻辑,但切忌要使用非阻塞式赋值法。always 块完成状态寄存的时序逻辑电路建模时,用非阻塞式赋值。

⑥ 状态赋值使用代表状态名的参数(parameter),最好不使用宏定义(define)。宏定义产生全局定义,参数则仅仅定义一个模块内的局部变量,不宜产生冲突。

⑦ 状态机的设计要满足设计的面积和速度的要求。状态机的设计要清晰易懂、易维护。

使用 HDL 语言描述状态机是状态机设计的基础,对于行为级描述需要通过综合转换为寄存器级硬件单元描述以实现其物理功能。必须遵循可综合的设计原则。

⑧ 状态机应该设置异步或同步复位端,以便在系统初始化阶段状态机的电路复位到有效状态。建议使用异步复位以简化硬件开销。

⑨ 用 Verilog HDL 描述的异步状态机是不能综合的,应该避免用综合器来设计。如必须设计异步状态机时,建议用电路图输入的方法。为保证系统的可综合、可配置,硬件描述语言必须使用可物理综合的编写风格。

⑩ 敏感信号列表要包含所有赋值表达式右端参与赋值的信号,否则在综合时,会因为没有列出的信号隐含地产生一个透明锁存器。

6.2　数据路径

6.2.1　FSMD 基础

在复杂数字系统设计中,使用硬件描述语言进行行为级设计已经成为普遍的设计方法。行为级设计是对复杂数字系统进行高度抽象的行为描述,它是由 EDA 工具软件经过一系列自动翻译、平坦化、映射到某种制造工艺而生成寄存器传输级的过程。行为综合方法通过 EDA 软件工具自动地对行为级代码进行调度、硬件配置、资源共享和存储器配置等处理,进而完成可综合的寄存器传输级代码。在综合过程中,为了在设计空间中获得最优化的目标结构,设计时必须进行高效的综合约束和综合策略。

由于行为级自动综合的加入使集成化设计完成了全部的紧密耦合的自动化过程,实现了大规模设计,各个层次的数据紧密衔接,从而使工程师更专注于实现高质量、高效率的算法与电路结构的设计。大规模复杂系统设计不仅包含状态机(FSM),还包含数据路径(Datapath),包含有数据路径的有限状态模型称为 FSMD。其中,控制操作顺序的控制单元由状态机执行,而执行数据处理计算的单元就是数据路径,FSMD 也是将数据调度到某计算状态的算法。一般把 FSMD 中的计算单元和内部连接单元集合而提供一种可供数据流动和转移的通道,称为数据路径。数据路径主要包含计算单元、存储单元和内部连接,其中计算单元通常使用加法器、乘法器和计算逻辑单元(ALU)。图 6.22 描述了由状态机控制的可执行多指令的运算操作的数据通路。

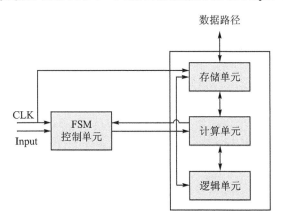

图 6.22　状态机控制数据路径(FSMD)结构图

FSMD 是数据路径根据状态机的指令完成相应的执行操作,它是一种代表全部数据流处理和控制的通用设计结构。其目的是通过存储变量为了设计目标而调整状态空间。Valid 等人定义了 FSMD 的数理表达式,这里包含 8 个数列的集合 $\langle S, I_C, O_C, V, F, H, I_D, O_D \rangle$。

$S = \{S_0, S_1, S_2, \cdots, S_l\}$ 表示状态集合。

$I = \{i_0, i_1, i_2, \cdots, i_m\}$ 表示输入集合。

$O = \{o_0, o_1, o_2, \cdots, o_n\}$ 表示输出集合。

$V = \{v_0, v_1, v_2, \cdots, v_n\}$ 表示变量集合。

$F: S \times I \rightarrow S$，表示次态函数，理论上定义为一种映射，即当前状态与输入映射到次状态。

$H: S \times I \rightarrow O$，表示当前状态和输入映射到输出。

对于 FSMD 而言，输入组包含控制输入和数据输入，即 $I = I_C * I_D$。输出组也包含控制输出和数据输出，即 $O = O_C * O_D$。

通过利用变量集合对表达式和关系进行定义，得到输入函数关系，即

$F: (S * V) * I \rightarrow S * V$，　（包含，$F_C: S * I_C * STAT \rightarrow S$；$F_D: S * V * I_D \rightarrow V$）

同样，可以定义输出函数，即

$H: S * V * I \rightarrow O$，　（包含，$H_C: S * I_C * STAT \rightarrow O_C$；$H_D: S * V * I_D \rightarrow O_D$）

在上述表达式中，控制逻辑的变量是布尔标量，数据路径的变量是布尔向量。

有限状态机数据路径问题已经不仅仅是硬件电路的设计问题，还涉及数据流计算过程问题，其实就是算法（Algorithm）。算法简而言之就是为了执行某计算任务而采取的一系列详细的计算步骤或操作。算法的基本特性如下：

- 输入项：一个算法有 0 个或多个输入，以刻画运算对象的初始情况，其中 0 个输入是指算法本身定出了初始条件。
- 输出项：一个算法有一个或多个输出，以反映对输入数据加工后的结果。没有输出的算法是毫无意义的。
- 可行性：算法中执行的任何计算步骤都是可以被分解为基本的可执行的操作步骤，即每个计算步骤都可以在有限时间内完成（也称为有效性）。
- 确切性：算法的每一个步骤必须有确切的定义。
- 有穷性：算法的有穷性是指算法必须能在执行有限个步骤之后终止。

算法的两个要素是数据的变量操作和算法的控制结构。前者是指数据的算术、逻辑、关系运输和传输；而控制结构不仅取决于所选用的变量操作，而且还与各操作之间的执行顺序有关。一个算法的评价主要从时间复杂度和空间复杂度来考虑。时间复杂度是指执行算法所需要的计算工作量。算法的空间复杂度是指算法需要消耗的硬件物理资源。因此，评价算法的优劣就要从时间和空间二个维度综合考虑。

复杂数字系统就是如何用必要的硬件资源来解决一个给定的计算问题，以及如何最好地组织它们。这一设计思想必然带来对应的设计约束！设计约束通常包含如下几个方面：

- 时钟周期：定义系统的时钟频率，也就是计算速度。它将影响所设计单元的结构，例如，高速加法器与低速加法器，流水线结构与并行结构，降速结构与非降速结构等。
- 数据项周期：表示分隔两个连续数据项所释放的计算周期数。
- 数据项时间：指释放两个连续数据项之间的时间间隔。
- 关键路径延迟：指数据沿指定电路结构的最长组合路径传播所需的时间，关键路径限制所设计的体系结构的运行速度。
- 数据吞吐率：是指每个时间单位处理的数据项或操作，是一个最重要的系统指标。
- 时延（Latency）：表示电路中的数据项从输入到相关结果输出端所使用的计算周期数，请注意这里并非时钟周期数。

- 电路面积(逻辑资源):执行所设计计算系统消耗的物理资源。
- 数据能耗:意思是量化其数据项进行给定计算时消耗的能量,也可以理解为功耗除以吞吐率,即 mW/(Mbit/s)。

我们通过某数字滤波器来定义上述一些约束指标。

例 6.5 滤波器结构如图 6.23 所示,数学表示为

$$y(k) = \sum_{n=0}^{N=3} b_n x(k-n)$$

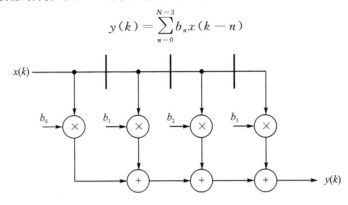

图 6.23 数字滤波器

约束指标如下:

电路面积,$S = 4S_{mul} + 3S_{add} + 3S_{reg}$;

数据项周期,$\alpha = 1$;

关键路径,$t_{lp} = 3t_{add} + t_{mul} + t_{reg}$;

时钟周期,$T \geq t_{lp}$;

时延时间,$L = 0$;

数据能耗,$E = 4E_{mul} + 3E_{add} + 3E_{reg}$。

对于逻辑系统大多包含控制单元和数据单元两部分,只有少数系统如通信协议等只有控制单元(时序设计是难点问题),或者是数字滤波器等只有数据路径(设计难点是结构优化)。为实现系统的最优化设计方案,数据路径和控制单元设计时采用的优化方式不同。数据优化主要面向路径结构而改进算法,控制优化注重对内部逻辑的布尔代数的优化。因此,数据路径和控制单元的分离是更好实现系统优化的前提,本小节重点讨论数据路径优化设计的基本思想和实现方法。

本小节以简单处理器为例介绍数据路径的执行过程。对于复杂高性能数字处理系统,如微处理器、人工智能处理器和数字信号处理器等,所设计的数据路径性能优劣决定了工作系统的性能。处理器是为完成实时数字计算任务而设计的,可编程算法的实现是处理器计算的优点,而其数据路径是数据计算操作的具体电路。处理器的数据路径被专门化、结构化设计以实现其实时任务计算应用,常见高性能操作单元如寄存器、加法器、乘法器、比较器、逻辑运算符、多路复用器、缓冲器等。数据路径设计时重点需要考虑约束、单元结构与资源、调度与分配等问题。

6.2.2 寄存器传输级

基于有限状态机的状态转移图可以设计状态机的结构,基于带有数据路径的 ASM 图可以设计出 FSMD。在设计数据路径之前需要讲解物理层面的概念,即寄存器传输级(Register transfer level）的设计。寄存器传输级的赋值操作表示如下：

R←f(reg1,reg2,reg3,…)

其中左侧的 R 表示目标寄存器，右侧的 reg 是源寄存器，f 表示对源寄存器执行的操作。该表达式是在时钟边沿敏感的条件下将源寄存器值保存到目标寄存器的操作过程。这里考虑两个寄存器相加操作，即 R1＝R1＋R2。采用 Verilog 代码编写寄存器加法，其表达是 R_reg＜＝R_next 和下一个时钟周期的 R_next＝R_reg＋R_reg'。**注意：**上述表达分别采用阻塞赋值和非阻塞赋值。因此，可以得到其寄存器电路结构图，如图 6.24 所示。

一般情况下，不同寄存器传输级的操作表达不同算法的实现过程，也存在目标寄存器并非在同一时刻对输入数据进行操作，考虑下列寄存器操作过程：

R_reg←0；

R_reg←R_reg＋R_reg'；

R_reg'←R_reg'＋1；

R_reg←R_reg；

上述算法对应的多个操作都在调用同一个寄存器 R_reg，因此，需要使用多路复用器

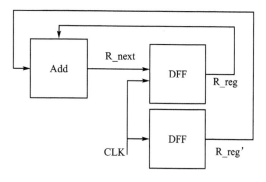

图 6.24　寄存器数据路径

选择数据送给目标寄存器，此时需要增加控制信号从而得到需要的数据送入目标寄存器，如图 6.25 所示。

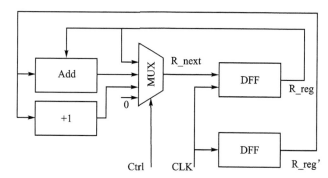

图 6.25　多路复用的数据路径

上述多路复用的寄存器传输级的数据路径需要执行多种操作，也就是需要控制信号（Ctrl）来控制其操作。产生控制信号的控制单元就是由有限状态机来实现的，这也就是FSMD 的全部。典型的 FSMD 的数据路径单元包含：数据寄存器（DFF）、逻辑计算功能单元（＋、－、*、/）和数据网络（MUX、互连线等）。数据路径还包含数据输入和输出信号，以便处理外部的输入并将处理结果输出。

6.2.3　算法状态机图（ASM）

有限状态机通过状态转移图来描述其工作过程，在 FSMD 中使用另一种算法状态机图来描述其功能。ASM 图可以理解为按照计算时间而顺序展开的状态转移图，从而更直观地表示时序逻辑的计算过程，其结构形式类似于计算机中的程序流程图。ASM 图完全可以覆盖状态转移图的含义，它更明确地给出了从一个状态到另一个状态的计算路径。

ASM 图组成的基本元素包括状态框、判断框、条件输出框和功能块。状态框表示 ASM 的一个状态，包含数据路径中无条件的变量和输出配置等。判断框表示状态分支，判断框中的条件既可以指输入也可以是状态信号，判断框都有两个输出，即条件"真"的输出和条件"假"的输出。条件输出框表示 ASM 图的条件输出，它总是在满足状态分支条件的路径上表示在一个或更多判断条件下变量执行或输出配置。上述三者组合而成的复杂结构通常称为功能块，用虚线框起来。在 ASM 的功能块中，次态转移条件和数据路径操作条件结合在一个判断和条件框的网络中。ASM 图的形状和操作如图 6.26 所示。

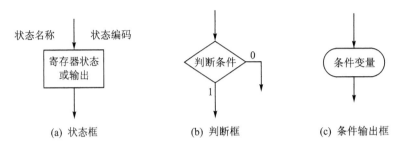

图 6.26   ASM 基本框图结构

一般几个顺序连接的功能块组成 ASM 图，且其每个状态框连接到输出通道，而通路上的判断框顺序隐含着相关信号/条件的执行优先级。数据路径的 ASM 图必须遵守两个原则：一是 ASM 图的当前状态的次态是唯一的；二是，由条件框定义的每个数据路径必须指向另一个状态。

前面学习了摩尔型和米勒型状态机，对于边缘敏感的控制信号，由于米勒状态机中的响应速度更快，需要的状态更少，因此，米勒状态机是首选的。由于控制信号和数据路径在一个时钟信号下同步操作，控制信号操作数据路径采用边沿敏感从而也支持米勒输出。由此，基于条件输出的 ASM 流程图可以重新定义寄存器传输级的 FSMD 结构。

在图 6.27 的 ASM 功能图中，包含状态框、判断框和条件输出框。在 IDLE 状态中，首先，状态框内对 Reg1 进行赋值并存储在寄存器中；然后，判断条件 $A>B$ 是否为真，为真则条件输出框计算 Reg2+1 并寄存在寄存器中，否则，Reg1 保持不变仍然寄存在寄存器中。由上面计算过程可知，在实际的电路中，不同寄存器在时钟的控制下是同步执行的，也就是存在多个寄存器，这也是数据路径中满足并行计算必须的寄存器结构。

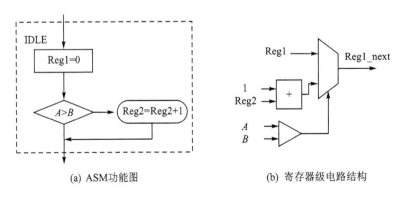

(a) ASM功能图   (b) 寄存器级电路结构

图 6.27   带条件输出的 ASM 图

为了设计 FSMD 中的数据路径，需要设计其 ASM 图。下面我们以乘法器为例讲解。

例 6.6　设计 x * y 的乘法器。

乘法器设计在第 4 章中已经做过介绍,主要包括阵列结构、顺序迭代累加以及布斯算法等。下面我们为了便于解释说明 FSMD 的工作过程,重点体现状态机和数据路径的描写而采用顺序迭代相加的方法实现乘法的计算功能。

考虑两个数的乘法器,一个最简单的等价乘法计算的方法就是考虑数 x 相加 y 次的方法。

设计输入信号为 x_in 和 y_in,输出信号为 z_out,其中,所有信号都是无符号整数,其伪代码如下:

```
if(x_in == 0||y_in == 0)
    z = 0;
else
begin
    x = x_in;
    for(n = b_in; n > 0;n--)
    z = z + a;
end
```

上述代码中使用了 for 循环语句来表示,然而,在 ASM 图中并无循环结构,其判断框中是布尔条件选择分支来选择两个路径,因此,对应可以采用 if…else 语句来表示以便进一步类似于 ASM 图。

```
if(x_in == 0||y_in == 0)
    z = 0;
else begin
    x = x_in;
    n = n_in;
    if (n! = 0) begin
        z = z + x;
        n = n - 1;
        end
    else
        z_out = z;
    end
```

为了容易理解,图 6.28 的乘法器 ASM 图不含条件输出框,该类型的 ASM 图属于摩尔型 ASM 图,ASM 图通常包含并行操作。如果寄存器传输级的操作被安排在同一个状态,则表示这些操作都在同一个时钟周期内完成。例如在累加操作中,两个不同变量赋值需要两个独立的寄存器,也就是逻辑电路的物理实现必须同时有加法器和减法器,这时如果系统资源满足设计要求,为了计算效率需要在同一个状态下执行并行操作。

该 ASM 图中包含 4 个状态,分别是 idle、zero、load 和 calu。其中,idle 是电路空闲状态,该状态下 ready 信号置位,如果 start 信号置位,即高电平,再判断输入信号是否有为 0,如果任何一个为 0,则进入 zero 状态,否则进入 load 状态。在 load 状态,输入 x 和 n 分别被输入信号 x 和 y 赋值。执行状态重复 y 次累加计算,把累加结果寄存在 z 的寄存器中,同时,累加计数器递减直到 n=0 时循环累加过程结束,状态机返回到初始 idle 状态。

下面,我们对比分析摩尔型 ASM 图和米勒型 ASM 图。在 ASM 图中条件判断框通过布尔表达式来实现,而在物理层面则是使用寄存器完成该操作。在图 6.29 中,使用了 x、y 和 n 三个状态信号而避免过多的寄存器出现。而在实际设计中,通常判断框中直接使用寄存器或输入信号的布尔表达式。这里,第二个判断框的表达式 x=0 和 y=0 可以直接使用输入信号的初始值表达式来替换。然而,第三个判断框的计数器 n 则不能简单用输入初始值来替换。

这里的寄存器 n 被用作计数器来表示迭代的次数,当 n＝0 时,迭代结束。考虑 ASM 图的 FSMD 的操作过程,操作和判断框出现在同一个功能块中,只有当 FSM 推出该功能块时,n 值才会被更新,因此,判断框中使用的仍然是原值。如果在判断框中使用条件表达式 n＝＝0,则迭代过程就多执行一次而导致结果错误。如果在判断框的条件表达式使用 n＝＝1,则可以弥补上述不足,但如果事先无法确定迭代结束的条件,则该方法也会受限。设计方法是考虑条件判断框的布尔表达式中的 n 的次态寄存值,因为该值是在 calu 状态计算内,该值在时钟周期的末尾可以使用。

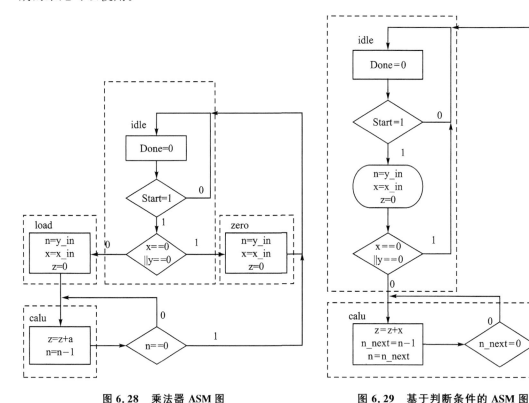

图 6.28　乘法器 ASM 图　　　　　图 6.29　基于判断条件的 ASM 图

在 ASM 图中表示赋值过程时,需要将寄存器赋值操作分成两个过程,即 R_next＜＝f(.) 和 R←R_next。这里,第一表达式表示在当前时钟周期内寄存器 R 的次态值被计算并更新;第二个表达式表示在 FSM 退出当前状态后将 R 的值更新为次态值 R_next,可以使用上述符号取代布尔表达式。在实际设计中,寄存器操作的二分法与原始的顺序执行的算法一致而且不会导致系统物理性能的下降,是一种值得采用的设计方法。

6.2.4　FSMD 设计方法

关于有限状态机数据路径涉及状态机、寄存器电路结构和 ASM 图。为了把 ASM 流程图算法转变成硬件电路,一般的 FSMD 的设计流程如下:

- 逻辑功能、约束以及工艺库/逻辑器件。
- 所述功能的算法。
- 基于算法的微体系结构。
- 性能参数分析,包括速度、面积、功耗等。

- 设计优化。
- 电路架构详细设计,详细的电路设计包含以下问题:
  ✓ 根据目标寄存器的不同列出所有寄存器传输级操作并分组;
  ✓ 基于不同功能的寄存器传输级操作设计电路,具体包括构造目标寄存器、设计计算功能单元的组合电路,基于操作功能设计多路复用器(选择器)构造网络回路;
  ✓ 设计状态机的控制单元。

电路系统的基本工作过程如下,当系统 ready 信号置位时,外部输入的两个乘数进入系统;当 start 信号置位后,两个操作数开始执行计算操作并将结果输出。这里 start 信号是外部输入的控制信号,取决于系统的应用情况,而非必须设计的端口。设计时,首先考虑状态机和数据路径的切分。状态机完成 ASM 图中各个状态的转换和输出,输出结果就是数据路径的输入控制信号。数据路径一般由计算单元、网络回路和寄存器构成,如图 6.25 所示。该 FSMD 具体的端口定义如下:

- x_in、y_in 是两个输入数据信号,一般设定为 8 比特无符号整数;
- clk 是系统时钟信号,也是输入信号;
- reset 是系统初始化输入信号,时序逻辑的异步复位信号;
- start 是输入信号,用于乘法开始操作控制;
- z_out 是输出信号,16 比特位宽的结果输出。

针对乘法器 ASM 图可以将寄存器传输操作分为以下几组:

- 输出结果寄存器 z_reg 值及其寄存器传输操作,其操作包括:赋初始值 0、状态再寄存和加法操作;
- 输入被乘数寄存器 a_reg 值及其寄存器传输操作,具体操作包括:初始值寄存、状态再寄存;
- 输入乘数寄存器 n_reg 值及其寄存器传输操作,具体操作包括:初始值寄存、状态再寄存和减 1 操作。

基于上述寄存器及其操作的分类,数据路径包含各自独立的寄存器单元、选择路径网络单元以及执行算术等功能操作单元等。而状态机则是控制路径并选择何种操作的控制单元。因此,乘法器数据路径及其状态机的完整 FSMD 系统框图结构如图 6.30 所示。

乘法器的 Verilog 代码如下:

```
/////////////////////////////////////////////////////////////////////
module seq_mult(clk,reset,start,x_in,y_in,z);
 input clk,reset;
 input   start;
 input [7:0]x_in,y_in;
 output [15:0]z;
wire [1:0] state_reg;

  FSM u_fsm(.clk (clk),.reset (reset),.start (start),.done (done),.x_is_0 (x_is_0),.y_is_0 (y_is_0),.state_reg (state_reg));

  data u_data(.clk (clk),.reset (reset),.x_in (x_in),.y_in (y_in),.state_reg (state_reg),.done (done),.x_is_0 (x_is_0),.y_is_0 (y_is_0),.z (z));
  endmodule

  module FSM(clk,reset,done, start,x_is_0,y_is_0, state_reg);
   input clk,reset;
   input done;
   input start;
```

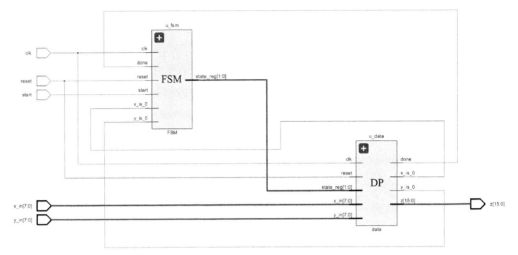

(a) FSMD系统框图

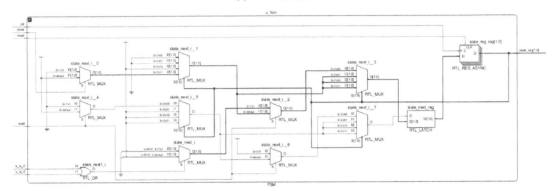

(b) 状态机逻辑综合结构

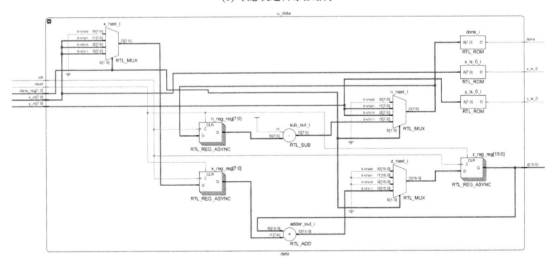

(c) 数据路径逻辑综合结构

图 6.30　乘法器逻辑综合图

```verilog
  input x_is_0,y_is_0;
  output [1:0]state_reg;

  parameter idle = 2'b00;
  parameter zero = 2'b01;
  parameter load = 2'b10;
  parameter calu = 2'b11;

  reg [1:0]state_next,state_reg;
      //state registers
      always@(posedge clk or posedge reset)
      if(reset == 1'b1)
        state_reg <= 0;
       else
        state_reg <= state_next;
      //next - state logic
      always@( * )
      begin
         case(state_reg)
         idle:
              begin
                  if(start == 1'b1)
                  begin
                      if(x_is_0 == 1'b1|y_is_0 == 1'b1)
                      state_next <= zero;
                      else
                      state_next <= load;
                  end
                  else
                  state_next = idle;
              end
          zero: state_next = idle;
          load: state_next = calu;
          calu:begin
                  if(done == 1'b1)
                      state_next = idle;
                  else
                      state_next = calu;
                  end
           default: state_next = idle;
           endcase
     end
endmodule
module data(state_reg,clk,reset,x_in,y_in,x_is_0,y_is_0,done,z);
  input [1:0]state_reg;
  input clk,reset;
  input [7:0]x_in,y_in;
  output x_is_0,y_is_0;
  output done;
  output[15:0]z;

  parameter width = 8;
  parameter idle = 2'b00,
              zero = 2'b01,
              load = 2'b10,
              calu = 2'b11;
```

```verilog
reg[width-1:0]x_reg,x_next;
reg[width-1:0]n_reg,n_next;
reg[2*width-1:0]z_reg,z_next;
wire[width-1:0]sub_out;
wire[2*width-1:0]adder_out;
                            //data path:data register
  always@(posedge clk or posedge reset)
  if(reset==1'b1)begin
        x_reg <= 0;
        n_reg <= 0;
        z_reg <= 0;
        end
  else begin
        x_reg <= x_next;
        n_reg <= n_next;
        z_reg <= z_next;
        end
            //data path:routing multiplexer
always@(*)
begin
  case (state_reg)
      idle:begin
        x_next = 0;
        n_next = 0;
        z_next = 0;
        end
      zero:begin
        x_next = x_in;
        n_next = y_in;
        z_next = 0;
        end
      load:begin
        x_next = x_in;
        n_next = y_in;
        z_next = 0;
        end
      calu:begin
        x_next = x_in;
        n_next = sub_out;
        z_next = adder_out;
        end
      default:begin
        x_next = 0;
        n_next = 0;
        z_next = 0;
        end
    endcase
    end
  assign adder_out = z + x_reg;
  assign sub_out = n_reg - 1;
  //data path:status
  assign x_is_0 = (x_in == 8'b0000_0000)? 1'b1:1'b0;
  assign y_is_0 = (y_in == 8'b0000_0000)? 1'b1:1'b0;
  assign done = (n_next == 8'b0000_0000)? 1'b1:1'b0;
  //data path:output
  assign z = z_reg;
endmodule
```

该乘法器的 Verilog 代码采用分层结构设计法,即系统顶层模块只包含状态机模块和数据路径模块,状态机和数据路径模块又分各自模块进行设计,以保证控制-数据计算单元的清晰和准确。关于状态机的控制模块已经在 6.1 节中详细介绍了设计方法。下面重点介绍数据路径的设计优化方法,

1. 针对面积优化的资源共享

在数据路径模块中,寄存器、计算单元以及互连网络等都是在各自功能条件下设计完成的。对于整体数据路径,则可以综合考虑其资源的利用问题,也就是通过时分复用技术实现某

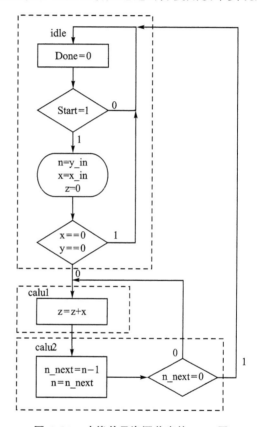

一物理单元(如寄存器)的重复利用,当然这是以牺牲时间为代价换取的资源重复利用(减少)。资源共享的单元主要有寄存器单元、逻辑功能单元以及互连网络单元等。关于寄存器共享会在后面进行介绍,现以逻辑功能单元共享为例讲解。如图 6.25 所示,功能单元操作包含加法器和加 1 操作,其实都可看成是加法器,将其合二为一,然后再将合一的加法器逻辑功能单元移到选择器的后面执行逻辑操作功能,即实现了加法器功能单元的资源共享。由于加法器通常为 8 bit 或 16 bit 以上,其资源消耗较大,共享后其面积会有较大的消减。除了加减法外,移位、最大、最小值等也可实现功能资源共享的设计。实现资源共享的功能单元需要将其配置到两个不同的状态执行,也就是在不同的时钟周期内执行操作,这也是时分复用的内涵。我们修改图 6.28 的 ASM 图,图 6.31 是逻辑功能单元共享的 ASM 图。改进的 ASM 图在原有的 calu 状态内将相同加法器计算功能分拆到两个状态内,从而实现了不同状态(时钟周期)下的时分复用加法操作。该方法通过两次迭代计算完成加法计算功能,也就是在两个

图 6.31 功能单元资源共享的 ASM 图

时钟周期内执行,这就意味着比原来的计算多花费一次加法计算的时间,即增加了系统的时延,来获得减小物理资源的开销。

2. 针对时序优化的结构

在之前的内容中,我们已经学习了时钟周期、关键路径、时延(Latency)和吞吐量等概念。时钟周期是 FSMD 系统的最基本参数,它是由关键路径的延迟时间来决定的,即系统最大延迟的路径决定其时钟周期(或系统频率)。时延指计算通道完成一次操作所需要的总时钟周期,吞吐量是指计算通道每单位时间处理的输入数据的总量,电路系统的并行性设计通常能改进吞吐量。

对于数据路径而言,关键路径的时间消耗主要集中在计算单元和互连网络单元,即组合逻

辑电路单元。为了高速而减少关键路径的时钟延迟,通常采用流水线的方法,也就是将关键路径分段,从而极大降低关键路径的延迟时间。流水线的插入方法已经在第 5 章进行了介绍,而流水线设计涉及关键路径的时序分析,时序分析的具体内容请阅读第 7 章时序与时钟。在此,基于乘法器的设计再给出流水线的结构,该流水线只是针对数据路径插入寄存器来实现流水线功能。

通常,假设理想条件下,设计的 N 级流水线在不改变系统的传播延迟条件下,系统的吞吐率将增加 N 倍,但是,当 N 较大时,每级流水的传播延迟会变小,而寄存器固有的建立-保持时间是不变的,因此,寄存器固有延时对流水产生越来越大的影响,从而导致系统性能的恶化,这也就是 N 级流水不能过大的原因。图 6.32 是二级流水线结构的乘法器综合结果。

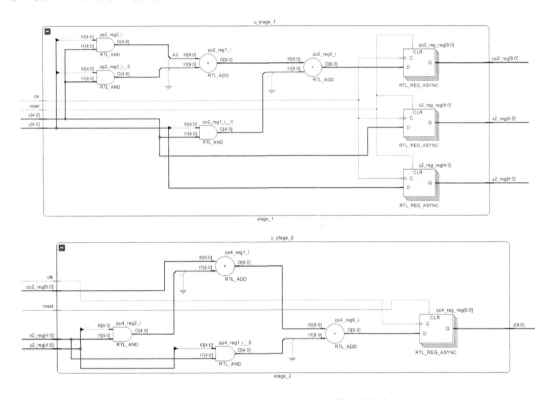

图 6.32 二级流水线结构的乘法器逻辑综合

除了流水线改变数据路径的时序之外,操作融合以及循环操作也是两种优化时序的方法。操作融合是指两个以上的相关操作在一个状态内串行执行的过程。其实就是资源共享的逆过程,即为了实现时序的优化,将多个操作在一个时钟周期内串行执行的过程。循环操作是指将一个功能操作分解到多个时钟周期内顺序执行的过程。循环操作能减少逻辑功能单元的物理尺寸。通常,操作融合与循环操作被用在非关键路径的电路中以减少资源利用和提高系统性能。无约束条件的设计某种组合时序逻辑电路并不难,但实际的芯片设计中通常会有面积、功耗、速度等约束条件,这必然对电路的设计带来挑战。

6.2.5 调 度

本小节首先讨论数据路径中经常使用的概念:调度。首先考察下面的一个简单的数据计算:

$$X = a \times [(a \times b) + (c \times d)] + d \tag{6.1}$$

当使用硬件电路实现上述计算时,电路至少需要一个乘法器和一个加法器,然后考虑执行上述运算需要多少时钟周期。可以采用两种典型的方案,一种是在一个时钟内完成全部运算,其代价是执行时消耗最多的硬件资源,需要 4 个乘法器和两个加法器。另一种极端方案是消耗 4 个时钟周期,此方案消耗最小的硬件资源但占用时间资源较大。这就是复杂运算系统的时间调度与分配。对于任何一种复杂系统都将面对执行操作的时钟消耗与硬件消耗的考虑,即执行操作计算时可行的时间调度有几种,但需要一种时间和面积最小的资源配置。一般而言,需要硬件资源消耗最少的情况下进行高效的时间调度。调度(Scheduling)是把硬件行为分解成不同的状态,把不同的计算单元指定到某种状态内进行运算的行为。

前面我们讲解了通过 ASM 图构造 FSMD 的数据路径和状态机。ASM 图明确说明了状态、状态转移及其状态内的变量赋值。设计中通常从算法转化成 ASM 图再编写硬件描述语言,但 ASM 图关于数据路径的描述还不够清晰,特别是在资源和时间约束的条件下,需要将变量赋值和操作配置到各个状态中。为此,介绍一种数据流向图,该图明确给出了基于时间序列的操作状态和状态内的变量赋值。数据流向图的每个状态节点表示一个操作,每两个节点之间的边表示前一个节点计算的结果,该结果是后节点的输入。

数据流向图是一种把计算表达式转化为数据计算路径的最直接有效的方法。数据流向图把所有的数据相关性放在基本块的行为队列中,在此,只表示数据分配而不考虑选择控制的描述。数据流向图包含同步和异步两种,同步结构是流向图的任何确定时刻只能保存一个数值,数据节点在新数值到来之前必须已经处理旧数值;异步结构是每一条线都对应一个数据队列,数据进出队列和节点处理数据采用异步的方式进行。由于自动综合工具仅仅支持同步结构,所以本小节讨论的也仅仅是同步数据流向图。图 6.33 就是式(6.1)的描述。

上面的数据流向图的数据流向都具有方向性,且从一个节点不能通过循环路径再返回到该点。对于数据流向图,首先考虑数据的输入、输出,并基于数据赋值顺序按数据流向方向执行数据操作。当某一节点的输入变量都被赋值后,该点被激活并执行该节点的操作并将计算结果赋值给输出路径。

当使用硬件设计数据流向图时,最简单的方法就是采用上述方法。该方法对流向图的每个节点都分别由一个独立的硬件功能单元来实现,且输入/输出赋值都如流向图一样独立连接。显而易见,此方法将消耗大量的硬件资源,且由于硬件资源的庞大而导致连线延迟的增加,进而降低系统的时钟频率。仔细观察该计算过程并非同步执行操作,当一个计算过程需要输入赋值被激活时,该节点才开始工作,其他则处于闲置状态。数据流向图层次越多,使用直接同步设计方法导致硬件资源被闲置的时间就越长。

那么如何解决上述问题呢? 数据路径和控制器的规范化设计方案是最佳选择,即通过增加寄存器、路径选择器和有效时序分配等措施来减少直接实现的硬件使用数量。数据路径的硬件实现单元一般包含寄存器、多路复用器和运算功能单元等。此外,控制单元根据流向图的计算顺序按一定时序向数据路径单元提供控制信号,主要有寄存器数据存入使能信号、多路复用器选择控制信号和功能单元的初始化设置等。

为更好地实现数据路径的结构设计,充分考虑数据执行时序与硬件资源配置的平衡,首先对数据流向图进行时间划分,如图 6.34 所示。

对数据流向图进行有效的时间划分,可以实现每个时钟周期内所执行的功能运算处于最低的操作次数。与此同时,通过外部状态控制单元辅之以合理的时间调度,当完成一个时钟运算时,计算节点的值赋给寄存器以备下一时钟周期的功能单元调用。对其中跨时钟周期的数据需要采用延迟寄存的方法以便在下一个时钟周期内继续调用其数据,如图 6.34 中的数据 a 和数据 d。在数据路径中由于数据可以按执行顺序分别存储,这样可以更好地提高寄存器的利用率,减少不必要的硬件资源消耗。在图 6.34 的数据流向图中添加 4 个寄存器可以实现按时间分配的数据运算,如图 6.35 所示。

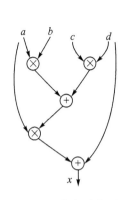

图 6.33 数据流向图

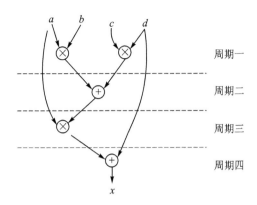

图 6.34 数据流向图的时间划分

根据图 6.35 的数据流向图,按照时间调度思想设计按时间周期划分的数据运算功能单元和对应的寄存器构架的数据计算路径,在多路复用器配合下实现数据路径,如图 6.36 所示。在数据路径设计中需要考虑的问题有:公共子表达式共享操作、互斥操作、常量折叠操作等。在设计约束和目标优化的前提下,路径计算的中间结果需要从顺序二进制数、进位保留数和部分结果中选择。其中,二进制数表达有利于面积优化,而进位保留数有利于延迟的优化。数据路径结构实现了逻辑功能单元与数据寄存器的共享分配机制。

对于图 6.36 的数据路径结构,其 Verilog HDL 描述如下。

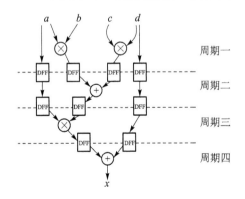

图 6.35 添加寄存器的数据流向图

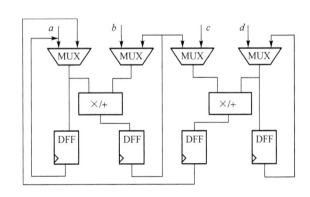

图 6.36 寄存器级数据路径

例 6.7 数据路径。

```
module dapapath (in_a,in_b,in_c,in_d,reset,clk,mux_c1,mux_c2,mux_c3,
mux_c4,reg_en, op_sel, x_out);
input    reset,clk;
input    [width-1:0]   in_a,in_b,in_c,in_d;
input    mux_c1,mux_c2,mux_c3,mux_c4, op_sel;
input    [1:0]            reg_en;
```

```
output    [width-1:0]   x_out;

parameter      width = 8;
reg       [width-1:0]   reg1,reg2,reg3,reg4;
with      [width-1:0]   mux_out1,mux_out2,mux_out3,mux_out4,op_out1,op_out2;

assign   mux_out1 = (mux_c1 == 0)? a:reg3;
assign   mux_out2 = (mux_c2 == 0)? b:reg2;
assign   mux_out3 = (mux_c3 == 0)? c:reg2;
assign   mux_out4 = (mux_c4 == 0)? d:reg4;
always @ (op_sel)
    if (op_sel)
        begin
        op_out1 = mux_out1 * mux_out2;
        op_out2 = mux_out3 * mux_out4;
        end
    else
        begin
        op_out1 = mux_out1 + mux_out2;
        op_out2 = mux_out3 + mux_out4;
        end
always @ (posedge clk)
    if (reset)
        begin
        reg1 <= 0;

        reg2 <= 0;

        reg3 <= 0;

        reg4 <= 0;
        end
    case (reg_en)
        1:   reg1 <= mux_out1;
        2:   reg2 <= op_out1;
        3:   reg3 <= op_out2;
        4:   reg4 <= mux_out4;
    default: reg1 <= mux_out1;
    endcase
endmodule
```

　　数据路径是按照控制器的控制命令来执行的。设计控制器首先给出由单循环组成的状态转换图,状态图的每一步转换执行一个时钟周期的操作。控制器由状态机来完成,其输出即为数据路径各种操作的控制端口。根据数据流向图的时钟周期的划分,状态转换图可以设计成如图 6.37 所示的控制逻辑周期图。

　　根据图 6.37,基于硬件描述语言的源代码如下:

```
module ctrl (reset, clk, mux_c1,mux_c2,mux_c3,mux_c4,load,op_sel);
input    reset,clk;
output   mux_c1,mux_c2,mux_c3,mux_c4,op_sel;
output   [1:0]   load;
reg      mux_c1,mux_c2,mux_c3,mux_c4,op_sel;
reg      [1:0]   load;

reg [1:0] state,next_state;
parameter s0 = 2'b00,s1 = 2'b01,s2 = 2'b10,s3 = 2'b11;

    always @(posedge clk or negedge reset)
        begin
```

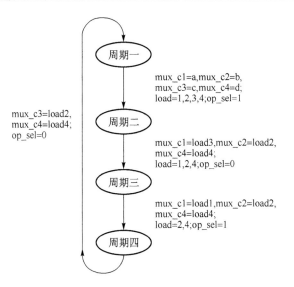

图 6.37　控制逻辑周期图

```
        if (!reset)
                state <= s0;
        else
                state <= next_state;
        end
    always @ (state or reset)
        begin
            if(reset == 1)
                begin
                mux_c1 = 0;mux_c2 = 0;mux_c3 = 0;mux_c4 = 0;
                op_sel = 0;
                load = 0;
                end
            else begin
                case (state)
                0：  begin
                    mux_c1 = 0;mux_c2 = 0;
                    mux_c3 = 1;mux_c4 = 0;
                    load = 4'b1111;op_sel = 1;
                    end
                1：  begin
                    mux_c1 = 1;mux_c2 = 1;
                    mux_c4 = 1;
                    load = 4'b1101;op_sel = 1;
                    end
                2：  begin
                    mux_c1 = 0;mux_c2 = 1;
                    mux_c4 = 1;
                    load = 4'b0101;op_sel = 0;
                    end
                3：  begin
                    mux_c3 = 0;
                    mux_c4 = 1;
```

```
                    load = 4'b0000;op_sel = 1;
                end
            endcase
            end
        end
    endmodule
```

上述调度和分配决定了数据路径的时间消耗和面积资源消耗。调度和分配是互相影响、互相依存的。调度限制了分配,而分配制约着调度的硬件资源消耗。因此,调度决定时间消耗,分配决定面积消耗。实际设计中,调度会增加面积的消耗,分配会影响系统的时钟周期。

调度和分配决定了数据路径和控制器的设计,两者的相关性决定了数据路径和控制器的设计必须要分开考虑,但是要得到最优化的设计方案必须要把两者结合起来。在设计初始,分别完成数据路径和控制器的设计,而后,要将两者结合起来进行完整的优化设计。首先,针对控制器的时间调度,考虑它并不依赖于数据路径提供硬件支持,因此可以独立优化数据路径的硬件资源。数据路径中硬件资源的增减与控制器的时间分配是互相依存的,当并行执行数据路径中的运算单元时,数据路径的硬件增加但计算的周期减小从而提高了系统的计算效率。另一方面,数据路径的运算单元最小化,但需要消耗更多的计算周期来完成系统的计算功能。

时间调度算法可以通过两种极端的情况来说明。第一种,调度从数据流的起始点到终点的调度执行宽度优先的搜索方法,即 ASAP(As-Soon-As Possible,尽早)算法,如图 6.38 所示。ASAP 算法假设了可用资源是理想化的具有无限量的结合过程,并在指定后尽快准备执行每项操作,因此提供了最低的操作开始时间。ASAP 是产生最少状态个数的调度算法,或者说具有最短的执行时间。与之相对应的是 ALAP(As-Last-As Possible,尽迟)算法。尽迟算法是从数据操作的最后输出开始调度,把每个计算单元安排在尽可能迟的状态中。两种调度算法的数学表达式如下:

$$X = a \times (b + c \times d) + e$$
$$Y = (a + b) \times c - d \times e$$

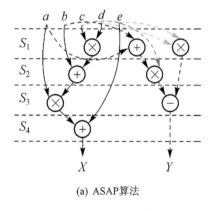

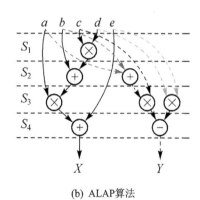

(a) ASAP算法　　　　　　　　　　(b) ALAP算法

图 6.38　ASAP 算法和 ALAP 算法流程图

对于数据路径,如果从起点到终点的路径不止一条,那么对数据路径的时间分配保持最迟的操作,就是 ALAP 算法。这两种调度不能实现硬件消耗的最小化,但反映了系统行为级的极限状态。两种调度算法有利于观察数据路径中的关键路径,以便实现调度与分配的最优设计方案。上述两种调度技术属于无约束资源的调度技术,在实际应用中,为了满足复杂的芯片设计的需求,设计 EDA 综合工具的软件设计人员还将使用约束资源的调度技术、排队调度技术、约束时间调度技术等。

硬件分配是指所设计的系统使用的逻辑单元器件及它们之间的连接。图 6.25 的数据流向图描述了 3 种可分配的硬件资源，包含可分配的运算单元、可分配的寄存器单元和可分配的连接路径。通常上述 3 种分配资源是相互关联的，其中为数据操作项所分配的运算单元和为寄存器所分配的数据又称为数据分配路径。在数据路径中使用分配算法可以有效地最小化硬件单元，包括数据运算单元、寄存器单元、内部互连线及关键路径的延迟等。在实际的芯片设计中，面积约束、时序约束、吞吐率及 I/O 端口都是必须考虑的条件。

硬件分配算法一般分为两类，迭代构造法和全局构造法。迭代法在每次操作过程中，仅考虑局部设计原则选择下一个要分配的内容且只对一项内容进行分配，直到所有内容分配结束。全局法在每次操作过程中，总是考虑所有未分配的内容，搜索发现所有目标中最优的结果并进行分配。穷举搜索法是全局法的代表，它实现了结果的最优化，但由于消耗过长的时间而无法接受。尽管迭代法计算效率很高，但由于每次所搜索空间的限制，往往得不到全局最优解。

Greedy 分配法是最简单的迭代构造分配法，也称为贪婪分配法。贪婪分配法在每个阶段都做出一个本阶段最优的决策来构造全局最优解。在分配过程中，每个数据操作项分配给下一个可用的运算单元，每个数据值分配给下一个可用的寄存器，数据路径分配给下一个可用的连接，如数据总线或多路复用器等。决定下一个运算、寄存或连接的方法是被全局的规则所左右，通常这些规则贯穿于数据流程图的输入到输出。图 6.39 描述了 Greedy 数据路径分配。左侧的数据流程图描述了从初始到结束的全过程处理。运算单元、寄存器和互连线被分配到每一个时间阶段。因此，它的选择是本地的，分配是被约束的。为了最小化硬件资源，对左侧的流程图重新配置，如图右侧所示，这里 a_4 和 a_2 都进行了重新配置在不增加加法器计算单元的条件下，多路复用器等消耗可能会增加。考虑全局的设计思想，当已经把 a_3 分配到加法器 2 时，在下一个时期再把 a_4 也分配到同一个加法器中。由于两个加法器完成不同时钟的数据计算，其配置消耗还是小于配置 a_2 与 $a_1 \sim a_4$ 到加法器 1 的情况。

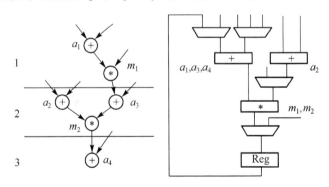

图 6.39　Greedy 数据路径分配图

为了弥补局部搜索法的不足，全局搜索分配技术也应用于硬件分配。由于全局搜索技术可以在更大的设计空间进行搜索，从而更容易获得最优分配结果。全局分配法主要有 Clique 法和图着色法等。由于全局分配法的算法复杂度较大，实际计算时消耗的时间是难以承受的，在实际处理中都会进行必要的修改。第三种分配法是左边算法，是一种尝试对分配技术进行结合与交错的迭代解决方案。左边算法在分配寄存器的过程时是从左到右进行的，其分配时仅仅考虑尽可能少地减少寄存器的数量，但并不考虑互连路径的资源消耗。

在路径分配的实际表现中，分配算法由于调度与分配结合的优势而被集成到调度过程中，因而,控制单元的数量和运算单元的数量不能准确反映设计的质量;分配算法对于硬件电路实现,必须进一步考虑搜索时的成本因素。对于上述表现可以发现,利用较少的运算单元而实现的最优的分配结构与调度时建立的最优分配条件相关;另一方面,为了实现调度的最优化,时间调度需要预知分配后运算单元、寄存器等硬件信息。由此可见,在系统级优化过程中,综合考虑时间调度和硬件分配是不可避免的。

冯·诺依曼体系架构包括状态控制和数据路径等核心单元,它们也是复杂数字系统中数据计算、信号处理等硬件实现的重要问题。其中,核心单元的控制系统是冯·诺依曼体系架构设计的重点之一;而数据路径则是系统高效数据流计算的支撑。提供数据流运行和控制流配置的方式也就构成了系统的体系架构。

习　题

1. 状态和转移是状态机的两个重要概念,请描述状态和转移分别包含哪些内容? 其相互关系是什么?

2. 有限状态机分为哪几类? 通过状态机状态转移图和转移表说明它们的工作原理。

3. 有限状态机包含几个状态? 试描述。

4. 状态机的描述方法有哪几种? 比较其优缺点。

5. 状态机的编码风格有哪几种? 比较其优缺点。

6. 设计一台自动售货机的控制系统,其状态转换表如表 6.10 所列。售货机可接受三种面值的货币,包含壹角、伍角、壹元。当接受的货币超过 5 元时,机器售出商品并找零。

表 6.10　状态转换表

状　态＼送入的货币	壹　角	伍　角	壹　元
A:00	01/000	10/000	00/110
B:01	10/000	11/000	00/101
C:10	11/000	00/100	00/111
D:11	00/100	00/110	01/111

7. 试根据图 6.18 状态机转换图编写优化前后的状态机,并用 FPGA 实现,比较两种方式下面积、功耗、速度等参数。

8. 试说明系统设计中控制单元与数据路径的关系。

9. 推导下面两组伪代码程序的 ASM 图,设计其数据路径结构和控制单元,分析其关键路径。

```
A)
If (START == 1) NEXT←0, SUM←0;
        repeat {
            SUM←SUM + Memory[NEXT + 1];
            NEXT←Memory[NEXT];
            } until (NEXT == 0);
        R←SUM, DONE←1;
B)
If (START == 1) NEXT←0, SUM←0, NUMA←1;
```

```
repeat {
    SUM←SUM + Memory[NUMA];
    NUMA←Memory[NEXT] + 1,
    NEXT←Memory[NEXT] ;
    } until (NEXT == 0);
R←SUM, DONE←1;
```

10. 试基于 10 进位 up－down 二进制顺序计数器,用 Verilog 进行设计,并综合它,验证功能仿真与综合后仿真的异同。

11. 什么是数据流向图?它在时间的调度与分配中的作用是什么?

12. 根据数据流算式 $Y=MX^2+NX+P$,试给出其数据流向图和可调度时序图;根据图 6.40 分析其工作原理,并用 Verilog 代码进行设计仿真。

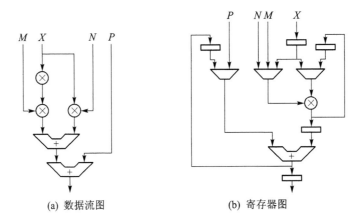

(a) 数据流图   (b) 寄存器图

图 6.40　习题 12 题图

第7章 时序与同异步

数字逻辑电路分为组合逻辑电路和时序逻辑电路两类。组合逻辑是当逻辑门输出稳定时电路的逻辑输出只与当前输入值有关,时序逻辑是电路输出不仅取决于当前值也与系统保存的状态有关。第6章描述的有限状态机就是典型的组合逻辑与时序逻辑的结合,其中逻辑编码与输出由组合逻辑来完成,而由触发器等时序逻辑电路保持系统的状态。在这样复杂的逻辑系统中,当系统的时钟频率增加时,完成电路的逻辑功能固然重要,而更重要的是保证系统在更高时钟频率下的时序正确变得更重要。而在多核或多芯片的复杂系统中,单一时钟域的同步时序系统很难完成任务,复杂的多时钟域系统或者纯异步电路的问题更是高级系统设计必须解决的难题。因此,本章首先介绍时序电路的基础知识、时钟偏差和抖动、时钟分布等,然后介绍同异步接口电路、异步电路等解决方案。

7.1 时 序

7.1.1 基本概念

在复杂的数字电路系统中,时序逻辑电路基本以时钟信号为参考完成逻辑功能,由此,时序逻辑分为同步逻辑电路和异步逻辑电路。时序电路的基本单元主要是锁存器(Latch)、触发器(Flip - Flop)或寄存器(Register)等。下面回顾锁存器、触发器等基本概念和特性。锁存器,如图 7.1 所示,是触发寄存器的一种,它是一个电平敏感器件,即在时钟信号为高电平的时间内电路激活,输入信号传送到输出端,这时锁存器处于跟随状态。当时钟信号为低电平,输入数据在时钟的下降沿前被采样且在整个低电平相位期内都保持稳定,称其为保持状态。输入信号必须在时钟下降沿附近的一段短时间内稳定以满足建立和保持时间的要求。如果锁存器的保持状态在时钟的高电平相位区间,则称其为负锁存器。

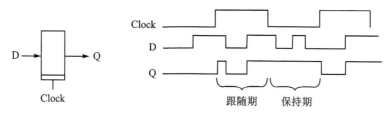

图 7.1 锁存器及其时序信号

锁存器是电平敏感器件而不是边沿敏感器件。因为当时钟信号为高电平时,锁存器都处于跟随态,这样的工作状态使锁存器不适合应用于计数器和某些数据存储器中,同时,当电路中出现毛刺等非预期状态时,电路的输出将会被改变。因此,边沿敏感的触发器(Flip - Flop)

是更常用的存储器件,如图 7.2 所示。触发器的工作是在时钟信号跳变的瞬间,触发器对输入信号采样并存储数据 D 值,输出端将一直传送同一 D 值数据直到下一个时钟周期跳变沿到来。输出的数据并不随输入信号的变化而跳变。

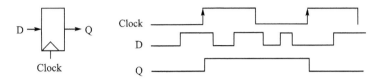

图 7.2　触发器及其时序信号

由于触发器是边沿敏感器件,即在时钟上升沿或下降沿的短暂时间内才对信号进行采样并输送到输出端而完成信号状态的寄存。因此,触发器的时钟参数对时序电路起着决定性作用。如图 7.3 所示为触发器与时序参数的关系。

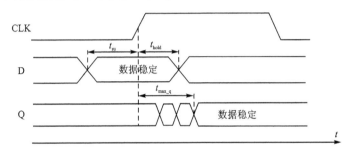

图 7.3　同步触发器的建立时间、保持时间和传播延时

在时序电路中,必须定义 3 个基本的概念:建立时间、保持时间和最大传播延迟时间。触发器的建立时间(t_{su})是时钟翻转前输入数据的有效时间(正沿触发 0→1 翻转),如果建立时间不够,那么数据将不能在这个时钟上升沿跳变时被送入触发器。保持时间(t_{hold})是在时钟上升沿之后数据输入必须保持稳定不变的有效时间。如果建立和保持时间都满足要求,那么输入端 D 的信号在最坏条件下,相对时钟上升沿 t_{max_q} 时间后传播到输出端的输出信号 Q,t_{max_q} 称为寄存器的最大传播延迟时间。

对于同步时序电路,基于时钟信号而完成的逻辑事件都是同时执行的,所有信号必须等到下一个时钟翻转才能执行下一次操作。因此,同步时序电路的时钟周期 T 必须满足电路所有路径的最长延迟(关键路径)。同步时序电路的时序逻辑所决定的最小时钟周期 T 为

$$T \geqslant t_{max\_q} + t_{su} \tag{7.1}$$

从式(7.1)不难看出,影响时序电路时钟速度的关键是保证寄存器时序参数数值的最小化。对于深亚微米工艺的电路系统,寄存器的传播延迟与建立时间在时钟周期中起重要作用,必须重点考虑。然而在实际的时序电路中往往包含组合逻辑单元,这时对系统的最小时钟的影响还包含组合逻辑的门延时,后面将重点介绍。

7.1.2　稳态与亚稳态

在同步时序电路中,寄存器或触发器维持着系统状态的寄存,那么寄存电路的状态怎么划分或定义呢?首先观察两个串联的反相器的闭环电路,如图 7.4 所示。相关的研究说明,当翻转区中反相器的增益大于 1 时,只有 A 点和 B 点是稳定的工作点,而 C 点是亚稳态工作点。

A 和 B 两点就是双稳定状态,分别代表 0 和 1。双稳态在没有任何触发的条件下,电路保持在单一状态,从而具有记忆的功能。触发器是双稳态电路的代表。

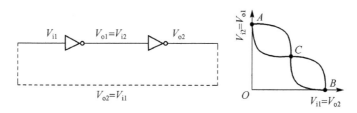

图 7.4　串联的反相器及其电压特性

H. Johnson 的书中就逻辑电路的亚稳态做了专门的分析。如果触发器的输入电压采样的时间过短,也就是所谓的时序不够,就会导致 V_{in} 的值很小,这样触发器就需要花很长的时间来实现输出逻辑 V_{out} 达到标准电平,也就是说,电路处于中间态的时间变长,使得电路"反应"变迟钝。这就是"亚稳态"。电路亚稳态的存在给时序电路设计带来了很多问题。

在同步系统中,如果触发器的建立时间(setup)或保持时间(hold)不满足,就可能产生亚稳态,此时触发器输出端 Q 在有效时钟沿之后比较长的一段时间处于不确定的状态,在这段时间里 Q 端会出现毛刺、振荡或固定在某一电压值,而不一定等于数据输入端 D 的值。这段时间称为决断时间。经过决断时间后 Q 端将稳定到 0 或 1 上,但究竟是 0 还是 1,这是随机的,与输入没有必然的关系,即逻辑器件的正常逻辑关系失效。电压信号介于"0"和"1"电平之间的一个状态称其为亚稳态。亚稳态是指触发器无法在某个规定时间段内达到一个可确认的状态。当一个触发器进入亚稳态时,既无法预测该单元的输出电平,也无法预测何时输出才能稳定在某个正确的电平上。亚稳态是触发器的一个固有特性,正常采样也会有一个亚稳态时间。当建立保持时间满足时,触发器在经历采样、亚稳态后,进入一个正确的状态。如果建立保持时间不满足,那么触发器会有一个相当长的亚稳态时间,最后随机进入某一个稳定状态。由于亚稳态除了导致逻辑误判之外,输出 0～1 之间的中间电压值还会使下一级产生亚稳态,即导致亚稳态的传播。逻辑误判(由于组合逻辑的竞争,导致逻辑输出的不稳定)有可能通过电路的特殊设计减轻危害(如异步 FIFO 中格雷码计数器的作用,一次只变化一位),而亚稳态的传播则扩大了故障面,是电路设计中更难以处理的问题。

亚稳态是复杂时序电路中无法避免的现象,因此设计的电路首先要减少亚稳态导致错误的发生,其次要使系统对产生的错误不敏感。前者要靠同步来实现,而后者根据不同的设计应用有不同的处理办法。用同步来减少亚稳态发生机会的典型电路如图 7.5 所示。

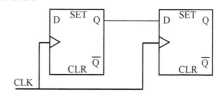

图 7.5　两级同步化电路

图 7.5 中,左边为异步输入端,经过两级触发器同步,右边的输出将是同步的,而且该输出基本不存在亚稳态。其原理是即使第一个触发器的输出端存在亚稳态,经过一个 CLK 周期后,第二个触发器 Q 端的电平仍未稳定的概率非常小,因此第二个触发器 Q 端基本不会产生亚稳态。

注意: 这里说的是"基本",也就是无法"根除",那么如果第二个触发器 Q 出现了亚稳态会有什么后果呢? 后果的严重程度是由设计决定的,如果系统对产生的错误不敏感,那么系统可能正常工作,或者经过短暂的异常之后可以恢复正常工作,例如,设计异步 FIFO 时使用格雷码计数器当读/写地址的指针就是处于这方面的考虑。如果设计上没有考虑如何降低系统对亚稳态的敏感程度,那么一旦出现亚稳态,系统可能就无法工作而导致电路系统崩溃。

7.1.3　时钟信号

同步时钟信号在数字电路系统中占据着重要的地位,时钟信号的分布和特性对系统的影响至关重要。对于实际的物理电路而言,时钟信号的上升和下降都消耗一定的时间,而在前端设计时仿真器大多不考虑这些延时问题。图 7.6 是数字系统典型的时钟信号波形。时钟周期包括高电平和低电平,其中时钟信号的上升沿时间(t_r)是上升沿的 $10\%\sim90\%$ 的时间,而下降沿时间(t_f)是下降沿的 $90\%\sim10\%$ 的时间。时钟频率 $f=1/T$。时钟的占空比可以定义为 $[T_H/(T_H+T_L)]\times100\%$。一般时钟信号的占空比是 50%。传播延迟时间 t_{PHL} 和 t_{PLH} 分别决定输出从高到低和从低到高的输入到输出的信号延迟。其中,t_{PHL} 是输入电压上升到 50% 与输出电压下降到 50% 的时间延迟。同理,t_{PLH} 是输入电压下降到 50% 与输出电压上升到 50% 的时间延迟。因此,电路的平均传播延迟时间为 $t_P=(t_{PHL}+t_{PLH})/2$。

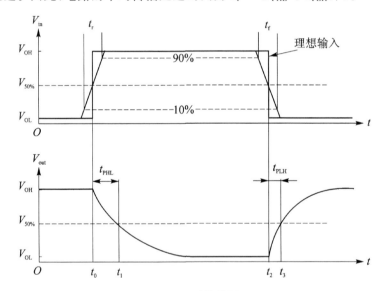

图 7.6　时钟信号

在单一组合逻辑电路中,系统的时钟是由组合电路中门级延迟的最大数值而决定的,在实际电路中往往消耗很大的时钟资源。而在如图 7.7 所示的组合时序逻辑电路中,电路最小的时钟周期取决于最坏情况的传播延迟时间。可以归结为组合时序逻辑的电路参数如下:寄存器的建立时间(t_{setup})和保持时间(t_{hold});寄存器的最大传播延时(t_{max_q})和最小延时(t_{min_q});组合逻辑部分的最大延迟(t_{max_c})和最小延时(t_{min_c})。由此,组合时序电路的最小时钟周期可以表示为

$$T > t_{setup} + t_{max\_q} + t_{max\_c} \tag{7.2}$$

对于时序电路设计,保持时间尽管并不决定系统的最小时钟周期,但它也是一个不可忽略的时序参数。寄存器的保持时间必须小于组合时序电路的最小传播延时,即

$$t_{hold} < t_{min\_q} + t_{min\_c} \tag{7.3}$$

对于标准触发器(Flip-Flop)而言,寄存器的最小传播延时大于其保持时间,不会出现保持时间违约的危险。

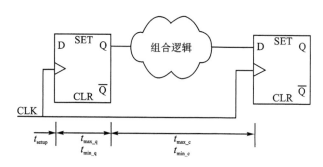

图 7.7 组合时序电路

在集成电路(ASIC/FPGA)设计中,尽管是同源时钟,但是由于时钟信号线存在延迟(见图 7.7),不同的寄存器获得的时钟信号仍然存在一定的物理偏差。图 7.8 中的时钟 CLK1 和 CLK2 的时序图如图 7.9 所示。

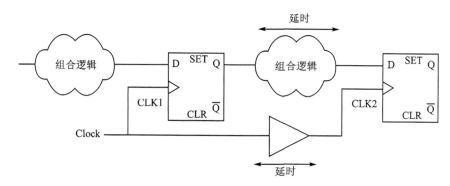

图 7.8 时钟偏差的电路图

时钟偏差不仅可以对时序电路的性能产生影响,更甚者可以破坏电路的功能。首先考虑偏差对电路性能的影响。图 7.9 的时钟偏差时序图显示,在正时钟偏差时信号在一个时钟周期内要从 CLK1 的上升沿开始传播直到 CLK2 下降沿结束,也就是时钟周期增加了一个时钟偏差值 δ。因此,考虑时钟偏差的影响,电路最小的时钟周期修改如下:

$$T > t_{\text{setup}} + t_{\text{max\_q}} + t_{\text{max\_c}} - \delta$$
$$t_{\text{hold}} + \delta < t_{\text{min\_q}} + t_{\text{min\_c}} \tag{7.4}$$

上述时钟偏差公式表面看好像对提高系统的时钟频率有积极的作用,即最小时钟周期由于偏差的作用而减小,然而,负面影响是增加的偏差会使电路对竞争更加敏感而破坏整个系统的工作。如果图 7.8 中的 CLK2 存在时钟偏差 δ,则这时可能会将寄存器 1 的输入信号通过第一个触发器而到达第二个触发器的上升沿到达的时间,即时钟上升沿跳变时,同样的信号同时在两个触发器中传播。这将改变电路的输出会给系统带来灾难性后果。时钟的正偏差使保持时间更符合式(7.3)的要求,即 t_{hold} 减小。

时钟偏差是由时钟路径的物理延迟和不同时钟负载的差异等造成的。时钟周期的偏差是相同的,时钟偏差并不造成时钟周期的变化,仅仅造成相位的偏移。

时钟偏差不仅有正偏差,也有负偏差(见图 7.10)。负偏差就是时钟信号与数据信号方向相反,负偏差可以提高电路系统的抗竞争能力,从而避免系统的功能性错误,但电路性能的降低是必然的结果。在现在具有反馈结构的复杂数字电路系统中,由于电路同时具有正负两种时钟偏差,负偏差消除竞争与正偏差竞争敏感成为矛盾。因此,系统的时钟偏差应保持最小化

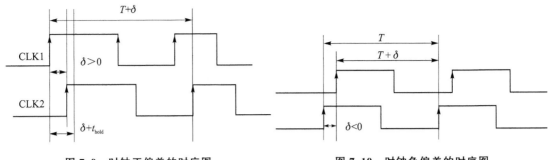

图 7.9 时钟正偏差的时序图	图 7.10 时钟负偏差的时序图

以保证系统性能的稳定。时钟负偏差会影响触发器的保持时间,即负偏差时钟增大了触发器的保持时间(t_{hold}),为此负偏差电路时序也必须满足:

$$T > t_{\text{setup}} + t_{\text{max\_q}} + t_{\text{max\_c}} - \delta$$
$$t_{\text{hold}} + \delta < t_{\text{min\_q}} + t_{\text{min\_c}} \tag{7.5}$$

时钟偏差是不可避免的,关键问题是一个系统时钟偏差的容忍程度如何。通常,可允许的时钟偏差是由系统要求和工艺参数(如时钟缓冲器与寄存器的延时)决定的。设计思路不同,得到的时钟偏差也不一样。用标准单元方法设计的电路通常要比全定制电路的时钟偏差大一些。一般而言,一个系统中的流水线级数量越多,由于时钟偏差导致功能错误的可能性就越大。

时钟抖动是给时序电路带来问题的另一个因素。所谓抖动(jitter),就是指同一个时钟的两个时钟周期之间存在的差值,这个误差是在时钟发生器产生的,如晶振、PLL 或外部时钟源,芯片布线对其没有影响。还有一种由于周期内信号的占空比发生变化而引起的抖动,称为半周期抖动。总的来说,抖动可以认为在时钟信号本身在传输过程中的一些偶然和不定的变化的总和,如图 7.11 所示。

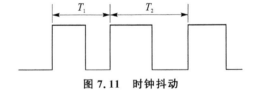

图 7.11 时钟抖动

抖动改变某一时钟不同周期的时间,在组合时序逻辑电路中,抖动将降低时序电路的物理性能。抖动的时钟周期表达式如下:

$$\begin{cases} T - 2t_{\text{jitter}} \geqslant t_{\text{su}} + t_{\text{max\_q}} + t_{\text{max\_c}} \\ t_{\text{hold}} \leqslant t_{\text{min\_q}} + t_{\text{min\_c}} - 2t_{\text{jitter}} \end{cases} \tag{7.6}$$

在通常的 FPGA 设计中对时钟偏差的控制也是一个重要的问题,特别是在高速设计中。为此,设计时采用的方法如下:

① 对于 FPGA 芯片尽量使用全局时钟网络提供时钟信号。由于全局时钟网络的时钟信号到各使用端的延时小,时钟偏差很小,因此可以基本忽略不计。在可编程器件中一般都有专门的时钟驱动器及全局时钟网络,设计时要根据不同的设计需要选择含有合适数量的全局时钟网络可编程器件。

② 如果所设计的时钟信号数量过多而无法全部实现全局时钟网络,那么可以通过在设计中使用全局缓冲器来控制时序,以便控制全局时钟信号的时钟偏差。实现过程中允许综合工具确定将信号连线当做时钟和可自动推断原语缓冲器。

③ 避免时钟信号出现毛刺现象,特别是对于置位/复位信号。因为,对于异步清零或输入

时毛刺将导致致命的错误动作。如可能应当把异步信号转变为同步信号以回避毛刺。

时钟偏差、时钟抖动都会导致时钟的畸变因而对电路性能产生影响。无论是时钟偏差还是时钟抖动在实际的高速电路设计中都会产生不利的因素,因此,都应当尽量避免其出现。

7.1.4　时钟分布

在复杂的数字系统设计中,随着技术的提升,系统时钟频率也将高达 GHz 水平,时钟周期降低到纳秒(ns)数量级。这样作为纳米工艺条件下的 ASIC/FPGA 芯片,其逻辑门单元的开关速度是纳秒数量级的,同时,时钟连线本身的延迟也会同时影响时钟信号。由于器件工艺等物理因素的影响必然会带来时钟信号的偏差,所设计的时钟信号要实现同步到达各个底层逻辑单元是工程设计者必须面对的挑战。

在集成电路的设计中,解决时钟偏差和抖动的方法很多。比如:按照数据流相反的方向来分布时钟走线,控制时钟的非交迭时间来消除时钟偏差,通过分析时钟分布网络来保证时钟偏差在合理的范围内等。上述方法中最好的是通过分析时钟网络来保证合理的时钟偏差。设计人员可以通过调整一些参数来控制时钟分布网络,以达到较好的效果。可调整的参数包括时钟网络的互连材料、时钟分布网络的形状、时钟驱动和所用的缓冲配置、时钟线上的负载(扇出)、时钟的上升和下降时间等。

对于大规模复杂数字系统而言,遍布系统每个角落的全局信号是时钟网络,因此,时钟网络的微小偏差可能会对整个系统产生巨大的影响。另一方面,在多数复杂高速数字处理系统中,时钟网络的功率消耗掉绝大部分系统的功耗,而过大的功耗将可能导致芯片过热,进一步影响系统的性能。因此,复杂系统的时钟网络分布将是设计工作的重要环节。

在时钟的分配路径中包含缓冲器是控制时钟偏差最简单有效的方法,如图 7.12 所示。

驱动器树可把连线分成几段较短的长度并提供尺寸合理的缓冲器。为保证电路系统中时钟信号的全局统一和稳定,通常时钟分布技术都利用均衡路径策略来满足中央时钟源到各个时钟节点的连接方式,也就是树形结构。在芯片设计中,通常使用 H 树形网络进行时钟分布,FPGA 设计也可参考使用,如图 7.13 所示。

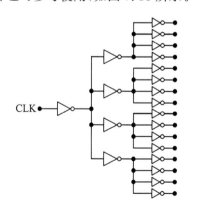

图 7.12　时钟配置的驱动器

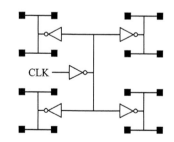

图 7.13　树形结构时钟分布网络

这种树形结构的时钟分布都是将输入时钟以芯片的中心点为起始,而后按照近似等距均衡路径的原则将时钟信号分配到各层节点上。理想情况下,在不考虑芯片制造工艺和使用环境等条件的差异外,在路径均衡时,到达各个时钟节点的信号是相同的而不存在时钟偏差或时钟抖动等。

对于 FPGA 器件内部逻辑电路时钟可以通过内部缓冲器 BUFG 或者 DCM(Digital Clock Manager,数字时钟管理器)到达时钟分布网络。DCM 的主要功能包括消除时钟时延、频率合成和时钟相位调整,实现相移 0°/90°/180°/270° 的输出信号。图 7.14 给出了 DCM 工作模式的结构图。Xilinx 公司提供了全局时钟网络 VHDL 和 Verilog 应用程序编程模板,可以通过编程控制全局时钟信号的工作方式。

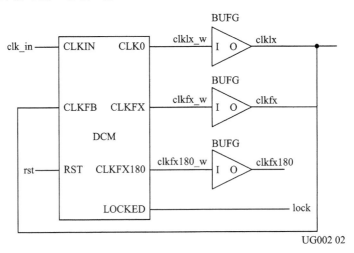

图 7.14 DCM 的工作模式结构图

对于多芯片的 FPGA 全局时钟同步设计方案,图 7.15 给出了 DCM 工作模式的结构图。为了保证多芯片的时钟同步,直接的方法是共用时钟原点,则 FPGA 间的时钟偏差是时钟树的时钟偏差。但当采用一个晶振驱动多片 FPGA 时,其中不对称布线的方法会导致时钟信号质量严重下降。因此,时钟传递将是更好的选择。实验结果显示,通过使用 Virtex-4 芯片,时钟频率范围可到 77 MHz~3.3 GHz。

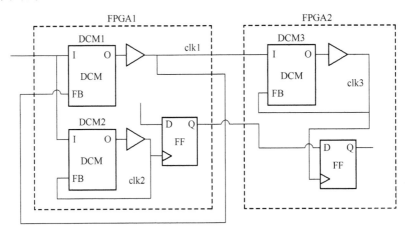

图 7.15 基于 FPGA 的全局时钟同步的时钟树结构

在某些 FPGA 中,Clock Management Tiles(CMT)模块提供了时钟合成(clock frequency synthesis)、偏差矫正(deskew)、抖动过滤(jitter filtering)功能。同时,基于专用的全局(Global)和局部(Regional)时钟来设计各种时序要求。全局时钟树可以驱动器件中的所有同步单元,区域时钟树可以驱动最多三个垂直连接的时钟区域。每一个 CMT 包括了一个 MMCM (Mixed - Mode Clock Manager)和一个 PLL(Phase - Locked Loop)。为了满足不同的时钟使用需求,有些 FPGA 芯片把时钟分成了区域,时钟区域从最少的 4 个到最大的 24 个不等。

在进行复杂数字系统设计中,时钟分布结构是必须考虑的要点。综上所述,时钟信号的分布首先会导致时钟的偏差从而影响整个系统的性能。其次,时钟系统的均衡分布可以更好地平衡片上的功耗密度,使工作芯片在高速运行时仍能保证均衡散热性能。再次,芯片的时钟分布可能会影响芯片的版图结构,好的时钟分布有利于芯片的可制造和可设计。设计人员必须在设计的前期就要考虑系统时钟的结构分布,经过科学合理的设计,完成时钟信号的最佳设计。总之,时钟分布网络设计的方法就是使与时钟信号相连的功能子模块的互连线大致等长,从而保障时钟偏差的最小化。

7.1.5　电路延迟

随着集成电路制造技术的飞速发展,芯片结构与芯片内单元规模日趋复杂,因此,芯片内电气特性对信号的影响更为严重。片上信号的传播延时与门延时成为左右芯片时序特性的基本因素。为深入理解和解决有关电路的时序问题,有必要说明片上延时的产生原理。

图 7.16 描述了 LSI 延时的组成结构,其中包括门延时与布线延时两类。

考察电路 A 点到 C 点,其中 AB 之间是金属布线的电阻和电容,布线的长度越长,其阻值和容值也越大,布线容量是金属线对地电容,如图 7.16 所示。BC 之间是反相器门延时,它是由门级内电路结构和输出端负载来决定的。门延迟由门级内部布线和晶体管结构来决定,负载总容量是输入端电容与布线电容的总和,如图 7.17 所示。

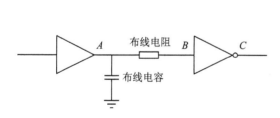

图 7.16　LSI 延时组成

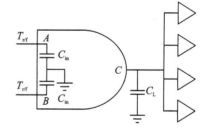

图 7.17　门延迟与总负载的电容构成

总负载电容如下:

$$C_{\text{load\_T}} = C_{\text{L}} + \sum C_{\text{in}} \tag{7.7}$$

门级电路时间延迟如下:

$$\begin{cases} T_{\text{pd}}(AC) = f(C_{\text{load\_T}}, T_{\text{r/f-A}}) \\ T_{\text{pd}}(BC) = f(C_{\text{load\_T}}, T_{\text{r/f-B}}) \end{cases} \tag{7.8}$$

由图 7.17 可以得到式(7.7)和式(7.8)分别计算逻辑门的总负载电容和逻辑门的电路时间延迟。对于逻辑门而言,不同的输入端 A 或 B 输入的信号波形是不同的,延时计算也不同,不同通路的导通决定了门延迟的时序的变化。

随着制造工艺的微细化发展,金属布线的延迟不断增加,其中金属线间的邻接容量已成为不可忽视的诱因。另一方面,由于金属连线的微细化导致了金属线的阻抗增加,成为导致布线延迟增加的另一原因。由于工艺技术的微纳化,逻辑门的面积缩减导致其寄生容量下降,从而使逻辑门延迟减小。这样芯片的延迟时间主要由金属布线所决定,即金属布线延迟大于逻辑门的延迟时间。

7.2 多时钟域

7.2.1 同步、异步简述

随着大规模集成电路和多芯片复杂系统的发展,复杂的电路系统正在朝着高性能、低功耗和低面积消耗的方向发展。在大规模复杂集成化设计中,大部分设计都是采用同步逻辑电路。同步逻辑电路所有操作都是在严格的时钟控制下完成的。这些时序电路共享同一个时钟信号,而所有的状态变化都以时钟的上升沿(或下降沿)作为敏感信号而工作。如前面讲述的 D 触发器,当上升沿到来时,触发器把输入端 D 的信号传到输出端 Q,以完成电路动作。同步电路中包含 3 种主要结构:组合电路、时序电路和时钟分布网络,如图 7.18(a)所示。组合电路用来实现各种逻辑计算;时序电路作为存储单元,用来存储由时序电路计算得到的逻辑值;时钟分布网络的作用是向整个电路中的时序逻辑提供正确的时钟信号,以达到使整个电路正确运行的目的。

在同步电路中,时钟的作用是确定信号稳定有效的时间点。同步电路的优点如下:

第一,同步电路具有良好的可重用和可移植的特性,不受电路工艺的限制,在当前的电路设计中处于主流的地位,但异步电路由于不同模块间的复杂接口协议而不能简单重用和移植。在同步电路设计中,对于底层的单元模块可以直接采用成熟的电路结构而无须做重复工作。

图 7.18(b)描述了同步和异步模块互相连接时的状况,其中模块 A 和模块 B 是同步逻辑,使用同一时钟源,交换的信息在时钟的支持下即可完成信息的交互。然而模块 C 与其是异步信号,模块 A 和模块 C 之间的通信需要握手协议等的支持才可完成信息交互。在模块 B 和模块 C 之间由于是异步处理且没有握手协议等的支持,其模块间就不可以完成信息的交互。由此可见,同步电路在系统的配置和模块移植等方面具有很强的优势。

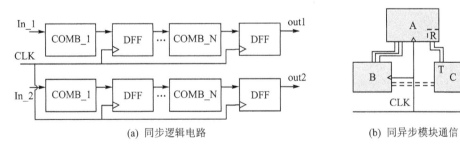

(a) 同步逻辑电路　　　　　　　　(b) 同异步模块通信

图 7.18　同步与异步逻辑

第二,同步逻辑可以对电路的毛刺进行处理。毛刺是一个非预期的窄脉冲信号。在图 7.19 所示的电路中,当 In0 和 In1 同时是高电位时,或门输出 D1 就会出现毛刺信号。这是因为当 SEL 信号经过反向器后 $\overline{SEL}$ 的信号有一定的延迟,这时就会出现两个与门的输出都是低电平的情况,也就是或门出现低电平的毛刺。考虑消除毛刺的方法。对逻辑门的输出信号再加一级触发器,即在时钟信号的触发沿采样而不是输出全部信号。当或门的输出 D1 出现毛刺时,触发器的输出结果也是正确的。这就表明加有同步触发器的电路能消除毛刺,其条件是 SEL 的信号要与触发器的时钟同步。

同步逻辑电路具有易实现、易查错及结构简单等特点,使同步电路设计占据着数字集成电路设计领域的主导地位。然而,由于电路设计规模的扩大和生产工艺的提高,互连线之间的延迟、时钟偏差等问题已经变得日益严峻,所以在设计方法上也面临着很多难以解决的问题。随着高速、高性能电路的要求,同步电路表现出高功耗、低速率等致命的缺点。

首先,同步设计尽管采用全局统一的时钟以提高其可靠性,当存在时钟偏差和抖动等现象时,实际的时钟往往存在一定的相位偏差,从而制约了系统高速性能。

其次,同步电路的时钟是统一翻转的,电路内会形成较大的翻转瞬间短路电流,从而在翻转瞬间导致电路内功耗的激增,另一方面,也会引起较大的噪声信号。

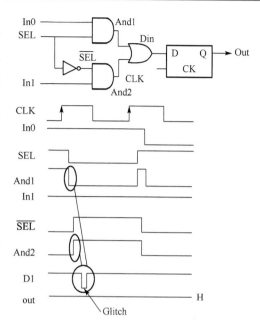

图 7.19　同步电路对毛刺的消除

为了解决这些问题,异步逻辑电路(含多时钟域电路和数据驱动电路)逐步进入研究人员的视野。多时钟域用 FIFO 或本地握手信号来完成整个电路的时序控制工作。异步电路的优势如下:

① 异步电路的模块化特性突出,在设计复杂电路时具有内在的灵活性。

② 对信号的延迟不敏感,可避免由于同步电路的时钟偏差而导致的逻辑错误等问题。

③ 异步电路的性能由电路的平均延迟决定,有潜在的高性能特性。

④ 异步电路主要由数据驱动,无须全局同步的时钟信号的参与,具有低功耗的特性。

⑤ 异步电路的辐射频谱含能量少且分散性好,有电磁兼容性好的优点,对于特殊应用的芯片起到独特的效果。

7.2.2　多时钟数据同步

实际片上系统或是板级系统都会是多时钟域且面临跨时钟域的设计挑战,即多个时钟域的信号传递或数据移动等,如多模基带处理、可重构 NOC、数字信号处理芯片及微处理器等。当信号从一个时钟域传送到另一个时钟域时,出现在新时钟域的信号是异步信号。在现代 ASIC/FPGA 设计中,许多 EDA 软件工具可以建立几百万门的电路,但这些程序都无法解决信号异步问题。设计者需要提供可靠的设计方案,以完成跨时钟域的设计挑战并尽可能减少电路在跨时钟域通信时的故障风险。

从事异步设计的第一步是要理解信号稳定性问题。当一个信号跨越某个时钟域时,对新时钟域的电路来说它就是一个异步信号。接收该信号的电路需要对其被接收的信号进行排序或识别。前者往往用于多时钟域电路,后者往往用于无时钟电路。被接收的异步信号通过本地时钟信号排序确认后才可以按照本地的时钟进行处理或交换;另一方面,异步信号通过握手协议确认后才可以被接受并与本地同步。同步器还可以防止第一级存储单元(触发器)的亚稳态在新的时钟域里传播蔓延。当一个触发器进入亚稳态时,既无法预测该单元的输出电平,也无法预测何时输出才能稳定在某个正确的电平上。在这个稳定期间,触发器输出一些中间级电平,或者可能处于振荡状态,并且这种无用的输出电平可以沿信号通道上的各个触发器级联式传播。为防止上述亚稳态的传播,异步信号处理器具有良好的抑制作用,下面介绍多时钟信号同步问题。

1. 双锁存器法

对于两个不同时钟域的异步信号,采用双锁存器法同步能很好地解决异步信号并避免亚稳态的出现,如图 7.20 所示。

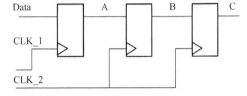

图 7.20 的电路中包含两个时钟域,当数据 A 的拐点恰好处于第二时钟域的上升沿时,触发器的输出 B 就是亚稳态信号,通过第二个锁存器后输出的 C 就变成了稳定的数据信号,具体可以考虑如下三种情况:

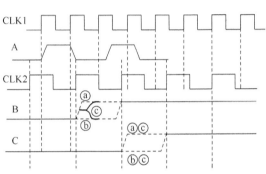

① 当数据 A 的下降沿被采样为高电位时,数据 B 就是高电位信号。经一个 CLK2 时钟后数据被锁存到第三个锁存器中,使输出 C 保持稳定高电位输出,如ⓐ所示。

② 当数据 A 在下降沿被采样为低电位时,数据 B 就是低电位信号。经一个 CLK2 时钟后数据被锁存到下一个锁存器中,使输出 C 保持稳定低电位输出,如ⓑ所示。

③ 然而数据 A 在下降沿被采样存在亚稳态的可能,则第一个输出信号 B 也是亚稳

图 7.20 双锁存器法

态输出,如ⓒ。而在 CLK2 的第一时钟周期内,亚稳态信号ⓒ转变为高电位或者低电位,从而使信号再经过一级寄存器后重新采样才能使输出保持稳定,使第三个寄存器输出端 C 信号稳定在高电平,实现电平同步。

2. 边沿检测同步器

对于在多个时钟周期内一直保持有效的信号来说,采用图 7.20 所示的简单电平同步器就能很好地解决问题。但如果目标时钟域的时钟频率大于源时钟域的频率时,就需要使用边沿检测同步器来保证数据的稳定。边沿检测同步器在电平同步器的输出端增加了一个触发器和双边沿采集的比较器,其中比较器可以使用与门(正、负边沿检测)、异或门(双边沿检测)。边沿检测同步器如图 7.21 所示,当信号边沿从 1→0 或从 0→1 变化时,边沿检测生成一个时钟同周期脉冲。边沿检测通常检测初始条件并依此信号触发其他逻辑信号。边沿检测电路产生低电平有效脉冲的电路。如果是与非门,它将检测同步器输入信号的上升沿,产生一个与同步时钟周期等宽的高电平有效的脉冲。如果将与门的两个输入端交换使用,就可以构成一个检测输入信号下降沿的同步器。需要注意的是,边沿检测同步器的输入信号在新的时钟周期内必须保持两个以上有效时钟信号。

对于图 7.21 的设计方法,如果 CLK1 的频率比 CLK2 频率高,可能会出现因为数据变化太快而使第二个时钟无法采到数据的问题,即在信号从快时钟域向慢时钟域过渡的时候,如果

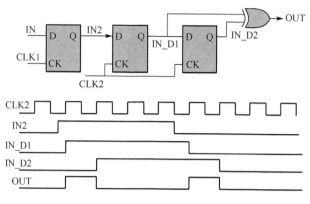

图 7.21　边沿检测同步器

信号变化太快,那么慢时钟将可能无法对该信号进行正确采样而导致数据丢失。另一方面,如果时钟 CLK2 很慢,有时可能会对信号进行两次采样,这也是我们不希望看到的结果。也就是说,边沿检测同步器会产生一个脉冲,用来指示输入信号的上升沿或下降沿。这种同步器有一个限制,即输入信号的脉冲宽度必须大于同步时钟周期与第一个同步触发器所需保持时间之和。最保险的脉冲宽度是同步器时钟周期的两倍($T_{IN\_D1}>2T_{CLK2}$)。如果输入信号脉冲宽度低于两倍的目标时钟(CLK2 是较慢的时钟域),则边沿检测同步器失去作用。所以,在使用双锁存器法时,应该使原始信号保持足够长的时间,以便另一个时钟域的锁存器可以正确地对其进行采样。另一个缺陷是同步数据和频闪信号导致的数据竞争条件/频闪信号,在不同时间条件下,双锁存器法不推荐使用在诸如控制器输出等的独立信号。

3. 脉冲同步器

一种安全可靠的跨时钟域方法是切换同步法(Toggle Synchronizer),也称为脉冲同步(Pulse Synchronizer),如图 7.22 所示。因为切换同步法适合任何时钟域的过渡(CLK1 和 CLK2 的频率和相位关系可以任意选定),所以没有标明两个时钟坐标。脉冲同步器的工作原理是,发送端信号是一个单时钟宽度脉冲,在原时钟域中经过翻转触发电路后,通过电平同步器经逻辑异或输入接收端。发送端的翻转电路每转换一次状态就产生一个单时钟宽度的脉冲,所生成的脉冲宽度是接收端时钟的两倍周期。脉冲同步器的限制条件,即发送端输入脉冲之间的最小间隔必须等于两个同步器时钟周期。如果输入脉冲相邻过近,则新时钟域中的输出脉冲也紧密相邻,结果是输出脉冲宽度比一个时钟周期宽。当输入脉冲时钟周期大于两个同步器时钟周期时,这个问题更加严重。这种情况下,如果输入脉冲相邻太近,则同步器就不能检测到每个脉冲信号,以至同步器失效。

同步器的切换存在一个信号同步阶段,一般使用 Req-ack 信号——即目标时钟域在信号转换接受期内应答(ACK)源时钟域以满足对接收信号的瞬态变化。其整体的设计思想为,用脉冲开关(Pulse-Toggle)单元将信号延长,再用同步器将信号过渡,最后用切换脉冲(Toggle-Pulse)单元还原信号,以保证另一个时钟域可以正确采到,而接收方用相反的流程送回响应信号。图 7.22 描绘了切换同步法的电路图和时序图。源时钟域信号在目标时钟域的一个时钟周期内被转换成信号脉冲。也就是说,目标时钟域与源时钟完成确认-应答的握手协议。图 7.22 同时描述了 Req 的信号路径,也就是说,源时钟域的单信号瞬态特性在一个周期中转换为目标时钟域中的单脉冲。最后通过镜像从这个目标时钟域转移到源时钟域 Req 逻辑完

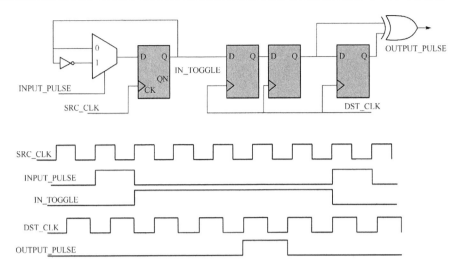

图 7.22　脉冲同步法

成计划的握手-应答协议。因为不存在对源时钟频率的关系/目标域的依赖关系,使设计具有一定的优势。但需要注意的是,对于两个目标同步时钟周期输入脉冲必须保持最小间距。如果输入脉冲非常接近,将会产生一个超过 1 个时钟周期的输出或检测不到希望的信号,这是存在的脉冲风险。

　　对于较为复杂的多时钟域问题,非同源时钟同步化是一个有效的解决方案。图 7.23 是一种实用的多时钟域同步化方法。

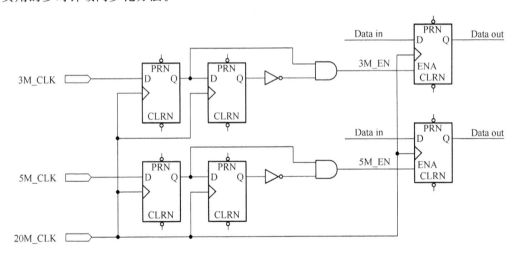

图 7.23　多时钟域同步化法

　　图 7.23 有两个不同的时钟,3 MHz 和 5 MHz,为了系统的稳定引入一个 20 MHz 时钟信号,使前面两个时钟同步。这时,20 MHz 时钟由系统时钟输入到触发器,而 3 MHz 和 5 MHz 时钟信号端变成使能信号控制触发器。这时双时钟电路同步化。这种多时钟域条件的同步化方法存在需求第三方时钟信号的要求,由于过多的时钟信号导致系统消耗大量的功耗资源,同时,在高速条件下,对第三方的时钟将要求更高的频率。因此,在实际工程应用中,此种同步方案的使用受到了制约。

7.2.3　同步/异步复位问题

对于时序电路的锁存器、触发器和寄存器等存储单元,其置位或复位信号是必不可少的。在多时钟域,复位信号的同步或异步赋值更起到了关键作用。当复位信号处理不当时就可能产生亚稳态。通常对于复杂的大规模 SoC 系统,其单一的输入复位信号必须输入系统的所有时钟域。

同步复位信号的敏感边沿并不是必需的,因为定义的所有状态单元都是在信号的初始态,并且复位信号通常在亚稳态条件下也处于可参考的敏感边沿。然而,当复位信号处于非激活状态时,电路必须要处于有效的同步以避免触发器进入亚稳态。当复位信号进入不同时钟域时,需要使用独立的同步器来完成上述设计任务。

因此,在复杂的电路系统设计中,设计复位电路和复位信号是至关重要的任务。错误的复位信号可能导致内部逻辑的失败但难于检测,甚至可以导致整个系统的失效。下面考虑同步/异步复位信号、复位同步器及影响复位的一些因素等。复位信号可以实现同步或异步设置,复位信号处于瞬态变化时存在一定的时间窗口。在激活的时钟上升沿(Setup Time)之前,回复时间是最小的且复位是稳定态。而当处于时钟上升沿后(Hold Time),复位稳定情况下异步信号在时钟有效沿到来后,必须保持的最小时间是最小值。

同步复位信号的优势如下:

- 复位信号仅在激活时钟边沿敏感;
- 消耗少数的逻辑门资源;
- 当复位和时钟同步时时序分析容易。

同步复位信号的主要缺点:时钟信号与复位信号要同期工作,且需要时钟跟随。

异步复位信号的优势如下:

- 数据路径不需要外部逻辑而使时序约束更加容易;
- 复位信号不需要参考时钟;
- 不需要复位树,因此能在一定程度上减少资源,减小复位网络的功耗。

异步复位需要将复位信号设置在敏感列表中,且复位信号必须是负边沿。异步复位信号的问题:可能导致触发器的亚稳态出现,对毛刺敏感,因此,必须进行复位的确立和释放的设定。需要满足异步信号在时钟有效沿到来之前有效的最小时间和异步信号在时钟有效沿到来后必须保持的最小时间时序要求。

例 7.1　触发器复位。

```
module dff3_aras (q, d, clk, rst_n, set_n);
output q;

input d, clk, rst_n, set_n;
reg q;
    always @ (posedge clk or negedge rst_n or negedge set_n)
        if (!rst_n)    q <= 0;                     //asynchronous reset
        else if (!set_n)   q <= 1;         //asynchronous set
        else           q <= d;
    // synopsys translate_off
    always @ (rst_n or set_n)
        if (rst_n && !set_n) force q = 1;
        else release q;
```

```
    // synopsys translate_on
endmodule
```

在设计时应尽量保证有一个全局复位信号,或保证触发器、计数器在使用前已经正确清零和状态机处于确知的状态。寄存器的清除和置位信号,对竞争条件和冒险也非常敏感。在设计时,应尽量直接从器件的专用引脚驱动。另外,要考虑有些器件上电时,触发器处于一种不确定的状态,系统设计时应加入全局复位/Reset。这样主复位引脚就可以给设计中的每一个触发器馈送清除或置位信号,保证系统处于一个确定的初始状态。需要注意的一点是,不要对寄存器的置位和清除端同时施加不同信号产生的控制,因为如果出现两个信号同时有效的意外情况,会使寄存器进入不定状态。

克服异步复位问题的方法是使用复位同步器。它可以确定复位工作而不进入亚稳态区域。在无参考时钟条件下,当释放复位是同步时,同步器仍可复位异步电路。

同步复位器如图 7.24 所示。两个 D 触发器是为了实现复位信号与时钟信号的同步。

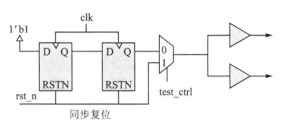

图 7.24   同步复位器

例 7.2   异步复位。

```
module async_reset_FF (rst_n, clk, asyncrst_n);
output    rst_n;
input     clk, asyncrst_n;
reg       rst_n, rff1;

    always @(posedge clk or negedge asyncrst_n)
        if (!asyncrst_n)
            {rst_n,rff1} <= 2'b0;
        else
            {rst_n,rff1} <= {rff1,1'b1};

endmodule
```

异步复位的最大问题就是由于对任何宽度输入信号都是敏感的,从而带来毛刺触发问题。因此,对于异步复位电路进行毛刺滤除是不可缺少的工作。滤除电路中增加的 Delay 模块是关键部分。在一些工艺中,芯片的代工厂为设计者提供了相应的硬 IP,设计者可以在综合过程中完成延时模块的设计。

无论是同步复位或是异步复位都有各自固有的优缺点,而在特殊要求的电路中,即异步确立全部复位而同步释放复位,利用同步异步各自的优点来实现。在图 7.25 中,复位电路中的

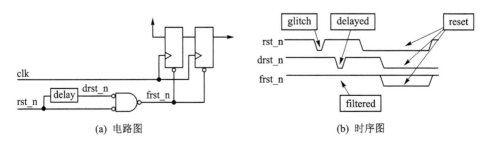

(a) 电路图   (b) 时序图

图 7.25   异步复位毛刺滤除电路及其时序图

寄存器通过外部信号异步复位,其他单元寄存器也同时复位,也就是复位时不需要时钟跟随。当外部复位释放时,本区域的时钟信号经过复位同步器之后输入到其他功能寄存器单元。异步确立和同步释放的复位电路通常提供比完全异步或完全同步复位更可靠的复位。

对于复位设计,不同复位类型的触发器不应该组合到单个 always 模块中。以下的代码说明了这个情况,其中可复位触发器赋值给不可复位触发器以保证其复位功能。

例 7.3　复位触发代码 1。

```
module resetckt (
output  reg data_o,
input   reset,clk,
input   data_in);

reg   datareg;
        always @(posedge clk)
        if (!reset)
            datareg <= 0;
        else begin
            datareg <= data_in;
            data_o <= datareg;
    end
endmodule
```

同步第二个触发器(data_o)将由第一个复位驱动的时钟使能输入,混合复位设计占用了较多的逻辑资源和额外的布线资源,对电路的时序要求也更严格。如果两种不同复位触发器设置在不同的过程块中,并且仅使用异步复位方法,那么其资源消耗和时序约束条件都会得到极大改善,对比图 7.26 和图 7.27 两种不同设计的综合结果就可以得到上述结论。

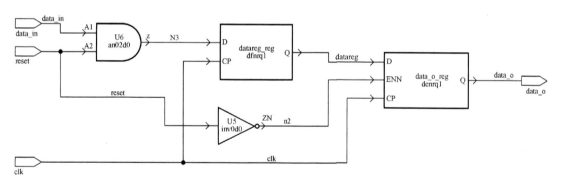

图 7.26　混合复位设计综合结果

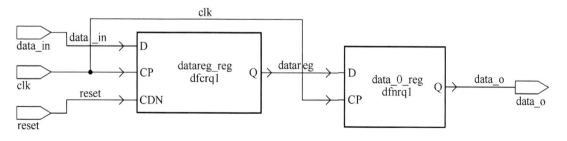

图 7.27　异步复位设计综合结果

例 7.4 复位触发代码 2。

```
module    resetckt (
output    reg data_o,

input     reset,clk,
input     data_in);

reg       datareg;
    always @(posedge clk or negedge reset)
        if (!reset)
            datareg <= 0;
        else
            datareg <= data_in;
    always @(posedge clk)
            data_o <= datareg;
    endmodule
```

第二个触发器的使能信号可以被省略。

在一些设计中,存在一个内部事件引起对芯片的一部分复位的条件。在这种情况下有两种选择:利用同步或异步复位,设计驱动复位的逻辑没有任何静态的冒险。对比上面两种复位方法可知,在 ASIC 设计中,同步复位要比异步复位多消耗资源,但是在 FPGA 中两者差不多,因为 FPGA 中的寄存器同步复位和异步复位都提供资源。异步复位会对复位信号上的毛刺产生错误复位。在 ASIC 设计中,通常的做法是使用异步复位,在异步复位信号的根部进行总体同步。关于异步复位有静态冒险的问题,这是由于传播延时的变化,甚至逻辑跳变都可以引起一个复位脉冲。

复位电路中冗余逻辑映射表示的添加项,消除了引起毛刺的冒险的可能性,而复位处于无效状态。通常,消除静态高电平冒险的技术将防止内部产生的复位线上的毛刺。但是,实际上一般推荐利用完全同步的复位同步器。这种设计方法可实现在一个完全同步设计的条件下消除冗余逻辑保持无毛刺复位信号。

对于复杂的 ASIC/FPGA 系统,复位信号分布与时钟信号分布一样应当引起足够的重视。复位信号树与时钟树最大的区别是对偏差的依赖程度不同。复位信号之间的偏差不像时钟偏差那样敏感,只要保证复位信号的延迟时间不超过一个时钟周期并且满足目标触发器的恢复时序即可。

多时钟域设计可能会存在亚稳态、毛刺、复位同步及相关信号在跨越时钟边界后失去相关性等问题。最后的问题是最不直观的,这将导致非常不确定的行为,如数据丢失、算术结果破坏。为克服上述问题多时钟域设计一般要遵循"异步复位,同步释放"的原则。已经确立的复位释放必须总是同步的,以及异步复位信号必须对释放重新同步。作为这个原则的一个扩充,对每个异步时钟区域独立地同步复位是重要的。对于多时钟域情况,每个时钟区域必须利用一个独立的复位同步电路,同步复位信号相对于其他独立时钟区域的同步复位仍是异步信号。对每个独立的时钟区域必须利用一个分开的复位同步器。

同步复位是信号与时钟之间不需要一定的关系,即多个同源时钟域的复位信号相对独立;异步复位是复位信号与时钟保持一定的关系,即第二个时钟域逻辑激活前,第一个时钟域在复位信号工作后一定激活。

在多时钟域的复位设置中,需要考虑下列情况:

● 复位恢复时间出现在复位释放的时刻;

- 完全同步复位可能捕获不到复位信号本身(复位确立失败),这取决于时钟的特性;
- 异步释放和同步确立的复位电路通常提供比完全异步或完全同步复位更可靠的复位;
- 在单个 always 模块中不应该利用不同类型的复位;
- 对每个独立的时钟区域必须利用一个分开的复位同步器。

7.3　异步电路

7.3.1　异步电路基础

同步电路是基于时钟信号对输入数据进行的计算和处理,一个计算结果都是在一个时钟信号触发后产生的,是在时钟边沿触发后同步输出的,是以时钟周期为延时单位执行的。在异步电路中没有时钟信号,通常会认为是随时间执行的动态计算过程,因此,异步电路的延迟是基本的问题,一般称其为延迟模型。

众所周知,电路单元中,无论是逻辑门还是互连线都有本征延迟。在异步电路中,按照时序属性电路的延迟模型分为:零延迟模型、固定延迟模型、有界延迟模型和无界延迟模型等。异步电路的时序特征就是延迟,固定延迟模型中其延迟是一个固定值,有界延迟模型是假定电路中所有门的最小和最大延迟值是被限定的,而在无界延迟模型中,延迟在给定的时间间隔内可能是任意值。按照记忆属性划分延迟模型分别是纯延迟模型和惯性延迟模型,是 S. Unger 于 1969 年发表的。纯延迟模型仅延迟波形信号传播而不改变形状,但惯性延迟能够修改小的"毛刺"而改变波形。惯性模型如同滤波器一样能够滤除小于系统周期的信号。限于篇幅本书仅简单介绍基本的异步电路概念,如延迟不敏感电路、准延迟不敏感电路、速度无关电路和有界延迟电路等。

表 7.1 给出了 4 种异步延迟模型的逻辑门和互连线的延迟预定对比关系。

表 7.1　异步电路延迟模型对比

电路类型	逻辑门延迟	连线延迟
延迟不敏感电路	无限延迟	无限延迟
准延迟不敏感电路	无限延迟	存在延迟等分叉线
有界延迟电路	有限延迟	有限延迟
速度无关电路	无限延迟	延迟为 0

1. 延迟不敏感电路(Delay - Insensitive)

延迟不敏感问题由 Udding 博士定义并讨论。延迟不敏感设计是异步电路中最具鲁棒性的设计,它可以有零到无限的延迟,并且可以是时变的情况,但不考虑门级和互连线延迟。考虑延迟问题时,假设输入是受发送模块条件限制的信号,执行从发送模块到接收模块的功能;而输出代表接收模块限制的信号,并执行从接收模块传播到另一个发送模块的过程。在操作过程中将出现两个行为动作,即在发送模块边界和接收模块边界。由于延迟的作用使信号相关但不一定相同,来自一个模块边界的信号最终会到达另一个边界,而到达一个边界的信号必须是在另一个边界之前产生的。在异步通信过程中,接收端尚未准备好数据接收,但传送数据已经到达,就可能产生错误。另一方面,当两个信号占据同一物理接口时,我们定义为延迟不敏感。当发送-接收模块以上述方式根据该规范操作执行时,对于所设计的数据通路保证没有计算和传输干扰。上述电路单元如同具有弹性,其"边界"是灵活可变的。或者说在发送与接收模块间确定的通信机制下具有可变通特性。因此,对于延迟不敏感的模型,无论电路等待多长时间,都不能保证正确接收输入。

2. 准延迟不敏感电路(Quasi - Delay - Insensitive)

Martin 提出了一种改进门级设计延迟不敏感的方法,称为准延迟不敏感。在准延迟不敏感电路中同样假设逻辑门和线网存在任意的延迟,除非被设置为定位等时线(isochronic),如图 7.28 所示。顾名思义,等时分叉的约束是分叉到不同末端的延迟必须相同。通常被解释为信号到达等时分叉末端的时间差必须小于最小门延迟,等时分叉的目的是确保在逻辑门的各种输入端的跳变顺序是无风险的动作。如果图 7.28 中 F 端是等时线,它将确保在 A 端下降沿瞬间之前 B 端的上升沿要到达,也就是输出 C 是无毛刺的输出信号。如果将该电路的互连线延迟与逻辑门延迟合并,就是速度无关延迟。准延迟不敏感电路难以保证电路分叉线的等延迟约束。

3. 有界延迟电路 (Bounded - Delay)

在有界延迟模型中,假设电路中所有门的最小和最大有界延迟值,如果满足上述条件,电路就能正常工作。这种有界的定时电路比其他的异步电路更快、更小、功耗更低,但它们的设计和综合过程通常更复杂,需要全面的定制化物理版图的分析,以确保满足所有界限。霍夫曼(Huffman)电路是有界延迟电路的一种。有界延迟电路设计更类似于同步电路,不过其存储单元是延迟单元而非同步电路中的触发器,如图 7.29 所示。

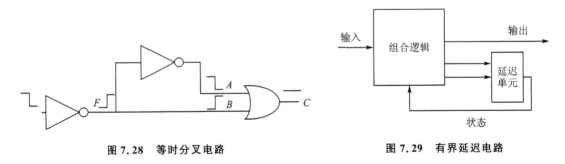

图 7.28　等时分叉电路　　　　　图 7.29　有界延迟电路

7.3.2　异步逻辑 C 单元

在同步组合时序电路中,电路系统是由基本的逻辑门电路组合而成的,其中如简单的与、或、非逻辑门,异或、同或、DFF、DLatch 等逻辑门。而在异步逻辑电路中需要用到一些独特的逻辑门,主要是异步逻辑 C 单元(Muller C - element),如图 7.30 所示。

异步逻辑 C 的逻辑状态表达式如下:

$$F' = AB + AF + BF \tag{7.9}$$

这里 A、B 是输入信号,F 是输出。其逻辑功能真值表如图 7.30(a)所示。

异步逻辑 C 模块是一个状态保持单元,很像一个异步设置复位锁存器。当两个输入 A、B 都是 0 时,输出是 0;而当两个输入都是 1 时,输出是 1;在其他两种输入条件下,输出不变。当

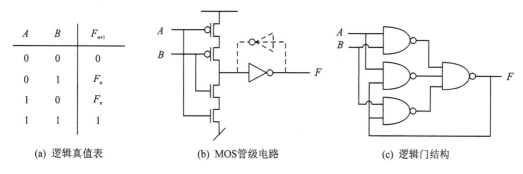

A	B	F_{n+1}
0	0	0
0	1	F_n
1	0	F_n
1	1	1

(a) 逻辑真值表   (b) MOS管级电路   (c) 逻辑门结构

图 7.30 异步逻辑 C 单元模块

看到输出从 0 变为 1 时,可能会断定两个输入现在都是 1;反之,当看到输出从 1 变为 0 时,可能会断定两个输入现在都是 0。通常,所有的异步电路都依赖于 0 到 1 之间的循环转换的握手协议,因此,异步逻辑 C 单元是异步电路中广泛使用的基本元件。

异步流水(Muller Pipeline)是基于异步逻辑 C 构造的异步电路,它是其他复杂异步逻辑电路的主要结构,如图 7.31 所示。异步逻辑流水结构或许是多数异步电路设计的核心问题,也是异步电路设计的难点所在。图 7.31(a)是一种中继握手协议的异步流水结构,当左侧模块开始握手之时,所有异步逻辑 C 模块都被初始化为 0。握手协议波形如图 7.31(b)左侧所示,异步时序逻辑关系遵循右侧时序关系,当 $C[i-1] \neq C[i+1]$ 时,$C[i]=C[i-1]$。也就是,仅当 $C[i+1]=0$ 时,异步逻辑 C 当前状态 $C[i]$ 输入并存储 $C[i-1]=1$ 的数据;反之,仅当 $C[i+1]=1$ 时,异步逻辑 C 当前状态 $C[i]$ 输入并存储 $C[i-1]=0$ 的数据。因此,异步逻辑 C 模块是控制异步传播的核心单元并以波动的形式负责传递数据。异步流水结构中的传播速度是由本单元的平均物理延时所决定,与上下模块的传播速度无关。如果当左右两侧的传播数据的速度不均衡时,中继握手结构如同 FIFO 功能一样保障数据传播的正确,且不会丢失数据。最后,该电路还有一个特点就是无论数据从左传递到右,还是从右传递到左侧,电路的功能是完全相同的,这点与同步电路的单向操作完全不一样。

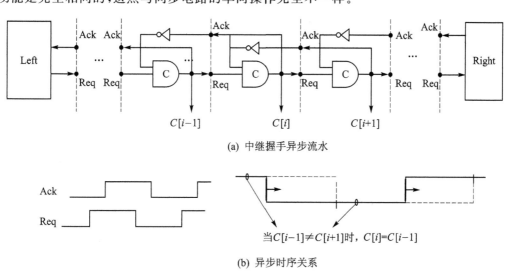

(a) 中继握手异步流水

当 $C[i-1] \neq C[i+1]$ 时,$C[i]=C[i-1]$

(b) 异步时序关系

图 7.31 异步流水及其时序关系

基于综合的异步电路设计是实现异步电路的重要方法之一。这种设计使用有界延迟模型,与同步电路相似。在可综合的异步电路设计中,数据路径与控制单元是分离的,进行简单修改就可变成同步电路,电路结构如图 7.32 所示。

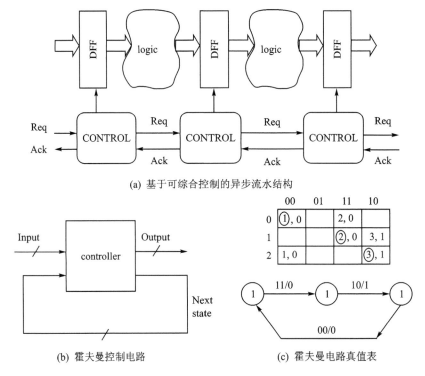

(a) 基于可综合控制的异步流水结构

(b) 霍夫曼控制电路   (c) 霍夫曼电路真值表

图 7.32   异步电路设计

异步流水结构不是基于时钟信号的触发,而是通过异步控制器完成对触发器的时序控制。霍夫曼控制逻辑电路由组合逻辑电路构成,包括输入、输出和次态逻辑。次态逻辑输出由延迟单元构成反馈环,以实现控制器输入作为当前状态,因此,延迟单元是必要的。霍夫曼电路真值表如图 7.32(c) 所示。该流水结构既可以针对性控制某一级流水电路,也可适用于全部流水线的控制器。该异步电路的一组新的输入只有在电路对先前输入做出响应并稳定下来后才允许再改变。

7.3.3   握手协议

异步电路的数据传输通常采用两种编码协议,即数据包协议和双轨编码协议,如图 7.33 所示。握手协议就是数据包协议的代表,它是处理异步电路数据流的一种重要方法。握手信号包括请求信号、应答信号和被传送数据。基本的握手协议数据包在发送端通过 Req 信号表

(a) 握手协议   (b) 双轨编码协议

图 7.33   异步编码协议

示有效,接收端通过 Ack 信号确认接收正确。而双轨协议设定 00 无数据;01 表示 0;10 表示 1;11 表示非法,由于该协议本身含有数据判断有效功能,因此,只有应答信号而无需请求信号即可完成握手功能。由于双轨协议数据传输是双倍的位宽数据线,占用资源较多,而握手协议占用资源少,但需要匹配延迟。

握手协议有两种基本类型:4 相握手(4 - phase - handshake)和 2 相握手(2 - phase - handshake)。每种类型的握手都要用同步器,各有优缺点。

首先介绍半握手协议,也称为 2 相握手协议。使用半握手协议时,通信双方的电路都不等对方的响应就中止各自的信号,并继续执行握手命令序列。半握手类型比全握手类型在健壮性方面稍弱,因为握手信号并不指示各自电路的状态,每一电路都必须保存状态信息(在全握手信号里这个信息被送出去)。但是,由于无须等待其他电路的响应,执行完整的事件序列花费时间较少。

对于半握手协议方式,响应的电路必须以正确的时序产生它的信号。如果响应电路要求先处理完一个请求,然后才能处理下一个请求,则响应信号的时序就很重要。电路用它的响应信号来指示它的处理任务何时完成。一种半握手方法混合了电平与脉冲信号,而其他的方法则只使用脉冲信号。

在第一种半握手方法中,如图 7.34 所示,首先,发送端将数据置于数据总线①,而后发送端以有效电平声明其请求信号②,接收端在接到请求信号后一旦就绪就接收总线上的数据,接收端是以一个宽度脉冲作为确认响应③。接收端并不关心发送端何时中止它的请求信号。但为了完成通信,发送端中止请求信号至少要有一个脉冲周期长,否则,接收端就不能区别连续的两个请求信号。这个工作过程就实现了数据变化、发送请求、数据接收和接收应答这四个过程。

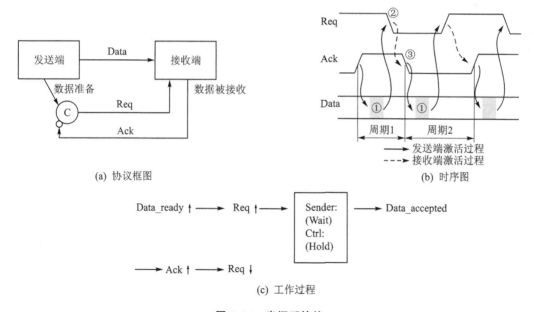

(a) 协议框图

(b) 时序图

(c) 工作过程

图 7.34 半握手协议

在半握手协议中,接收端使用一个电平同步器获得请求信号,发送端使用一个脉冲同步器来获取应答信号。只有当接收端检测到请求信号时才发出应答脉冲。这种情况可以使发送端通过控制其请求信号的时序控制同步器接收到的脉冲间隔。同样可以用经验估算法确定时序,即信号跨越一个时钟域要花两个时钟周期并且在跨越时钟域前被电路寄存。

握手协议是通过异步逻辑触发 C 单元模块来实现的,电路符号和真值表如图 7.30 所示。逻辑触发单元模块执行"与"操作。其工作原理是,当两个输入相同时,输入信号被执行输出;当两个输入不同时,输出就保持原来的值。观察逻辑触发单元的真值表发现它与锁存器是相同的,也就是锁存器可以完成逻辑触发单元功能。

基于半握手协议的发送-接收系统如图 7.35 所示。当 Req、Ack 和数据准备信号在开始时为零,发送端准备发送数据时,准备信号变为高电平,由于逻辑触发单元的两个输入都是高电平,而触发单元电路 Req=1,之后发送端回到等待模式,接收端处于控制模式。此时,逻辑触发单元处于锁存状态,只要接收端还没有接收传输来的数据,就不会有新的数据发到数据总线上。如果接收端接

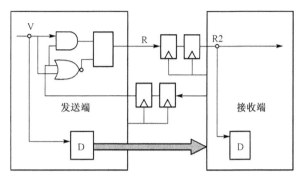

图 7.35　半握手协议的发送-接收系统

收这一数据,就将数据接收信号置于高电平,接着 Ack=1,这样逻辑触发单元被解锁且控制权转移给发送端。这时数据准备变为低电平,从而触发单元使 Req=0,这样循环过程重新开始。工作过程如图 7.34(c)所示。

上述的半握手协议的发送端完成准备和请求两个周期,接收端完成接收和应答两个周期。如果握手协议的两端都采用脉冲同步器,其半握手方法可以再减少周期消耗。此时发送端用一个单时钟宽度脉冲发出它的请求,而接收端也用一个单时钟宽度脉冲响应这个请求。在这种情况下,两个电路端都需要保存状态,以指示请求正待处理。但如果其中一个电路时钟比另一个电路时钟快两倍,则可以用边沿检测同步器来代替。

这种握手类型使用的是脉冲同步器,但如果其中一个电路时钟比另一个电路时钟快 2 倍,则可以用边沿检测同步器来代替(如图 7.21 所示)。完整的时序是:A 时钟域最多 2 个周期,加上 B 时钟域最多 3 个周期。所以这种半握手技术与全握手方法相比,在 A 时钟域少用 3 个时钟周期,在 B 时钟域也少用 3 个时钟周期。同时,也比第一种半握手方法分别在 A、B 时钟域快了 1 个和 2 个周期。这些握手协议针对的都是跨越时钟域的单一信号。半握手协议的优点是速度快且信号处理简单,但其缺点也随而来,稳定性较差、边沿敏感、需求额外的逻辑结构,以及可能导致死锁。因此,当几组信号要跨越不同时钟域时,设计人员就需要使用更加复杂的信号传送方法。

全握手协议是一种更为健全的异步通信方式,它避免了半握手协议可能出现的死锁等现象,但它过多的归零传递也消耗更多的时序资源。请求和确认信号是使用布尔编码信息,对全握手协议,双方电路在声明或中止各自的握手信号前都要等待对方的响应。首先,发送端声明它的请求信号,然后,接收端检测到该请求信号有效后,声明它的应答信号。当发送端检测到应答信号有效后,中止自己的请求信号。最后,当接收端检测到请求无效后,中止自己的响应信号。除非发送端检测到无效的应答信号,否则它不会再声明新的请求信号。也就是说,对全握手协议,双方电路在声明或中止各自的握手信号前都要等待对方的响应。全握手协议时序图如图 7.36 所示。

对于全握手通信,当 Req、Ack 和数据准备信号在开始时为零,发送端准备发送数据时,准

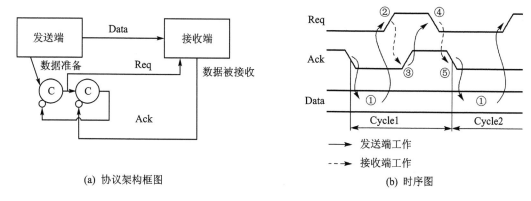

(a) 协议架构框图 　　　　　　　　　　　　　　(b) 时序图

图 7.36　全握手协议

备信号变为高电平,由于逻辑触发单元的两个输入都是高电平,而触发单元电路 Req＝1,之后发送端回到等待模式,接收端处于控制模式。此时,如果接收端准备就绪并开始接收这一数据时,就将数据接收信号置于高电平,接着 Ack＝1。此后,请求信号 Req 和应答信号 Ack 都被置为低电平,这样数据总线才可以发送新的数据。因为每个周期可以看到 4 个不同时间区域,所以也称为 4 相位握手协议。图 7.37 是全握手协议系统结构图。

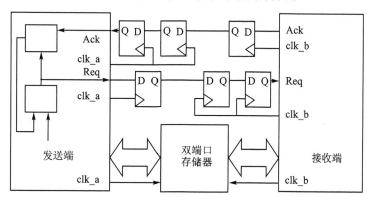

图 7.37　全握手协议系统结构图

这种类型的握手使用了电平同步器。应答电路(接收端电路)需要告知请求电路(发送端电路)它可以处理请求。全握手方法要求请求电路延迟它的下一个请求,直到它检测到响应信号无效。可以用经验估算法判断这个协议的时序:信号跨越一个时钟域要花两个时钟周期的时间,信号在跨越多个时钟域前被电路寄存。全部的时间序列是:A 时钟域中最多 5 个周期,加上 B 时钟域最多 6 个周期。全握手类型很强健,因为通过检测请求与响应信号,每个电路都清楚地知道对方的状态。这种方式的不足之处是完成所有交互的整个过程要花费很多时钟周期。

例 7.5　握手协议代码。

```
module handshack(clk,rst_n,req,datain,ack,dataout);
input    clk;                  //发送端时钟信号
input    rst_n;                //低电平复位信号
input    req;                  //请求信号,高电平有效
input[7:0] datain;             //输入数据
output   ack;                  //应答信号,高电平有效
output[7:0] dataout;           //输出数据,主要用于观察是否和输入一致
```

```
//req 上升沿检测
reg reqr1,reqr2,reqr3;
    always @(posedge clk or negedge rst_n)
        if(!rst_n) begin
        reqr1 <= 1'b1;
        reqr2 <= 1'b1;
        reqr3 <= 1'b1;
        end
        else   begin
        reqr1 <= req;
        reqr2 <= reqr1;
        reqr3 <= reqr2;
        end
//pos_req2 比 pos_req1 延后一个时钟周期,确保数据被稳定锁存
        wire pos_req1 = reqr1 & ~reqr2;      //req 上升沿标志位,高有效一个时钟周期
        wire pos_req2 = reqr2 & ~reqr3;      //req 上升沿标志位,高有效一个时钟周期
//------------------------ 数据锁存 ----------------------
    reg[7:0] dataoutr;
    always @(posedge clk or negedge rst_n)
        if(!rst_n)
            dataoutr <= 8'h00;
        else if(pos_req1)
            dataoutr <= datain;                //检测到 req 有效后锁存输入数据
            assign dataout = dataoutr;
//---------------------- 产生应答信号 ack -------------------
    reg ackr;
    always @(posedge clk or negedge rst_n)
        if(!rst_n)
            ackr <= 1'b0;
        else if(pos_req2)
            ackr <= 1'b1;
        else if(!req)
            ackr <= 1'b0;
        assign ack = ackr;
    endmodule
```

该 Verilog 代码模拟了握手通信的接收域,其仿真波形如图 7.38 所示。在发送域请求信号(Req)有效的若干个时钟周期后,先是数据(datain)被有效锁存了(dataout),然后接收域的应答信号(Ack)也处于有效状态,此后发送域撤销请求信号,接收域也跟着撤销了应答信号,由此完成了一次通信。

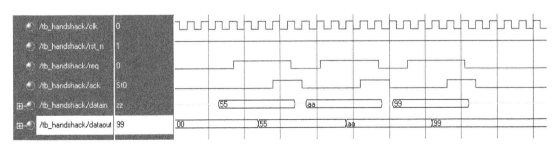

图 7.38　握手协议的仿真波形

7.3.4　异步 FIFO

在设计异步数据通信电路时,当大量的数据进行跨时钟域传输且数据传输速度较高时,通常采用异步 FIFO。同步 FIFO 不能完成两个时钟域间数据的通信。异步 FIFO 写入数据使用一种时钟,而读出数据则用另外一种时钟,其中这两个读/写时钟是异步的。数据在两个不同时钟域通信时会产生"等待",因此需要使用寄存器才能完成此工作。在异步数据通信时,其中一种情况是发送端触发式发送数据,但接收电路时钟较慢而来不及接收。另一种情况是接收电路采样速度超出发送电路发送数据的速度,但采样的数据宽度不够。这时使用异步 FIFO 电路可以解决上述问题。可以说,设计使用 FIFO 有两个目的:速度匹配或数据宽度匹配。在速度匹配时,FIFO 较快的端口处理触发的数据传输,而较慢的端口维持恒定的数据流。工作的 FIFO 尽管存在访问方式和速度的差异,但进出 FIFO 的平均数据速率必须相同,否则 FIFO 就会出现上溢(Overflow)或下溢(Underflow)问题。与单寄存器设计相同,FIFO 将数据保存在寄存器或存储器中,同时同步状态信号判断何时可以把数据写入 FIFO 或从 FIFO 中读出。设计中必须使进出 FIFO 的数据率保持相同!

通常设计使用的 FIFO 主要包含产生读、写地址和空、满的标志,如图 7.39 所示。

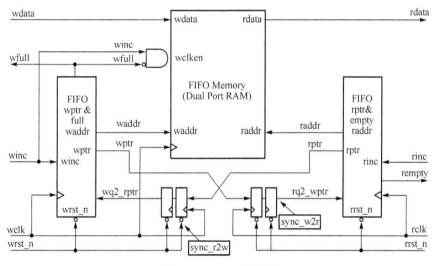

图 7.39　FIFO 结构图

好的异步 FIFO 设计的基本要求是:写满而不溢出,能读空而不多读。异步 FIFO 一般由以下部分组成:

① 存储单元(FIFO Memory):完成不同时钟域下数据的存储功能。

② 逻辑部分(FIFO wptr&full,FIFO rptr&empty):负责产生读、写信号和地址。

③ 地址比较部分(CMP):负责产生 FIFO 堆栈空、满的标志。

其中,如何正确地产生 FIFO 堆栈空、满的标志是异步 FIFO 设计成败的关键。在设计中逻辑模块由于跨越于两个时钟域,如果打算用写时钟来取样读指针或用读时钟来取样写指针,即通过触发器来实现指针的读/取,那么这时将遇到一个不可避免的问题——亚稳态。它将导致逻辑判断的空/满标志出现错误,从而使 FIFO 设计失败。为了保证数据正确地写入或读出,而不发生溢出或读空的状态,必须保证 FIFO 在满状态不能进行写操作,在空的状态下不能进行读操作。因此,判断异步 FIFO 的满/空是 FIFO 设计的核心问题。

采用格雷码是消除触发器中亚稳态问题的有效解决方案。由于格雷码的相邻码元间只有一位改变的特性而有效地避免了计数器与时钟同步时发生亚稳态的现象。但是格雷码的缺点就是只能定义 2^N 的深度,而不能像顺序二进制码那样随意定义 FIFO 的深度,因为格雷码必须循环一个 2^N,否则就不能保证两个相邻码元之间相差一位的条件。格雷码在每一次计数增减时只改变其中的一位(见表 7.2),因此,可以在格雷码数据线上使用同步器。因为每一次数据线改变时只有一根信号线有变化,于是就消除了格雷码数据线各位通过不同同步器时的竞争情况。这种设计的指针为格雷码计数器。

表 7.2 顺序二进制与格雷码的对应关系

十进制数	顺序二进制码	格雷码	十进制数	顺序二进制码	格雷码
0	0000	0000	8	1000	1100
1	0001	0001	9	1001	1101
2	0010	0011	10	1010	1111
3	0011	0010	11	1011	1110
4	0100	0110	12	1100	1010
5	0101	0111	13	1101	1011
6	0110	0101	14	1110	1001
7	0111	0100	15	1111	1000

格雷码计数器是一个二进制累加器,格雷码与二进制码之间能够相互转换,其法则是保留自然二进制码的最高位作为格雷码的最高位,次高位格雷码为二进制码的高位与次高位相异或,而格雷码其余各位与次高位的求法相类似。其简单的公式如下:

$$G_n = B_n$$
$$G_i = B_{i+1} \oplus B_i + 1, \quad 对任意 i \neq n$$

格雷码转二进制码是保留格雷码的最高位作为自然二进制码的最高位,次高位自然二进制码为高位自然二进制码与次高位格雷码相异或,而自然二进制码的其余各位与次高位自然二进制码的求法相类似,公式如下:

$$B_n = G_n$$
$$B_{i-1} = G_{i-1} \oplus B_i + 1, \quad 对任意 i \neq n$$

由此,格雷码转换为二进制码,二进制码转换为格雷码的结构如图 7.40 所示。

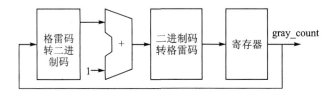

图 7.40 格雷码计数器

格雷码与二进制码的转换是一个异或运算,所以只需比一个二进制计数器多几个逻辑电平。在设计中可以采用同样的技术来比较格雷码指针的值,即在各个指针与二进制比较逻辑之间增加转换器。

当 FIFO 使用冗余的触发器,假设一个触发器发生亚稳态的概率为 P,那么两个级联的触发器发生亚稳态的概率就为 P^2。但这会导致延时的增加。亚稳态的发生会使 FIFO 出现错误,读/写时钟采样的地址指针会与真实的值之间不同,这就导致写入或读出的地址错误。考虑延时的作用,空/满标志的产生并不一定在 FIFO 真的空/满时才出现,可能 FIFO 还未空/满时就出现了空/满标志,其目的是保证 FIFO 不出现上溢或下溢。

由于每个时钟周期中电路都可以读/写异步 FIFO,因此,这种指针逻辑的 FIFO 具有较高的通信效率。但是,在每个周期都访问 FIFO 意味着 FIFO 状态要包括"将满"和"将空"两种指示,"将满"表示只能再写入一项,"将空"则表示只有一项可读。这种情况描述了一个要求最少的可能状态信号的设计,以及一个需要更多指示的设计,如果在固定的最小尺寸情况下用触发方式访问 FIFO 电路,则这种 FIFO 状态技术会给读/写带来不良状态。当 FIFO 满时,写端口的状态指示已满,而在电路从 FIFO 中读出一项后,该状态仍为满,因为同步机制使读指针相对写入一侧的比较逻辑有个延迟。同样,在读出一侧的空状态指示也有这个问题,因为同步机制使写指针相对读出一侧的比较逻辑有时间滞后的现象。

基于上述问题,很多关于 FIFO 的文章其实讨论的都是空/满指针的不同算法问题。下面来介绍改进的算法。

Clifford E. Cummings 的第一算法:作者构造一个指针宽度为 $N+1$,深度为 2^N 字节的 FIFO(为方便比较将格雷码指针转换为二进制指针)。当指针的二进制码中最高位不一致而其他 N 位都相等时,FIFO 为满(在 Clifford E. Cummings 的文章中用格雷码表示使前两位均不相同,而后两位 LSB 相同为满,这与换成二进制表示的 MSB 不同其他相同为满是一样的)。当指针完全相等时,FIFO 为空。

这种方法的思路非常明了,为了比较不同时钟产生的指针,需要把不同时钟域的信号同步到本时钟域中,而使用格雷码的目的就是使这个异步同步化的过程发生亚稳态的概率最小,而为什么要构造一个 $N+1$ 的指针呢? Clifford E. Cummings 也阐述得很明白,有兴趣的读者可以看一下作者原文是怎么论述的。

Clifford E. Cummings 的第二算法:它将 FIFO 地址分成了 4 部分,每部分分别用高两位的 MSB 00、01、11、10 决定 FIFO 是否为 going full 或 going empty(即将满或将空)。如果写指针的高两位 MSB 小于读指针的高两位 MSB,则 FIFO 为"几乎满";若写指针的高两位 MSB 大于读指针的高两位 MSB,则 FIFO 为"几乎空"。它是利用将地址空间分成 4 个象限(也就是 4 个等大小的区域),然后观察两个指针的相对位置,如果写指针落后读指针一个象限,则证明将要写满,反之则很可能将要读空,这个时候分别设置两个标志位 dirset 和 dirrst,然后在地址完全相等的情况下,如果 dirset 有效就是写满,如果 dirrst 有效就是读空。

第二算法描述了一种异步 FIFO 比较法,采用格雷码指针生成一个异步控制信号以便复位或置位空/满的触发器。整体结构如图 7.35 所示。

这种异步 FIFO 电路由 5 部分组成,包括:顶层模块、FIFO 存储器、异步比较器、读指针空、写指针满。

例 7.6 异步 FIFO。

```
/*****************顶层模块 *******************************/
module fifo2 (rdata, wfull, rempty, wdata, winc, wclk, wrst_n, rinc, rclk, rrst_n);
parameter DSIZE = 8;
parameter ASIZE = 4;

output [DSIZE - 1:0] rdata;output wfull;output rempty;
input [DSIZE - 1:0] wdata;input winc, wclk, wrst_n;input rinc, rclk, rrst_n;

wire [ASIZE - 1:0] wptr, rptr;
wire [ASIZE - 1:0] waddr, raddr;
```

```
async_cmp    #(ASIZE)    async_cmp
    (.aempty_n(aempty_n), .afull_n(afull_n), .wptr(wptr), .rptr(rptr), .wrst_n(wrst_n));
fifomem #(DSIZE, ASIZE)    fifomem
    (.rdata(rdata), .wdata(wdata),..waddr(wptr), .raddr(rptr),.wclken(winc),. wclk(wclk));
rptr_empty #(ASIZE)    rptr_empty
    (.rempty(rempty), .rptr(rptr),.aempty_n(aempty_n), .rinc(rinc),.rclk(rclk), .rrst_n(rrst_n));
wptr_full #(ASIZE)    wptr_full
    (.wfull(wfull), .wptr(wptr),.afull_n(afull_n), .winc(winc),.wclk(wclk),. wrst_n(wrst_n));
endmodule
/*********************** 存储器模块 ***********************/
module fifomem (rdata, wdata, waddr, raddr, wclken, wclk);
parameter DATASIZE = 8; // Memory data word width
parameter ADDRSIZE = 4; // Number of memory address bits

parameter DEPTH = 1 << ADDRSIZE; // DEPTH = 2**ADDRSIZE
output [DATASIZE-1:0] rdata;
input [DATASIZE-1:0] wdata;
input [ADDRSIZE-1:0] waddr, raddr;
input wclken, wclk;
`ifdef VENDORRAM
 // instantiation of a vendor's dual-port RAM
VENDOR_RAM MEM (.dout(rdata), .din(wdata),
                    .waddr(waddr), .raddr(raddr),
                    .wclken(wclken), .clk(wclk));
`else
reg [DATASIZE-1:0] MEM [0:DEPTH-1];

    assign rdata = MEM[raddr];
    always @(posedge wclk)
        if (wclken) MEM[waddr] <= wdata;
`endif
endmodule
/*********************** 异步比较器 ***********************/
module async_cmp (aempty_n, afull_n, wptr, rptr, wrst_n);
parameter ADDRSIZE = 4;
parameter N = ADDRSIZE-1;
output aempty_n, afull_n;
input [N:0] wptr, rptr;
input wrst_n;
reg direction;
wire high = 1'b1;
wire dirset_n = ~((wptr[N]^rptr[N-1]) & ~(wptr[N-1]^rptr[N]));
wire dirclr_n = ~((~(wptr[N]^rptr[N-1]) & (wptr[N-1]^rptr[N])) |~wrst_n);
    always @(posedge high or negedge dirset_n or negedge dirclr_n)
        if (!dirclr_n) direction <= 1'b0;
        else if (!dirset_n) direction <= 1'b1;
        else direction <= high;
    //always @(negedge dirset_n or negedge dirclr_n)
    //if (!dirclr_n) direction <= 1'b0;
    //else direction <= 1'b1;
    assign aempty_n = ~((wptr == rptr) && !direction);
    assign afull_n = ~((wptr == rptr) && direction);
endmodule
/********************* 读指针空模块 *********************/
module rptr_empty (rempty, rptr, aempty_n, rinc, rclk, rrst_n);
parameter ADDRSIZE = 4;output rempty;
output [ADDRSIZE-1:0] rptr;
```

```
input aempty_n;
input rinc, rclk, rrst_n;
reg [ADDRSIZE - 1:0] rptr, rbin;

reg rempty, rempty2;
wire [ADDRSIZE - 1:0] rgnext, rbnext;
//----------------------// GRAYSTYLE2 pointer //----------------
    always @(posedge rclk or negedge rrst_n)
        if (!rrst_n) begin
            rbin <= 0; rptr <= 0;
        end
        else begin
            rbin <= rbnext;
            rptr <= rgnext;
        end
//--------------- increment the binary count if not empty ---------------
    assign rbnext = !rempty ? rbin + rinc : rbin;
    assign rgnext = (rbnext >> 1) ^ rbnext;   //binary - to - gray conversion
    always @(posedge rclk or negedge aempty_n)
        if (!aempty_n)
            {rempty,rempty2} <= 2'b11;
        else
            {rempty,rempty2} <= {rempty2,~aempty_n};

endmodule
/ ********************** 写指针满模块 ***********************/
module wptr_full (wfull, wptr, afull_n, winc, wclk, wrst_n);
parameter ADDRSIZE = 4;
output wfull;
output [ADDRSIZE - 1:0] wptr;
input afull_n;
input winc, wclk, wrst_n;
reg [ADDRSIZE - 1:0] wptr, wbin;
reg wfull, wfull2;
wire [ADDRSIZE - 1:0] wgnext, wbnext;
//------------------------------------------------------------
// GRAYSTYLE2 pointer
//------------------------------------------------------------
    always @(posedge wclk or negedge wrst_n)
        if (!wrst_n) begin
            wbin <= 0; wptr <= 0;
        end
        else begin
            wbin <= wbnext;
            wptr <= wgnext;
        end
//------------------------------------------------------------
// increment the binary count if not full
//------------------------------------------------------------
    assign wbnext = ! wfull ? wbin + winc : wbin;
    assign wgnext = (wbnext >> 1) ^ wbnext;   // binary - to - gray conversion
    always @(posedge wclk or negedge wrst_n or negedge afull_n)
        if (!wrst_n )
            {wfull,wfull2} <= 2'b00;
        else if (!afull_n)
            {wfull,wfull2} <= 2'b11;
        else
            {wfull,wfull2} <= {wfull2,~afull_n};

endmodule
```

对于异步时钟空/满指针的比较,当 rptr 与 wptr 进行异步比较时,由于 rptr 的变化(assertion),才产生 aempty_n(FIFO 空标志),即 aempty_n 的下降沿是与 rptr 同属一个时钟域的;同理,由于 wptr 的变化(assertion),使 aempty_n 无效(deassertion),即 aempty_n 的上升沿与 wptr 同属一个时钟域,如图 7.41 所示。

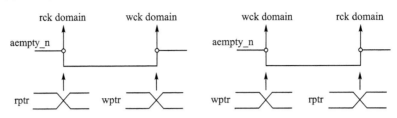

图 7.41　异步信号比较

现在,可以利用上述思想来实现从 aempty_n 到 rempty 的过渡。其中,rempty 是属于 rclk 时钟域的。由于 aempty_n 的下降沿是属于 rclk 时钟域的,所以可以用它来作为 rempty 的复位信号,而 aempty_n 的上升沿是属于 wclk 时钟域的,所以可用双锁存器法将其过渡到 rclk 时钟域,最后得到的 rempty 信号就属于 rclk 时钟域。同理,可以得到 wfull 信号。

异步比较法的关键是用异步比较结果的信号下降沿作为最终比较结果的复位信号,而其上升沿则用传统的双锁存器法进行同步。最终得到的信号的上升沿与下降沿都属于同一个时钟域。与传统的先将地址信号同步然后进行同步比较相比,异步比较法效率更高,实现也更简单。

对于异步数据的通信,主要介绍了上述几种方法。因此,当遇到跨不同时钟域的电路时,使用降低通信失败的风险技术来处理跨时钟域的信号就可以了。异步电路中的同步处理可以防止接收跨时钟域信号的触发器出现亚稳态,从而避免导致不可预知的电路行为。对于在多个时钟周期内一直保持有效的信号来说,电平同步器的效果很好。对于要转换成新时钟域脉冲的较慢时钟域电平信号,要采用边沿检测同步器。最后,对跨时钟域的脉冲信号应使用脉冲同步器。还要记住,当一个总线信号跨越时钟域时,整个总线要在同一个时钟周期内到达新的时钟域。不要分别同步每一个信号,而要采用一个保持寄存器和握手方式。握手用来表示寄存器中的信号何时有效,何时可以采样。对大吞吐量的数据总线来说,异步 FIFO 则是好的选择方法。其中提高异步 FIFO 的速度及设计完美的判断空/满指针是工作的重点。

对于异步电路设计,注意事项如下:

① 避免使用组合逻辑或门控时钟。

组合逻辑和门控时钟很容易产生毛刺,由于异步电路对毛刺敏感的特性,所以使用组合逻辑的输出作为时钟很容易使系统产生误动作。

② 避免使用级连(行波)时钟,也避免不同可编程器件的时钟级连,尽量降低时钟到各个单元的时钟偏差值。

级连计数器虽然设计原理简单方便,但级连时钟(行波时钟)由于经过多级连接,级间存在时间延迟容易导致时钟偏差(ΔT)。当多级连接时,很可能会影响其控制的触发器的建立/保持时间,使设计的复杂度增加。

③ 避免采用多个时钟,多使用触发器的使能端来解决。

对于可编程逻辑器件的设计,时钟建立应尽量避免采用多时钟网络,或者采用适当的措施减少时钟的个数,使用频率低的时钟尽量简化消除。

④ 避免使用触发器的置/复位端及自我复位电路。

由于触发器的置位/复位电路容易出现毛刺,出现不想要的使能触发信号导致错误逻辑,因此设计时使用一个全局复位信号。

⑤ 尽量避免电路中使用"死循环"电路,如 RS 触发器等。

本章从电路时序的角度讲述了有关的时序基础、多时钟的数据同步问题和简单异步电路等。时序问题是电路设计的基础,更是高性能电路设计的核心。锁存器、触发器的时序关系、同步复位、异步复位等单元是同步电路的设计基础,而不同时钟下的数据同步是解决多时钟问题的基础。异步电路中,延迟模型和逻辑 C 单元则是异步电路的基础。对无时钟、事件驱动的异步电路而言,面临着时序分析和逻辑综合的压力,这对设计师而言将带来更大的设计挑战。

习　题

1. 时序电路的基本单元有哪些?其工作原理是什么?

2. 什么是时序信号的建立时间、保持时间和传播时间?并用图解的方法进行说明。

3. 试分析亚稳态的产生过程,以及亚稳态电路的存在可能对时序电路产生的影响。

4. 时钟信号上升沿时间 t_r、下降沿时间 t_f、传播延时 t_{PHL} 和 t_{PLH} 的定义是什么?

5. 在组合时序逻辑电路中,时钟周期 T 由哪些因素来决定?其最小值是什么?

6. 考虑在时钟偏差的影响下,参考图 7.8 和图 7.9,试说明最小时钟周期和保持时间的变化。分析时请考虑偏差为正和为负两种情况。

7. 如图 7.42 所示,假设寄存器单元工作在正边沿触发态,其建立时间为 t',寄存器的延迟时间为 $2t'$,组合器件的延迟为 $2t'$,通过加法器的时间为 $4t'$。

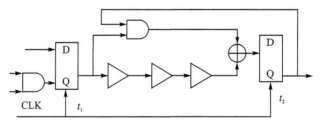

图 7.42　习题 7 题图

试求:

① 电路最小的时钟周期和保持时间;

② 考虑时钟偏差,偏差为 $\pm t'$ 情况下的最小时钟周期;

③ 偏差为 $\pm t'$ 时的保持时间。

8. 异步电路进行同步处理的方法有哪几种?比较其优缺点。

9. 分析图 7.43 中双锁存器的工作原理。

10. 分析 2 相握手协议的工作过程,并指出存在的问题。

11. 异步复位与同步复位有何不同?实际电路设计时应采取什么手段?

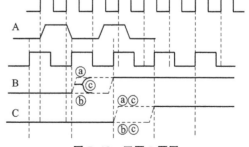

图 7.43　习题 9 题图

第8章 低功耗设计

电子设备已经普遍应用于日常生活中的每个角落,然而,随着其功能结构的复杂化和多样化,系统功耗问题正日益成为电子系统的一个重要指标。对移动便携式设备而言,主要考察系统的待机时间;对固定庞大的设备而言,主要考察设备的最高工作温度,看是否需要其他附属的降温设备。目前,诸如移动电话、笔记本电脑和多媒体移动终端等便携设备的应用,其芯片系统的高集成度和高性能保障系统在片可以处理完整的语音和图像功能,而芯片的低功耗性能则是其便携性的重要因素。不仅如此,为满足随时随地利用因特网,从而进一步实现与因特网无线互连的目标,基于低功耗设计完成语音和图像处理、高传输速率的无线通信系统将成为重要的发展方向。

对于庞大的电子系统,由于其对计算高速性、处理复杂性等的要求越来越高,系统的工作温度和功率消耗变得越来越有挑战性。如果不考虑芯片的工作温度环境,则单位面积上的功率密度可能高达数百瓦每平方厘米,此时,芯片可能自行烧毁或功能丧失,为此,降低系统的功率消耗成为重要问题。20世纪末,一些高性能微处理器的工作频率在几百兆赫兹,功耗为百余瓦。现在的高性能处理器工作频率通常高达3 GHz,且芯片内实现了多核结构,如不采用特殊的低功耗设计,功耗可能会达到2~300 W(见图8.1),其不良后果是可想而知的。

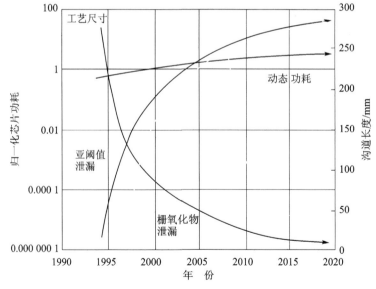

图 8.1 功耗分布趋势

低功耗的电路系统设计所带来的优势包含延长电池的使用时间和满足器件工作的散热要求。电池的有限寿命对便携系统总功耗提出了严格的要求,尽管电池方面的研究人员也在不断提高其性能,但从移动设备发展的角度来说,其电池的更新换代仍然不能满足设备所需电源的能量。满足电子元件热参数指标对于性能和可靠性十分重要,但实现这一点对于系统成本、复杂性和可靠性都有着巨大的影响。首先,降低芯片的功耗使设计人员能够采用更简单的电源,这样的电源使用的元件数量较少,并且占用的系统面积也较小。高性能电源系统的成本通常为低于 1 美元每瓦。低功耗的设计直接降低了系统的整体成本。其次,由于功耗直接与散热相关,低功耗使设计人员能够使用更简单、更便宜的热量管理解决方案。在很多情况下,设计者将不再需要散热器,或者只需要更小、更便宜的散热器。最后,因为晶体管的电迁移和热载流子容易导致器件老化而功能失效,因此,低功耗设计意味着提高芯片的使用寿命且减少元件以提高整个系统的可靠性。器件工作温度每降低 10 ℃,就相当于元件寿命提高了两倍,因此对于需要高可靠性的系统而言,控制功耗和温度十分重要。

由此可见,低功耗设计已经成为 FPGA/ASIC 系统设计不可欠缺的一环。21 世纪以来,在半导体工艺的支持下,芯片系统设计已经从速度和面积的折中发展到复杂度、功耗和速度的折中,如图 8.2 所示。

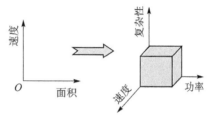

图 8.2　芯片设计面临的挑战

本章主要讨论芯片的功耗问题。在片系统设计已经触及到每一个应用领域,低功耗的设计方法和思想包含了从物理器件到系统算法的每个层次。在当前纳米级工艺条件下,低功耗设计已经更多地转移到器件物理这一层面,即指对于静态功耗消减的目的去完成设计。动态功耗的消减技术已经在芯片功能上得到了验证。为了让读者对功耗设计有全面的了解和掌握,下面将讨论各种功耗的产生原因和基于不同原因所采用的降低功耗的设计方法。

无论任何电子类产品,功率消耗的最低化设计都是不可缺少的。本书中,以 CMOS 技术为背景讨论功耗问题。功耗主要有动态功耗和静态功耗,功耗的公式如下:

$$P = \frac{1}{T}(E_{1 \to 0} + E_{0 \to 1})$$

$$= \frac{1}{T}\left[\int_0^{T/2} V_{\text{out}}\left(-C_{\text{load}}\frac{dV_{\text{out}}}{dt}\right)dt + \int_{T/2}^{T}(V_{\text{DD}} - V_{\text{out}})\left(C_{\text{load}}\frac{dV_{\text{out}}}{dt}\right)dt\right] \quad (8.1)$$

图 8.3(a)中的虚线表示动态短路的电流消耗,实线表示动态的开关功耗;图 8.3(b)表示的是静态条件下的泄漏功耗。

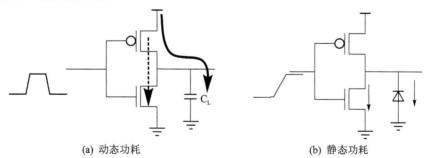

(a) 动态功耗　　　　　　　　　　　(b) 静态功耗

图 8.3　功率种类

8.1　基本概念

在讨论低功耗设计之前,首先对系统的功率消耗给予简单说明,这样才能从实现上有针对性地采用相应策略来有效降低功耗,达到低功耗设计的目的。

电路功耗一般主要考察两个因素:动态功耗和静态功耗,其中动态功耗包含开关功耗和短路功耗;静态功耗主要指静态泄漏电流所引起的功耗。开关功耗是指对逻辑单元的容性负载充放电所消耗的能量,它在很大程度上取决于频率、电压和负载。静态功耗是指由器件中所有晶体管的泄漏电流(源极到漏极及栅极泄漏,常常集中为静止电流)引起的功耗,以及任何其他恒定功耗需求之和。泄漏电流在很大程度上取决于晶体管工艺尺寸和结温。漏极与晶体管的衬底之间的 PN 结成反向偏置时就会产生反向二极管泄漏电流,从而导致泄漏功耗。对于设计者而言,动态功耗的设计指标较易掌握,但纳米级工艺条件下泄漏功耗的消减是设计者要面对的重要挑战。

8.1.1 动态开关功耗

在数字 CMOS 电路系统中,基于深亚微米工艺的动态开关功耗占全部功率消耗的 60% 以上,因此,为了解决开关功耗的问题,有必要说明开关功耗的产生原理。开关功耗是指 CMOS 逻辑电路进行逻辑电平转换时对输出节点电容充放电而形成的电流所产生的功率消耗,如图 8.4 所示。

图 8.4 展示了逻辑非门电平转换时,开关电流对节点负载电容形成的充放电过程。当输入信号是低电平时,根据 NMOS 和 PMOS 管工作原理可知电源 V_{DD} 对负载电容充电,最终使输出电平达到电源电压而停止负载电容的充电。在充电过程中,充电电流流经 PMOS 管和负载电容 C_L,其中当电流流经 MOS 管时,电源的能量一部分转换成热能而被消耗掉。当输入信号由低变高后,NMOS 导通而 PMOS 关断,负载电容经过 NMOS

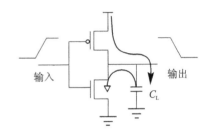

图 8.4 CMOS 逻辑门开关电流

管对地放电并最终使输出电平为零。在放电过程中,电源能量不会再有损耗,而存储在负载电容中的能量在放电过程中形成热能释放。

门级输出总负载电容主要包括以晶体管漏极扩散区电容为主的逻辑门自身的输出节点电容、门级输出总的互连线电容及被门级驱动的输入电容等。对于复杂的数字逻辑电路,其内部逻辑电路的开关节点的动态过程也会产生一定的电压变化,由于每个相互连接的内部节点也存在寄生电容,从而使开关过程对功耗产生影响。这里门输出节点电容是由漏极扩散区面积所决定的。互连线电容则是最难于精确计算的参数之一,简单而言主要是互连线的平板电容和边缘场电容,具体计算可参考相关资料。

在反相器工作过程中,由上面充放电原理可知,计算输出负载电容充放电所需能量的方法可以计算其平均功耗,即

$$P = \frac{1}{T}(E_{1\to0} + E_{0\to1})$$
$$= \frac{1}{T}\left[\int_0^{T/2} V_O\left(-C_L\frac{dV_O}{dt}\right)dt + \int_{T/2}^T (V_{DD}-V_O)\left(C_L\frac{dV_O}{dt}\right)dt\right]$$

对式(8.1)积分求解即可得到平均动态开关功耗表达式,即

$$P_{avg} = f_{CLK}C_L \cdot V_{DD}^2 \tag{8.2}$$

通过平均开关功耗的表达式可知,其功耗分别由系统的时钟频率、负载电容和电源电压所

决定,这里时钟频率和电源电压是设计者所容易掌控的参数。另一方面,当忽略逻辑节点内部的寄生电容时,从外部逻辑考虑,开关功耗与晶体管的尺寸和特征无关。

上述的动态开关功耗分析是基于 CMOS 逻辑门输出节点在每个时钟周期内仅完成一次高低电平的转换,但有时电路节点的转换速率可能比时钟速率慢。也就是在不同的电路结构或输出信号时,转换速率不同。为了准确表达这一现象,动态开关功耗分析通常引入一个参数 α,即节点转换系数。式(8.2)可以表示为

$$P_{\text{avg}} = \alpha \cdot f_{\text{CLK}} \cdot C_{\text{L}} \cdot V_{\text{DD}}^2 \tag{8.3}$$

因此,在设计低功耗电路工作时,除上述需要考虑的 3 个客观素外,电路节点转换系数也是不可忽视的条件。

8.1.2　短路功耗

8.1.1 小节所述的动态开关功耗考虑逻辑门在高电平或低电平时功率消耗的情况。那么对于逻辑门的高低电平的转换的瞬间是否会有功率消耗呢? 答案是肯定的。在 CMOS 晶体管工作时,NMOS 和 PMOS 能在极短瞬间同时处于饱和导通状态而形成电源到地的直流通路,即造成短路功耗,如图 8.5 所示。

图 8.6 描述了反相器的输出电压和短路电流的关系,当输入电压处于过渡状态时,NMOS 和 PMOS 晶体管同时处于饱和导通状态,其对地的短路电流最人,而在高电平或低电平期间,晶体管处于关断状态,电流趋近于 0。

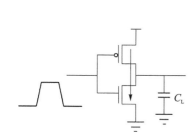

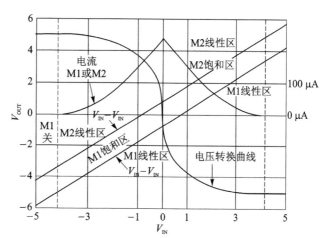

图 8.5　开关过程中的短路电流　　　图 8.6　反相器输出电压与短路电流

假设反相器的两个晶体管是对称的,即 $\beta_{\text{N}} = \beta_{\text{P}} = \beta$,并且 $V_{\text{TN}} = V_{\text{TP}} = V_{\text{T}}$。这里考虑上升沿情况,平均短路电流可以被表示为

$$I_{\text{avg}} = \frac{1}{T} \left[\int_{t_1}^{t_2} i(t)\mathrm{d}t + \int_{t_2}^{t_3} i(t)\mathrm{d}t \right] \tag{8.4}$$

基于上述假设条件,仅考察 NMOS 管的平均电流,即

$$I_{\text{avg}} = \frac{2}{T} \left\{ \int_{t_1}^{t_2} \frac{\beta}{2} [V_{\text{in}}(t) - V_{\text{T}}]^2 \mathrm{d}t \right\} \tag{8.5}$$

因此,短路功耗为

$$P_{SC} = I_{avg}V_{DD} = \frac{\tau}{12} \cdot \beta \cdot f \cdot (V_{DD} - 2V_T)^3 \tag{8.6}$$

这里假设上升沿和下降沿时间相等,$\tau_R = \tau_F = \tau$。上述方程表明了短路功耗与时钟频率成正比,且正比于电源电压三次方。因此,通过改变系统的时钟频率和电源电压可以调整短路功率消耗。图 8.7 描述了输入电压与短路电流的时序关系。

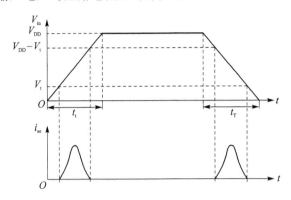

图 8.7　输入电压与短路电流模型

8.1.3　静态功耗

通常对于 MOS 晶体管而言,尽管晶体管处于非工作状态,但晶体管都存在亚阈值电流和反向泄漏电流。亚阈值电流是由于弱反型晶体管中源极和漏极之间的扩散引起的。亚阈值电流的功耗表示如下:

$$P_s = V_{DD}I_{DS}e^{(V_{GS}-V_T)/nV_{TH}} \tag{8.7}$$

亚阈值功耗与栅源电压和阈值电压差成指数关系。对于给定的栅极电压,I_{DS} 随着阈值电压的增加而呈指数变化。因此,如果通过减小阈值电路来降低功耗必须考虑所带来的电路性能的改变。如果栅源电压略小于但很接近器件的阈值电压,则亚阈值电流将有明显变化。必须注意,由于 I_{DS} 的指数特征,晶体管的体效应也会对静态功耗产生较大的影响。

泄漏电流是形成静态功耗的另一个因素。当漏极与晶体管的衬底之间的 PN 结形成反向偏置状态时,就会生成泄漏电流。当 CMOS 反相器的输入是高电位时,尽管 PMOS 管处于截止态,但漏极与 N 阱间存在一个反向电位差,从而导致漏极出现泄漏电流。对于 NMOS 晶体管同样存在类似的泄漏电流,即当输入电压为零时,PMOS 管导通而对负载电容充电,从而使输出电压成为高电平。这是 NMOS 漏区和 P 型衬底之间的反向电位差导致反向泄漏电流出现。当前,随着工艺的不断进步,在深亚微米甚至纳米级的工艺中,器件的泄漏电流正逐步取代动态电流而成为功耗的主要部分。PN 结反向泄漏电流表达式为

$$I_{leak} \propto \left(\frac{-V_T}{S/\ln 10}\right)$$

上式表明了当阈值电压降低时,泄漏电流将成指数增长并到达激活电流的水平。门级延迟时间、电流与阈值电压的关系如图 8.8 所示。

通过上面的分析可知,CMOS 工艺的数字集成电路的总功耗可以表示为

$$P_{total} = \alpha \cdot f_{CLK} \cdot C_L \cdot V_{DD}^2 + \frac{k\tau}{12}f_{CLK}(V_{DD} - 2V_T)^3 + V_{DD} \cdot I_{leak} \tag{8.8}$$

其中,总功耗分别包括动态开关功耗、短路功耗、反向泄漏、亚阈值泄漏功耗等。在深亚微米设计中重点考虑前两项的功率消耗,而对于纳米工艺的设计泄漏功耗是必须考虑的因素。

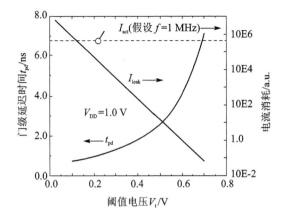

图 8.8　门级延迟时间、电流消耗与阈值电压的关系

8.2　低功耗设计方法

随着集成电路工艺、设计和制造技术的不断发展,大规模复杂系统集成和系统在片已经成为发展的必然。当前,Intel 公司的至强 Xeon 等多核处理器集成的晶体管数量高达 10 亿只,而芯片的面积却仅为数平方毫米。如果不采用低功耗技术,那么其功耗必将随单位面积晶体管数量的激增而增加,这将必然导致单位面积功耗的上升从而由于芯片温度升高而失效。因此,低功耗设计变得更为迫切。

低功耗设计方法包含多种技术,根据不同的层次可以实现系统级低功耗设计、算法级设计、结构级设计、电路级设计及器件级设计方法等。目前在器件级、电路级和逻辑级上功耗优化方法的研究已经提出了多种解决方案,高层次(结构级、算法级和系统级)的功耗优化技术也成为了系统设计师的工作重点。因此,低功耗的主要研究手段应该从算法入手。表 8.1 给出了各个级别进行功耗优化对功耗的优化策略。

表 8.1　各个层次功耗的优化方法

优化层次	优化方法
系统级	模块划分、电压选择
算法级	算法选择
结构级	流水线、并行化、重定时等
RTL 级 (工艺无关优化)	逻辑门变换
	时钟控制
	状态编码
	布尔函数分解
	公因子提取
工艺相关优化	工艺映射,晶体管尺寸调整
版图	布局布线

8.2.1　系统级低功耗法

　　系统级低功耗设计方法主要考虑在系统设计中增加相应的功耗控制模块和改善软硬件协同设计来实现低功耗。系统增加自动休眠控制模块以实现系统无操作时关闭部分单元以降低功率消耗。这种思想已经在便携式无线通信设备和植入医疗设备通信芯片中得到了应用,如ZARLINK 公司的 ZL70100 MICS 芯片。该芯片在极低功耗应用中,收发器在大多数时间内处于睡眠状态,即极低的电流状态。除了发送紧急命令外,使用其设定频带的系统必须先等基站启动通信后再开始通信。植入收发器定期监听启动通信的信号,这种"监听"操作由于只是定期进行,因此只消耗极低电流。该芯片为实现极低功耗接收器,采用了 OOK 调制方案,因为从系统层面来考虑,接收器中无须配置本机振荡器和合成器所以大大降低了系统的复杂度。

　　对于软硬件协同设计,系统在编译优化级时考虑多线程低功耗的编译优化技术,针对支持多线程的两类体系结构模型(MPE 和 SMT),分别采用相应的低功耗优化模型和相关的编译优化策略。而在应用级,结合多线程专用处理器的应用,使用多线程、低功耗的软件优化应用技术,实现软件低功耗优化。

- 分离高带宽和低带宽处理单元可以有效降低系统功耗。
- 对于微处理器的总线接口应该方便不同速率的模块/单元的响应。
- 系统级功耗优化策略涉及软件与硬件的协同,必须折中考虑其中各方面的影响,而系统级低功耗方案比硬件低功耗方案更为有效。

　　在 SoC 系统级设计中,模块通常包含计算单元、接口单元、存储器以及系统控制单元等。上述单元基本都是以独立的模块组成了 SoC 系统芯片,但各个模块的使用目的、工作状态和使用频率完全不同。因此,基于系统层面的功耗管理问题也是芯片设计者的设计核心,不同模块设置的工作电压不同进而降低无意义的功耗,另一种是动态管理各个模块的功率消耗,从而实现系统级功耗的优化。

8.2.2　算法级低功耗法

　　面对当前芯片功能的复杂化、系统化,片上系统已经不仅仅包含 SoC,也可以包含 FPGA等芯片。无论哪种芯片都可以片上运行可编程数据流,这样决定数据流计算效率的算法也是影响芯片执行操作动作的主要因素,因此,算法级功耗是必须要考虑的问题之一。在算法级低功耗设计中,可以考虑的方法包括:

- 针对系统微架构的指令集优化设置;
- 基于电路计算架构的算法数据流优化;
- 配合算法的数据编码的选择等。

　　对于算法级低功耗设计特别适合于运用到嵌入式系统、SoC 设计及 FPGA 设计环境中。基于 C/C++语言的嵌入式系统设计及基于 HDL 语言的 FPGA/CPLD 等设计平台,源代码中的循环结构经常会使用计数循环。以 ARM 核为例考察固定次数的循环结构的操作情况。使用循环计数增加时,二进制程序判断下一步循环的步骤如下:

- ① 进行一次加法运算;
- ② 经过比较操作;
- ③ 基于比较结果判断是否进入循环。

也就是说,循环计数增加时要经过 3 次二进制指令。如果使用循环计数递减时,则首先进行一次减法运算;然后根据减法设置的寄存器位判断是否进入循环操作。此时循环只要进行 2 次二进制指令。因此,通过循环结构的减计数操作替代加计数操作,由于循环执行指令的减少而有效地降低系统的功率消耗。对于循环结构,其循环恒定量代码外置也可以有效降低功耗,此外,在每次循环时减少其初始化也可减少重复计算的步骤。利用微处理器内部的寄存器使在完成相同逻辑运算时,有效降低循环内变量的相关性,从而减少二进制指令数从而实现循环代码扩展的低功耗设计方法。

对于 FPGA 或微处理及复杂 SoC 系统芯片而言,在数值计算或数字信号处理时,将在系统中预存大量数据。如果数据采用数组的方式存储、处理数据,则当微处理器计算时,处理单元要频繁与外部的存储器交换数据,这势必导致功耗的增加。因此,采用存内计算、近存计算成为研究的新结构。当选择存储的数据是整型变量时,由于二进制位操作能够充分利用位操作从而避免了处理单元与外部寄存器单元的数据的交换而实现低功耗。

数据编码通常使用顺序二进制码、格雷码以及独热码等,编码的优化也是低功耗设计的方法之一。对于复杂系统的数据总线一般要考虑总线翻转译码技术,其可以极大降低跳变概率。其原因是,汉明(Hamming)距离是指相邻两个二进制数据之间对应位不相同的个数。如果汉明距离超过一半则可采用反码传送。这样可以降低总线的功耗,数据总线上的数据通常没有相关性。总线翻转译码的代价是多一根传输线,用于标志数据是否翻转;同时,还要考虑汉明距离的判定电路及接收端对所接收的数据进行翻转的电路增加面积。此外,通常地址总线传输的数据有很强的连续性。在跳变连续的情况下,采用格雷码技术可以降低约 50% 的跳变,但由于需要格雷码和二进制编码的相互转化电路从而带来面积增加。

8.2.3 结构级低功耗法

复杂系统中的体系结构是 VLSI 芯片设计的核心问题,结构级低功耗设计也是芯片设计关注的重点之一。其低功耗设计方法主要有:

- 并行处理、流水线、重定时等实现低功耗的设计目的;
- 系统整体总线的资源共享策略;
- 运算电路结构优化。

1. 并行处理

为了便于比较,假设原始的频率是 f_{org},电压为 V_{org},功耗为 P_{org},这个原始电路的功耗为

$$P_{org} = C_{org} f_{org} V_{org}^2 \tag{8.9}$$

式中:C_{org} 是所有负载的有效开关电容的总合。由式(8.9)可知,对于 CMOS 工艺的数字电路而言,系统功耗与频率和负载电容成正比,与电源电压的平方成正比,但是,考察下面数据吞吐率的表达式:

$$T_d = \frac{V_{DD} C_{load}}{\mu C_{ox} (W/L)(V_{DD} - V_{th})^2} \tag{8.10}$$

发现电源电压的降低会直接带来电路延迟时间的增加,从而降低了原始电路的工作频率。为了实现高性能低功耗的设计目标,1992 年 A. Chandrakasan 等人提出了提高数据吞吐率而降低电压的策略,也就是结构并行处理技术。

并行处理电路结构可以有效降低功耗,其代价是为了维持原有的数据吞吐率而增大了面

积消耗。这种方法非常适合逻辑功能为非流水线结构的操作。原有的电路单元被并行处理，如图 8.9 所示。在图 8.9(a)中，寄存器支持两个 16 位的运算并输入到下一级计算单元。图 8.9(b)展示了并行的计算结构。并行结构可以维持与原始结构同样的数据吞吐量。并行结构的系统频率是原始频率的 50%，因此，电源电压可以被降低直到关键路径延迟与新的时钟周期相等。假设电源电压从 3.3 V 降低到 1.8 V，负载开关电容也将成倍地增加。然而由于负载连接到两个计算单元，它的有效值是 $2.2C_{org}$。因此，并行计算的功耗为

$$P_{par} = 2.2C_{org}(V_{org}/1.8)^2 f_{org}/2 \tag{8.11}$$

对比式(8.9)和式(8.11)可知，并行计算的功耗将比原始结构的功耗明显降低。

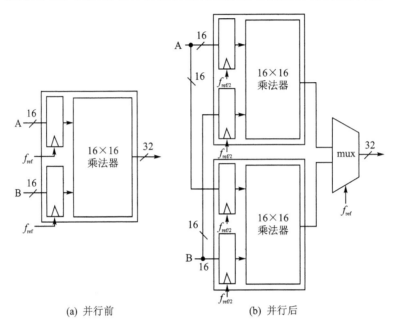

图 8.9　并行处理低功耗结构

　　并行处理降低功耗的关键是由于输入寄存器的时钟频率都被降低，并达到原始频率的 $1/N$。因此，硬件并行结构的输入信号输入不同的寄存器，从而使每个输入寄存器都以原始 $1/2(N=2)$ 的频率执行。另一方面，由于输入信号所允许的时间增加一倍而满足电源电压降低的条件，从而实现并行结构功耗的显著降低。为了充分满足电源电压降低，阈值电压也应当被减少以便限制电源的延迟。

　　并行结构将带来几个问题，包括电路面积和等待时间的增加。另外，当并行的结构增大时，由于从输入到输出的布线的增加，必将导致面积的扩张和布线寄生电容的形成，信号线间串扰将不可避免地抑制信号的频率，甚至发生信号失配。为保持处理能力和较小的面积开销，流水线结构提供了一种更好的途径。

2. 流水线结构

　　二级流水线的结构如图 8.10 所示。为实现高速电路通常使用流水线结构，也就是对于某一个逻辑电路用 N 阶寄存器进行分割。在追求高速性的电路中，相邻两个寄存器的最长延迟时间就决定了电路的时钟频率。而在低功耗设计的电路中，往往并不追求电路的高速性而是在满足一定时钟频率的条件下，尽可能降低电路的功耗。为此，需要通过增加流水线每级之间

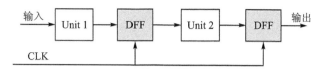

图 8.10　二级流水线结构

的延迟时间,进而实现降低电源电压。参考下面的电路传播延迟时间公式:

$$\tau = \frac{2V_{Tn}WC_{load}}{L(V_{DD}-V_{Tn})^2} \tag{8.12}$$

式中:W、L 是器件的宽和长;V_{Tn} 是阈值电压;C_{load} 是负载电容;V_{DD} 是电源电压。不难看出为了维持较大的传播延迟,在其他参数不变的情况下,降低电源电压是必然选择。假设电源电压下降为原始的 58%,即从 3.3 V 降低到 1.8 V。

$$P_{pipe} = C_{pipe}V_{DD}^2 f_{pipe}$$
$$= (1.15C_{ref})(0.58V_{ref})^2 f_{ref} = 0.39P_{ref} \tag{8.13}$$

由此可得流水线结构实现功耗降低为原始的 39%,但系统的吞吐率不受影响。流水线结构的低功耗设计方法可能导致功耗与面积的失调,且低功耗设计可能使系统时滞增加,也就是增加了系统处理数据的时间量。然而在很多应用中,系统处理数据的时滞并不重要。

3. 重定时技术

重定时设计是在保持输入/输出逻辑功能不变的条件下,通过改变电路内部寄存器的位置而改变其时序的技术手段。通常是重新配置寄存器位置数量而优化吞吐量,和流水线等一样,在不追求吞吐量时可以降低功耗。

图 8.11 实现了重定时变换功能,使电路的寄存器由原电路的 5 组减少到 3 组,而其他元件单元不变,在面积变小的同时,也减少 2 组寄存器的功耗。另外,寄存器设置的位置差异也会对电路的毛刺有抑制作用,当恰当的设置消除毛刺时将会同样带来低功耗的作用。因此,在系统不提高时钟频率或不要求吞吐量的条件下,实现了低功耗的设计目标。

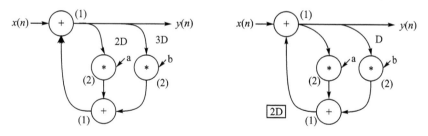

图 8.11　重定时低功耗设计

4. 资源共享法

资源共享在节省芯片面积中展现了良好的效果,另外,其在节省芯片面积的同时也附带降低了功耗,此时,二者的关系是相辅相成的,特别是对于计算电路而言更有意义。考察下列数值计算的方程,修改其计算顺序如下:

$$Y = X^2 + AX + B \quad \Rightarrow \quad Y = (X+A)X + B$$

上面的计算过程不同但计算的结果是相同的,这样其电路结构对应了两种计算过程,如

239

图 8.12 所示。

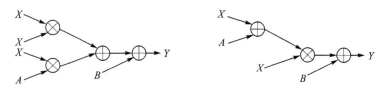

图 8.12　计算器数量优化方法

通过对原始的计算方法的数学推导可降低计算单元的数量,既实现了面积的消减又达到低功耗的设计指标,这就是电路结构设计中资源共享的双重优势。

关于结构级低功耗设计,近些年在不同的应用领域都有各自的研究进展,如关于图像编码的分布式处理技术等都大大节省了功率消耗。同时,为降低功耗而造成的面积等因素的损耗也不可忽视。

8.2.4　电路级低功耗法

目前,在芯片设计中 EDA 工具的介入使设计更高效和便捷化。但 ASIC 芯片设计切不可将设计工作交给 EDA 软件而完全忽视底层物理电路结构的设计手段。电路级低功耗设计是物理层芯片设计人员掌握的重点,其中主要的设计方法如下:

- 减少电路的开关激活率;
- 复杂逻辑门与逻辑变换;
- 使用门控时钟技术;
- 使用多阈值技术;
- 减少电路中的毛刺干扰等信号;
- 优化时钟和总线负载。

1. 开关激活概率

在功耗的表达式(8.3)中给出了参数 α(电路的开关激活率),也就是说,电路的功耗是与其开关激活率成正比的。首先对电路的开关激活率进行说明。考察逻辑门的开关激活转换概率,设 P_0 是输出逻辑为"0"的概率,而 P_1 是输出逻辑为"1"的概率。发生在输出节点的功耗转换概率是这两个输出信号概率的乘积。以双端口输入的与非门为例进行说明,假设双端口输入相互独立且满足均匀分布条件,则其 4 种输入组合的概率是相等的。根据与非门的真值表可知,其输出概率 $P_0=1/4$,$P_1=3/4$,则输出的功耗开关激活概率为

表 8.2　与非门状态转换表

输入变量	概率
$P_{0 \to 0}$	1/16
$P_{0 \to 1}$	3/16
$P_{1 \to 0}$	3/16
$P_{1 \to 1}$	9/16

$$P_{0 \to 1} = P_0 \cdot P_1 = \frac{1}{4} \times \frac{3}{4} = \frac{3}{16} \qquad (8.14)$$

对于所有的两输入端的与非门来说,其转换概率如表 8.2 所列。

考察带有 n 输入变量的逻辑门的一般情况,其功耗输出转换概率用 P_0 表示为

$$P_{0 \to 1} = P_0 \cdot P_1 = \left(\frac{p_0}{2^p} \right) \cdot \left(\frac{2^p - p_0}{2^p} \right) \qquad (8.15)$$

对于与门、非门、或非门、异或门等不同逻辑门来说,由于输出逻辑"0"和"1"的概率不同其

转换概率也不相同。对于与非门或者或非门,由于真值表中只包含一个"0"或"1",输出的转换概率随着输入个数的增加而减少。对于异或门而言,真值表中的逻辑"0"和"1"的个数总是相等的,因此,其转换激活概率是常数 0.25,并不随着输入位数的增加而变化。

通过图 8.13 所示的两个不同连接顺序的逻辑与门,由于输出的概率不同,尽管逻辑功能相同但输出的开关概率不同,因此,所消耗的功耗不同。表 8.3 是各种基本逻辑门的开关概率。

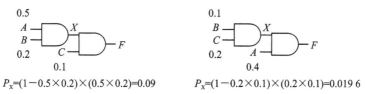

$P_X=(1-0.5\times0.2)\times(0.5\times0.2)=0.09$ 　　　　$P_X=(1-0.2\times0.1)\times(0.2\times0.1)=0.019\,6$

图 8.13　输入对开关概率的影响

表 8.3　基本逻辑门开关概率

逻辑门	$P_{0\to1}=P_{out=0}\times P_{out=1}$
NOR	$[1-(1-P_A)(1-P_B)]\times(1-P_A)(1-P_B)$
OR	$(1-P_A)(1-P_B)\times[1-(1-P_A)(1-P_B)]$
NAND	$P_AP_B\times(1-P_AP_B)$
AND	$(1-P_AP_B)\times P_AP_B$
XOR	$[1-(P_A+P_B-2P_AP_B)]\times(P_A+P_B-2P_AP_B)$

通过上面对逻辑门的简单分析和比较,异或门和异或非门的开关激活概率总是最高的,也就是为了降低功耗,在不消耗其他条件的时候尽可能使用与非门、或非门以便减少开关激活概率。另一方面,逻辑电路的开关激活概率将带来不同输入信号的排列顺序对功耗的影响。例如,两个串联相接的逻辑与门,输入信号的排序不同但实现的逻辑功能相同,考察逻辑门开关激活的概率。假设 P_{11} 代表第一输入端口逻辑为"1"的概率,P_{12} 代表第二输入端口逻辑为"1"的概率,则输出节点中逻辑"1"的概率为 $P_1=(1-P_{11})(1-P_{12})$。

2. 复杂逻辑门与逻辑变换

对于低功耗设计,从 RTL 级逻辑门考虑问题或许可以得到事半功倍的效果,例如对于与门串联或非门的逻辑,直接的方法是由与非门+非门+或非门来构成,如图 8.14(a)所示。这也是一种复杂逻辑门的问题,通过复杂逻辑门的变换可以得到与或复合逻辑门加非门的结构以及 MOS 管化简后的晶体管级电路图,如图 8.14(b)所示。这将涉及 CMOS 数字集成电路的知识,也体现了高性能芯片设计需要从底层到系统层面的全覆盖的先进设计技术的支持。

逻辑门级结构的连接关系也对功耗产生影响。以串联线形结构的门级逻辑来说明,例如,$G=a+b+c+d+e$,对于上述逻辑结构可采用如图 8.15 所示的串联电路结构。通过简单分析可知,由于每一级的门级都存在一定的延迟从而导致毛刺的产生。改进后的树形结构减少了电路的时延,相对而言的树形结构由于延迟时间的均衡也减少毛刺的产生。因此,并行的树形逻辑结构比串联的线形结构大大减少了无用电平翻转导致的动态开关功耗。

3. 门控时钟

门控时钟技术是电路级低功耗设计普遍采用的一种技术。对于复杂的时序逻辑系统而

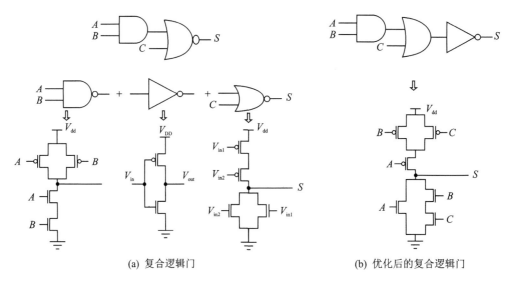

(a) 复合逻辑门   (b) 优化后的复合逻辑门

图 8.14 复杂逻辑门的低功耗优化

言,时钟分配网络遍布系统中所有时序单元,时钟信号同时也是高低电平交互变化最频繁的信号,由此造成的开关功耗十分显著。如果对于非关键路径的逻辑单元,当系统在一段时间内并不要求其输出结果时,由于时钟信号的翻转而带来的功耗就是无用的功率消耗。设计时如果考虑到这些时序信号的变化过程,则采取有效门控时钟方案避免无用的时钟信号的动作可以明显减少电路的开关功耗,即完成部分电路的可控休眠。

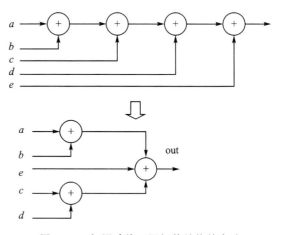

图 8.15 相同功能不同拓扑结构的电路

图 8.16 是采用了逻辑与门构建门控时钟的简单方案。逻辑与门的一端是原始时钟信号,另一端设计为期望的间断脉冲信号,这样输出的结果就是所期望的部分可控的时钟信号。从设计理论上是可以实现门控时钟的设计目标的,然而,对于电路系统而言,电路的电气特性是必须要考虑的,也就是说,仅仅通过逻辑与完成的时钟信号控制会生成毛刺信号从而使下一级的触发器出现误动作。上述的毛刺现象发生在时钟为高电平的时间,也就是说,当时钟是高电平时,控制信号不能确保处于时钟信号的严格同步,如图 8.16(b)所示,这时往往会出现毛刺的现象。当钟控的使能信号上升沿到来时,其上升沿先于时钟信号的下降沿,这样钟控后的时钟信号就产生毛刺。这种毛刺信号可能影响使用上升沿触发器的逻辑功能。同样对于使能信号的下降沿也会产生类似的毛刺现象,由于存在时钟偏差和抖动等因素,保持时钟信号与使能信号严格同步是很困难的。

为了防止毛刺的产生,在控制信号和逻辑与门之间插入锁存器,如图 8.17 所示。这样当时钟信号处于高电位时,由于锁存器的作用确保了输出的控制信号严格依照锁存器的时钟而发生电平变化,从而避免了毛刺的产生。在 ASIC 设计中,当使用 PowerCompiler 的 RTL

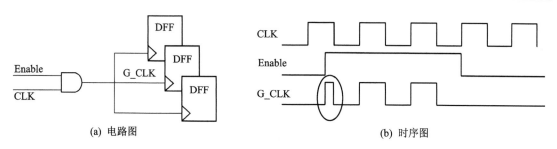

图 8.16　门控时钟及其时序

Clock - Gating 功能时,将会自动完成有关的防止毛刺功能的门控设计。不仅如此,简单的门控时钟还可能产生时钟偏差、增加延迟并造成可测试性低下的多种不利因素,这些是必须要防止的。

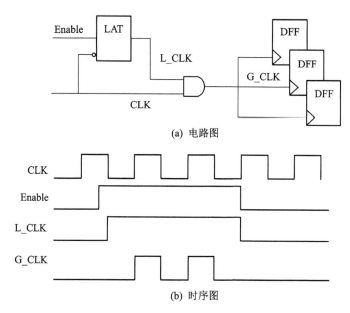

图 8.17　改进后的门控时钟及其时序

门控时钟的 RTL 级代码如下:

```
always@(CLK or Enable)
    if(!CLK)
        L_CLK < = Enable;
        assign G_CLK = CLK&L_CLK;
```

现在,门控时钟已经发展到了可变频率时钟控制技术。它可根据系统性能要求,配置适当的时钟频率以避免不必要的功耗。门控时钟实际上是可变频率时钟的一种极限情况(即只有 0 和最高频率两种值),因此,可变频率时钟比门控时钟技术更加有效,但不利的是需要系统内嵌时钟产生模块 PLL,增加了设计复杂度。

4. 运算隔离法

运算隔离法(Operand Isolation,OI)是另外一种常用的低功耗设计方法。图 8.18 描述了多路复用器选择的两路数据中,当选择信号 Sel=1 时,另一支旁路中的计算等操作是无意义的,其功耗也是无用消耗。为了消减此类无用功耗,通常在选择频率低的支路添加一控制单元(如锁存器等)以保证在选择信号工作时该分支也同步工作,这个技术称为 OI 技术。OI 低功耗技术可以扩展应用到复杂数据总线回路中,如图 8.19 所示。在数据总线的电路中,多重计算器与多路复用器连接,设计中可以使用 EDA 工具在综合过程中自动完成。

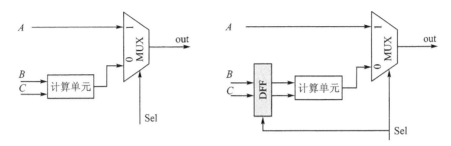

图 8.18　运算隔离

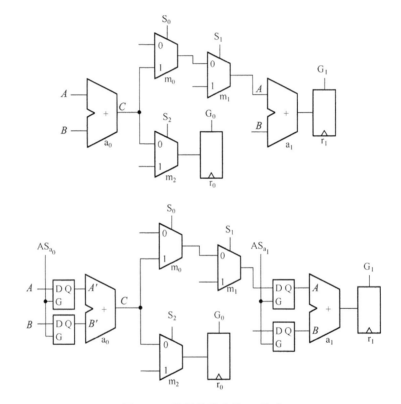

图 8.19　数据总线中的 OI 技术

总线编码技术也是低功耗设计中的选择。对于数据位宽较大的总线而言,低电平的各位翻转到高电平时,总线的多余位需要完成低-高电平的转换动作,也就是电路的开关动作,这样不可避免地带来极大的功率消耗。如果使用符号总线技术则可以消减一半的数据位线的动作翻转。其工作原理如下:对于 n bit 的数据总线再增加 1 bit 的控制位,当被传送的数据位宽在 $n/2$ bit 以下时,控制位以低电平将数据不变传送。当被传送的数据位宽超过 $n/2$ bit 以上时,控制位变为高电平而且数据电平以翻转形式进行传送。符号总线的电路实现如图 8.20 所示。低功耗降低的效果与顺序二进制代码比较,符号总线技术最大可以降低 25% 的开关概率。同时,对于高于 $n/2$ bit 的数据传输具有较好的功耗抑制作用。

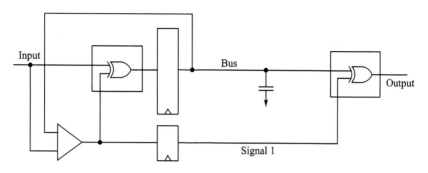

图 8.20　符号总线实现结构

有关低功耗的设计 Kaushal Buch 也提出了一些方法。一种是最小化数据总线转化。在许多情况下,因为没有指定一个固定值的默认状态,总线上的数据不断从一个值转换到另一个。因为可能会有一些握手信号,表明该数据是有效的并且可能不会影响设计的功能,但在数据转换时总线消耗功率。因此,可以释放相应的数据线以实现最小化数据转换,代码如下:

```
always @(posedge clk or negedge reset)
    begin

    if(!reset)
        data <= 16'b0;
    else if(data_bus_valid)
        data <= data_o;
    else
        data <= 16'b0;
    end
always @(posedge clk or negedge reset)
    begin
    if(!reset)
        data <= 16'b0;
    else if(data_bus_valid)
        data <= data_o;
    end
```

另一种是计数器有效设置。计数器的设计通常按要求使它们完成启动和停止任务。某些时候,由于编码方法不当,所有的启动和停止条件设计不周密而导致计数器进行不必要的继续计算。设计代码实例如下:

```
always @(posedge clk or negedge reset)
    begin
    if (!reset)
        cnt <= 4'b0;
    else if ((cnt == 4'b0111) | cntr_reset)
        cnt <= 4'b0;
    else
        cnt <= cnt + 1'b1;
    end
always @(posedge clk or negedge reset)
    begin
    if (!reset)
        cnt <= 4'b0;
    else if (cntr_reset)
        cnt <= 4'b0;
    else if (cnt<4'b0111)
```

```
        cnt <= cnt + 1'b1;
    end
```

对于同步集成电路而言,集成系统的总动态功耗中大约 30% 被时钟的功率消耗掉,其原因是,系统的同步时钟具有最快的电平翻转数率,在后端的物理实现中,所有时钟支配的单元或满足时钟同步延迟的单元都要与时钟信号同步翻转。因此,有效地控制时钟分布树的功率消耗可以大幅度降低系统的功耗。在实际的物理设计中,两种技术方案被普遍采用。

① 减小不必要的时钟缓冲器的使用,保证最低的时钟树延迟单元数量。

在后端的物理设计中,可以利用时钟布线的优先级高于普通信号线的特点,实现时钟布线的最佳路径连接,从而消减不必要的延迟缓冲器,使时钟树的动态功耗降低。其次,对于较大的系统而言,建议使用多时钟域来降低时钟的功耗。尽管可能会带来系统设计的复杂度问题,但可以大大缓解单一时钟的负载强度,从而降低过长的时钟树布线,间接减少了时钟树的缓冲器数量,也改善了时钟的延迟和偏移等问题。再次,设计时需要检查综合的约束是否合理,即时钟路径不被优化的单元要慎重使用,谨慎使用 Dont_touch 命令避免无谓的时钟延迟缓冲器的不可修改问题。最后,在物理设计中,布局过程也要考虑时钟优化的问题,尽量满足具有时钟相关的不同模块最近布置的原则,避免时钟树的长距离布线的问题。

② 时钟缓冲器的使用要设置在远离时钟源的位置。

具有门控时钟的时钟树,设计的门控时钟单元应尽可能靠近时钟信号源,避免在门控单元前添加缓冲器。这样设计可以实现前端的门控时钟不仅控制了后面的时钟信号,而且也控制了缓冲器的翻转,更有利于门控时钟对动态功耗的消减。

5. 毛刺消除法

在同步电路中,不同组合逻辑单元同步输入到下一级电路时,其不必要的电路翻转是考察和控制的焦点。图 8.21 描述了简单的输入信号的计算逻辑操作。

```
add_out  <= input_a + input_b;
sub_out  <= input_a - input_b;
mult  <= input_a * input_b;
always (input_a or input_b or state)
    if (state0 == 1)
        next_s  <= add;
    else if(state1 == 1)
        next_s  <= sub;
    else
        next_s  <= mult;
```

从图 8.21 和图 8.22 含有延迟工艺库的仿真结果可以看出选择信号的中间结果由于各个组合计算的延迟时间不同,中间信号存在竞争信号,也就是信号线上存在大量的毛刺信号(注:毛刺也是电平信号的一次高低反转,即电路的开关),从而增加电路的无意义的功耗。如果消减计算过程中大量的毛刺信号,可实现减少功率消耗的目的,如图 8.22 所示,其编码如下:

```
logic_a1  <= and(input_a,state0);
logic_b 1  <= and(input_a,state1);
logic_c 1  <= and(input_a,state2);

logic_a 2  <= and(input_b,state0);
logic_b 2  <= and(input_b,state1);
logic_c 2  <= and(input_b,state2);

add  <= logic_a1 + logic_a2;
```

```
sub <= logic_b1 - logicb2;
mul <= logic_c1 * logic_c2;

next <= or(add,sub,mul,reg_a);
```

通过对上述电路进行仿真,在优化所设计电路的情况下,锁定逻辑门的结果将消除竞争信号,最终结果同样消减了大量的无用翻转的输出状态,从而达到低功耗的目的。

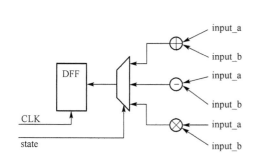

图 8.21　未处理的输入信号结构

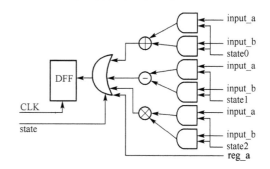

图 8.22　输入信号优化后的结构

组合逻辑模块由于输入信号的时序会存在微小的差异,从而使逻辑输出伴随有毛刺,进而可能导致下一级电路的逻辑错误,更重要的是会导致动态功耗的增加。因此,消除毛刺现象是必须考虑的设计环节。通常可以采用组合逻辑间添加寄存器的方法来阻隔毛刺信号的级间传播。

8.3　泄漏功耗

随着集成电路技术的迅猛发展,制造工艺已经提升到了 10 nm 以下,由此给低功耗设计带来了新的挑战,即泄漏功耗在纳米级工艺条件下逐渐超过动态功耗所造成的功率消耗。Intel 公司公布了如图 8.23 所示的对比图,当制造工艺提升到 90 nm 以下时,泄漏功耗增加到与动态功耗持平,而到 65 nm 以下时泄漏功耗超过动态功耗。为抑制纳米级器件的泄漏功耗,设计者必须了解其产生的原因。对于 MOSFET 器件,主要包含两种泄漏电流分量:第一种是晶体管漏极与本身衬底之间的 PN 结反向偏置而形成的方向二极管泄漏电流,如图 8.24 中的 I_D;第二种情况是亚阈值电流,这种电流是由弱反型晶体管中源极和漏极之间的扩散引起的泄漏电流,如图 8.24 中的 I_{sub}。其他的泄漏电流还有栅漏交叠形成的电流 I_{GIDL}、漏源击穿电流 I_{PT},以及门隧道电流 I_G 等。

当栅源电压略小于但很接近器件的阈值电压时,亚阈值电流 I_{sub} 变得很明显,以至于亚阈值泄漏引起的功耗与电路的开关功耗大小相当。但是,当电路中不存在开关动作时,亚阈值泄漏电流仍然持续发生而消耗功耗。因此,尽管电路设计中采用了低功耗设计技术,但如果不考虑亚阈值条件的泄漏电流,尽管在系统待机状态泄漏功耗也将发生。这时 MOS 管的这种特性与双极型管很接近,呈现亚阈值电流与栅极电压的指数关系。亚阈值泄漏电流的表达式如下:

$$I_{sub} \approx \mu_0 C_{ox} \frac{W_{eff}}{L_{eff}} V_t^2 \exp\left(\frac{V_{gs} - V_{th}}{nV_t}\right) \tag{8.16}$$

$$I_{sub} = I_0 10^{-\frac{V_{th}}{S}}$$

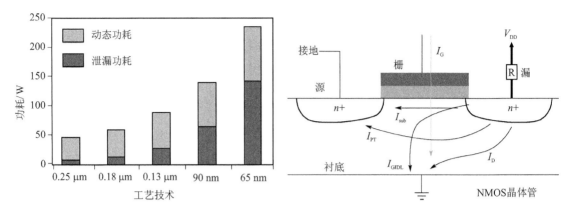

图 8.23　泄漏功耗与动态功耗的对比图　　　图 8.24　MOS 亚阈值条件电流

由上式可知,当阈值电压减小 0.1 V 时,泄漏电流 I_{sub} 将增加 10 倍。因此,为避免泄漏电流过大,应尽量避免阈值电压的降低,尽管低阈值电压具有较高的计算速度。

对于反向泄漏电流 I_D,当 CMOS 反相器的输入为高电位时,NMOS 管导通而 PMOS 管截止。虽然 P 管截止但其漏极和 N 阱之间存在与电源电压相等的反向电位差,进而产生漏极的二极管发生泄漏电流。同样当输入电压为零时,输出电压由于 PMOS 管导通与电源等电位,这样在 N 管漏区与 P 衬底之间也存在反向电位差而形成反向泄漏电流。反向电流与系统工作与否无关,即在待机状态仍然存在且随着温度的增加而加大。

通过上面的分析可知,泄漏功耗主要是由于工艺技术的提升及低电源电压和低阈值电压技术的应用。尽管上述方案在提高电路速度和降低功耗上具有优势,但是低阈值电压晶体管会导致亚阈值泄漏电流的增加。为了有效克服上述问题,在纳米级工艺设计中通常采用改变衬底的电压来避免泄漏电流。其中主要的技术方案有多阈值电压(MTCMOS)和可变阈值电压(VTCMOS)等。

多阈值电压电路结构如图 8.25 所示。电源电压是通过一开关晶体管 P 完成对内部逻辑电路的支持,对地放电是通过 NMOS 开关管 N 完成的。在多阈值电路的核心逻辑单元(实线框内逻辑门)采用低阈值电压,即 V_{th} 约为 $0.2\sim0.3$ V,这样可以保证在低电源电压条件下

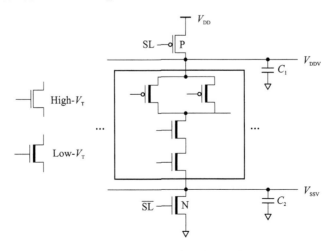

图 8.25　多阈值电压电路结构

（1.0 V 电压或更低）高速逻辑计算仍可以实现。同时为了避免泄漏电流的影响，上下两个开关 MOS 管采用高阈值电压技术。

当核心单元处于激活状态时，P 管和 N 管都处于导通，从而完成对核心单元的支持。为了保证电路的效果，一般 P 管和 N 管的尺寸都至少比核心器件大 10 倍。这个条件也受限于上下连接的电容 C_1 和 C_2，当电容较大时有利于保持核心电压的稳定而使两个开关管尺寸可以减小。如果当核心逻辑单元处于待机模式工作时，开关管将关断而停止对核心单元供电从而避免泄漏电流的发生。MTCMOS 技术需要工艺提供两种阈值电压的支持。

相关的研究已经揭示了 MTCMOS 技术在低功耗和门级延迟方面的优势，如图 8.26 和图 8.27 所示。图 8.26 是 S. Mutoh 发表的多阈值电压设计的 DSP 处理器，实现了低功耗性能；图 8.27 是高低阈值电压下两输入端与非门延迟时间比较。

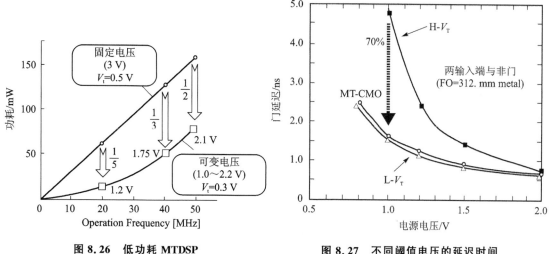

图 8.26　低功耗 MTDSP　　　　　　图 8.27　不同阈值电压的延迟时间

与多阈值电压技术同等重要的还有可变阈值电压技术。可变电压技术是对电路中的所有晶体管都采用低阈值电压，NMOS 和 PMOS 管的衬底偏置电压通过可变衬底偏置控制电路来实现。在激活模式下，NMOS 管的衬底偏置电压设为零，PMOS 管的衬底偏置电压设为电源电压，因此，晶体管电路不存在任何背栅偏置效应，电路在低电源电压和低阈值电压下可同时实现低功耗和高开关速度的性能要求。由于上述低功耗技术受限于制造工艺，因此，在设计时要与芯片的代工厂取得联系，一般这种技术都由厂家决定。

在集成电路制造中还包含器件级低功耗方法，主要是针对器件制造期间可采用的低功耗技术，如低电压晶体管工作效率、提高互连技术等。这些技术已经超出本书的讨论范围，感兴趣的读者可参考相关的器件制造、工艺方面的技术资料。

本章对芯片系统的功耗问题进行了介绍，包括动态功耗、静态功耗和泄漏功耗。介绍了比较成熟的低功耗设计技术，从系统/算法的角度包括系统功耗管理，从电路架构角度有并行/流水/重定时等，从底层 RTL 电路有门控时钟、数据隔离以及电路风格等，从版图层面可选择多阈值技术、多电压域技术等。随着单芯片数亿晶体管的集成度，低功耗设计已经成为当前芯片设计的核心，面对今天先进的 10 nm 级以下的工艺技术，低功耗技术已经成为晶体管制备的标配，以实现从工艺到设计的全面低功耗芯片解决方案。

习　题

1. 电路功耗包含哪几类？试分析其过程。

2. 低功耗电路设计主要从几个层次来考虑？不同层次的方法是什么？

3. 相同的逻辑结果可以由不同的逻辑过程来表达。分析下列逻辑关系，判断下列 5 种逻辑表达逻辑功耗的大小。

$$F = AB + \overline{A}C$$
$$F = (A + C)(\overline{A} + B)$$
$$F = \overline{\overline{AB} \cdot \overline{\overline{A}C}}$$
$$F = \overline{\overline{A + C} + \overline{\overline{A} + B}}$$
$$F = \overline{A\,\overline{B} + \overline{A}\,\overline{C}}$$

4. 门控时钟是电路级低功耗设计的一种手段，简述其工作原理及其优缺点。

5. 为什么随着半导体工艺的提升，泄漏功耗已经成为技术发展的瓶颈？

6. 泄漏功耗的主要解决方案是什么？

第 9 章　FPGA 与可重构计算

今天,进行数值计算、信息处理等工作的方式有两类:硬件和软件。以专用集成电路芯片为代表的硬件结构具有对数据极高的处理能力和较小的物理资源开销,但缺点是所实现的功能被永久固化在芯片中,完成任务单一且故障后的可修复性差。基于微型计算机的软件处理方法,提供了十分灵活的应用方案,可以应对各种不同的处理任务。然而,其缺点也显而易见,即具有较庞大的物理资源消耗体系(需要整个计算机系统结构的支持),同时,对单一任务的处理速度和能力与 ASIC 芯片相比差距巨大,无法满足特定功能的高性能处理的要求。因此,可重构结构集成电路处理芯片(系统)应运而生,肩负了高性能处理与多任务可重复处理的双重任务。

9.1　可重构器件

9.1.1　可重构器件的现状

现场可编程门阵列(FPGA)有机地结合了 ASIC 的高性能与 CPU 的柔性功能。随着微电子技术的发展,集成电路的设计、制造规模都在不断更新换代,但是,由于所设计片上系统越来越复杂及专用集成芯片制造成本、周期等都严重制约了工程设计人员对产品及时验证与测试更新的迫切需求。系统设计师们希望所设计的专用芯片的设计周期尽可能短,最好是在实验室里就能将所设计的系统原型固化到某一类芯片中,以便立刻就可以检验到所设计系统或逻辑功能的正确。基于此,现场可编程逻辑器件应运而生,其中应用最广泛的当属现场可编程门阵列(FPGA)和复杂可编程逻辑器件(CPLD)。美国的 Xilinx 和 Altera 是最早推出 FPGA 系列产品的公司,两家公司占据了全球 FPGA 市场六成份额。

早在 20 世纪 70 年代末人们就开始使用可编程阵列逻辑(PAL),到 20 世纪 80 年代又发明了通用阵列逻辑(GAL)。然而,由于这些器件规模的限制及半导体制造技术的不断发展,在 PAL、GAL 等可编程器件的基础上 CPLD/FPGA 可编程器件诞生了。它是作为专用集成电路(ASIC)领域中的一种半定制电路而出现的,既解决了专用数字集成电路中定制电路的单一、非柔性的缺点,又克服了原有可编程器件门电路数有限的缺点。FPGA 采用了逻辑单元阵列(Logic Cell Array,LCA)这样一个新概念,内部主要包括可配置逻辑模块(Configurable Logic Block,CLB)、输入/输出模块(Input Output Block,IOB)和内部连线(Interconnect)三个部分。随着芯片制造技术的不断进步及工程设计的需求,FPGA 也逐渐包含了下列单元:

- 存储器(Black RAM 或 Select RAM);
- 算术运算单元(加法器或乘法器);
- 时钟管理单元(PLL、分频/倍频器);

- 微处理器单元(PowerPC 或 ARM 核);
- 通信协议模块(MAC 等硬核)。

FPGA 根据其可编程和可配置的方式分为:

- 基于 SRAM 可配置方法;
- 基于反熔丝(Antifuse)配置;
- 基于闪存(Flash)的配置。

自 1985 年 Xilinx 公司推出第一款 FPGA 芯片以来,经过 25 年发展,芯片的时钟频率已经从 10 MHz 发展到 Virtex-6 产品的 600 MHz。制造工艺也已经从 20 世纪 80 年代的 4 μm 缩小到 40 nm,其中片上集成度也从几千逻辑门增加到上亿逻辑门。以 Virtex-6 为例,器件的逻辑单元扩展为 74 500~758 800,采用 DCM 技术以保障时钟的稳定,同时,动态时钟翻转技术和低偏差抖动控制技术也应用其中。另一方面,为保障高速通信 6.5 Gbps 的接口已经成为标配,最大可扩展到 100 Gbps 的通信速率。而其芯片的整体功耗却消减为上一代产品的 50%,其低功耗技术的应用可见一斑。FPGA 的另一大制造商 Altera 公司也推出了新一代产品,其性能与 Xilinx 产品不分伯仲。与高端芯片同步发展的低端产品也在不断提升性能,降低成本和功耗。Cyclone Ⅲ 器件采用台积电的低功耗工艺制造,功耗据称比 Xilinx 公司的 Spartan 3(90 nm 产品)低 75%。它具有 5 K~120 K 的逻辑单元(LE),以及 4 Mb 的存储器和 288 个数字信号处理(DSP)乘法器。Cyclone Ⅲ 为通用器件,应用范围很广。尽管是低端器件,但由于它带有存储器和 DSP 功能,所以在视频图像处理、无线应用和数字显示方面更显优势。

由于 FPGA 芯片规模和性能的提升及设计的便利性等特性,使越来越多的专注于系统设计的人员更愿意使用。当前主要的应用领域包括通信领域、图像处理、控制领域及数据信号处理等,其产品与专用集成芯片(ASIC)相比越来越具有竞争性。

FPGA 的发展趋势主要表现在下面几个方向:

① 集成度不断提高,器件规模不断扩大;
② 速度和性能不断提升;
③ 芯片的制造成本不断降低;
④ 功能及复杂度进一步提升;
⑤ 设计更趋灵活,集成并复用 IP 核库;
⑥ 有效的保护功能(加密处理)。

现场可编程门阵列,这一名称实际上反映了 FPGA 的本质特点,即它是现场可编程器件与门阵列结构的一个有机结合,因此它应该具有这两种技术的共同优势与特点。从前面的叙述可知,作为现场可编程器件,它有如下一些优点:

① 用户可在自己的工作现场实现编程,方便快捷,设计周期大大缩短;
② 不需要如 ASIC 的后端物理掩模设计,设计方法简单易学,很受系统设计师的欢迎;
③ 具有可擦除性和可配置性,适合应用到多种不同的领域,降低研制成本。

与专用集成电路相比,它具有一些弱点:

① 由于其可配置而带来了大量冗余电路或结构,从而导致较高的功率消耗;
② FPGA 内部结构的特点导致芯片的专属特性较低,如速度或吞吐率;
③ 对于商品化的大批量产品,其单芯片成本较高,缺乏竞争力。

9.1.2　可重构器件的分类

按照电路重构的方法,系统在可重构器件上进行重构分为静态可重构(Static Reconfiguration)和动态可重构(Dynamic Reconfiguration)两种。

1. 静态可重构

静态可重构是指被设计的目标系统的逻辑功能在器件中只能在运行前配置完成,器件工作情况下不可再配置,如图 9.1(a)所示。当前,所设计的 FPGA 可重构系统大部分属于静态可重构。FPGA 开发板在外部软件配置下,将可配置文件逻辑下载到存储器中。当上电后,FPGA 芯片重新下载存储器中的逻辑功能且在工作时不可修改其片上功能。

2. 动态可重构

动态可重构是指在系统实时运行过程中,为实现某种逻辑功能对 FPGA 的逻辑

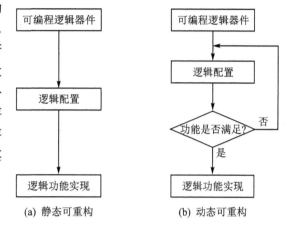

(a) 静态可重构　　　(b) 动态可重构

图 9.1　可重构器件的分类

功能可以实时地进行动态配置,或者能够只对其内部需要修改的逻辑单元进行重新配置,而不影响没有被修改的逻辑单元的正常工作,如图 9.1(b)所示。

对于动态可重构的数字逻辑电路,是通过对具有专门缓存逻辑资源的可编程门阵列进行局部或全局的逻辑单元的动态配置而实现不同的逻辑功能,其逻辑功能并不是通过调用芯片内不同区域的逻辑资源实现的。动态系统结构的可编程门阵列必须具有缓存逻辑,在内部逻辑的控制下,通过缓存逻辑对芯片逻辑单元进行全局或局部的重配置。基于不同逻辑功能和任务性质,动态可重构又可以分为全局重构和局部重构。

全局重构是指对动态可编程器件或系统在预存的配置指令的控制下进行器件全部的重新配置。对于配置前后的逻辑功能不存在必然的联系。局部重构是对重构器件或系统的局部逻辑重新配置,与此同时,其余局部的逻辑功能不受影响。局部重构减小重构的范围和单元数目,大大缩短了重构时间,具有相当的优势。全局重构具有更强的灵活性和更复杂的逻辑功能,但代价是消耗了大量的芯片资源和配置时间;局部重构具有更好的芯片使用率和较低的逻辑消耗,但芯片的片上柔韧性和系统的灵活性受到制约。

9.2　可重构电路结构

可重构/可配置电路是指根据功能需求实现片上的实时设计和修改,即芯片内逻辑单元的再重构/再配置的器件。可重构电路主要包含可编程逻辑器件、特殊专用可重构芯片和动态可重构芯片。可编程逻辑器件已经在实际的工程应用中得到了大规模运用。专用可重构芯片也已经被高度重视,其中通信领域所研究的软件无线电电路结构就是典型的专用可重构电路的

设计思想,另一方面,动态可重构电路在可靠性计算和容错系统中越来越被重视。这一节主要从下面三个方面进行介绍。

9.2.1　FPGA 电路结构

可编程逻辑器件(Programmable Logic Devices,PLD)包括可编程逻辑阵列(PLA)和可编程阵列逻辑(PAL)。它是由可编程逻辑"与"门、逻辑"或"门等单元组成。可编程"与"逻辑、固定"或"逻辑的 PAL 器件及 I/O 端口构成了可编程的 PLD 器件。可编程逻辑阵列是逻辑"或"可编程化,而可编程阵列逻辑则是逻辑"或"连接固定,这是两者的结构区别。可编程器件的输入信号及它们的反向信号从逻辑"与"门输入,它的输出端口连接到逻辑或门的输入端,逻辑或门的输入端连接方式决定了是 PLA 或还是 PAL。

对于可编程逻辑"与"阵列加固定逻辑"或"阵列的 PAL 器件,研究者认为在通常情况下,"或"阵列输入端的个数(即乘积项数)只要 6 个即可。同时,参照 PROM 的现场编程技术,一改"综合掩模"这种需要工艺厂方介入的传统方法,让设计者可自己设计代码进行烧写逻辑。比如事先将所有晶体管的某一个极都做成熔丝型连接的,用计算机产生的编程数据,对那些不需连接的极通上大电流烧断,即可实现编程。这一方法即形成了可编程逻辑阵列 PLA,它结合了前者技术编程灵活(逻辑功能强)和 PROM 技术编程容易(不需要掩模、成本低)的优点,且"或"矩阵逻辑可编程,使器件更易应用,体积结构减小,速度加快,弥补了 PLA 的不足。

由于任何复杂的逻辑关系都可以通过布尔函数关系进行化简或变换,并可以最终用简单的逻辑"与""或""非"门电路来表示,也就是 AOI(AND、OR、INV)电路结构。根据布尔代数理论,任何组合逻辑的逻辑功能最终都可以转化为"与"/"或"的逻辑表达形式来实现,$F = AB\bar{C} + \bar{B}CD + \overline{AD}$ 就是"与"/"或"的逻辑表达形式的例子。因此,设计时首先将输入信号如 A、B、C、D(包括反变量 $\bar{A}$、$\bar{B}$、$\bar{C}$、$\bar{D}$)构成一个能完成"与"逻辑功能的"与"阵列,然后用逻辑"与"阵列的输出送入到一个能完成逻辑"或"功能的"或"阵列。这样,在"或"阵列的输出端就实现了 AOI 的逻辑功能。图 9.2 展示了这样的一种可编程内部逻辑结构。下面通过一组逻辑表达式进一步说明 PAL 和 PLA 的工作原理,图 9.3 左侧是 PAL 器件,实现的功能是 $F_1 = A \cdot C + A \cdot \bar{B}$ 和 $F_2 = A \cdot B + B \cdot C$。从两者的电路结构可知左侧的 PAL 器件的逻辑"或"的输入端是固定连接的,而右侧的 PLA 器件的逻辑"或"门的输入是可修改、可配置的。但两者能完成同样的逻辑函数。

SPLD 器件的不足之处是容量较低,规模限制在 2 000 门以下,门的平均利用率只有 30%～50%。为此,PLD 厂家都在致力于结构的改进和创新,PLD 器件的性能将随着芯片工艺技术和编程工具的发展及新结构的提出而有新的突破。

现在,随着集成电路制造工艺的发展,所设计的容量小、结构简单的 SPLD 器件已经被复杂的可编程逻辑器件(CPLD)所取代。CPLD 器件除了采用可编程"与"阵列、可编程"或"阵列结构以外,还采用了可编程内部连接结构及相当于 EEPROM 所采用的叠栅工艺,因而实现了多次可重复的"电可擦写"功能。这一性能使 CPLD 与一次性的 PLA、PAL 器件不同,可反复擦写,用以实现不同的复杂逻辑编程。这对专用电路开发研制阶段资源的重复利用很有好处。另外,CPLD 的输出端也设计成可编程的宏单元结构,通过对若干个变量的控制,可将输出设置成组合逻辑输出、时序逻辑输出、三态输出及双向输入/输出等。

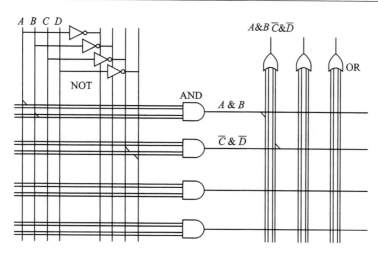

图 9.2　可编程 SPLD 器件的逻辑电路

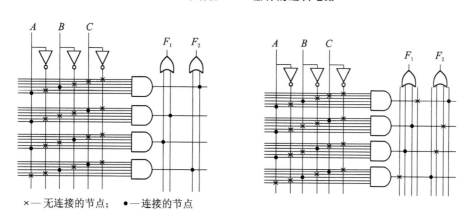

×—无连接的节点;　●—连接的节点

图 9.3　PAL 和 PLA 实现的逻辑功能

1. 现场可编程门阵列(FPGA)

由于 CPLD 可编程器件存在容量小、内部连接使用率低等致命缺点,为此,在 20 世纪 80 年代中期 Xilinx 推出了一种全新结构的可编程器件,即现场可编程门阵列(Field Programmable Gate Array,FPGA)。FPGA 器件与 CPLD 的主要组成部分是相同的,也包括可编程单元(Programmable Logic Cells,Configurable Logic Blocks)、内部连接(Programmable Interconnection Network)和输入/输出单元(Input/Output Block)。可编程/可重构单元的功能是实现各种逻辑操作,由组合逻辑部件、D 触发器、多路选择器组成。可编程/可重构内部连接主要是开关矩阵(Switching Matrix)模块,它的功能是完成复杂的内连线网络连接。输入/输出模块(I/O Block)可根据需要实现输入、输出、双向、延迟、三态等各种输入/输出功能。图 9.4 描述了 FPGA 的基本结构。

FPGA 可编程器件的可配置烧写方法是 FPGA 正常工作的物理基础。可重构 FPGA 的主要技术手段有三种,分别是 SRAM 技术、闪存技术和反熔丝技术。上述三种技术手段实现了 FPGA 内部主要单元(可编程逻辑单元、互连单元及 I/O 单元)之间根据所需功能实现电路的可重构。

基于静态 RAM 的可重构/可配置技术是实现 FPGA 逻辑功能最常用的方法,Xilinx 和

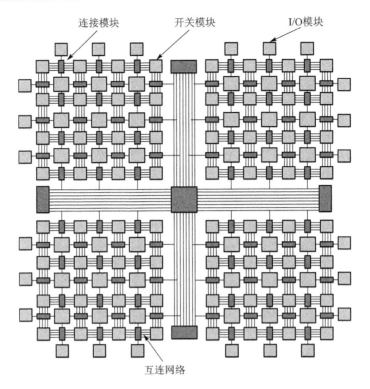

图 9.4　FPGA 结构图

Intel 等厂商都在使用此技术。图 9.5 是基于 SRAM 技术的基本单元和实现结构,基本单元如图 9.5(a)所示,SRAM 根据编程的信号决定其输出的是高电位还是低电位从而实现所控制连线间开关晶体管的状态。它的基本结构是基于标准 CMOS 工艺下通过首尾交叠的双反相器回路实现双稳态输出信号。输出信号 Q 值连接到相应模块,如逻辑单元、多路复用器或查找表等,以实现可重构的目的,读/写字线实现外部信号被读/写入存储单元的控制。对于逻辑单元的配置也是采用同样的工作原理,如图 9.5(b)所示。多路复用器的逻辑功能的实现是由其输入信号及 SRAM 单元的输出来决定的,也就是 SRAM 的输出控制了复用器的工作状态。

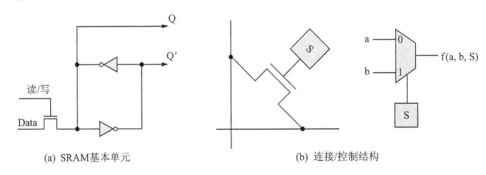

(a) SRAM基本单元　　　　　(b) 连接/控制结构

图 9.5　SRAM 可重构/可配置技术

　　基于 SRAM 技术的优势是可重构的次数理论上是无限的,仅仅需要输入不同的信号就可调节内部的逻辑单元的连接以便实现新的功能,同时电路的可编程实现快捷而方便。第一,在系统工作过程中,FPGA 内部电路也可以对 SRAM 进行重新配置,也就是提供动态可重构/配置。但是,由于 SRAM 单元本身消耗较大的芯片面积,从而使此技术占用较大的面积而影响

FPGA 的面积使用效率。第二,由于资源消耗较大且需要不断刷新,其功率消耗较大。另外,由于静态存储器的工作特性也使可重构的器件存在掉电后被存储的逻辑功能全部消失的缺点。

　　闪存技术(Erasable Programmable Read Only Memory,EPROM)是可重构/可配置的第二种实现方法,它是基于一种浮栅技术,如图 9.6 所示。浮栅晶体管被外部高电压通过栅极而被固化(单次擦写),从而控制漏极的输出状态。其结果是导致栅极永久性固化为低电位而保持晶体管的关断。闪存(Flash EPROM)也是通过高压负电位控制浮栅实现其工作,它具有擦写过程快捷、晶体管消耗数量少等特点。此技术被 Actel 的 FPGA 所采用,其结构如图 9.6(b)所示。它用低泄漏的电容器来保存控制晶体管栅极的电荷,存储单元控制两个晶体管,其中的一个是可编程连接点,以便连接与逻辑单元的节点;而另一个是控制对逻辑单元读/写信息的作用。闪存具有高速、较低的面积消耗和多次配置的特性,Lattice、Intel 等产品都使用这种技术。

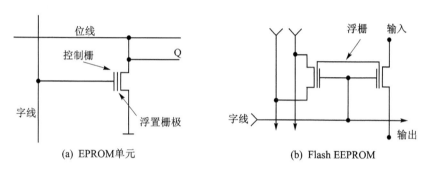

(a) EPROM单元　　　　　　　　(b) Flash EEPROM

图 9.6　闪存技术

　　一次性配置的方法是反熔丝技术(Antifuse)。反熔丝式 FPGA 通过反熔丝器件连接内部连线,器件的两端分别连接反熔丝的上下两层,中间反熔丝层完成器件的导通。通常,未使用的反熔丝处于断开状态,当配置的电压通过反熔丝后,由于较大功耗导致熔丝的熔解而会将反熔丝上下两层的金属线的通孔连接。对反熔丝器件两端加电压就可以实现其配置的功能。由于其一次性配置的特点,每个反熔丝都只能单独进行配置,FPGA 中电路结构必须能单独访问及配置每个反熔丝器件的编程电压的电路。反熔丝技术在 Actel 或 QuickLogic 产品中被广泛使用,其结构如图 9.7 所示。反熔丝芯片的主要优势是较小的面积消耗、较低的电阻和较高的速度。但对于多次编程/配置的任务则不适用,因为它们仅能进行一次编程后使用。

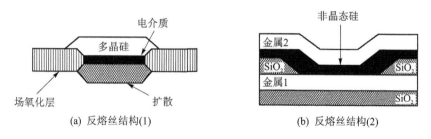

(a) 反熔丝结构(1)　　　　　　　(b) 反熔丝结构(2)

图 9.7　反熔丝器件断面结构

　　表 9.1 给出了 4 种不同可编程技术的性能比较。4 种可编程烧写技术手段存在各自的优缺点,以 SRAM 技术为主的 FPGA 器件具有灵活的可配置设计,然而,考虑到器件的功能,SRAM 技术的 FPGA 表现最差。特别是在考虑到器件的安全性和抗辐射以及高可靠工作,反

熔丝技术等将是更好的选择。基于 SRAM 技术的 FPGA 是易失器件,如果切断电源,配置即被删除,则必须对器件进行重新配置,然后器件才能工作。这类器件可以用处理器、SPI 或并行闪存通过 JTAG 端口编程。就安全性而言,它们是很脆弱的。一旦系统上电,非法入侵者就能轻而易举地获取 FPGA 的位流,从而使信息被窃取。另一方面,Actel 公司最近宣称,一项第三方(iRoC 测试机构)研究结果证实,以 Flash 和反熔丝技术为基础的现场可编程门阵列(FPGA)具有抗辐射的免疫能力,单粒子辐射是由宇宙射线产生的高能量粒子引起的。该研究还确定以 SRAM 为基础的 FPGA 不只像传统观念那样,在高空环境中易于发生带电粒子导致器件失效,而且在地面级应用中也会发生,包括汽车、医疗、电信,以及数据存储和通信领域,对于航空航天领域的应用将更具有不确定性。带电粒子导致基于 SRAM(基于静态)的 FPGA 的配置单元被扰乱,就可能导致功能丧失。如果出现这种情况,它就可能造成主系统失常。在这些配置单元中,只要有一个遭遇单粒子翻转(SEU),后果都非常严重。如果配置被扰乱并改变状态,则可能会改变整个器件的功能,导致重大数据崩溃或向系统中的其他电路发送虚假的信号。在极端情况下,如果固件错误长期未被检测到,那么,就能变成"硬故障"(Hard Errors)并对器件本身或包含该器件的系统造成破坏。Actel 公司在文章中公布了 iRoC 的检测结果,如表 9.2 所列。

表 9.1   FPGA 可编程烧写技术

属 性	SRAM	反熔丝	Flash	EPROM
速度	低速	高速	低速	中等
功耗	变化	较好	最好	最坏
密度	中等	较好	最好	最坏
抗辐射	最差	最好	中等	中等
互连尺寸	1	1/10	1/7	PLD
再配置	可以	不可	可以	可以

表 9.2   单粒子测试结果

烧写技术	SEU 测试	逻辑错误	FIT 逻辑错误率		
			海平面	5 000 ft	60 000 ft
SRAM	1 936～3 459	349～453	320～1 150	110～3 900	150 000～540 000
反熔丝	未测试	0	<0.08	<0.28	<39
Flash	未测试	0	<0.04	<0.13	<18

下面介绍 FPGA 的电路结构。本节主要针对 Xilinx 公司的 Virtex 系列进行介绍和说明。目前,Xilinx 7 系列的 FPGA 芯片不仅在帮助客户降低功耗、降低成本方面取得新突破,而且还具备高容量、高性能以及可移植性强等优点。新系列产品采用针对低功耗高性能精心优化的 28 nm 工艺技术,能实现出色的生产率,解决 ASIC 和 ASSP 等其他方法开发成本过高、过于复杂且不够灵活的问题,使 FPGA 平台能够满足日益多样化的设计群体的需求。28 nm 工艺和设计创新突破性地将功耗降低了 50%。统一架构保存了 IP 投资,加快了设计移植。

Virtex 芯片结构是 Xilinx 的配置逻辑块(CLB)被嵌入到纵横相交的布线连接结构之间,所有的配置逻辑块都由内部的互连线连接到开关阵列,如图 9.8 所示。在配置逻辑块之间分布一定量的 RAM 及乘法器,I/O 块分布于芯片的四周,其一定间隔内配置有数字时钟管理器(DCM)。沟通各个配置逻辑块的开关阵列由可编程的多路复用器(或可配置的晶体管)组成,开关阵列也可以连接纵向与横向的内部连线以便最终实现 FPGA 的整体功能。

2. 可配置逻辑块

FPGA 的可配置逻辑块是芯片中的核心,由于 FPGA 中的逻辑器件需要执行大量不同逻辑功能而标准 CMOS 门却只须执行一种选定功能,因此,它比标准逻辑门具有更复杂的结构。对于

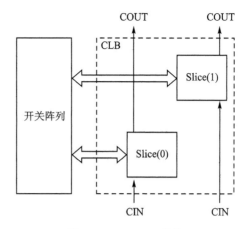

图 9.8　Virtex - 7 结构

Xilinx 产品而言,FPGA 器件可配置逻辑块(CLB)是实现复杂组合/时序电路的主要逻辑资源,所有的可配置逻辑块都与开关阵列相连以便访问各个连接网络。对于 Virtex - 7 而言,每个可配置逻辑块包含一对 Slice 单元,同一逻辑块内的 Slice 单元互不连接并各自组成一列,同一列的 Slice 单元通过独立的连接链互连。

图 9.9 描述了 Slice 单元的内部结构。每个 Slice 包含 4 个输入逻辑功能发生器(或查找表 LUT 和存储器 ROM)、存储单元、宽位功能多路复用器及阵列逻辑等。这些模块被用于所有的 Slice 中以便提供逻辑功能、算术运算和存储功能。对于 Virtex 系列器件,每一个 LUT 具有 6 个输入端和两个输出端,查找表可以被配置为 6 输入和单输出状态,也可以配置为 5 输入和 2 输出状态。灵活的 6 输入 LUT 共有 64 位逻辑编程空间和 6 个对立查找表,可实现多种功能组合以满足不同设计需求。图 9.10 展示了 6 输入端的 LUT 结构。

FPGA 另一大厂商 Intel(原 Altera)也在同期开发了各种器件,其系列产品包括 Cyclone、Flex 和 Stratix 等,这些产品也都是基于查找表技术实现不同功能配置。Intel 产品的逻辑单元称为逻辑阵列块(Logic Element,LE),其基本结构如图 9.11 所示。

在 FPGA 中 I/O 块是提供芯片内部逻辑与外部封装引脚之间接口的功能。I/O 块包含输入、输出和三态选择驱动,这些驱动可以配置成不同的 I/O 标准,其结构图如图 9.12 所示。I/O 引脚应具备下列基本功能:

- 芯片的 I/O 引脚具备静电放电(ESD)保护功能;
- 输出端应具备足够驱动能力的缓冲,且产生足够强的驱动信号;
- 3 态端口具备输入/输出互换逻辑功能。

低电压差分电平(LVDS)已经成为业界高速传输最普遍应用的差分标准。LVDS 的优势包括:由于采用差分信号带来的对共模噪声的免疫能力,进而提高了抗噪声能力;功率消耗较小,噪声较小等。由于 LVDS 有比较好的抗噪声特性,它可以采用低至几百毫伏的摆幅信号,进而可以支持更高的数据速率。LVDS 串行器/解串器(SERDES)可以完成多位宽度的并行信号到 LVDS 串行信号的转换及反方向操作。FPGA 或其他一些器件都能集成 LVDS 发射/接收模块。

Stratix Ⅲ器件可以同时提供最多 276 对 LVDS 串行化发送模块和 276 对 LVDS 解串行化接收模块,每路 LVDS 最高可以支持 1.6 Gbps。此外,它还独家提供可编程的输出摆幅和预加重功能,以支持长距离背板传送。图 9.13 显示了 Stratix Ⅲ的 LVDS 接收器中固化在

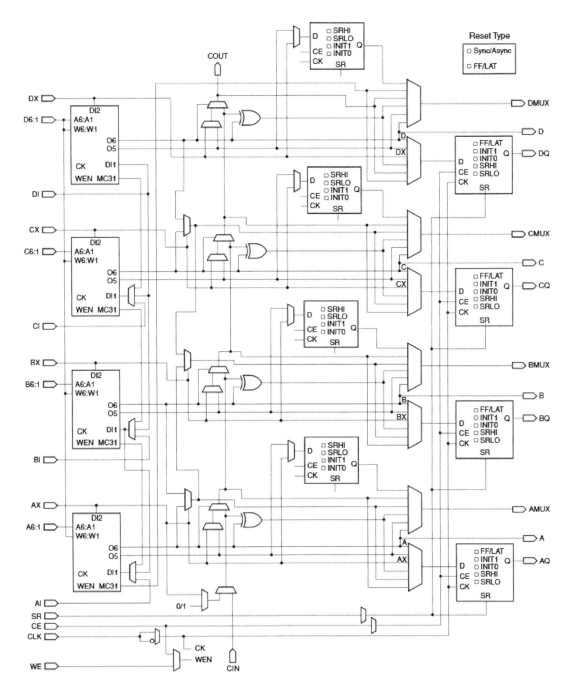

图 9.9　Virtex‐7 Slice 结构图

I/O 单元里的模块。源同步的低频时钟 rx_inclk 通过 PLL 倍频移相后得到 diffi/oclk，对输入数据 rx_in 进行采样，采样后的数据可以进行最高因子为 10 的解串行化。由于 FPGA 具有非常高的灵活性，比如支持不同 LVDS 输入数据和输入时钟之间的倍频关系，以及不同的解串行化因子，所以 Stratix Ⅲ LVDS 硬核模块的输出字顺序通常是不确定的，每次上电或者复位后字顺序都有可能发生变化，使用时需要根据特殊码型进行字对齐处理。

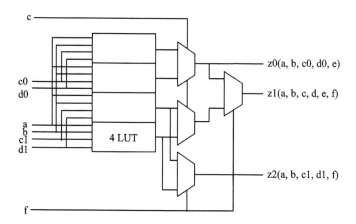

图 9.10　6 输入端 LUT 结构

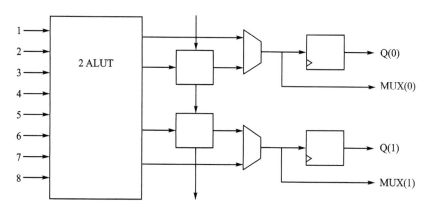

图 9.11　Stratix Ⅲ 逻辑阵列块结构

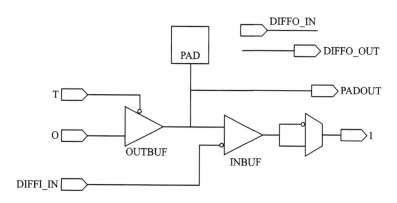

图 9.12　Xilinx IOB 结构

　　Xilinx 公司的芯片使用的是差分 I/O 端口组件:输入(IBUFDS)和输出(OBUFDS),如图 9.14 所示。IBUFDS 原语用于将差分输入信号转化成标准单端信号,且可加入可选延迟。在 IBUFDS 原语中,输入信号为 I、IB,一个为主,一个为从,二者相位相反。

　　IBUFDS 原语的例化代码模板如下:

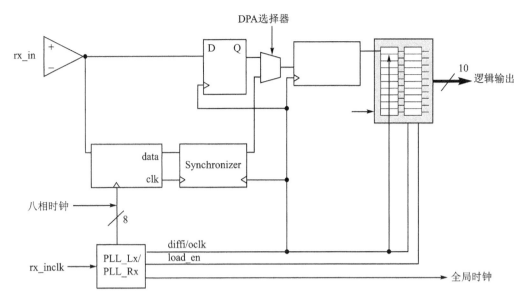

图 9.13　固化在 I/O 单元的 LVDS 接收器

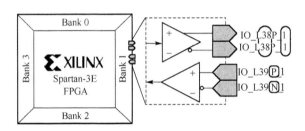

图 9.14　输入/输出端口结构

```
// IBUFDS:差分输入缓冲器(Differential Input Buffer)
// 适用芯片:Virtex-II/II-Pro/4/5/6, Spartan-3/3E
// Xilinx HDL库向导版本,ISE 9.1
IBUFDS #(
.DIFF_TERM("FALSE"),
//差分终端,只有Virtex-4系列芯片才有,可设置为True/Flase
.IOSTANDARD("DEFAULT")
//指定输入端口的电平标准,如果不确定,可设为DEFAULT
) IBUFDS_inst (
.O(O), // 时钟缓冲输出
.I(I), // 差分时钟的正端输入,需要和顶层模块的端口直接连接
.IB(IB) // 差分时钟的负端输入,需要和顶层模块的端口直接连接
);        // 结束IBUFDS模块的例化过程
```

　　OBUFDS将标准单端信号转换成差分信号,输出端口需要直接对应到顶层模块的输出信号,与IBUFDS为一对互逆操作。

　　OBUFDS原语的例化代码模板如下:

```
// OBUFDS:差分输出缓冲器(Differential Output Buffer)
//适用芯片:Virtex-II/II-Pro/4, Spartan-3/3E
// Xilinx HDL库向导版本,ISE 9.1
OBUFDS #(
.IOSTANDARD("DEFAULT")
```

```
//输出端口的电平标准
) OBUFDS_inst (
.O(O), // 差分正端输出,直接连接到顶层模块端口
.OB(OB), // 差分负端输出,直接连接到顶层模块端口
.I(I) // 缓冲器输入
); // 结束 OBUFDS 模块的例化过程
```

上面已经介绍了可编程器件的一些基本逻辑单元和输入/输出端口,将上述单元互连并完成某一特定功能是 FPGA 器件正常工作的基础,同时,FPGA 器件的可重构特性也将由其互连开关来决定。为了保证 FPGA 器件的高性能,必须设计出灵活可靠的互连网络、减小互连线的延迟、降低互连引起的功耗和逻辑单元功能组合最优化等。可编程 FPGA 器件的互连问题主要包含布线阵列和连接盒。

FPGA 的布线阵列将用到大量的可编程连线,如图 9.15 所示。为保障连线的延迟最小,FPGA 根据结构和用途设计了 3 种不同长度的连线。第一种,仅仅连接局部逻辑单元的短线(Length1),由于占用的资源和面积较小其连线延迟很小。第二种,专门用于长距离通信的全局连线

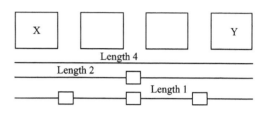

图 9.15　分段连线及其长度

(Length4),由于其连线的几何尺寸较大,消耗了较多的面积资源,但连线的阻抗较低利于远距离传送信号,当插入转发器时延迟也将得到保障。第三种,专门用来传输时钟信号和其他控制信号的专用互连线(Length2)。这些不同长度的连线保证了布线的灵活性,也就是 FPGA 的体系结构可以提供不同长度的互连选择,以使逻辑单元的输入/输出能够连接到不同的节点或开关。连线箱是负责连接逻辑单元与全局连线的交点,连线必须适量,否则会占据过多的芯片资源而导致逻辑单元的不足。因此,可编程器件的重要问题就是如何优化互连线数量与逻辑资源数量的平衡。1998 年之前 Betz 和 Rose 就研究了互连线与逻辑器件的比例关系,其结果也被商用 FPGA 厂家广泛利用。

布线阵列除上述连线之外,连线之间的连接块(盒)或开关块(盒)也非常重要,其结构布局如图 9.16 所示。电路结构中包含数据/控制连线块(盒)与数据/控制开关块(盒)两大类,数据线的位宽是 4 bit,控制线的位宽是 1 bit。在水平和垂直连线的交叉点由 RAM 可编程的开关矩阵块来完成数据/控制数据的全局布线,而逻辑单元块的输入/输出则是通过 RAM 可编程互连块接入上述全局布线网络。数据和控制线两类的连线块和开关块表现为不同的电路结构,图 9.17 是数据开关阵列块的电路结构。由于数据线的位宽制约,开关采用了多路复用器作为控制单元,布线及电路结构较复杂。与之相对应的控制线则采用了简单的单晶体管传输门电路完成 4 方向的任意互通连接,如图 9.18 所示。采用单晶体管连接可以减小信号摆幅并有助于降低功率消耗,但由于单晶体管传输门会产生阈值电压损失,在低电压、低功耗设计中可能导致下一级连接的性能降低甚至误判。因此,设计时必须考虑采用低阈值结构的晶体管、阈值电平恢复或者电压自举技术来克服上述问题。

上述的逐级单元互连尽管灵活有效地完成了 FPGA 全局网络的连接,但由于逐级连接导致了较大的连接阻抗和大负载电容,从而造成连线延迟时间的加大。为改变上述连接问题,商用的 FPGA 芯片内的网络互连采用了另外一种高效的互连结构,如图 9.19 所示。图 9.19 不仅给出了全局布线中开关块之间的直接连线,而且还包含相隔开关块的直接互连线,以解决上

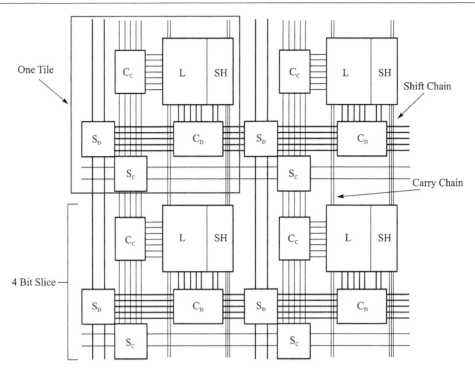

L—Logic Block; C_D—Data Connection Block; SH—Shift Block;
S_C—Control Switch Block; C_C—Control Connection Block; S_D—Data Switch Block;

———— 4 Bit Data Bus; ———— 1 Bit Control Wire

图 9.16　具体布线结构

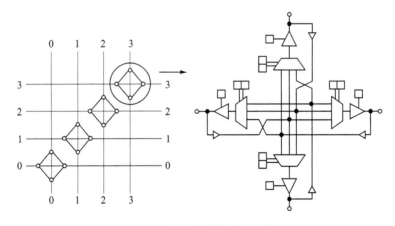

图 9.17　数据开关的互连结构

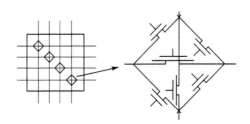

图 9.18　控制开关的互连结构

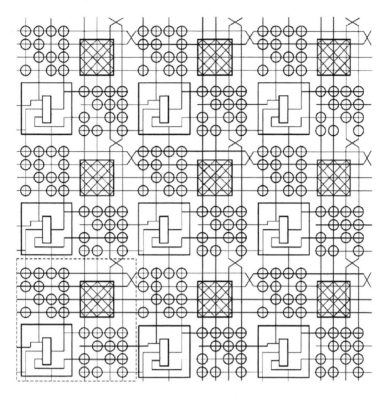

图 9.19　多层次可编程网络互连结构

述全局连线中线延迟加大的问题。因此,在商用 FPGA 芯片上已经实现了多种形式的互连结构,其结构与布线资源类型相结合。由于 FPGA 器件中集成了不同功能的单元模块,如 Power-PC、MUC 和乘法器等,直接互连线在实现上述模块的连接时提供了高效可靠的保证。除此之外,时钟连线的分布也考虑了专门互连与局部连接多重利用的问题。

9.2.2　动态可重构系统

动态可重构系统(Dynamic Reconfigurable System)是在传统的商用可编程逻辑器件的基础上研发的可以进行实时动态的可配置和可重构的处理系统,它不仅具有 ASIC 器件的高性能,还兼备 FPGA 的多功能可重构柔性处理功能。动态可重构系统继承商用可编程器件的系统结构,并进一步实现系统对多种应用的动态自动配置的功能。动态可重构可以实现系统工作中的结构再配置以完成部分执行单元的更换。动态可重构系统可以实现时间分享计算的可配置结构,并且已经得到了大量的应用,如微处理器在线修复、容错自查信号处理器等。图 9.20 描述了专用芯片、可重构系统及微处理之间的性能与柔性功能的对比。

由于动态可重构系统具有软硬兼容的双重功能,已经有越来越多的研究人员对其给予高度重视。动态可重构系统可将大规模的复杂设计分解为分散计算模块,以便可以时分复用子逻辑单元。到目前为止,Xilinx 结构、虚拟单元门阵列、NEC 结构、Dharma 等动态结构都已经被发表过。上述研究成果都可以被动态重构,并且其连线结构是基于 SRAM 可编程在片技术。

动态可重构结构可以简单分为 4 类:
- 单指令多数据执行结构(SIMD Execution);

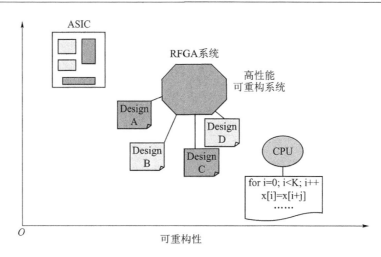

图 9.20　三种实现方案的性能比较

● 流水线结构(Pipelined Structure);
● 脉动阵列结构(Systolic Algorithm);
● 数据驱动控制结构(Data Driven Control)。

关于 SIMD 可重构结构,其中数组和向量的操作集都可以映射到逻辑功能的阵列中。指令从控制单元到功能单元,以便执行相应的数据序列。因此,可重构结构更胜任于此类向量计算。下面介绍 SIMD 结构的并行可重构计算。可重构计算机可以利用从粗粒度并行任务到细粒度的指令级并行的不同层次粒度结构。可重构处理器的超级并行结构补偿了其时钟频率不足的缺陷,相对于现代成熟的 CPU 处理器而言。可重构处理器有充足的空间并行处理的能力,特别是对于 FPGA,面临的挑战是将应用分区映射到查找表、DSP 块或存储器的内部结构中。并行处理能被明确地描述或规划到软硬件设计师的思想中,进而影响、指导所设计的代码。SIMD 结构非常适合 FPGA 的空间并行体系和粗粒度计算逻辑单元阵列。NEC 公司设计的一种 SIMD 结构的动态可重构阵列处理器,内核是由功能、结构相同的处理器单元以阵列的结构组成,周边为辅助单元。图 9.21 下方是 PE 处理单元结构的放大。

NEC 动态可重构处理器组成结构如下:

● 位目标处理单元阵列;
● 连接处理单元的可编程内部互连网络;
● 可配置的状态控制器以支持动态可重构配置过程;
● 存储可配置数据或计算结果的存储器;
● 各种接口单元。

NEC_DRP 的核心单元是阵列结构的处理基元(PE),其处理基元包含面向位计算的算术逻辑单元(ALU)、动态的数据管理单元(DMU),以及其他如指令寄存器等逻辑运算单元。这里算术逻辑单元完成指定的数据计算任务,数据管理单元实现逻辑的选择、移位、交互等处理功能。操作过程是输入数据直接存储到 PE 的寄存器中,当实现取指令时从 PE 的指令寄存器中调用相应数据,其结果存储到 PE 的寄存器并送给输出端。计算的可重构过程由位于中间部分的状态转换控制器(STC)实现,状态转换控制器根据 ALU 的计算模式发送相应的控制指令来实现其不同的任务功能。其外围的横纵列存储器存入可配置的配置数据以便实现动态的可配置阵列的互连网线。

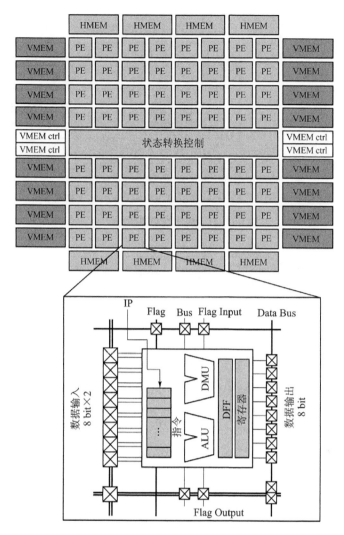

图 9.21　结构图与处理单元

PipeRench 是基于流水线结构的可重构系统。它的每级复杂度和处理能力都与传统的 CPU 或 DSP 系统的处理能力相当,区别是各个处理级之间是可重构的互连方式。流水线可重构阵列使用一串物理流水级结构来实现虚拟流水线配置结构。虚拟的流水线结构可以被移植到任何物理流水线中,并且虚拟级的数量通常不能约束物理级数量。在系统运行时,虚拟流水线转变为物理流水线计算单元,这些单元被安排成单向循环,如图 9.22 所示。尽管流水线结构可以被应用到不同的物理单元,每一级都继承前级的输出和产生本级的输出给其下一级。流水线结构消除了虚拟可重构硬件的大量困难,但实际结构限制了电路,因为向前传播的信息仅能向前传播,任何反向连接都必须限制在单级电路内。图 9.22(b)显示了 4 级虚拟流水线实现 3 级物理结构的实例。

流水线结构的可重构动态处理的代表是 PipeRench,其设计结构实现了深度流水线配置并细分了大量的虚拟流水线结构。图 9.23 显示了其连接结构,图 9.24 是实现的芯片内核照片。

UC Berkeley 的 Dharma 系统是基于数据流算法的动态可重构设计方案,电路结构图如

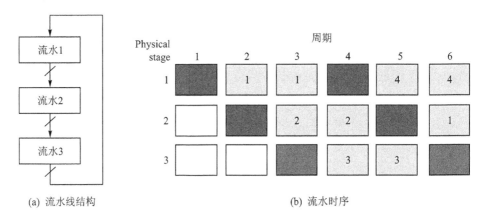

(a) 流水线结构　　　　　　　　　　　　　(b) 流水时序

图 9.22　流水线可重构结构

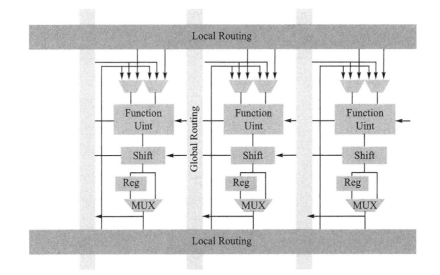

图 9.23　PipeRench 连接结构

图 9.25 所示。Dharma 系统结构主要包括动态内部连接阵列(DIA)、动态逻辑模块阵列(DLM)、缓冲器和锁存器等。首先,输入信号经过锁存器和动态内部连接阵列送到下级处理单元或直接输出;动态逻辑模块用来计算逻辑功能并将结果再送到动态内部连接阵列。该系统的计算是根据预置的逻辑,系统的每次重复计算都将结果存储到合适的锁存器中,这时,系统被动态地配置并计算一次逻辑操作。由于每一次操作都是在不同的路径下完成不同的逻辑功能,所以路径信息存储在不同的 SRAM 中。由于系统结构设计所限使得其功能受到一定限制,如系统的阵列交点要少于 DLM 数与可重构次数的积。图 9.26 显示了较详细的内部结构和 DLM 的逻辑结构。

　　动态可重构系统的结构和功能具备了瞬态容错的逻辑功能。由于瞬态故障具有随机发生并临时偏离正确电路的特点,因此很难检测到瞬态故障并有效地避免它。瞬态故障的影响取决于逻辑结构和故障发生的区域,从而掩盖了瞬态故障发生的现象。瞬态故障也可能仅影响电路的临时输出。使用动态重构系统可以实现三模冗余技术以比较并取多数为正确结果的方法。因此,动态可重构结构可以判断并比较电路的瞬态输出结果并动态调整电路的配置结构,以便实现瞬态容错的目的。

图 9.24　PipeRench 芯片版图

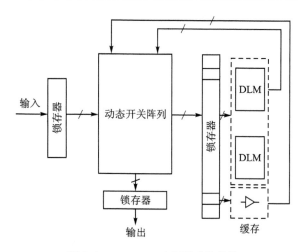

图 9.25　Dharma 动态可重构结构

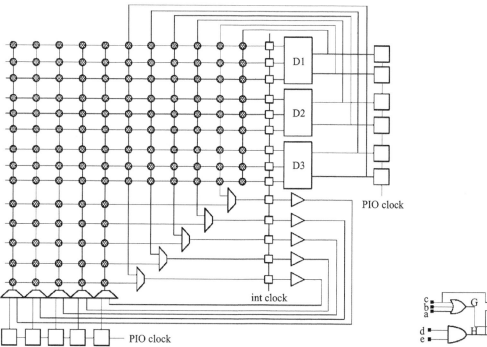

图 9.26　Dharma 详细内部结构图和 DLM 逻辑结构

9.2.3　可重构 AES 系统

今天,专用可重构系统已经拓展到了包括可重构计算和高可靠容错等多种体系结构。可重构系统研究的领域已经从可重构 VLSI 器件发展到可重构软/硬件复合系统。

专用可重构系统涉及实际工程应用的许多方面。下面以实际工程中设计的可重构 AES 加密系统来说明可重构的设计思想。

2000 年 10 月,美国国家标准技术研究所(NIST)宣布采用 Rijndael 的算法作为其高级加密标准(AES),用于取代 DES 成为新一代主流加密算法。Rijndael 的设计是一个密钥迭代分组密码,包含了轮变换对状态的重复作用。Nr 表示轮数,它依赖于分组长度和密钥长度。对于 AES 算法,分组长度固定为 129 bit,密钥的长度可以是 129、192 或 256 bit,即密码密钥的列数 Nk = 4、6 或 8,它表示密钥中 32 位字的个数。轮的数目是由密钥的长度决定的,它们的关系如表 9.3 所列。

表 9.3 密钥长度-加密轮数关系表

种 类	密钥长度(Nk)	分组大小(Nb)	加密轮数(Nr)
AES - 128	4(128/32)	4(128/32)	10
AES - 192	6(192/32)	4(128/32)	12
AES - 256	8(256/32)	4(128/32)	14

由于 AES 解密过程与加密类似,是加密的逆过程,因此本文仅讨论 AES 加密过程。AES 加密过程包括一个初始密钥加法,记为 AddRoundKey,接着进行 Nr-1 次轮变换 Round,最后再使用一个轮变换 FinalRound。轮变换 Round 由 4 个变换组成,分别是 SubBytes、ShitfRows、MixColumns、AddRoundKey。最后一轮的变换 FinalRound 略有不同,缺少 MixColumns。其中关于轮密钥扩展单元的分析将在后面的结构设计中详细给出。

AES 算法的密钥扩展根据密钥长度的不同分为两种扩展方案:密钥长度为 128 bit 和 192 bit 时为同一扩展方案,密钥长度为 256 bit 时为另一个扩展方案。根据 Rijndael 给出的密钥扩展过程的伪代码,将其写成更为直观的形式,如下:

当 Nk≤6(密钥长度等于 128 位和 192 位)时密钥扩展的递归模型为

$$W[i] = \begin{cases} \text{Key}[4i] \parallel \text{Key}[4i+1] \parallel \text{Key}[4i+2] \parallel \text{Key}[4i+3], & 0 \leqslant i \leqslant \text{Nk}-1 \\ W[i-\text{Nk}] \oplus \text{SubByte}(\text{RotByte}(W[i-1])) \oplus \text{Rcon}[i/\text{Nk}], & i\%\text{Nk}=0 \\ W[i-\text{Nk}] \oplus W[i-1] & \text{其他} \end{cases}$$

当 Nk>6(密钥长度等于 256 位)时密钥扩展的递归模型为

$$W[i] = \begin{cases} \text{Key}[4i] \parallel \text{Key}[4i+1] \parallel \text{Key}[4i+2] \parallel \text{Key}[4i+3], & 0 \leqslant i \leqslant \text{Nk}-1 \\ W[i-\text{Nk}] \oplus \text{SubByte}(\text{RotByte}(W[i-1])) \oplus \text{Rcon}[i/\text{Nk}], & i\%\text{Nk}=0 \\ W[i-\text{Nk}] \oplus \text{SubByte}(W[i-1]), & (i-4)\%\text{Nk}=0 \\ W[i-\text{Nk}] \oplus W[i-1], & \text{其他} \end{cases}$$

对比上面两组模型可以看出,两种不同的密钥扩展方案,区别是当密钥长度等于 256 位时,多进行了一步判断,即当 $(i-4)\%\text{Nk}=0$ 时,$W[i]=W[i-\text{Nk}]\oplus\text{SubByte}(W[i-1])$。但其基本运算单元是相同的,都使用了 SubByte()、RotByte() 和 Rcon[] 三个函数,因此可以将以上 3 个基本函数单元复用,配合相应的控制单元,以实现 3 种不同的密钥长度可重构设计。

基于 AES 密钥扩展算法,本书设计的可重构密钥长度的 AES 加密系统的框架图如图 9.27 所示。系统由以下几个模块组成:数据输入寄存器、轮变换单元和密钥扩展单元。其中,数据输入寄存器用于暂存外部输入的数据,以供系统进行数据处理;轮变换单元即为 AES 加密过程,对数据进行轮变换;密钥扩展单元根据不同的密钥长度,对初始密钥进行处理和调度,产生轮变换所需的 128 bit 的轮密钥。

在图 9.27 中,粗线代表数据线:text_in 为明文输入,key 为初始密钥,text_out 为加密后的密文输入,Roundkey 为密钥扩展单元每轮产生的轮密钥;细线代表控制线,通过 keysize 的不同值,来确定当前密钥长度,以供系统进行不同的密钥扩展运算。其单元结构设计如图 9.28 所示。在图 9.28 中,使用一个 select 控制端,来控制所实现的功能。

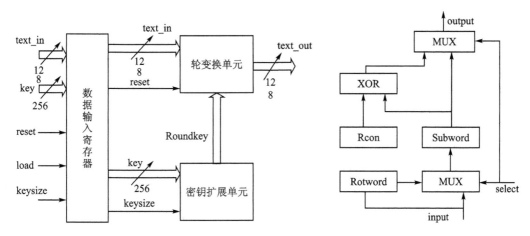

图 9.27　支持不同密钥长度的 AES 加密系统　　　图 9.28　密钥扩展基本单元结构

　　轮密钥的生成有同步和非同步两种方式。同步扩展就是加密与密钥扩展同时进行,每次只产生一轮轮密钥,即子密钥的生成同轮变换是并行的,在进行一轮轮变换的同时,也生成了下一轮的子密钥。由于本文只考虑 AES 加密过程,因此采用同步扩展还可以节省硬件资源。AES 算法密钥扩展单元的整体结构图如图 9.29 所示。

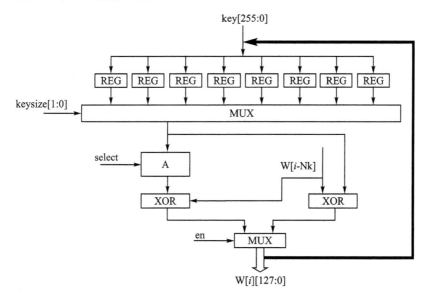

图 9.29　密钥扩展单元整体结构图

　　如图 9.29 所示,其中框 A 为密钥扩展基本单元结构,将输入密钥以 32 bit 一组,存入到寄存器中(密钥长度 128 bit 对应前 4 组,192 bit 对应前 6 组,256 bit 对应全部 8 组),通过多路选择器及 keysize 信号,确定要输入的数据,并得出一次扩展的结果,得出每轮所需的 128 bit 的轮密钥,并将输出结果返回到初始寄存器中,以便下一轮继续进行计算。在本设计中,仅需要两个控制端 select 和 en,就可以实现支持不同的密钥长度。select 和 en 的取值由 keysize 决定。具体配置如表 9.4 所列。

　　由于密钥长度不同,AES 的加密轮数也不同(见表 9.4),所以当密钥长度为 128 bit、192 bit 和 256 bit 时,其对应的加密轮数分别为 10、12 和 14。因此,为了支持不同密钥长度的加密过程,本文的轮变换单元采用反馈的模式设计,如图 9.30 所示。循环的轮数 Nr 由一个内部的计数器来控制。

表 9.4　可重构密钥扩展单元

种　类	Select	en	执行操作
AES - 128	X	0	$W[i - \text{Nk}] \oplus W[i - 1]$
	0	1	$W[i - \text{Nk}] \oplus \text{SubByte}(\text{RotByte}(W[i - 1])) \oplus \text{Rcon}[i/\text{Nk}]$
AES - 192	X	0	$W[i - \text{Nk}] \oplus W[i - 1]$
	0	1	$W[i - \text{Nk}] \oplus \text{SubByte}(\text{RotByte}(W[i - 1])) \oplus \text{Rcon}[i/\text{Nk}]$
AES - 256	X	0	$W[i - \text{Nk}] \oplus W[i - 1]$
	0	1	$W[i - \text{Nk}] \oplus \text{SubByte}(\text{RotByte}(W[i - 1])) \oplus \text{Rcon}[i/\text{Nk}]$
	1	1	$W[i - \text{Nk}] \oplus \text{SubByte}(W[i - 1])$

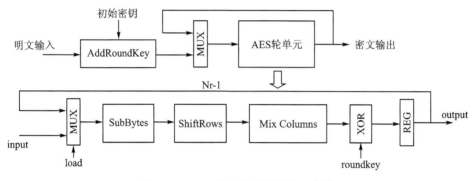

图 9.30　AES 轮变换单元结构示意图

使用 Synopsys 公司的 Design Compiler 对上述 AES 加密系统设计的顶层模块进行综合,使用 Charter 公司标准单元库。通过设置约束条件,设定该系统的时钟信号 clk 周期为 5.5 ns、占空比为 50%,即时钟频率为 180 MHz 的方波信号。使用 ModelSim SE 6.1f 对用 DC 综合后的 AES 加密系统进行时序仿真。测试数据采用官方所给测试数据。系统端口定义如下,ld 为载入初始明文及密钥信号;key 为密钥输入;keysize 用于标识当前密钥长度(0 代表 128 bit,1 代表 192 bit,2 代表 256 bit);text_in 为明文输入;text_out 为加密后密文输出;done 信号用于标识一次加密是否结束,"高"有效。当密钥长度为 128 bit、192 bit 和 256 bit 时,仿真结果分别对应图 9.31~图 9.33。

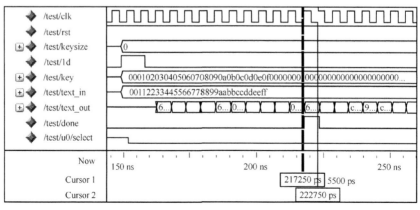

图 9.31　密钥长度等于 128 bit 时 AES 加密系统的时序仿真

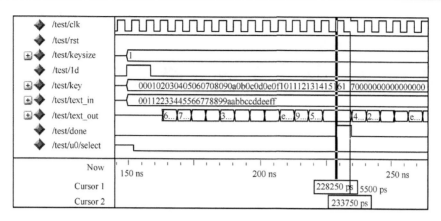

图 9.32　密钥长度等于 192 bit 时 AES 加密系统的时序仿真

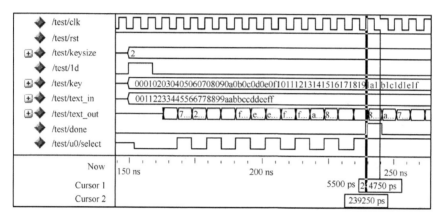

图 9.33　密钥长度等于 256 bit 时 AES 加密系统的时序仿真

　　从所给仿真截图可以看出,系统的时钟频率可以达到 180 MHz,测试结果表明加密系统功能完全正确。并且通过不同的 keysize 输入信号,控制内部使能端 select,从而完成在一块芯片内支持不同的密钥长度。3 种密钥长度所对应的系统吞吐率如表 9.5 所列。

表 9.5　不同密钥长度 AES 加密系统的吞吐率

密钥长度/bit	128	192	256
吞吐率/Gbps	2.11	1.79	1.55

　　通过对高级加密标准 AES 算法的密钥扩展单元进行分析,提出了一种可重构密钥长度的密钥扩展单元的结构,单芯片集成可以同时实现 128 bit、192 bit 和 256 bit 三种密钥长度。设计对于三种密钥长度复用同一组逻辑单元,这样可以降低逻辑资源的消耗。对综合后的网表进行验证,对于 128 bit 密钥长度的加密系统,吞吐率达到了 2.11 Gbps。将轮变换单元的实现方式进行优化,并且采用流水线技术进一步提高系统性能,是我们今后进一步的研究方向。

第10章　数字集成电路系统设计实例

10.1　人工智能芯片

近几年,人工智能在算法、算力和数据的联合推动下对科技界和产业界产生了强劲的冲击。基于深度学习的卷积神经网络获得快速发展并广泛应用于目标检测、图像分类等领域。本节重点介绍硬件加速器在设计过程中涉及的理论基础,其中包括神经网络、网络模型参数量化和芯片体系结构设计等基本原理。

10.1.1　卷积神经网络基础

卷积神经网络通常由卷积层、池化层、激活层以及全连接层组成,是一种有监督的前馈神经网络。卷积神经网络在处理具有网格结构的数据(如图像和语音)时可获得更好的效果,因此广泛用于图像分类、人脸识别以及目标检测等计算问题。随着卷积神经网络层数增加,在计算效果提升的同时也不可避免地带来了网络参数和计算量的急剧增加。下面介绍卷积神经网络的原理并重点分析网络各个组成部分的功能及特点,为解决加速器的算力瓶颈提供理论基础。

卷积神经网络的核心是卷积层计算,卷积层是根据生物学中视觉神经细胞的工作方式而设计的,主要用于提取图像的局部特征并且对图像的旋转、平移以及缩放具有不变性。卷积层具有一组参数可学习的卷积核,通常卷积核的长和宽设置为 3×3 或 5×5 的矩阵,但卷积核拥有和输入特征图通道数相同的深度。卷积运算过程中,卷积核在输入特征图像进行滑动并计算与卷积核对应图像数据的点积,从而提取图像中的特征信息,如图 10.1 所示。卷积神经网络一般设置多个卷积层,每一层都对输入图像的特征信息进行提取,逐渐将原始图像中简单特征(点、线等)组合为复杂特征(耳朵、眼睛等)。传统图像特征提取过程中使用的卷积核参数是人工设定,但在卷积神经网络中卷积核参数是通过网络反向传播学习得到。

$$Y[b,n,v,u] = \text{bias}[n] + \sum_{c=1}^{C}\sum_{j=1}^{J}\sum_{k=1}^{K} X[b,c,v+j,u+k] \times \text{weight}[n,c,j,k] \quad (10.1)$$

式(10.1)为卷积层计算公式。其中 X 为输入特征图像,weight 是卷积层的权重参数,bias 是卷积运算的偏置。从此公式可以看出卷积运算由多层乘累加运算嵌套而成,统计结果显示卷积层的计算量占整个网络的 90% 以上。此外,卷积层具有局部连接及权重共享的特点。

局部连接是指在卷积层中输出神经元只与部分输入神经元连接,这部分输入神经元便构成局部感知野,局部感知野的灵感来源动物视觉的神经元在感知外界物体的过程中只有一部分神经元起作用。这是因为在图像中相邻区域的像素之间关联性较高而距离较远的像素间关

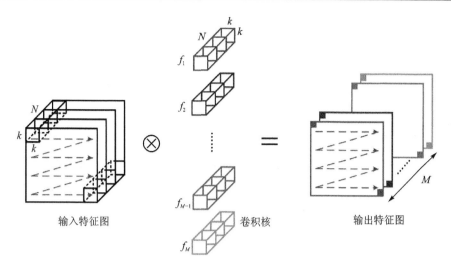

图 10.1　卷积层运算示意图

联性较弱。同时,选择较小的感知野能够减少卷积层的参数个数。

权重共享是指在卷积计算过程中权重参数被重复使用。在图 10.1 中输出特征图单个通道的图像数据是由同一个卷积核计算得到的,这可以有效地减少卷积层参数的数量并降低网络训练的难度。

池化层又称为下采样层,是根据生物视觉系统中图像降采样和图像信息抽象的工作原理设计而成,主要为网络模型引入一定的不变性从而更好地适应图像位置和尺度变换。常见的池化层有平均池化和最大池化两种类型。图 10.2 展示了最大池化的过程,从图中可以看出,池化可以有效地减少神经元数量并增大网络的感受野,这使得网络对输入噪声有很好的鲁棒性。原始图像在经过卷积层后得到大量的

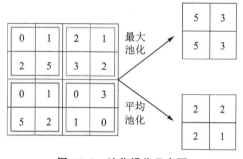

图 10.2　池化操作示意图

特征图,如果直接将这些特征图输入到下一层网络中会使网络计算量过大并有过拟合的风险。因此,池化层主要出现在卷积层之后,通过特征选择减小了下一层输入特征图的大小。

最大池化,即

$$Y_{m,n}^d = \max x_i, \quad i \in R_{m,n}^d \tag{10.2}$$

由式(10.2)可以看出,最大池化即选取区域 $R_{m,n}^d$ 中所有神经元激活的最大值。

平均池化,即

$$Y_{m,n}^d = \frac{1}{|R_{m,n}^d|} \sum_{i \in R_{m,n}^d} x_i \tag{10.3}$$

由式(10.3)可以看出,选取区域中所有神经元的平均值,其作用类似平滑滤波器。目前,卷积神经网络中主要使用最大池化。

卷积神经网络通过引入激活函数使网络具有非线性表达能力,因此,激活层又称为非线性映射层。在生物学中,神经元接收到外界刺激(信号)后并不会马上激活,通常只有当信号强度累积超过阈值后神经元才会处于兴奋状态。设置激活层的目的就是为了模拟这一生物学

现象。

$$Y[b,n,h,w] = \mathrm{act}(X[b,n,h,w]) \tag{10.4}$$

激活层的工作原理如式(10.4)所示,其中 X 为激活层的输入数据,act 为激活函数。

在神经网络的发展过程中出现了不同的激活函数(function),如 sigmoid 函数、ReLU 函数以及 Leaky ReLU 函数,如图 10.3 所示。sigmoid 函数又称为 logistics 函数,是逻辑回归中常见的激活函数。从 sigmoid 函数图像可以看出,sigmoid 函数将输入激励信号压缩到了 0~1 之间,这与生物学现象相吻合。但是在输入激励强度大于 5 的范围时会出现梯度趋近于零的情况,这将影响网络训练过程中误差的反向传播。此外,sigmoid 函数的函数值期望并不为 0,这与神经网络中特征数据平均值为 0 的假设不符。

$$\mathrm{sigmoid}(x) = \frac{1}{1 + \mathrm{e}^{-x}} \tag{10.5}$$

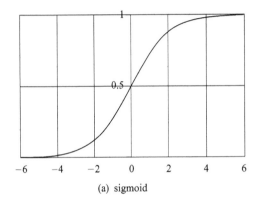
(a) sigmoid

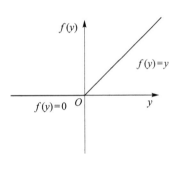
(b) ReLU

图 10.3　激活函数

修正线性单元(ReLU)是卷积神经网络中最常用的激活函数之一。当输入特征数据大于零时输出与输入相同,否则输出零值。ReLU 函数在输入信号大于 0 的部分梯度为 1,小于 0 的部分梯度为 0。因此该函数可以加快网络的训练并减少计算复杂度。

$$\mathrm{ReLu}(x) = \begin{cases} x, & x \geqslant 0 \\ 0, & x < 0 \end{cases} \tag{10.6}$$

全连接层将卷积层、池化层及激活层获得的特征映射到样本标记空间,起到了分类器的作用。图 10.4 展示了全连接层的示意图,从图中可以看出全连接层的输出神经元与所有的输入神经元都有连接且不存在权重共享的特点。因此,全连接层具有较多的网络参数,属于存储敏感型网络结构。

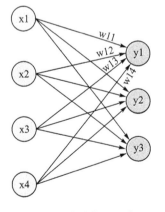

图 10.4　全连接层示意图

全连接层的运算本质为矩阵(权重矩阵)与向量(输入向量)的乘法,其计算表达式如下:

$$Y[b,n] = \mathrm{bias}[n] + \sum_{c=1}^{C} \sum_{h=1}^{H} \sum_{w=1}^{W} X[b,c,h,w] \times \mathrm{weight}[n,c,h,w] \tag{10.7}$$

卷积神经网络的网络模型很多,其中包括 LeNet - 5、AlexNet、VGG 以及 Yolo 等。早在 1998 年,Yann LeCun 等人提出了一种可用于手写数字图像识别的卷积神经网络 LeNet - 5,如图 10.5 所示,该网络模型在美国的银行和邮局系统中得到广泛使用。LeNet - 5 包含了深度神经网络的基本模块:卷积层、池化层、全链接层。其中,C1 层和 C3 层为卷积层,S2 层和 S4 层为平均池化层,C5 层既可以看作是卷积核与输入特征图大小相等的卷积层也可以看作是全连接层,F6 层为全连接层。虽然 LeNet-5 网络模型的规模较小,但包含卷积神经网络中常见的结构。

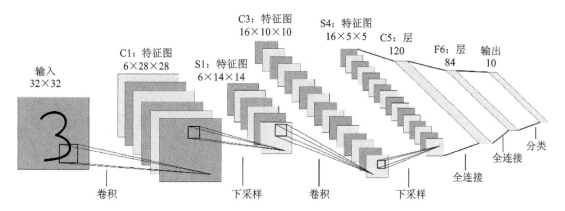

图 10.5　LeNet-5 网络模型

　　AlexNet 网络模型的出现掀起了深度学习研究的热潮,在卷积神经网络研究领域具有里程碑意义。与之前的卷积神经网络相比 AlexNet 网络应用了许多新技术,例如 ReLU 激活函数、随机失活以及局部响应规范化等技术。这些新技术能够有效地降低网络出现过拟合的风险,为更加复杂网络的设计和训练奠定基础。

　　AlexNet 网络由 5 个卷积层以及 3 个全连接层构成,如图 10.6 所示。第一层卷积层的输入原始图像为 224×224×3,利用 96 个大小为 11×11 的卷积核进行卷积运算,之后将结果进行 ReLU 激活以及池化,最后进行归一化。第二层卷积层与第一层卷积层的运算类似,不同的是第二层采用了 256 个 5×5 卷积核。在第三和第四卷积层中不再设置池化层和归一化层,并且将卷积核进一步缩小为 3×3。第五层卷积层在完成卷积、激活及池化操作后将结果输入全连接层。全连接层中包含了全连接、ReLU 激活以及随机失活等操作。AlexNet 网络在 2012 年的 ImageNet LSVRC 比赛中取得了 top-5 其错误率只有 16.4%,成为后续卷积神经网络设计的重要参考蓝本。

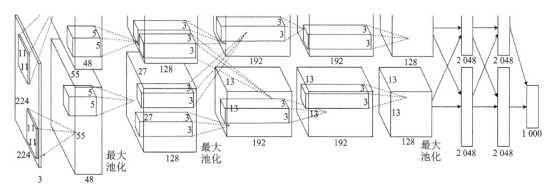

图 10.6　AlexNet 网络模型

　　在 AlexNet 网络之后人们设计了网络规模更大、复杂度更高的卷积神经网络,并取得了更好的效果。但是随着网络模型的深度的增加,训练过程中传播的梯度将存在梯度消失的风险。这是因为大多数激活函数的梯度小于或等于1,随着网络层数的加深,梯度的传导值会出现近似指数下降的结果。

Yolo 网络模型的出现提出了一个新的目标检测方法,将检测变为一个回归问题,之前的目标检测方法通常都转变为了一个分类问题,如 R - CNN、Fast R - CNN 等。Yolo 网络模型从输入的图像,仅仅经过一个神经网络,就直接得到边界框以及每个边框所属类别的概率。正因为整个的检测过程仅有一个网络,所以它可以直接进行端到端(end - to - end)的优化。

Yolo 相对于其他神经网络的优点是检测速度快,标准版本的 Yolo 在 Titan X 的 GPU 上能达到 45 FPS。网络较小的版本 tiny Yolo 在保持 mAP 是之前的其他实时物体检测器的两倍的同时,检测速度可以达到 155 FPS。

Yolo 网络结构借鉴了 GoogLenet,包括 24 个卷积层,2 个全连接层,如图 10.7 所示。不同的是,Yolo 未使用 inception 模块,而是使用 1×1 卷积层(该卷积层是为了跨通道信息整合)+3×3 卷积层替代。最终输出的是 7×7×30 的张量的预测值。

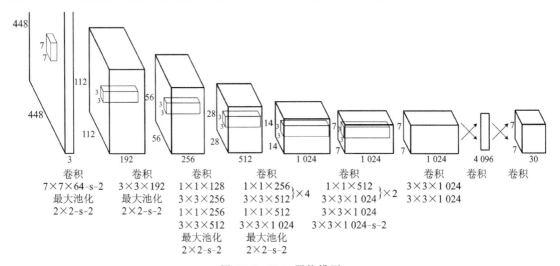

图 10.7 Yolo 网络模型

10.1.2 网络参数量化

卷积神经网络具有参数多、计算量大的特点,如表 10.1 所列,这些因素将制约其应用,特别是基于硬件实现的加速器。

表 10.1 常见卷积神经网络结构统计参数

模 型	AlexNet	GoogleNet	VGG16	VGG19	ResNet50
卷积层数	5	57	13	16	53
卷积层工作量(MACs)	666 M	1.58 G	15.3 G	19.5 G	3.86 G
卷积层参数量	2.33 M	5.97 M	14.7 M	20 M	23.5 M
全连接层数	3	1	3	3	1
全连接层工作量(MACs)	58.6 M	1.02 M	124 M	124 M	2.05 M
全连接层参数量	58.6 M	1.02 M	124 M	124 M	2.05 M
总工作量(MACs)	724 M	1.58 G	15.5 G	19.6 G	3.86 G
总参数量	61 M	6.99 M	138 M	144 M	25.5 M

目前,常用的深度学习框架如 Caffe、PyTorch 以及 TensorFlow 训练得到的网络模型参数都为 32 bit 浮点型数,在训练过程中可以保证网络拥有较高的精确度。但是,过高的参数精度增加了网络推理过程中硬件加速器的计算功耗和存储负担。表 10.2 列举了 45 nm 工艺下各精度运算及存储访问产生的功耗。对比得出,32 bit 定点数加法运算消耗的能量是 8 bit 定点数加法的 3.3 倍,32 bit 浮点型加法运算消耗的能量是 32 bit 定点数加法运算的 9 倍。类似地,32 bit 定点数乘法消耗的能量是 8 bit 定点数乘法的 15 倍。访问外部存储功耗远高于乘法或加法运算。

表 10.2　45 nm 工艺下各种操作的功耗

操作类型	功　耗	操作类型	功　耗
8 bit 定点数加	0.03 pJ	32 bit 定点数乘	3.1 pJ
32 bit 定点数加	0.1 pJ	16 bit 浮点数乘	1.1 pJ
16 bit 浮点数加	0.4 pJ	32 bit 浮点数乘	3.7 pJ
32 bit 浮点数加	0.9 pJ	Cache 读/写	10 pJ
8 bit 定点数乘	0.2 pJ	DRAM 读/写	1.3～2.6 nJ

根据表 10.2 列举的数据可以得出,定点数的计算功耗要小于浮点数运算,并且随着操作数位宽的降低计算消耗的能量也会成比例下降。因此,如果可以将训练得到的浮点型网络模型参数量化为低位宽定点网络模型,那么将有效地降低神经网络运算所产生的功耗。同时,网络模型参数量化后可以在 FPGA 的片上存储更多的权重参数,从而减少对外部存储器的访问。虽然网络参数量化能够带来诸多好处,但在量化时需要保持神经网络的精度,下面介绍两种网络参数量化方法。

1. 动态定点数量化

在卷积神经网络中,各层的网络模型参数和激活层输出数值的分布有显著差异,在一些规模较大的层中输出要远大于该层的网络参数。例如在 AlexNet 网络中 97% 的网络参数在 $2^{-11}\sim2^{-3}$ 范围内,而绝大多数激活值分布在 $2^{-2}\sim2^{8}$ 之间。并且,在网络的不同层数据的范围也相差较大。因此,网络模型需要选择合适的数据格式才能覆盖较宽数值范围,从而保证网络推理过程的准确率。

常见的数值有浮点数和定点数。在浮点数中小数点位置不固定,能够表达数值范围较宽。但是浮点数的运算比较复杂,因此在实现过程中会消耗更多的硬件资源以及产生更高的计算功耗。定点数的小数位置固定,因此运算简单并且消耗的硬件资源和产生的功耗都远小于浮点数运算。但是,定点数能够表示的数值范围有限,难以精确表示网络各层权重参数和激活值,这将导致网络推理准确率下降。为解决定点数表达能力差的问题,Courbariaux 等人提出了动态定点数表示方法。动态定点数表示形式如下:

$$\text{Data} = (-1)^{s} \cdot 2^{-\text{fl}} \sum_{i=0}^{B-2} 2^{i} \cdot x_{i} \tag{10.8}$$

式中:B 表示数据的总位宽,s 为符号位,fl 为小数位宽。图 10.8 展示了两个动态定点数,它们的总位宽都是 8 bit,各位的数值相同,但小数位长度不同。其中,数据 01101101(fl=2)表示的数值为 27.25,而数据 01101101(fl=−1)表示的数值为 218。由此可以看出,通过调整小数位宽 fl 可以改变动态定点数覆盖的数值范围。

为更加精确地表示卷积神经网络模型,在动态定点数量化过程中将对层输入、权重参数以

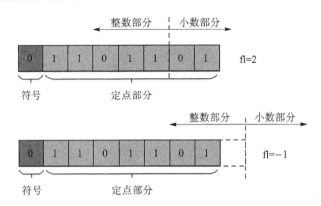

图 10.8　动态定点数表达示意图

及层输出分别考虑,以更好地覆盖激活及权重的动态范围。此外,由于不同层的网络参数范围有较大不同,因此在动态定点数量化过程中将针对各层分别设置。

　　Ristretto 工具的动态量化过程如图 10.9 所示。首先,量化工具对网络权重参数的动态范围进行分析,并为整数部分分配足够的位宽以避免大值的饱和。为了将全精度数据量化为低精度数字格式,Ristretto 使用最近邻取整的方法。其次,向卷积神经网络中输入数千张图像,对网络前向传播中生成的激活值进行分析并生成统计参数。量化工具将为每层的激活值分配足够位宽,以避免层激活的饱和。最后,量化工具将利用二叉树搜索的方法,寻找卷积层权重参数、全连接层权重以及层输出的最佳位宽。由于网络的 3 个部件使用独立的位宽,因此通过迭代量化可以找到每个部件的最佳位宽。在迭代量化过程中,卷积神经网络的各层依次进行量化,未参与量化的层将保持浮点型数据以确保量化结果的精度。当网络的推理精度和参数位宽满足设定的需求时,就可以对网络进行微调,这样可以弥补一部分由于量化而损失的精度。

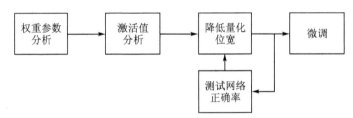

图 10.9　动态定点数量化过程

　　动态定点数量化方法相对简单,量化后的数据运算与定点数运算相似,最后只需对各层的运算结果进行移位操作即可。由于动态定点数较好地覆盖了网络各层参数的范围,因此量化后网络模型的推理精度没有明显下降。表 10.3 展示了部分网络量化后的结果,可以看出网络精度的损失控制在 1% 以内。因此,本文采用了动态定点数的量化方法。

表 10.3　动态定点数量化效果

网络模型	层输出/bit	卷积层参数/bit	全连接层参数/bit	浮点型正确率/%	定点型正确率%
LeNet	4	4	4	99.15	98.72
Full CIFAR-10	8	8	8	81.69	80.64
CaffeNet	8	8	8	56.90	55.77
SqueezeNet	8	8	8	57.68	55.25
GoogLeNet	8	8	8	68.92	66.07

2. 整型量化

整型量化方法通过将卷积运算、矩阵乘法、池化操作以及激活函数等浮点型运算转换为等价的 8 位整型运算从而加速神经网络的推理过程。下面将以矩阵乘法运算为例，介绍 UINT8 整型量化过程。

$$r = S(q - Z) \tag{10.9}$$

$$S = \frac{\max\_x - \min\_x}{255} \tag{10.10}$$

$$Z = -\frac{\min\_x}{S} \tag{10.11}$$

对于任意的浮点型参数 r，其量化方案都可以表示为式(10.9)。其中，S 为缩放尺度，用于指定量化的步长；Z 为偏移量，是由浮点域的 0 映射到整型域后的取值，该取值没有误差；q 为浮点数 r 量化后的整型数值。对于 UINT8 整型量化中缩放尺度 S 和偏移量 Z 的计算方法如式(10.10)和式(10.11)所示，其中 $\max\_x$ 和 $\min\_x$ 分别为浮点型变量的最大值和最小值。

$$S_3(q_3^{i,k} - Z_3) = \sum_{j=1}^{N} S_1[q_1^{(i,j)} - Z_1]S_2[q_2^{(j,k)} - Z_2] \tag{10.12}$$

$$q_3^{(i,j)} - Z_3 + M\sum_{j=1}^{N}[q_1^{(i,j)} - Z_1][q_2^{(j,k)} - Z_2] \tag{10.13}$$

$$M = \frac{S_1 S_2}{S_3} \tag{10.14}$$

对于单边分布的变量，需要将变量的取值范围扩展为包含 0 的区域。例如，对于取值范围为(1.4, 2.9)的单边分布变量，需要扩展为(0, 2.9)。矩阵乘法可以表示为 $r_3 = r_2 r_1$，其中 r_2 和 r_1 都是 $N \times N$ 矩阵。根据式(10.9)，矩阵乘法公式可以改写为式(10.12)的形式，进一步可以化简为式(10.13)。在式(10.13)中只有 M 为非整数，根据经验 M 通常在 0～1 之间，因此可以将 M 表示为 $M = 2^{-n}M_0$，其中 n 值与处理器有关。例如，当处理器为 32 位时，$M = 0.3$，则 M 可以写成 $M = 0.3 \times 2^{32} \times 2^{-32}$，此时可得 $M_0 = 0.3 \times 2^{32}$，将 M_0 取整近似后便可通过整数移位操作完成计算。

利用整型量化方法可以将 32 bit 浮点型矩阵乘法转换为 8 bit 整数型运算，网络模型大小减小为原来的 $\frac{1}{4}$，并且运算过程中数据移动消耗的能量较少。大部分处理器可以更快地处理 8 bit 数据，因此可以提升运算效率。但是，整型量化中需要在网络各层中传递最大值及最小值，相较于动态定点数的运算过程较为复杂。因此，本文选择使用动态定点数对网络模型进行量化。

10.1.3　加速器模块设计

卷积神经网络是深度神经网络的重要组成部分并且面临较为严峻的计算和存储瓶颈，因此使用卷积神经网络硬件加速器以解决推理过程中所面临的上述问题。下面将围绕卷积神经网络加速器的硬件结构设计进行阐述，通过对比不同的脉动阵列选择出适合卷积运算的结构；介绍卷积加速模块和全连接加速模块的硬件结构，并着重介绍在提高加速模块的计算效率和实现数据重用方面所做的工作。

1. 卷积运算模块

卷积神经网络各层中卷积层计算量占比很大,因此,有效地加速卷积运算对硬件加速器的计算性能至关重要。为提高硬件加速器算力,其最直接的方法是进行大规模并行运算以及提升运算时钟频率,从而提高硬件加速器的算力。但是,在实际设计过程中随着 FPGA 片上资源利用率的增高,在后期设计过程中布局布线会变得更加困难,严重时会导致时序无法收敛,严重影响时钟频率的提升。对此,需要选择合适的硬件架构来平衡硬件资源利用率和时钟频率之间的矛盾。

脉动阵列是一种全流水的并行计算结构,运算单元简单且排列整齐。这使得脉动阵列结构的硬件加速器拥有规则的版图,有利于实现时序收敛。此外,脉动阵列只通过边缘计算单元与外部进行数据交换,内部运算单元之间通过局部互联进行通信减少了全局通信信号,这缩短了运算单元之间的布线长度,有助于提升脉动阵列的时钟频率。并且送入脉动阵列的数据会在计算单元之间重复使用,这使得加速器能在 I/O 数量较少时仍能实现较高的吞吐率。因此,本文采用脉动阵列结构作为卷积运算模块的硬件架构,下面将阐述其设计原理及具体结构。

在卷积神经网络中,卷积层的输入图像为 $N \times H \times W$,其中 N 为输入特征图的通道数,H 和 W 分别为输入特征图的长和宽;卷积核大小为 $B \times N \times K \times K$,$B$ 为输出特征图的通道数,K 为卷积核的大小;步长为 S、填充数为 P。利用上述参数可以计算出输出特征图的长 U 和宽 V,以 U 为例,其计算公式如下:

$$U = \frac{H - K + 2P}{S} + 1 \tag{10.15}$$

基于卷积运算公式,使用伪代码的形式详细展示卷积运算细节。卷积运算伪代码如图 10.10 所示。

从图 10.10 的卷积计算过程可以看出,由于存在多层循环嵌套运算,卷积层总共需要完成 $U \times V \times B \times N \times K \times K$ 次乘累加运算,属于计算密集型运算。

```
for v=0;v<V;v++ do
  for u=0;u<U;u++ do
    for b=0;b<B;b++ do
      for n=0;n<N;n++ do
        for j=0;j<K;j++ do
          for k=0;k<K;k++ do
            Y[b,v,u]+=X[n][u×s+j][v×s+k]×Weight[b][n][j][k]
```

图 10.10 卷积层伪代码

但是在卷积运算过程中共享权重数据,因而网络参数较少。

为提升卷积运算的计算效率,本设计利用密集矩阵相乘的方式来实现卷积运算,也就是矩阵乘法。为简洁说明其转化过程,这里以卷积核为 3×3、输入特征图为 5×5 为例进行说明。如图 10.11 所示,在卷积运算过程中卷积核在输入特征图上依次滑过,滑动过程中卷积核覆盖不同位置的输入特征图数据,将这些位置上的特征图数据拉伸为输入矩阵的行向量,当卷积核完成移动后可组合成输入矩阵。对于大小为 $B \times N \times K \times K$ 卷积核,可以看作 B 组 $N \times K \times K$ 的三维卷积核。将这些三维卷积核拉伸为列向量并组成权重矩阵,从而得到了卷积运算转换矩阵乘法运算后所需的输入矩阵和权重矩阵。在图 10.11 中卷积核只有一个输出通道,因此权重矩阵只有一列,而实际的卷积神经网络往往具有多个输出通道,因而可以构成一个权重矩阵。

从图 10.11 可以看出,输入特征矩阵中存在大量的重复数据,如果每个数据都需要从存储器中读取则必定会产生较高的能耗。因此,如何有效地重用数据成为卷积加速模块的设计关键。

0	1	2	3	4
5	6	7	8	9
10	11	12	13	14
15	16	17	18	19
20	21	22	23	24

输入特征图

0	1	2
3	4	5
6	7	8

卷积核

0	1	2	5	6	7	10	11	12
1	2	3	6	7	8	11	12	13
2	3	4	7	8	9	12	13	14
5	6	7	10	11	12	15	16	17
6	7	8	11	12	13	16	17	18
7	8	9	12	13	14	17	18	19
10	11	12	15	16	17	20	21	22
11	12	13	16	17	18	21	22	23
12	13	14	17	18	19	22	23	24

输入矩阵

0
1
2
3
4
5
6
7
8

权重矩阵

图 10.11　卷积运算转化为矩阵乘法示意图

2. 脉动阵列架构

有关脉动阵列设计原理请读者参考第 5 章的相关内容。针对卷积乘法的脉动阵列法，在选择合适的脉动阵列结构时主要的考虑因素如下：首先，由于数据移动不可避免地会产生能耗，这对提升加速器的效能比不利，因此需要减少不必要的数据移动；其次，最终结果的输出和存储不宜过于复杂；最后，设计加速器的目的是为提升网络的推理速度，因此不能选择硬件利用率较低的脉动阵列结构。

因此，选择权重固定、输入数据和特征数据在相互垂直的方向上移动的脉动阵列架构，有利于数据的输入和输出从而降低了设计难度，减少了权重数据的移动，并且能够降低功耗。

脉动阵列的具体结构如图 10.12(a)所示，其中输入特征图数据自下而上在垂直方向传播、部分和从左往右横向传播、权重数据在计算过程中保持固定，结构图中标号 D 表示延迟效果。由于在选定的脉动阵列中权重是固定的，因此脉动阵列的形状与权重矩阵相同，即对于卷积核为 $B\times N\times K\times K$ 的卷积运算，可以映射到为 $B\times(N\times K\times K)$ 的脉动阵列上。运算单元的脉动阵列的 PE 主要由加法器、乘法器以及寄存器组成。乘法器用于计算输入特征数据与权重的乘积，加法器用于将自身产生的乘积与左侧 PE 输出的部分和进行相加并得到新的部分和，之后将其向右传输。寄存器用于构成流水线，使数据有节奏地泵入和泵出。在运算单元的结构中，权重在数据预存储阶段自上而下传输，当权重预存储完成后权重便会固定不动。这样设计的优点是保持了脉动阵列只通过边缘单元进行数据交换的规则，从而不会产生多余的全局通信信号。

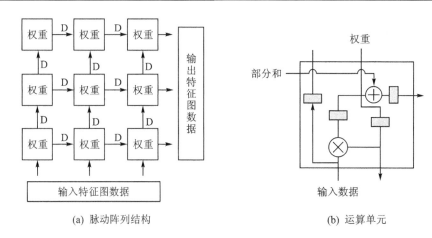

(a) 脉动阵列结构　　　　　　　　　(b) 运算单元

图 10.12　卷积运算模块结构示意图

3. 数据重用设计

卷积运算的特点之一是数据重用度高,其中包括输入特征数据和权重参数的数据重用。本文采用了权重固定的脉动阵列结构,因此可以很好地实现权重数据的重用,下面分析输入特征数据重用。

前面介绍了卷积运算转换为矩阵乘法运算的过程并选择了脉动阵列的结构。虽然脉动阵列结构本身具有重复利用输入数据的特点,但只是部分重用了卷积层中输入特征图数据,并未完全实现特征数据的重用。图 10.13 是将矩阵乘法运算映射到脉动阵列后的数据流图,其中卷积核大小为 3×3、输入特征图大小为 7×7,从图中可以看出输入数据矩阵中包含有大量的重复数据,例如输入特征数据 in_{21} 在第 4 时钟周期和第 6 时钟周期需要重复使用。因此,有效的重用输入特征图数据对减少存储的访问次数至关重要。

此外,脉动阵列的输入数据具有输入倾斜的现象。例如,在图 10.13 中权重数据 W_{33} 所在的计算单元在第 9 时钟周期才接收到数据。输入数据的倾斜会造成计算单元利用率的降低以及计算延迟的增加。因此,设计卷积层加速模块时将着重针对数据重用和计算延迟两个方面进行改进。

为解决脉动阵列在卷积运算过程中存在重复读取输入特征图数据的问题,采用一种用于卷积神经网络计算的脉动阵列架构及数据重用算法。首先,设计一种新的脉动阵列架构。通过对图 10.13 中卷积运算数据流进行分析,可以发现输入特征数据呈现块状重用的特点,例如送入计算单元 PE_{21}、PE_{22} 和 PE_{23} 的输入特征数据块在 2 个时钟周期后被运算单元 PE_{11}、PE_{12} 和 PE_{13} 重复使用,并且运算单元 PE_{21}、PE_{22} 和 PE_{23} 也存在重复使用 PE_{31}、PE_{32} 和 PE_{33} 的输入特征数据情况。针对卷积运算中输入特征数据具有分块重复使用的规律,介绍用于卷积运算的脉动阵列架构设计过程,对于卷积核为 $B\times N\times K\times K$ 的卷积运算,可以映射到大小为 $B\times(N\times K\times K)$ 的脉动阵列上,每一行脉动阵列单元都计算得到输出特征图一个通道的数据。输入特征图的不同通道之间的特征数据不存在必然联系,输入特征图只在单个通道卷积运算过程中可以实现数据重用。因此,可将脉动阵列按照输入特征图通道数 N 进行分组,每个组都是大小为 $B\times(K\times K)$ 的脉动子阵列,用于处理单通道输入特征图数据的卷积运算。由于图 10.13 所示的卷积运算数据流中重复读取的数据呈块状分布且与卷积核大小 K 有关,因此将脉动阵列组进一步划分为 K 个大小为 $B\times K$ 的脉动子阵列,每个子阵列对应一个输入

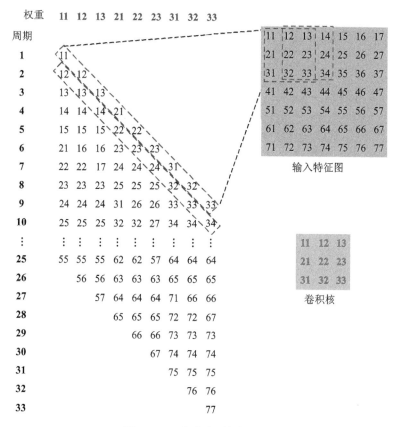

图 10.13　脉动阵列数据流图

特征数据块。将脉动阵列划分为多个子阵列后,在卷积运算过程中所有子阵列之间可以同时进行运算,这有效减轻了脉动阵列结构中固有的输入数据倾斜现象。与此同时,相邻的子阵列之间可以实现数据重用。综上,设计用于卷积运算的脉动阵列架构中包含有 N 个脉动阵列组,每个组都用于处理单通道的卷积运算,脉动阵列组由 K 个大小为 $B \times K$ 的脉动子阵列组成,相邻的脉动子阵列间可实现特征数据重用。

下面我们介绍输入特征图数据重用算法。当利用脉动阵列划分方法进行划分后,子阵列可同时进行卷积运算,具体数据流图如图 10.14 所示。在图 10.14 中仅展示了一个脉动阵列组在卷积运算过程中的数据流,其他脉动阵列组与之相同。具体计算过程如下:在第一个时钟周期时输入特征数据 in_{11}、in_{21} 和 in_{31} 同时送入子阵列 1、子阵列 2 和子阵列 3,此时送入子阵列 2 的 in_{16} 和送入子阵列 3 的 in_{26} 并不参与第一个输出结果的计算。在 3 个时钟周期后脉动子阵列 1 计算得出 $in_{11} \times w_{11} + in_{12} \times w_{12} + in_{13} \times w_{13}$,子阵列 2 和子阵列 3 分别计算 $in_{21} \times w_{21} + in_{22} \times w_{22} + in_{23} \times w_{23}$ 和 $in_{31} \times w_{31} + in_{32} \times w_{32} + in_{33} \times w_{33}$,将这 3 个部分相加便可得到第一个卷积结果,其他卷积运算过程类似。

通过对图 10.14 所示的脉动阵列组数据流的分析可以发现,相邻子阵列的输入特征数据之间存在较多重复数据块,例如在卷积运算过程中从第 6 个周期开始的送入子阵列 1 和子阵列 2 的输入数据(中间虚线数据块和左侧实线的数据块)分别与子阵列 2 和子阵列 3 的前 22 个周期的输入数据相同,重复出现的输入特征数据块与输入特征图和卷积核的大小有关。据此,设计一种可用于不同卷积运算数据重用的算法,具体过程如图 10.15 所示。其中,卷积

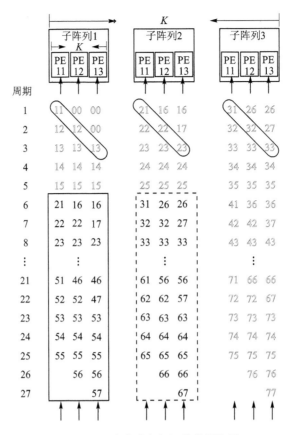

图 10.14　改进后卷积运算数据流图

核大小为 $K \times K$,步长为 1,输入特征图大小为 $N \times H \times H$,脉动阵列组共包含 N 个脉动子阵列及 $N-1$ 个 FIFO。在卷积运算过程中,输入特征数据会同时送入子阵列和对应的 FIFO 中,其中在前 $H-K+1$ 个时钟周期内,子阵列 1 至子阵列 $N-1$ 的输入特征数据均来自输入特征图存储器,在之后卷积运算过程中将重用来自 FIFO 中的数据,从而有效减少了存储器的访问次数。子阵列 N 在卷积运算中输入特征数据来自存储器。

图 10.16(a)中列举了输入特征图为 32×32 时不同卷积核所需访问存储器的次数,其中方法 1 表示原始脉动阵列结构,方法 2 表示本文提出的方法。从对比图中可以看出本文提出的方法可以有效降低存储器读取次数。图 10.16(b)展示了利用两种方法构造的脉动阵列完成卷积运算时的计算延迟,对比可知本文通过将脉动阵列分块可以在减少存储器访问次数的同时降低卷积运算的延迟。

4. 系统结构

下面将根据脉动阵列划分方法及数据重用算法,设计并实现卷积加速模块的硬件加速模块。由于卷积加速模块是由 N 个相同的脉动阵列组构成的,因此在图 10.17 中只展示了一个脉动阵列组的结构。从图 10.17 可以看出,权重数据和输入特征图数据分别存储在对应的存储器中,脉动子阵列会将能够重用的数据送入 FIFO 中进行暂存,并在控制模块的指令下重新送入相邻的脉动子阵列中,从而实现数据重用。脉动阵列组中包含有 B(输出特征图的通道数)个加法树,与 B 行脉动子阵列相对应。如图 10.17 所示,加法树用于计算脉动阵列组中所

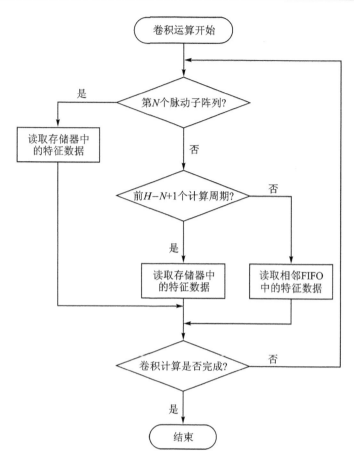

图 10.15　卷积层数据重用流程图

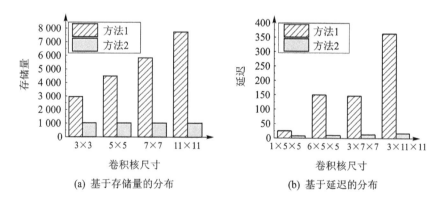

(a) 基于存储量的分布　　(b) 基于延迟的分布

图 10.16　效果对比图

有脉动子阵列相同行输出结果的和。为求得卷积运算的最终结果，需要将所有脉动阵列组对应加法树的输出结果进行累加。

脉动子阵列的具体构造如图 10.18 所示，其主要由运算单元 PE、数据组合模块、选择器和控制模块组成。文中输入特征图数据已经量化为 8 bit 定点数、网络模型参数量化为 4 bit 定点数，因此在图 10.18 中来自 FIFO 和存储器的数据都为 16 bit（2 个输入特征数据拼接而成）。控制模块根据卷积运算所处的状态来控制选择器和数据组合模块。首先根据卷积运算

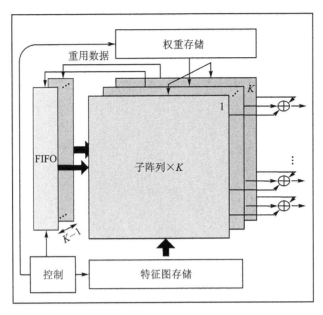

图 10.17　脉动阵列组结构图

所处的周期选择输入数据组合模块的数据来源,其中在脉动子阵列 1 至脉动子阵列 $K-1$ 在卷积运算的前 U(输出特征图的长或宽)个时钟周期内从存储器中读取特征数据,在剩余的运算中均利用 FIFO 中的数据。而脉动子阵列 K 在卷积运算的整个过程中都需要读取存储器中的特征图数据。数据组织模块根据模式信号将输入的 16 bit 数据进行复制和组合。表 10.4 展示了卷积核大小为 5×5 时数据组织模块的输出数据与控制信号之间的关系。

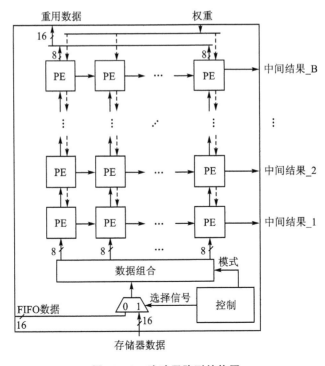

图 10.18　脉动子阵列结构图

表 10.4　数据组织模块输出控制

mode	输出数据
000	{data 0, data 1, data 1, data 1, data 1}
001	{data 0, data 0, data 1, data 1, data 1}
010	{data 0, data 0, data 0, data 1, data 1}
011	{data 0, data 0, data 0, data 0, data 1}
100	{data 0, data 0, data 0, data 0, data 0}

在表 10.4 中 mode 为模式控制信号,data 0 为数据组合模块输入数据的高 8 位,data 1 为输入数据的低 8 位,数组组合模块的 40 bit 输出数据为脉动子阵列所需要的输入特征。

前面介绍了用于卷积运算的硬件结构,下面简单介绍用于激活和池化的模块。针对卷积神经网络激活函数为 ReLU 函数,该函数的本质是将卷积结果与零进行比较并输出最大值。因此,激活函数模块可以利用一个多路选择器实现。

图 10.19 展示了激活函数及池化模块的结构,其中卷积运算结果为 N bit 有符号定点数 data,其最高位代表符号位。当最高位为 1 时,说明卷积运算结果小于零,因此激活函数模块应当输出 0;当 data 最高位为 0 时,说明卷积运算结果大于或等于零,此时模块应当输出卷积运算结果。

池化操作分为最大池化和平均池化,本文选定的卷积神经网络中采用的是 2×2 最大池化。由于在卷积加速模块中输出特征图数据按行输出,因此设计的池化模块先计算出每行的池化结果并将其暂存在寄存器组中,其中寄存器组需要根据输出特征图的大小进行设置。然后将第一行池化结果与第二行结果进行比较,从而得到最终的池化结果。在图 10.19 中比较器 1 用于进行第一行卷积结果的池化操作并将其存入寄存器组中,之后利用比较器 2 计算得到最终的池化结果。**注意**:信号 EN1 和 EN2 用于控制两个比较器的工作时刻以减少无效池化操作。

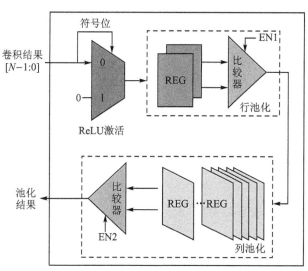

图 10.19　激活及池化模块结构

5. 全连接加速模块设计

全连接层是卷积神经网络中常见的结构之一,主要用于将卷积层中提取的特征信息映射到标记空间。全连接层运算的实质为权重矩阵和输入特征向量的乘法，与卷积运算相比全连接运算不具有权重参数共享的特点，因此参数量多，但全连接层所需完成的计算次数并不多。本节将根据全连接层中权重参数多、计算量较少的特点设计加速模块。

全连接层的计算量只占卷积神经网络整体计算量的 10% 左右，相比于卷积层全连接层的计算量相对较少。全连接层的权重参数不能重用且输出结果之间不存在依赖关系，因此在硬件资源充足的情况下可以并行计算多个输出结果。但是，在实际设计实现过程中并行运算所有输出结果并不可行。例如在经典的卷积神经网络 LeNet－5 模型中，全连接层的输入特征向量为 400，输出特征向量为 120，因此所需完成的乘法次数为 48 000 次，而在 AlexNet 网络中全连接层的输入特征向量高达 9 216，而输出特征向量为 4 096，所需完成的乘法次数为 9 216×4 096。很明显，现有 FPGA 的板上资源无法提供数量如此庞大的乘法器，因此需要将全连接运算进行分块处理。

由于全连接运算所需完成的乘法次数与权重个数相同，因此对全连接运算的分块也就相当于对权重矩阵的分块。图 10.20 展示了两种分块计算方法，在这两种计算模式中都将输入特征向量划分为若干个 m 维短向量并且将权重矩阵划分为若干个 $m×n$ 的数据块，因此每次只需要 $m×n$ 个乘法器即可完成矩阵乘法运算，这能够节省大量的计算资源。在分块过程中参数 n 和参数 m 的选取需要从乘法器资源、部分和的个数以及运算时间等多方面进行考虑。在计算模式 1 中，计算顺序为横向移动，此时 $in_1 - in_m$ 输入特征数据被重复使用 N 次，因此特征数据只需从存储器中读取一次。但是在这种模式下需要存储 N 个中间结果，当 N 比较大时中间结果需要存储在存储器中。然而，中间结果需要多次访问，这增加了存储器的访问次数。在第二种计算模式中，分块运算在竖直方向依次移动，此时输入特征向量的数据重用度为 n，因此需要多次读取输入特征向量。但是在计算模式 2 的运算过程中只会产生 n 个部分和，减轻了部分和的存储压力。由于计算模式 2 可以综合考虑数据重用度和部分和存储，因此，建议采用第二种计算模式。

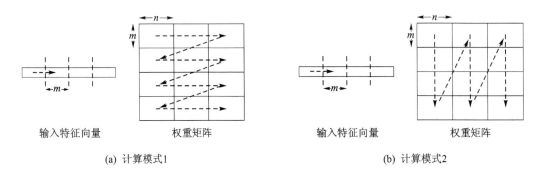

(a) 计算模式1　　　　　　　　　　　　　　　　(b) 计算模式2

图 10.20　全连接层计算模式

前面分析了全连接层的运算并选择了合适的分块运算策略，下面重点阐述全连接层加速模块的硬件结构及各模块的功能。图 10.21 展示了加速模块的硬件结构，从中可以看出加速模块主要由控制模块、运算模块以及存储器组成。运算模块主要包含乘法器单元（PE）、加法树、寄存器组以及累加模块。权重参数、输入和输出特征数据分别存储在对应的存储器中，控制模块负责为以上两个模块提供控制信号。

在运算模块中，共有 $m×n$ 个 PE 单元、n 个加法树以及 n 个累加模块。PE 负责计算输入特征数据和权重参数的乘积并将其送入对应的加法树中；加法树将输入的 m 个乘积进行加和

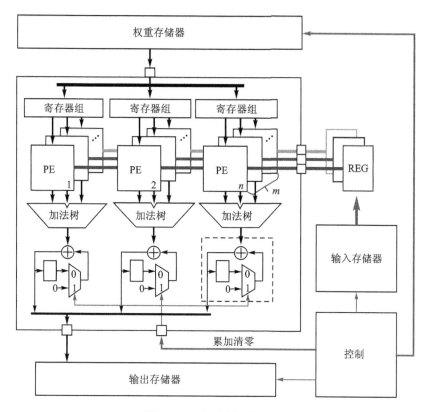

图 10.21　加速器硬件结构

并将结果送入累加模块;累加模块在计算得到 $\dfrac{M}{m}$ 个部分结果的总和后将得到的最终结果送入输出存储器中;运算模块中的寄存器组用于临时存放从权重存储器中读出的 $m \times n$ 个权重参数,并且每次运算时都会读入新的权重参数。累加模块在计算新的输出特征数据之前需要进行清零,清零操作在累加清零信号的控制下实现。

从图 10.21 中可以看出,输入存储器读出 m 个输入特征数据并将其存储在对应的寄存器中。运算模块中 $m \times n$ 个计算单元共享 m 个输入数据,这提升了输入特征数据的重用度从而减少了对输入存储器的访问次数。

10.1.4　FPGA 实现及系统设计

在加速器硬件设计之前需要提取卷积神经网络的模型参数,以便在硬件设计过程中进行仿真和验证。因此,首先介绍网络模型参数的提取过程;然后介绍卷积层加速模块和全连接层加速模块的设计及实现方法,并通过仿真结果验证设计的正确性;最后将硬件加速器烧录到开发板上进行验证测试。

针对一个 7 层卷积神经网络设计并实现硬件加速器,该卷积神经网络包含 2 个卷积层、2 个池化层以及 3 个全连接层。卷积层 1 的输入为 32×32 手写数字图像,卷积核大小为 5×5,步长为 1,采用 ReLU 作为激活函数;卷积层 2 的输入特征图像为 6×14×14,卷积核大小为 5×5,步长为 1,激活函数为 ReLU;在卷积层 1 和卷积层 2 后接有最大池化层。

1. 网络参数提取

卷积神经网络硬件加速器在实现过程中需要对各个模块进行功能验证,在此过程中需要为加速器提供定点型网络参数,并将加速计算结果与网络各层的激活值进行对比,以确定模块的正确性。因此,在设计加速器的硬件结构之前需要提取卷积神经网络的定点型网络参数。

利用 Ristretto 量化工具提取定点型网络参数,该工具是在 Caffe 框架的基础上开发的量化工具。网络参数提取过程如下:首先,利用 Caffe 框架训练卷积神经网络并提取 32 bit 浮点型网络模型;其次,向网络结构描述文件(.prototxt)中添加 Ristretto 层,该层用于描述量化方式;再次,在设定量化参数后对浮点型网络模型进行量化;最后,对量化好的网络模型进行微调,以弥补量化带来的精度损失。下面介绍各个步骤的工作。

Caffe 在训练卷积神经网络时需要网络描述文件以及求解器文件。其中,网络描述文件用于描述训练的网络模型,包括训练集、网络各层的类型以及网络结构参数;求解器是 Caffe 框架进行网络训练的核心文件,包括了网络训练过程设定的超参数以及网络参数的更新策略。在浮点型网络模型训练结束后便可利用 Ristretto 工具进行模型量化工作,在使用量化工具前需要向网络描述文件中添加 Ristretto 层,该层用于定义量化后网络输入特征数据、权重以及激活值的位宽信息。图 10.22 展示了网络模型的量化结果,从中可以看出全精度浮点型网络的正确率为 98.88%,当网络模型量化为 16 bit 动态定点数时网络保持原有的正确率;当网络模型量化为 4 bit 动态定点数时网络推理的正确率为 98.39%。综合考虑网络的正确率及网络模型压缩效果后,本文选择 4 bit 动态定点型网络参数,层激活值的位宽为 8 bit。表 10.5 是

```
quantization.cpp:276] --------------------------------
quantization.cpp:277] Network accuracy analysis for
quantization.cpp:278] Convolutional (CONV) and fully
quantization.cpp:279] connected (FC) layers.
quantization.cpp:280] Baseline 32bit float: 0.9888
quantization.cpp:281] Dynamic fixed point CONV
quantization.cpp:282] weights:
quantization.cpp:284] 16bit:    0.9888
quantization.cpp:284] 8bit:     0.9889
quantization.cpp:284] 4bit:     0.9893
quantization.cpp:284] 2bit:     0.9014
quantization.cpp:287] Dynamic fixed point FC
quantization.cpp:288] weights:
quantization.cpp:290] 16bit:    0.9888
quantization.cpp:290] 8bit:     0.989
quantization.cpp:290] 4bit:     0.9872
quantization.cpp:290] 2bit:     0.9015
quantization.cpp:292] Dynamic fixed point layer
quantization.cpp:293] activations:
quantization.cpp:295] 16bit:    0.986
quantization.cpp:295] 8bit:     0.9843
quantization.cpp:295] 4bit:     0.8926
quantization.cpp:298] Dynamic fixed point net:
quantization.cpp:299] 4bit CONV weights,
quantization.cpp:300] 4bit FC weights,
quantization.cpp:301] 8bit layer activations:
quantization.cpp:302] Accuracy: 0.9839
quantization.cpp:303] Please fine-tune.
```

图 10.22　量化工具结果图

卷积神经网络各层小数部分位宽的统计结果,可以看出输入数据、权值以及输出的小数位可能不同,在设计硬件时需要进行移位操作。

表 10.5　各层小数部分位宽统计

bit

层	输　入	输　出	权　值
卷积层 1	8	5	2
卷积层 2	5	4	4
全连接层 1	4	4	5
全连接层 2	4	4	4
输出层	4	4	3

为减少由于量化带来的精度损失,在网络模型量化后可以利用 Caffe 框架中的 retrain 工具对量化后的网络模型进行微调,在经过 100 轮微调后网络的精度可以达到 98.6%。需要注意的是 Caffe 框架在训练神经网络时只支持全精度浮点型数据,因此微调后的网络参数仍然以浮点数的形式存储在模型参数文件中(.caffemodel),这就需要根据前面介绍的量化工具原理提取定点型网络参数。

2. 卷积层加速模块实现及仿真

由于两个卷积层计算原理相同只在网络参数上有所区别,因此两个卷积加速模块的结构类似。下面首先介绍卷积层 1 加速模块。针对卷积层 1 的结构特点,本文设计的加速模块中只包含一个脉动阵列组,该脉动阵列组由有 5 个大小为 6×5 的脉动子阵列构成,每个脉动子阵列后都连接有 6 个用于池化和激活的 ReLU_POOL 模块。

在卷积运算开始之前需要预加载权重参数。为保持脉动阵列中只有边缘单元进行数据交换的原则,权重参数从上向下进行传输。图 10.23 为权重参数预加载过程,该仿真结果是脉动子阵列中最上面一层 PE 单元,在 load_en 信号为高时权重预加载开始。该脉动子阵列所需的权重参数依次输入并在每个时钟周期向下移动一次,最终在 6 个时钟周期后完成权重预加载工作,紫色虚线框中的数据是每个 PE 存储的权重值,该值在卷积运算过程中固定不变,其他子阵列的工作情况类似。

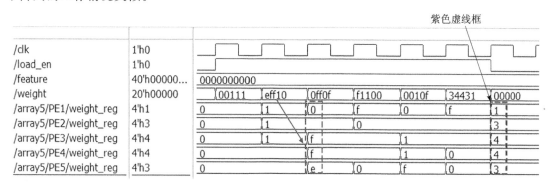

图 10.23　权重参数预加载仿真图

根据对脉动阵列数据流的分析,无论卷积核的尺寸为多少,输入子阵列的特征图像数据至多只有两个不同,因此本文设计了数据组合模块。该模块根据控制信号 mode 对输入的 2 个 8 bit 数据 register1 和 register2 进行复制和排序,如图 10.24 所示。为减少该模块的关键路径长度设计时添加了流水线,因此输出结果相较输入信号有两个时钟周期的延迟。

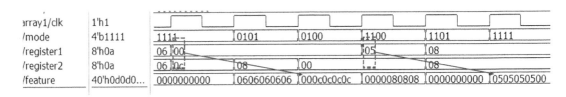

图 10.24　数据组合模块仿真结果

输入特征数据进入脉动子阵列后与对应的权重相乘并将乘积与传入的部分和进行累加,最后将结果向右传入下一运算单元。最终,脉动子阵列的每一行都会输出一个卷积运算部分结果,之后利用加法树将 5 个脉动子阵列上相同位置的部分和进行累加,便可得到卷积运算结果。

卷积结果将送入 ReLU_POOL 模块进行激活和池化,该模块由两个比较器、一个选择器以及若干寄存器组成。其中,选择器根据卷积结果的符号位选择输出 0 或卷积结果,用于实现激活函数并将激活值送入两个顺序排列的寄存器中。由于输出特征图数据是按行依次输出的,因此本文将 2×2 最大池化分解为 1×2 的行池化操作以及 2×1 的列池化操作。池化及卷积模块的硬件结构在图 10.19 中已经展示,其中第一个比较器将对两个寄存器中的值进行比较,用于实现行池化操作,之后将行池化结果送入由多个寄存器组成的寄存器组。第二个比较器将对相邻两行上属于同一列的行池化结果进行比较并最终实现 2×2 池化操作。由于最大池化的大小为 2×2 且为无重叠池化操作,为避免无效操作,两个比较器在信号 EN1 和 EN2 的控制下每两个时钟周期工作一次,并且第二个比较器工作次数是第一个比较器的一半。

ReLU_POOL 模块的仿真结果如图 10.25 所示,其中 data 为卷积结果,relu_data 为激活值,result 为最大池化结果。由于本文的设计中权重参数、输入特征值以及激活值都是用动态定点数表示,因此 20 bit 的卷积结果中含有 9 bit 的小数位。而下一层的输入特征值的小数位为 4 bit,所以在激活时需要对输入数据进行移位操作。pool_en1 和 pool_en2 分别为行池化和列池化操作的使能信号,从仿真结果可以看出列池化操作仅在有限的时间内进行工作,降低了功耗。

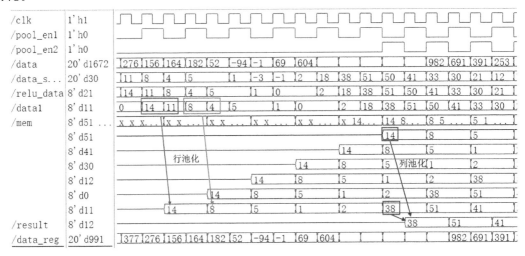

图 10.25　池化模块仿真结果

上述模块的控制都是由状态机实现的。图 10.26 为状态机模块 FSM 的部分仿真结果,其中,state 为卷积加速模块的工作状态。从图中可以看到在复制结束后卷积加速模块首先进入 state＝3'b001 状态,即权重预加载。此时权重存储模块的读使能及权重加载信号 load_en 变为有效,并根据读取地址获取权重参数并送入脉动子阵列中。在权重预存储结束后,加速模块进入图像数据读取状态。在此过程中 state＝3'b011,并读取所需的图像数据准备开始卷积运算。

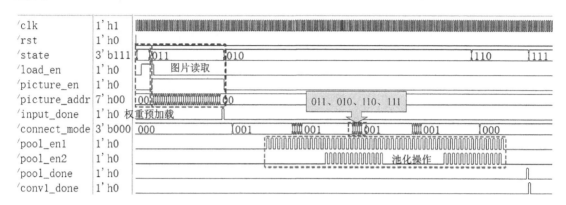

图 10.26　状态机控制信号

当 state＝3'b010 时,卷积加速模块开始进行卷积运算。当计算得到第一个卷积结果后 ReLU_POOL 模块随即在 pool_en1 和 pool_en12 信号的控制下开始工作。由于输出特征图像的各通道结果的出现存在延迟,因此池化运算的完成也相应有延迟现象,可以对比图 10.25 中 pool_done 和 pool_en2 信号得出。

至此,我们已经详细地描述了卷积层 1 加速模块的设计及仿真结果。由于卷积层 1 和卷积层 2 的加速模块在设计和实现方面有诸多相似之处,因此相似部分(池化、激活以及控制模块)不再赘述。与卷积层 1 加速模块的设计思想类似,卷积层 2 的加速模块在设计时根据网络参数进行设定。该加速模块由 6 个脉动阵列组构成,每个脉动阵列组中包含 5 个大小为 16×5 的脉动子阵列。在脉动阵列组中相邻的脉动子阵列之间设置有 FIFO,用于实现数据的重用。

在卷积层 1 和卷积层 2 的加速模块大体设计完成后需要考虑这两层计算所需的时间是否近似相等,如果相差过多则无法实现流水化加速的目的。首先,分析卷积层 1 计算所需的时间。针对卷积层 1 设计的脉动阵列加速器每个时钟周期输出 6 个结果值,该层的输出特征图大小计算需要 784 个时钟周期(不包含池化和激活)来完成卷积运算。卷积层 2 的加速器每个时钟周期输出 16 个结果,该层的输出特征图大概需要 100 个时钟周期(不包含池化和激活)完成运算。通过上面的分析可知,卷积层 1 的运算时间远超卷积层 2,因此需要对卷积层 1 的加速模块设计进行修改。在之前的设计中,卷积层 1 的加速模块中只包含一个脉动阵列组,为提高该模块的算力,现在将其扩展为 7 个脉动阵列组,每个脉动阵列组负责计算输出特征图中的 4 行数据。扩展之后卷积层 1 的计算总时间为 143 个时钟周期,恰好与卷积层 2 的计算时间相近(142 个周期),此时可以确保实现流水线运算。

3. 全连接加速模块的实现及仿真

在本文所要实现的卷积神经网络中第一层全连接的输入特征向量维数是 400、输出特征向量为 120,总共需要进行 48 000 次乘法运算。但是在流水线结构的加速器中,全连接层和卷积层计算所需的时间应当相近,因此全连接层的计算时间假定在 150 个周期左右。考虑到卷积层 2 加速模块每个周期输出 16 个结果值,将全连接层 1 加速器中乘法器阵列设置为 16 行 20 列,这样便可满足对计算时间的要求。根据乘法器阵列的设计,加速模块中共需要 20 个 16 输入的加法树用于将每列乘法器的输出值进行累加,得到 20 个输出结果的部分和。根据全连接层所需的总计算量可以得出需要对 25 个周期的部分和进行累加才能得到最终结果,因此在每个加法器的后端都连接有累加模块。累加模块在完成当前结果的计算后需要进行清零才能进行下一阶段的部分和累加,但由于运算结构中乘法器和加法树存在计算延迟,因此该模块的时序控制会变得复杂并且会降低计算效率。为此,本设计采用无延迟清零的累加模块,这样便可提高效率并简化控制设计。

全连接层加速模块的仿真结果如图 10.27 所示,其中,psum 为加法树输出的部分和,adder_out 为部分和的累加结果,sload 为累加模块的清零信号。当 sload 信号为高时,说明上一个结果的部分和的累加过程结束,需要对累加模块进行清零并输出最终结果。从图 10.27 的仿真波形可以看出,当 sload 为高电平时得到最终结果—604,与此同时下一个累加过程的部分和 220 已经输入到累加模块,通过利用无延迟清零操作可以使累加模块在输出最终结果 ori_round_data 的同时将 220 作为新的累加起点。与卷积层加速模块相似,全连接模块也需要对最终的动态定点数结果进行移位操作,以满足全连接层 2 对输入特征数据小数位的要求。

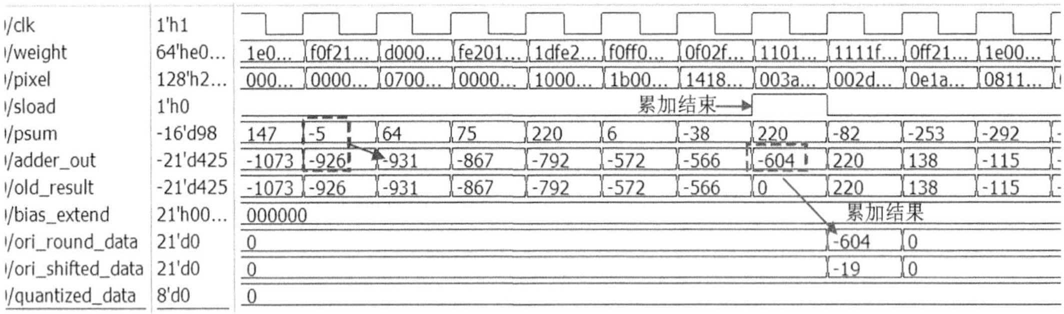

图 10.27　全连接层累加模块仿真图

以上为全连接层 1 的设计及验证过程,下面介绍全连接层 2 和全连接层 3 的加速模块。

全连接层 3 的输入特征向量维数为 80 而输出特征向量为 10,计算量较少并不需要单独设置一个加速模块。因此,全连接层 2 和全连接层 3 由同一个模块进行加速。全连接层 1 的加速模块每个时钟周期输出 20 个结果,考虑存储设计的复杂度以及全连接层 3 的输出维度,全连接层加速模块 2 的乘法矩阵为 20 行 10 列,即每个周期输出 10 个结果值。该模块与全连接层 1 加速模块的设计过程类似,只需要注意模块复用时状态机的设计以及模块输入/输出数据量不同的情况。

从图 10.28 的仿真结果中可以看出,全连接加速模块 2 在全连接层 2 计算过程(mode＝2'b10)中总共产生 8 个 sload 有效信号,因此共得到 8×10 个输出值;在全连接层 3 运算过程中(mode＝2'b11)只需完成一次计算周期便可得到 10 个输出结果。从仿真结果可以看出,全连接层 2 和全连接层 3 的计算过程总共需要 82 个时钟周期,因此可以在加速结束后将运算使能信号置零,减少无效运算从而降低功耗。

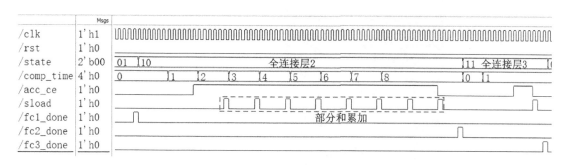

图 10.28　全连接加速模块 2 仿真结果

4. FPGA 系统测试

为了提高硬件加速器的吞吐率,将卷积神经网络中运算量较大的层都映射到独立的加速模块上。硬件加速器的整体结构如图 10.29 所示,在该硬件加速器中主要包括了输入特征图存储器、权重存储器、两个卷积层加速模块以及两个全连接层加速模块。

从图 10.29 中可以看出,在加速模块之间都设置了由 2 个 buffer 构成的乒乓存储器。通过设置乒乓存储器,使得所有加速模块可以同时对网络进行加速,有效地提高了硬件加速器的吞吐率。此外,针对卷积神经网络中全连接层 2 和全连接层 3 运算次数较少的情况,在本文设计的硬件加速器中这两层统一由全连接加速模块 2 进行加速。

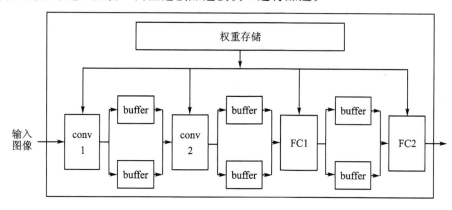

图 10.29　硬件加速器系统结构

为实现硬件加速器的流水化计算,卷积神经网络各层所需的运算时间需要相近。这需要在设计加速模块时根据各层计算量的不同配置合理的计算资源。例如卷积层的运算量明显多于全连接层,全连接层配置的计算资源相对较多;同样卷积层 2 的计算量是卷积层 1 计算量的 2 倍,因此卷积层 2 加速模块资源多于卷积层 1 的加速模块。

本小节主要对加速器系统功能进行仿真并上板实验。为验证硬件加速器能否完成手写数字图像的识别工作,在系统仿真时,输入 MNIST 测试集中手写数字图像并判断分类结果是否正确。图 10.30 展示了用于测试的手写数字图片以及图像量化后的结果,为方便加速器使用图像数据按列输入。

在仿真结果正确后进行上板实验。为更好地展示分类结果,本文在设计时将卷积神经网络的分类结果输出到 LCD 12864 上进行显示。图 10.31 展示了上板结果,其中 Picture 为输入的手写数字图像,number 为分类结果。硬件加速器对 MNIST 数据集中 10 000 张测试图

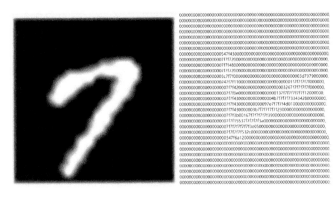

图 10.30 测试图像及量化后数据

像进行分类,结果显示分类正确率达到 98.6%,与软件仿真结果相同。

图 10.31 系统测试结果

本文设计的硬件加速器在 Xilinx VC709 开发板上实现并验证,因此资源利用率及功耗主要由 Vivado 软件仿真得出。表 10.6 反映了硬件加速器实现后板上资源的利用情况,从表格中可以看出板上资源仍有富余,这有助于布局布线及实现时序收敛。

表 10.6 硬件资源利用统计表

资源类型	已用数目	总 量	利用率/%
LUT	138 180	433 200	31.90
LUTRAM	1 819	174 200	1.04
FF	189 199	866 400	21.84
BRAM	52	1 470	3.54
DSP	1 570	3 600	43.61

硬件的功耗主要由动态功耗和静态功耗两部分组成,其中动态功耗是由电路工作过程中逻辑电路的翻转产生,静态功耗是电路中存在漏电流而产生的。图 10.32 显示了本文设计的硬件加速器的功耗分布,从中可以看出动态功耗远高于静态功耗,并且动态功耗主要由时钟、信号、逻辑以及 DSP 产生。

本文设计的硬件加速器时钟频率可以达到 300 MHz,通过采用流水线的结构使得加速器内部 4 个加速模块同时工作,可有效地提高加速器的吞吐率。针对卷积神经网络实现一幅图像的分类任务总共需要完成 4.2×10^5 次乘累加运算,加速器平均需要 164 个周期完成一张图片的分类,因此硬件加速器的吞吐率可达到 1 536 GOPS。基于 FPGA 的脉动阵列硬件加速器的功耗仅为 7.2 W。

本节介绍了卷积神经网络的模型、机理和硬件加速器设计。为了硬件设计介绍了动态定点数量化和 UINT8 整型量化的原理。针对卷积神经网络硬件加速器的两个主要部分卷积层加速模块和全连

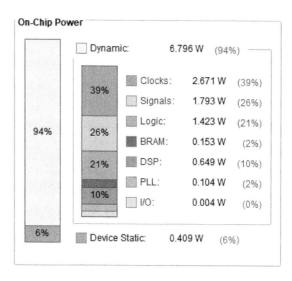

图 10.32　加速器功耗仿真结果

接层加速模块进行设计。然后,分别介绍了网络模型参数的量化和提取、卷积层加速模块的实现及验证、全连接层加速模块的设计和验证以及硬件加速器整体的上板实验。通过对各部分的仿真及上板验证,验证了基于阵列计算的硬件加速器设计方法的有效性,并且加速器设计性能满足要求。

10.2　AES 加解密系统

10.2.1　AES 算法概述

AES 算法取自 Rijndael,AES 与 Rijndael 的不同是 AES 规定分组长度为 128 bit,Rijndael 是一个迭代型分组密码加密算法,其分组长度和密钥长度均可变,可分别独立选择 128 bit、192 bit、256 bit。虽然 Rijndael 与 DES 同样是使用移位、替换、异或运算、乘法运算的组合来做加解密工作的,但其与 DES 相比仍有下面两个特点。

① 不同于 DES 采用的 Feistel 结构,Rijndael 采用 Square 架构,在每轮(round)都对整个状态做处理。其轮变换是由 3 个不同的可逆一致变换组成,称为层。所谓“一致变换”是指状态的每个比特(bit)都是由类似的方法进行处理的。不同层的特定选择大部分是建立在宽轨迹策略的应用基础上的,为实现宽轨迹策略,轮变换三个层中每一层都有它自己的功能。

线性混合层:确保多轮之上的高度扩散。

非线性层:将具有最优的“最差情形非线性特性”的 S 盒并行使用。

密钥加层:单轮子密钥简单地异或到中间状态上。而 DES 则是将密钥分成两部分,每一轮只对其中一半做处理,另一半则仅与轮处理完之后的密钥 key 做异或。

② 弹性 Rijndael 的加密密钥长度可为 128 bit、192 bit、256 bit,分别重复运算 10、12、14 次,而 DES 的密钥长度及重复运算次数则是固定的。此外 Rijndael 密码还具备下列 3 个特点:抗所有已知的攻击;在多个平台上都能快速实现,编码紧凑;设计简单。

10.2.2 AES 算法结构

严格来说,AES 和 Rijndael 加密算法并不完全一样(虽然在实际应用中二者可以互换),因为 Rijndael 加密算法可以支持更大范围的分组与密钥长度:AES 的分组长度固定为 128 bit,密钥长度则可以是 128 bit、192 bit 或 256 bit;而 Rijndael 使用的密钥及分组长度可以是 32 bit 的整数倍,以 128 bit 为下限,256 bit 为上限。加密过程中使用的密钥由 Rijndael 密钥生成方案产生。

AES 加密过程是在一个 4×4 的位元组矩阵上运作,这个矩阵又称为"体"(state),其初值就是一个明文分组区块(矩阵中一个元素的大小就是明文区块中的一个字节)。算法规定矩阵行数固定为 4,则 AES 的 128 bit 明文分组矩阵分为 4 列,即 Nb=4。密钥 K 的长度依照 128 bit、192 bit 或 256 bit 规格,矩阵列数分别为 4、6、8,以 Nk 表示。AES 算法是一个密钥迭代分组算法,包含了轮函数对 State 的重复作用。用 Nr 表示轮数,它取决于密钥长度。AES 标准对密钥长度、分组大小和轮数的组合做出了唯一的规定,如表 10.7 所列。

表 10.7 AES 加密轮数与分组长度大小的对应关系

密钥长度	Nk	Nb	Nr
AES-128	4	4	10
AES-196	6	4	12
AES-256	8	4	14

AES 加密轮函数(除最后一轮外)均包含 4 个步骤,如下:

① 字节替换(SubByte):通过一个非线性的替换函数,用查找表的方式把每个输入字节替换成对应输出字节。

② 行位移(ShiftRow):将矩阵中的每行进行循环式移位。

③ 列混淆(MixColumn):为了充分混淆矩阵中各列数值,此步骤利用在域 $GF(2^8)$ 上的算术特性对矩阵列向量进行代换。

④ 密钥加(AddRoundKey):矩阵中的每一个字节元素都与该轮子密钥(Round Key)做异或运算,子密钥由初始密钥生成。

AES 解密过程是加密过程的逆运算,加解密算法流程如图 10.33 所示。对加密和解密操作,算法由初始轮密钥加开始,接着执行 10、12 或 14 轮(取决于密钥长度)迭代运算,然后执行只包含 3 个步骤的最后一轮运算。

解密算法可以通过直接利用轮函数中 4 个阶段的逆变换 InvSubByte、InvShiftRow、InvMixColumn 和 AddRoundKey,并倒置其次序而得到。值得注意的是,做解密轮变换时,所需的轮密钥与加密也是倒置关系,也就是说,解密第一轮的轮密钥是加密最后一轮的轮密钥。

AES 加密需要一个 Nb 个字的初始密钥及 Nr 轮迭代过程所需的轮密钥,因此密钥生成算法需要将初始密钥 K 扩展为总共 Nb(Nr+1)个字,用 $[w_i]$ 来表示,其中 $0 \leqslant i < Nb(Nr+1)$。

Subbyte 函数对输入字中的 4 个字节用 Sbox 进行字节代换,产生一个新的字。RotWord 函数对输入字 $[a_0,a_1,a_2,a_3]$ 进行循环左移一个字节,返回 $[a_1,a_2,a_3,a_0]$。轮常量 Rcon[i] 是一个字,这个字最右边 3 个字节总为 0。每轮的轮常量均不同,其定义为 $[RC[i],\{00\}, \{00\},\{00\}]$,其中 $RC[i]=x^{i-1}$,x^{i-1} 是 x(也记做 $\{02\}$)在 $GF(2^8)$ 上的幂。**注意**:i 是从 1 开始,而非 0 开始。

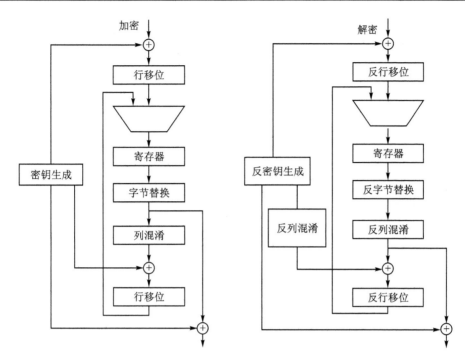

图 10.33　AES 加解密算法流程图

密钥 K 直接被复制到扩展密钥前 Nk 个字。后面各字 $w[i]$ 由先前的字按递归方式确定。这个递归使用了前一个字 $w[i-1]$、Nk 个位置前的字 $w[i-Nk]$ 和轮常量 Rcon$[i]$。如果 i 不是 Nk 的倍数,那么 $w[i-1]$ 等于 $w[i-Nk]$ 和 $w[i-1]$ 的逐位 XOR;否则 $w[i-1]$ 是 $w[i-Nk]$ 与 $w[i-1]$ 的一个非线性函数的逐位 XOR。这个非线性函数通过以下方式来实现:一个字内字节的循环移位(RotWord),接着将字节代换作用于这个字的 4 个字节(Sub-Word),增加一个轮常量 Rcon$[i]$。

需要指出的是,对 256 位密钥(Nk＝8)的密钥扩展与 128 和 192 位密钥有些不同。当 Nk＝8 时,如果 $i-4$ 为 Nk 的倍数,则 SubWord 直接作用于 $w[i-1]$,而没有字循环。

10.2.3　芯片内部电路系统架构

关于 AES 加解密算法的系统设计,主要针对 ASIC 设计方法来说明,FPGA 的设计在验证电路功能时给出。按照工艺限制规定,首先定义芯片的引脚数量及各引脚功能。系统结构采用 64 位输入数据引脚(DIN)、32 位输出数据引脚(DOUT)形式,这样输入/输出引脚分别各需要 4 对 Power I/O Pad,加上工作模式选择控制引脚(MODE)、密钥读取控制引脚(KLD)、明(密)文读取控制引脚(LD)、加(解)密标志完成状态引脚(DONE)及时钟信号输入引脚(CLK),引脚数一共为 117 个。这样,AES 芯片若采用市场上常用的封装样式 QFP-128,仍有 11 个引脚空余,可留给芯片内部电路供电引脚(Power Core Pad)使用。按照此规划,芯片最多使用 5 对内核供电引脚,而工艺库 core pad 每对可提供 31 mA 电流,内核电压为 3.3 V,即最多可供内核功耗 511.5 mW,经后续测试仿真,完全可以承载所设计芯片的功耗。实际中,使用了 4 对内核供电引脚。

下面给出 AES 加解密芯片内部电路系统框架图,如图 10.34 所示。

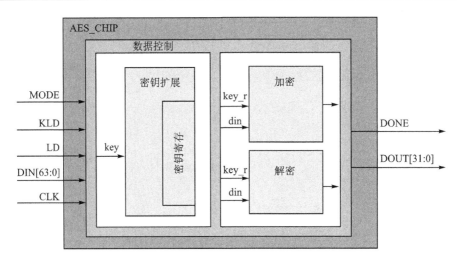

图 10.34　AES 芯片内部电路系统框图

　　芯片内部划分为 4 个模块(Module),分别是数据控制模块(Data Controller)、密钥扩展模块(Key Expand)、加密模块(Encryption)、解密模块(Decryption)。

　　数据控制模块:负责 AES 芯片内部时序控制、数据传递,是整个芯片运作的中枢,实现输入/输出数据的串并转换及状态控制,通过 MODE 信号控制选择是加密模块工作还是解密模块工作,并按照工作模式调度存储密钥与明(密)文分组数据。

　　密钥扩展模块:负责扩展初始密钥,生成轮密钥,并存储下来,供数据控制模块调度。

　　加/解密模块:内部按照 AES 加密轮函数实现方案设计,每轮加/解密消耗一个时钟,加上输入分组数据占用时钟,共消耗 12 个时钟完成一次加/解密。

　　我们按照引脚情况规定芯片输入/输出时序。输入数据有效信号通过 KLD、LD 来控制,对于 DIN 64 bit 输入,当 KLD 有效时,128 bit 初始密钥使用两个连续时钟传输,当 LD 有效时,128 bit 明(密)文同样使用两个连续时钟传输。对于 DOUT 32 bit 输出,当加(解)密完成时,DONE 置为有效,下一时钟连续使用 4 个时钟输出 128 bit 密(明)文数据。本设计芯片加解密一次消耗 12 个时钟,系统时钟频率为 100 MHz,吞吐率计算公式如下:

$$\text{吞吐率} = \frac{\text{系统时钟频率(MHz)} \times \text{分组长度(bit)}}{\text{加(解)密消耗时钟数}} \qquad (10.16)$$

为 1.042 Gbps。

　　对项目进行需求分析后,本书给出了芯片的定型及系统框架的设计,下面给出 AES 芯片的定义说明。

　　AES 芯片采用特许 0.35 μm 数字工艺设计,芯片引脚工作电压为 3.3 V,核心电压为 3.3 V,引脚电气规格为 LVCMOS,共 125 个引脚,加/解密吞吐率为 1.042 Gbps。详细芯片规格说明如表 10.8 所列。

表 10.8　AES 芯片规格与引脚列表

系统时钟频率/MHz	100	引脚数	125
工作电压/V	3.3	封装格式	QFP-128
加/解密周期/clk	12	加密吞吐率/Gbps	1.042
端口电气规格	LVCMOS		

引脚的详细定义如表 10.9 所列。芯片引脚的分布一般都要遵循一些规则,例如将时钟引脚尽量摆放在中间位置,电源引脚尽量摆放均匀等,另外还需要考虑与外界连接的因素。结合以上约束条件及芯片内部布置情况,多方调整下才能最终确定芯片的实际引脚定位。芯片引脚分布直接影响后端布局布线的效果,需要慎重考虑。

表 10.9　AES 芯片引脚详细定义表

引脚名	引脚数	端　口	详细描述
CLK	1	输入	芯片时钟信号
MODE	1	输入	芯片加解密功能选择信号,低电平为加密,高电平为解密
KLD	1	输入	初始密钥输入控制信号,高电平保持一个时钟周期
LD	1	输入	明文数据输入控制信号,高电平保持一个时钟周期
DONE	1	输出	加密输出标志信号,变高一个时钟周期后,32 bit 数据连续 4 个时钟周期输出
DIN	64	输入	数据输入引脚,128 bit 数据分 2 个时钟输入
DOUT	32	输出	数据输出引脚,128 bit 数据分 4 个时钟输出
VDDQ/VSSQ	16	供电	芯片 I/O 引脚供电
VDD/VSS	8	供电	芯片内核供电

本书 AES 芯片封装采用 QFP - 128 形式,引脚分布定义如图 10.35 所示。

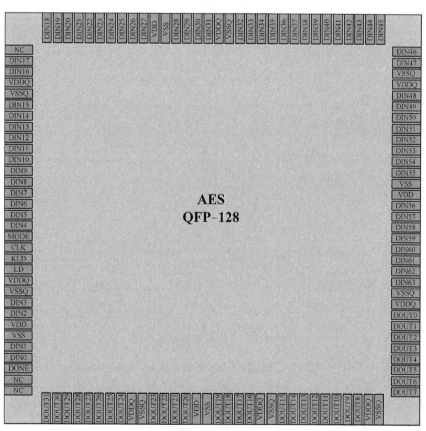

图 10.35　AES 芯片封装平面引脚示意图

图 10.36 为 AES 芯片密钥扩展的写时序图,芯片输入端将 KL 信号置高的同时,输入初

始密钥高 64 bit,下一时钟释放 KL 信号,输入初始密钥低 64 bit。芯片内部密钥扩展电路经 11 个时钟生成全部轮密钥,此后即可进行加/解密操作。图 10.37 为 AES 芯片加解密时序图。芯片输入端将 LD 信号置高的同时,输入分组数据高 64 bit,下一时钟释放 LD 信号,输入分组数据低 64 bit。芯片内部加解密电路经 11 个时钟完成加解密操作,此后即可继续输入下组分组数据。

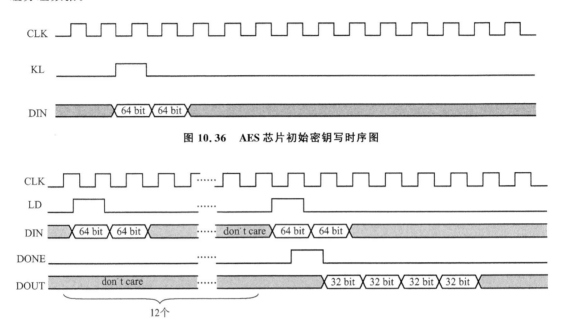

图 10.36　AES 芯片初始密钥写时序图

图 10.37　AES 芯片加解密时序图

10.2.4　芯片设计

设计 AES 按照芯片电路架构划分为 4 大模块。各模块之间结构如图 10.38 所示。

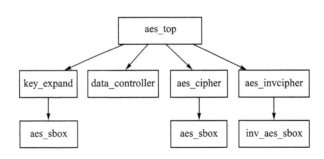

图 10.38　AES 硬件层次结构图

aes_cipher 模块包含 SubByte、ShiftRow、Mixcolumn、AddRoundKey 电路,明文分组首先输入到 SubByte 中通过 aes_shox 模块进行置换,输出经过线映射完成 ShiftRow,输出通过以 xtime 乘法实现形式进行移位与异或,完成 Mixcolumn,最后再异或轮密钥,所得结果返回模块输入端进行轮函数变换,最终完成加密功能。解密模块 aes_invcipher 与加密近似,只是把所有步骤进行逆向操作。

key_expand 模块按照算法方式,以 4 个字节为单元进行扩展变换,每个字节输入是上个单元经过 SubByte、异或轮常数等操作得到的输出结果,循环变换,直至扩展出所有轮密钥为止,扩展过程中使用寄存器存储轮密钥。

data_controller 模块包含芯片电路主状态机,通过判断输入控制引脚值,切换不同工作状态,控制芯片接口时序及内部电路的串并转换、密钥分配、加解密数据搬运等。

代码的编写主要需要有良好的编写风格,这里需要编写者对后续综合电路所使用的软件的运行机制及原理有较好的理解,DC 综合按照 module 来划分优化区域,module 之间很难进行优化,这就是常说的不要在模块之间设置粘连逻辑(Glue Logic),这些粘连逻辑单元会安置在 module 之间,非常影响电路性能,这种情况最好用某个 module 把其包含在内,在内部让 DC 进行自动优化。因此,表现在代码中一般情况是,在代码顶层模块中,不要有逻辑、时序电路,只例化各子模块。本文顶层模块为 aes_top。

DC 既然按照 module 来划分优化,就应在设计比较小、条件允许的情况下,尽可能减少模块,极端的情况就是只用一个 module 完成整个设计。因为与其手动划分模块,还不如在规模较小的情况下全部丢给 DC 去自行优化。当然,在不同时钟域、有特殊要求等情况下,还是需要自行设置子模块。本文中的密钥扩展模块 key_expand 将密钥生成控制电路、密钥存储电路及轮常数生成电路集成到了一起。

源码编写还要注意 Multiple_path 问题,即一个模块输出最好不要驱动多个不同模块。AES 芯片集成加解密模块,在代码最初版本,其输入是连接在一起的,由 data_controller 输出数据同时驱动,但在后续设计中发现,这样做使电路时序性能下降,占用芯片面积大。所以在后期代码优化时,将 data_controller 数据输出引脚进行了复制扩大,分别输出驱动加、解密模块,使电路性质有很大改善。

以下代码参考了 Opencore 的开放源码,并经过多次反复修改,充分考虑了低功耗、低面积资源消耗的设计要求,经过综合优化后设计流片。

```
//-----------------------------------------------------------
//   Project name: AES chip design
//   File Name:   aes_top.v
//   Module Name:  aes_top
//   Designer:
//   School: BeiHang University(BUAA)
//   Author: Deng Zheng
//
//   Description:
//      module function: top module of aes chip
//      detail: use "MODE" signal to set chip working status, 1 is encryption,
//      0 is decryption
//      offline mode key expansion,
//      totally cost 14 clk during key expansion, starting at "KLD" high
//              after key expanded, en/decryption can be started within "LD" high
//              totally cost 14 clk during en/decryption
//              3 clk for data transport, 1 clk for initial Permutation, 10 clk
//  for Round Permutations
//              "DONE" will be set high when en/decryption finished, then output
//  128bit cipher/plain text in 4 continous clk
//              every clk output 32bits data
//              next 128bits data can be input when "DONE" set within "LD" high
//      //
```

```
CLK : _⎍_⎍_⎍_⎍_⎍_⎍_⎍_⎍_⎍_⎍_⎍_⎍_⎍_⎍_⎍_⎍_⎍_⎍_⎍_⎍_⎍_⎍_⎍_⎍_

 LD : ___⌐‾‾‾¬_____⌐‾‾‾¬_____

DIN : ____|_1_|_2_|_____|_1_|_2_|_____
         64bit 64bit              don't care          64bit 64bit

DOUT : _____|_1_|_2_|_3_|_4_|_
          |<--------------- 14 clk, invalid data out -------->| 32bit 32bit 32bit 32bit

DONE : _____⌐‾¬_____
```

```verilog
//   Target Device:  csm35 tech ASIC
//   Tool versions:  Design Compiler_Z - 2007.03
//                   Astro_Z - 2007.03 - SP9
//
//   inclusion:   aes_data_controller.v
//                aes_key_expand_128.v
//                aes_cipher_top.v
//                aes_inv_cipher_top.v
//
//   Revision:
//   Revision 0.1   - 10/05/2009
//                  - File Created
//
//   Additional Comments:
//----------------------------------------------------------------
//`include "./rtl/timescale.v"

`include "/home/... /rtl/aes_data_controller.v"
`include "/home/... /rtl/aes_key_expand_128.v"
`include "/home/... /rtl/aes_cipher_top.v"
`include "/home/... /rtl/aes_inv_cipher_top.v"
module aes_top(  CLK,
                 MODE,
                 KLD,
                 LD,
                 DONE,
                 DIN,
                 DOUT
                 );
    input        CLK;
    input        MODE;
    input        KLD;
    input        LD;
    output       DONE;
    input  [63:0] DIN;
    output [31:0] DOUT;
    //------------------------------------------------------------
    //                      Data controller
    //------------------------------------------------------------
    wire [127:0] data_to_key;
    wire [127:0] data_to_cipher;
    wire [127:0] data_to_invcipher;
    wire [127:0] data_ci;
    wire [127:0] data_invci;
    wire         ld_ci;
```

```
wire        ld_invci;
wire        kld_w;
wire   [31:0] w0;
wire   [31:0] w1;
wire   [31:0] w2;
wire   [31:0] w3;
wire [1407:0] expand_key;
aes_data_controller data_controller(
                              .clk              ( CLK                  ),
                              .mode             ( MODE                 ),
                              .ld               ( LD                   ),
                              .kld              ( KLD                  ),
                              .done             ( DONE                 ),
                              .din              ( DIN                  ),
                              .dout             ( DOUT                 ),

                              .expand_key       ( expand_key           ),
                              .ld_ci            ( ld_ci                ),
                              .ld_invci         ( ld_invci             ),
                              .kld_int          ( kld_w                ),
                              .data_to_key      ( data_to_key          ),
                              .data_to_cipher   ( data_to_cipher       ),
                              .data_to_invcipher ( data_to_invcipher),
                              .data_from_ci     ( data_ci              ),
                              .data_from_invci  ( data_invci           ),
                              .w0               ( w0                   ),
                              .w1               ( w1                   ),
                              .w2               ( w2                   ),
                              .w3               ( w3                   )
                        );
//----------------------------------------------------------//
Key expand
//----------------------------------------------------------
aes_key_expand_128    key_expand(  .clk          ( CLK          ),
                                   .kld          ( kld_w        ),
                                   .key          ( data_to_key  ),
                                   .expand_key   ( expand_key   )
                              );
//----------------------------------------------------------//
Encryption
//----------------------------------------------------------
aes_cipher_top    encryption( .clk     ( CLK              ),
                              .ld      ( ld_ci            ),
                              .text_in ( data_to_cipher   ),
                              .text_out ( data_ci         ),
                              .w0      ( w0               ),
                              .w1      ( w1               ),
                              .w2      ( w2               ),
                              .w3      ( w3               )
                        );
//----------------------------------------------------------//
Decryption
//----------------------------------------------------------
aes_inv_cipher_top decryption( .clk     ( CLK            ),
                               .ld      ( ld_invci       ),
```

```
                              .text_in   ( data_to_invcipher ),
                              .text_out  ( data_invci        ),
                              .w0        ( w0                ),
                              .w1        ( w1                ),
                              .w2        ( w2                ),
                              .w3        ( w3                )
                         );
endmodule
//   Target Device： csm35 tech ASIC
//   Tool versions： Design Compiler_Z - 2007.03
//                   Astro_Z - 2007.03 - SP9
//   inclusion： aes_top.v
//
//   Revision：
//   Revision 0.1   - 11/21/2009
//                  - File Created
//-------------------------------------------------------------------
```

为实现自动布局布线时对 PAD 的自动加载功能,需要针对于工艺库提供的引脚单元进行综合前配置。

由于 AES 算法已经有了广泛的实际应用,能够获取到大量的明文、密钥、密文之间的对应数据,所以测试平台较易搭建。本文将明文、密钥及其对应的密文数据整合在一起,形成一个384 bit 的测试向量(Test Vector),通过大量的测试向量输入进行芯片的仿真。本文使用Mentor 公司的 ModelSim 工具进行芯片的时序仿真,截取其中部分数据进行说明。选取测试向量如下:

$$tv[0] = 384'h00000000000000000000000000000000\_$$
$$f34481ec3cc627bacd5dc3fb08f273e6\_$$
$$0336763e966d92595a567cc9ce537f5e$$

其中第一行为 128 bit 初始密钥,本测试向量输入密钥为 0;第二行为 128 bit 明文数据,本测试向量为 f34481ec3cc627bacd5dc3fb08f273e6;第三行为 128 bit 密文数据,本测试向量为0336763e966d92595a567cc9ce537f5e。图 10.39 为密钥扩展输出结果,图 10.40 为加密仿真结果。

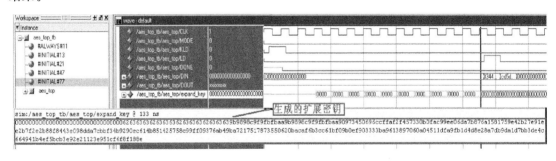

图 10.39 初始密钥 0 的密钥扩展输出结果

在 LD 信号置高时分两个时钟输入明文 f34481ec3cc627bacd5dc3fb08f273e6,经 12 个时钟加密完成,升高 DONE 信号后,结果分 4 个时钟输出,值为 0336763e966d92595a567cc9ce537f5e,加密功能正确。

解密经过同样处理,图 10.41 为解密仿真结果。结果输出为 f34481ec3cc627bacd-5dc3fb08f273e6,与明文组对应,解密功能正确。从仿真结果可看出,本 HDL 代码实现功能正

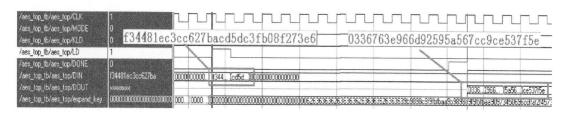

图 10.40　加密仿真结果

确,且符合 AES 芯片定义时序规范。

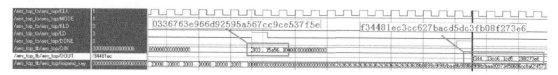

图 10.41　解密仿真结果

本文采用的是 GF 半导体 μm 工艺,使用 Synopsys 公司的 Astro 进行后端的物理设计,而后采用 Mentor 公司的 Calibre 进行最终的 DRC(Design Rule Check)及 LVS(Layout Versus Schematic)验证。验证通过后就可以得到可流片的 GDSII 数据。

将版图数据中的电路寄生参数提取出来,反标回网表进行后仿真,得出在 100 MHz 系统时钟频率下,芯片电路工作正常,输入延迟(Input Delay)可达 5 ns,输出延迟(Output Delay)可达 5 ns。最终得到可流片的版图如图 10.42 所示。

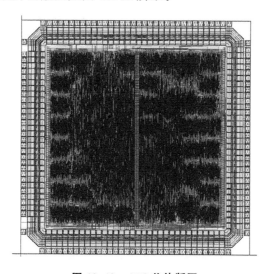

图 10.42　AES 芯片版图

参考文献

［1］夏宇闻. Verilog 数字系统设计教程. 北京:北京航空航天大学出版社,2017.

［2］Palnitkar S. Verilog HDL 数字设计与综合. 夏宇闻,等译. 北京:电子工业出版社,2004.

［3］森冈澄夫. 基于 HDL 高性能数字电路设计. 东京:CQ 出版社，2002.

［4］李洪革,李峭,何峰. Verilog 硬件描述语言与设计. 北京:北京航空航天大学出版社,2016.

［5］Kilts S. Advanced FPGA design architecture, implementation，and optimization. IEEE press, 2007.

［6］Weinberger A，Smith L. A one-microsecond adder using one-megacycle circuitry. IRE Transactions on Electronic Computers，1956，5：65-73.

［7］Lehman M，Burla N. Skip techniques for high-speed carry propagation in binary arithmetic units. IRE Transaction on Electronic Computers，1962，10：691-698.

［8］Bedrij O. Carry select adder. IRE trans. on Electronic Computers，1962，11：340-346.

［9］Uyemura J.超大规模集成电路与系统导论. 周润德,译. 北京:电子工业出版社,2006.

［10］Daemen J,Rijmen V. The design of Rijndael,AES-the advanced encryption standard. Berlin：Springer publisher，2003.

［11］Parhi K K. VLSI 数字信号处理系统:设计与实现. 陈弘毅,等译. 北京:机械工业出版社,2004.

［12］Kung S Y. VLSI ARRAY processors. New Jersey:Prentice Hall Press,1988.

［13］Golson S. State machine design techniques for Verilog and VHDL. Synopsys Journal of High-level Design,1994,9：1-48.

［14］Michael C，Alice C，Raul C. Tutorial on high-level synthesis. 25th ACM/IEEE design automation conference,1988.

［15］王志华,邓仰东.数字集成系统的结构化设计与高层次综合.北京:清华大学出版社,2001.

［16］Vahid F，Givargis T. Embedded system design：a unified hardware/software introduction. New York：John Wiley&Sons, Inc. , 2001.

［17］Gajske Daniel D. Principles of Digital Design. 北京:清华大学出版社,2005.

［18］CHU Pong P. RTL hardware design using VHDL. Hoboken:John Wiley & Sons, Inc. , 2006.

［19］Ginosar Ran. Fourteen ways to fool your synchronizer. Proceeding of the ninth internationalsymposium on asynchronous circuits and systems,2003.

［20］Rabaey M，Chandrakasan A，Nikolic B.数字集成电路——电路、系统与设计.北京:电子工业出版社,2009.

［21］Kang Sung Mo.CMOS 数字集成电路——分析与设计. 3 版. 王志功,等译. 北京:电子工业出版社,2004.

［22］Mutoh S. Review of low-voltage CMOS LSI technology as a standard in the 21st century，Materials science in semiconductor processing,1998,1：5-26.

［23］Munch,et al. Automating RT-level operand isolation to minimize power consumption in datapaths,2000：624-631.

［24］Stan M R，Burleson W P. Bus-invert coding for low-power I/O. IEEE trans. VLSI sys, 1995, 3(1):49-58.

［25］Yeap，Gary K. Practical low power digital VLSI design. Norwell:Kluwer，1998.

[26] Chandrakasan A，et al. Low-power CMOS digital design. IEEE J. Solid-State Circuits，1992，27(4)：473-484.

[27] Chandrakasan A，Potkonjak M，et al. Optimizing power using transformations. IEEE Trans. Computer-Aided Design of Int. Cir. and Sys.，1995，14(1)：12-31.

[28] Mutoh，et al. 1-V power supply high-speed digital circuit technology with multithreshold-voltage CMOS. IEEE J. Solid-State Circuits，1995，30(8)：847-854.

[29] Kaushal Buch. HDL design methods for low-power implementation，2009.

[30] 魏少军，刘雷波，尹首一. 可重构计算处理器技术. 中国科学：信息科学，2012，42(12)：1559-1576.

[31] Birkner John. Reduce random-logic complexity. Electronic Design（Rochelle，NJ），1978，26（17）：98-105.

[32] Betz V，Rose J. Circuit design，transistor sizing and wire layout of FPGA interconnect. IEEE 1999 Custom Integ. Cir. Conf.，1999：171-174.

[33] Bobda C. Introduction to reconfigurable computing，Architecutres，Algorithms，and Applications. Netherlands：Springer，2007.

[34] Chow P，et. al. The design of an SRAM-based field-programmable gate array-Part1：Architecutre. IEEE Trans. on VLSI systems，1999，7(2)：191-197.

[35] Goldstein S，Schmit H，Moe M，et. al. PiPeRench：A coprocessor for streaming multimedia acceleration. Proceeding of the 26th international symposium on computer architecture，1999.

[36] Bobda C，Ahmadinia A. Dynamic interconnection of reconfigurable modules on reconfigurable application. IEEE Design & Test of Computers，2005，22(5)：443-451.

[37] Estrin G. Reconfigurable computer origins：the UCLA fixed-plus-variable（F+V）structure computer. IEEE Ann. Hist. Comput，2002，24(4)：3-9.

[38] Campi F，Toma M，Lodi A，et al. A VLIW processor with reconfigurable instruction set for embedded applications IEEE International，2003，1：250-491.

[39] Hauck S，Dehon A. Reconfigurable Computing：The Theory and Practice of FPGA-Based Computing. Burlington：Morgan Kaufmann，2008.

[40] Bhat N B，Chaudhary K，Kuh E. Performance-oriented fully routable dynamic architecture for a field programmable logic device. Berkeley：University of California，1993.

[41] Kenington B. RF and Baseband Techniques for Software Defined Radio. Artech House，Inc.，2005.

[42] 李喆，李洪革，邓征. 柔性结构的 AES 加密芯片设计. 微电子学，2010，2：256-259.

[43] DAEMEN J，RIJMEN V. 高级加密标准(AES)算法——Rijndael 的设计. 谷大武，徐胜波，译. 北京：清华大学出版社，2003.

[44] Bhatnagar H. 高级 ASIC 芯片综合——使用 Synopsys Design Compiler Physical Compiler 和 PrimeTime. 2 版. 张文俊，译. 北京：清华大学出版社，2007.

[45] ZHANG X M，PARHI K K. High-speed VLSI architectures for the AES algorithm. IEEE Trans Very Large Scale Integr.（VLSI）System，2004，12(9)：957-967.

[46] Lecun Y，Bottou L，Bengio Y，et al. Gradient-based learning applied to document recognition. Proceedings of the IEEE，1998，86(11)：2278-2324.

[47] Xian Zhangkong，Li Hongge，Li Yuliang. Weight Isolation-based Binarized Neural Networks Accelerator. IEEE International Symposium on Circuits and Systems（ISCAS），2020.